团餐烹饪管理师

Tuancan Pengren Guanlishi

主　编 / 詹瑞臣

中国纺织出版社有限公司

图书在版编目（CIP）数据

团餐烹饪管理师/詹瑞臣主编．--北京：中国纺织出版社有限公司，2022.11
ISBN 978-7-5180-9768-5

Ⅰ.①团…　Ⅱ.①詹…　Ⅲ.①中式菜肴—烹饪　Ⅳ.①TS972.117

中国版本图书馆CIP数据核字（2022）第152634号

责任编辑：国　帅　毕仕林　　责任校对：楼旭红　　责任印制：王艳丽

中国纺织出版社有限公司出版发行
地址：北京市朝阳区百子湾东里A407号楼　邮政编码：100124
销售电话：010—67004422　传真：010—87155801
http://www.c-textilep.com
中国纺织出版社天猫旗舰店
官方微博 http://weibo.com/2119887771
三河市宏盛印务有限公司印刷　各地新华书店经销
2022年11月第1版第1次印刷
开本：787×1092　1/16　印张：25.75
字数：568千字　定价：68.00元

凡购本书，如有缺页、倒页、脱页，由本社图书营销中心调换

编　委　会

主　　　编　詹瑞臣

副　主　编　兰云科　向　军　李祥章　张毅志

顾　　　问　谢钟毓　原国务院国有重点大型企业监事会主席

沈传勇　原国家食品药品监督管理总局机关服务中心主任

尹俊士　原公安部消防局副政委将军

韩　明　中国饭店协会资深会长

洪　嵘　中国食文化研究会会长

刘世东　中国卫生思想政治工作促进会秘书长、副会长

李加双　中国人民解放军战略支援部队综合训练大队正高级讲师

康国明　中国旅游协会副会长

焦明耀　中国药膳研究会副会长、首席专家

编委会主任　詹瑞臣　中国酒店与食品餐饮行业资深学者、食品行业国家发明实用新型降本增效 PQSD 立体控点运营管理体系发明人

金　勇　中国饭店协会副会长、副秘书长

袁　宁　北京御鹏国际餐饮管理有限公司总经理

穆　军　中国人民解放军 306 医院副院长

兰云科　上海才众餐饮投资管理有限公司董事长

高　山　中国华油集团物业餐饮板块总经理

编委会副主任　何　娟　中国饭店协会团餐专业委员会秘书长

向　军　北京市劲松职业高中餐饮服务专业群主任、中国烹饪大师

马道子　中国食文化研究会预制菜文化专业委员会会长

马　丽　潍坊市食品协会秘书长

张　毅　上海一片天餐饮管理股份有限公司董事长

编委会委员（按姓氏笔画排序）

丁清宁　原中国人民解放军火箭军政治工作部侦察技术室主任兼高级工程师
马　丹　中国管理科学学会培训中心职业培训部处长
王万友　原北京饭店谭家菜第三代传人、国际级评委裁判、中国烹饪大师
王春耕　原北京饭店面点厨师长、国家职业技能高级考评员、中国烹饪大师
王海清　山东金膳林餐饮管理有限公司董事长（山东省团餐行业协会会长）
王跃辉　北京市劲松职业高中西餐烹饪专业副主任
孔　伟　北京市朝阳区市场监督管理局
孔德顺　上海麦金地集团股份有限公司董事长
付良洪　北京洲智教育咨询有限公司总经理
朱永松　中国食文化研究会副会长、国家级评委、中国烹饪大师
朱桂萍　桂林旅游学院国际酒店学院副院长
刘果硕　中国农业大学规划设计院院长
刘明勇　湖北得一厨业集团有限公司董事长
刘　忠　北京饭店行政副总厨、国家级评委裁判、中国烹饪大师
刘　岩　中国饭店协会名厨专业委员会执行秘书长
刘金山　中国食文化研究会副秘书长、巴拿马国际博览会养生食品分会会长、中国药膳大师
刘恒强　北京新又好餐饮管理有限公司总经理
刘　超　陕西省城市经济学校
齐结存　原空军烹饪培训基地首席主任大校、国家级评委、中国烹饪大师
孙海祥　黑龙江省太阳岛国宾馆总经理助理、工会主席
杜　丽　北京万宝永兴酒店管理有限公司（北京万宝永兴餐饮管理中心）董事长
李力强　广东中膳健康产业科技有限公司总裁
李　飞　南京荣邦餐饮投资管理发展有限公司总经理
李中根　原首旅建国酒店集团副总裁

李怀营　国家机关事务管理局西山服务局
李松涛　玖福团膳餐饮管理（大连）有限公司董事长
李金龙　大连市盛万唐食品行业协会会长、盖世食品（北京）有限公司总经理
李　诚　燕诚智能设备制造河北有限公司总裁
李海涛　中国农业大学餐饮处处长、国家级评委、中国烹饪大师
李祥章　北京汇贤府餐饮管理有限公司董事长
杨运良　四川三和诚信餐饮管理有限公司董事长
杨奇伟　广东好来客集团有限公司董事长
杨海涛　中国社会科学院服务中心餐饮服务处处长
杨耀利　云南华西航空旅游专修学院院长
余雄飞　杭州速派餐饮管理集团有限公司董事长
冷　尧　北京对外经济贸易大学
汪国胜　北京快客利餐饮管理有限公司总经理
张帅林　中国烹饪协会名厨委员会副主席、国家级评委、中国烹饪大师
张全利　秦皇岛市在旗食品有限公司总经理
张宝玉　南京余庆堂企业管理有限公司董事长
张建斌　原中国食品报社总编辑、副社长
张铁岩　原北京市东城区食品药品监督管理局
张　慧　哈尔滨商业大学旅游烹饪学院烹饪教授、中国烹饪大师、中国药膳大师
张毅志　厦门禾堂餐饮企业管理有限公司董事长
陈万成　广东省茂名市高级技工学校综合教研组组长、中国烹饪大师
陈永福　深圳有口福餐饮管理有限公司总经理、中国烹饪大师
陈海东　北京美顿餐饮管理有限责任公司董事长
郑　群　合肥黄山大厦酒店管理集团有限公司总经理
赵开华　协和医院饮食服务中心专家顾问
赵雪兵　重庆多美佳餐饮有限公司董事长
胡贺峰　中国药膳研究会产品开发专业委员会主任、国家级评委、中国烹饪大师
胡桃生　原人民大会堂行政总厨、中国烹饪大师

夏广兵　苏州蓝天膳食服务有限公司董事长
候仲华　钓鱼台行政副总厨、中国烹饪大师
徐　军　北京国玉大酒店副总经理、中国烹饪大师
徐车平　河北省团餐与饮食行业协会秘书长、副会长
徐瑞林　北京新东方烹饪学校教学负责人、国家职业技能高级考评员、国家职业技能高级裁判员
徐　静　宁波康喜乐嘉餐饮管理有限公司董事长
高俊文　中国人民解放军仪仗大队后勤保障部部长
高晓华　马迭尔集团副总裁宾馆总经理
高　峰　南阳新东方烹饪学校校长
席武辉　兰州航空职业技术学院教授
唐习鹏　北京中华厨艺研究会会长、国家级评委、中国烹饪大师
唐先跃　山东省济宁市创业大学校长
唐杰赟　广西烹饪餐饮行业协会团餐专业委员会理事长（广西中膳董事长）
黄建永　北京鑫缘鼎盛国际餐饮管理有限公司董事长、国家级评委、中国烹饪大师
常维臣　北京金伯食德餐饮管理公司董事长、国家级评委、中国烹饪大师
康振朋　北京子勤餐饮管理有限公司总经理、国家级评委、中国烹饪大师
渠振波　国家海关总署后勤服务保障中心处长
梁广杰　北京良品匠心饮食文化传播有限公司董事长、国家级评委、中国烹饪大师
蒋方源　黑豆团餐标准研究院执行院长
曾志斌　富龙国际酒店管理有限公司总经理
赖海明　团膳网创始人、上海智尚网络科技有限公司董事长
窦大海　山东松乔餐饮管理有限公司董事长、山东财经大学教授
颜彦亮　青岛普菲思餐饮管理服务有限公司总经理
魏旭阳　辽宁省盘锦机关事务局局长

我与詹贤弟相识多年，贤弟从事餐饮行业30余年，他是一位有担当、有责任，勤于耕耘、擅长著作的专业人士。他为人低调，热爱学习，擅于将理论知识转化并且与实践工作相结合，探索餐饮管理新模式。

在这本书的写作过程中，他将自己多年的理论知识、实践经验、职业生涯管理阅历，以及在领域内的感知感悟、对团餐行业未来的发展趋势有机结合，毫无保留地著录在本书中。本书内容丰富，内容涵盖职业道德、饮食文化、烹饪技能、厨政管理、成本管控等，非常适合从事餐饮行业的经营者阅读参考。

习近平总书记指出，劳动者素质对一个国家、一个民族发展至关重要。技术工人队伍是支撑中国制造、中国创造的重要基础，对推动经济高质量发展具有重要作用。要健全技能人才培养、使用、评价、激励制度，大力发展技工教育，大规模开展职业技能培训，加快培养大批高素质劳动者和技术技能人才。要在全社会弘扬精益求精的工匠精神，激励广大青年走技能成才、技能报国之路。

技能人才是企业人才队伍的重要组成部分。人才的培养是企业人才队伍建设的重要内容，是企业及其行业可持续发展的基础。

本书的编写，功在当代，利在千秋。我在这里推荐此书，希望此书能够成为从事团餐行业和预制菜央厨的管理和技能人才的必备教材，希望广大从事预制菜行业、团餐行业的人员能够在书中获得专业知识，不断提高自身技能，为自身、企业、社会、行业、国家创造新的辉煌。

原国务院国有重点大型企业监事会主席

谢钟毓

为深入学习贯彻习近平总书记在全国职业教育大会关于“加快构建现代职业教育体系、培养更多高素质技术技能人才、能工巧匠、大国工匠”的重要指示精神，落实教育部门印发《关于在院校实施“1+X”制度试点方案》、人力资源和社会保障部印发《关于进一步加强高技能人才与专业技术人才职业发展贯通的实施意见》《百万青年技能培训行动方案》等文件的有关措施，为加快建设高水平职业青年劳动者大军，推动新时代职业教育体系改革发展，中国饭店协会成立了人才资源专门委员会，以发挥协会平台优势，支持服务行业健康发展，为行业职业教育产业链各方提供更多服务资源与发展。

本书内容包括职业道德、中国饮食文化、烹饪技能、药膳运用、营养配餐、厨政管理、菜品创新、成本管控、团餐未来发展趋势的简述等丰富的知识。本书专业内容丰富、实用，体现了中国饮食文化担当和责任，是符合现阶段团餐行业管理者所需的工具书。

习近平讲话中指出，在百年奋斗历程中，党始终重视培养人才、团结人才、引领人才、成就人才，团结和支持各方面人才为党和人民事业建功立业。结合健康中国行动（2019—2030年）发展战略、拓展人才视野、打造一专多能人才，实现高质量就业，为专业教学适应行业发展，促进专业教学，编写此书。为团餐高质量发展培养一批高技能的团餐行政管理、烹饪管理、美食营养、懂经营的高质量人才，作为中国饭店协会团餐委专家和美食营养专委会专家、中国烹饪大师、高级职业经理人、评委裁判，詹瑞臣同志所编著的《团餐烹饪管理师》以行业人力资源培训发展方略为基础，为现阶段人才教育培养职业发展现状、问题和趋势，为企业、院校教育培训机构等相关主体制定下一步人才培养方案提供重要参考依据，同时也为国企央企事业单位国企改革，加快服务社会化，提供参考，为蓬勃发展的团餐行业提供更多经营界面管理和技术参考资料。本书是一本能够提供专业技术管理理论与实践的职业培训教材，希望餐饮行业的经营者、管理者、从业人员能够认真领悟。

中国饭店协会资深会长

韩明

詹瑞臣老师，敬业、精业、勤业，热爱自己的专业，以自己的职业和事业为荣，在工作中不断更新自身职业思想理念，持续提升餐饮管理水平和烹饪技术水平，与时俱进不断探索新知识、新理论、新技术，永远抱有职业情怀，不负时代、不负韶华、不负初心，始终以自己的职业宣言：“因为热爱，所以专业；与膳为道，传播食者”为激励。坚持传播和践行中国饮食文化，将职业精神以及砥砺前行的匠人态度作为必生追求。

教育部办公厅关于学习宣传和贯彻实施新修订的职业教育法的通知中要求，增强职业教育适应性，加快构建现代职业教育体系，培养更多高素质技术技能人才、能工巧匠、大国工匠，为全面建设社会主义现代化国家、实现中华民族伟大复兴的中国梦提供有力人才和技能支撑。文件要求各地要抓住重点，扎实推动职业教育法的贯彻实施，落实法律要求，履行法定职责，深化职业教育改革，促进职业教育高质量发展。

在这个背景下，此书应运而生，本书是中国食品行业新时期、团餐行业现阶段技能人才要求的必备教材，也是从事预制菜、中央厨房产业菜品研发人员的参考工具书。希望从事餐饮行业的职业经理人深刻理解掌握书中理论，提升自身综合能力。我推荐詹瑞臣老师编写的这本教材，希望此书为推动团餐行业、预制菜产业产品研发、餐饮行业进步做出积极贡献。

中国食文化研究会会长
洪嵘

餐饮团餐行业是中国目前商业机构、政府机关、企事业单位、公共写字楼和其他社团的职员餐饮、大中小学的学生餐饮以及交通运输、会展饮食供应和社会送餐等餐饮业的朝阳产业。在现阶段团餐行业面临新形势新要求，新时代新标准，新问题新挑战的前景下，由詹瑞臣同志牵头主编，行业中国烹饪大师参与的《团餐烹饪管理师》培训教程问世了。本书对餐饮行业的职业道德、饮食文化、成本管控、中西烹饪技能、营养配餐、药膳知识及未来发展趋势等作了专业详尽的描述。书目和编纂内容符合中国团餐行业高质量发展要求，是行业管理人员和专业技术人员急需的必备工具书。

国家进步和企业发展离不开专业技术人才队伍，专业技术人员是支撑中国制造、中国创造的重要力量。为了国家的进步与发展、人民的文明与富强，我们倡导要大力弘扬劳模精神、劳动精神、工匠精神；大力弘扬艰苦奋斗，自力更生，勇于创新的拼搏精神，以时代践行者的付出投身到当今世界科技革命和产业变革大潮之中。我们倡导要勤学苦练、深入钻研，敢为人先、共克时艰，不断提高技术技能水平，为推动行业高质量发展、实施制造强国战略、全面建设社会主义现代化强国贡献智慧和力量。

各级党委和政府，各层领导者和管理者要注重深化产业队伍建设和改革，重视发挥技术人员队伍作用，使他们的创新思维和聪明才智在本职岗位上得到充分的涌流。我纵览全书，认为此书符合新时期高质量团餐行业发展的需求，可以说此书填补了团餐行业烹饪技能人才培训教材的空白，完善和弥补了行业规范化、标准化、一体化的缺项和薄弱环节。它不仅是一部中央厨房时代，学生营养餐中央厨房、净菜加工中央厨房、团餐中央厨房、餐饮连锁中央厨房等研发产品基本烹饪技能的工具书，也是加强菜品标准化和半成品及成品预制菜市场的数据库，是团餐企业职业经理厨政管理和技术人员必不可少的职业培训教程教材。

我与作者詹瑞臣老师是多年的朋友，我了解他从事餐饮行业多年，勤勤恳恳、孜孜不倦的耕耘着这份事业。这些年来他走机关下基层，从城市到农村，调研业态、考察市场，他的身影和足迹遍布全国，为企业、为行业、为社会做出了卓越的贡献。因此我推荐这部好书，希望团餐行业管理者和技术人员认真学习、深刻把握，提升自己的管理和技术水平。

在此，我也对此书的出版与发行表示诚挚的支持和热烈的祝贺。

中国卫生健康思想政治工作促进会副会长兼秘书长
国家卫生健康委所属健康报社原党委副书记纪委书记
刘世东

中国餐饮文化源远流长，自古就有“民以食为天”的说法。在旅游业的六要素“食住行游购娱”之中，吃也是放在第一位的。但我们现在谈的“团餐”与上述广义社会性餐饮或旅游活动过程中的就餐都不同。这里的团餐是指新的消费环境下，专业餐饮服务企业为政府机关、企事业单位、学校、医院、楼宇等其他机构提供工作性的标准化餐饮，为各类工作团队提供的餐饮，简称“团餐”。

当五谷杂粮、柴米油盐、煎炒烹炸、五味调和与订单农业、运输配送、智能科技、冷链管理相遇，在中央厨房的统筹协同下，冰冷的机器与鲜美的饭菜结合，因日常三餐衍生出了“团餐”业态，在新的时代背景下，为社会创造出了巨大价值。

团餐保障食品安全。毫无疑问，我们已经进入物质较为丰富——特别是食材极大丰富的时代，但对入口食物的安全性，我们反而失去了信心。其中，既有食材供给端的原因，也有食物加工端的各类弊病。但优质的团餐供给可以保障食材来源可追溯，营养搭配更合理，食物味道更可口，责任体系更清晰，出现问题有担当，真正从机制源头上保障食品安全。另外，当团餐企业将订单农业和中央厨房业态模式真正延伸到田间地头，集约化的农业生产与高质量的种植产出也将真正提升我国农业生产的效率。我们距离“中国人的饭碗，要端在自己的手上”的目标，也将更进一步。

团餐改变饮食习惯。农耕社会中，短缺是常态。因此，国人潜意识的餐饮心态似乎是：“饱和式的食物供给，才是对客人的尊重。”于是，“烹羊宰牛且为乐，会须一饮三百杯。陈王昔时宴平乐，斗酒十千姿欢谑……”诗人的浪漫诗篇，描绘了钟鸣鼎食之家的饮食浪费；普通人家也要“故人具鸡黍，邀我至田家”，似乎东西不准备得多一些，就无法开席。这种饮食习惯，一直延续到现在。党的十八大以来，“餐桌上的革命”悄然兴起，简洁、健康、绿色、环保的饮食理念渐成新时尚。标准化的种植加工，针对特定人群的营养配置，窗明几净、可视化的处理方式，多样少量的食物结构……团餐正好适配时代的召唤。未来，团餐业态也将改变我们的饮食习惯。

团餐提升文明程度。不可否认，人类自从在这个星球占据统治地位以来，吃一直是个永恒的命题，由此也衍生出多姿多彩、博大精深的食文化。但总体来看，在文明进程中，随着生产力水平的提高，对食物的摄取越来越回归到生命的本源：如何在有限的时间内，实现更高效的营养摄取，将节省出来的时间和粮食，用在更有价值的人类活动中去。

从这个意义上讲，未来的餐饮，会跟服饰、电子产品一样，需要吃饭了，就去点餐，标准的、个性化的餐饮产品都有供给。但前提是要吃得安全、吃得健康、吃得恰到好处，而这正是团餐业态的用武之地。从这个意义上来讲，团餐业态将为人类社会的文明发展，贡献出自己的一份力量。

新冠肺炎疫情暴发以来，文旅行业受到了前所未有的冲击。中青旅在全力应对疫情、努力复工复产的同时，也在推进公司发展的战略转型。今年年初以来，我们围绕“服务民生刚性需求、落实乡村振兴战略”，与行业龙头合作，研究启动了团餐业务，目前已取得初步成效。作为中国旅游行业的龙头企业，中青旅有志于全面服务政府、学校、医院、企事业单位等的团餐保障，真正做到让服务对象舒心，让管理部门、学校、家长放心，让社会各界满意，打造团餐文化的新标杆。

詹瑞臣老师作为中国烹饪大师，作为团餐业态的专家，所著的《团餐烹饪管理师》，将团餐业态所涉及的方方面面条分缕析，呈现了中国团餐业态的新典范。在这里，我很愿意将这本书推荐给大家。因为，团餐创造美好生活，让我们为全社会的美好生活共同努力吧！

中国旅游协会副会长

康国明

以中国共产党第二十次全国代表大会精神为引领，深刻领会人才是第一资源、创新是第一动力的发展战略，以夯实餐饮文化理论与实践为目标，打造专业管理人才和技能人才，只有高技能人才才能够推动团餐企业持续发展的引擎，在市场竞争中取得优势。人才是生产力诸要素中的特殊要素，人才不仅是再生型资源、可持续资源，而且是资本性资源。在餐饮团餐行业发展中，人才是一种能给企业带来巨大效益的资本，人才作为资源进行开发是团餐行业发展的必然。本书是促进团餐行业厨政管理高技能人才教育培训工作科学化、制度化、规范化，提高团餐烹饪技术人员专业技能水平，提升技能队伍素质，增强技能人员履行岗位职责能力、效率理论与实践的工具书。

使培训者成为具备专业基础能力、技能传承能力、科学研发能力、培训创新能力、成本管控能力、管理运营能力、理论与实践的复合型团餐管理师优秀人才，能够使企业在技术创新、管理能力提升、降低经营成本、提高经营效率、提高服务与产品在行业的品牌附加值方面都得到提升。致力为团餐企业创新与变革提供优质服务和精益产品。

近年来，国资委正在进一步完善《国企改革三年行动方案》，结合“十四五”发展纲要，随着企事业单位、机关团体膳食改革，团餐呈现出社会化、市场化、企业化的特征，专业团餐公司由此应运而生。团餐的服务对象覆盖幼儿园、中小学、大专院校、国企央企后勤食堂、商务写字楼、部队军警食堂、社会自助餐、高铁配餐、石油炼厂、医院、敬老院养老配餐、中央厨房、活动会议及外送等多个群体，但是目前团餐行业烹饪技能人才短缺，行业没有符合团餐专业的烹饪管理教材。团餐行业的管理大部分注重食品安全和菜品质量，而轻服务，因此更应该重视烹饪管理体系的建设，让消费群体吃出健康、吃出质量、吃出品牌。在高成本压力下，行业出现了很多中央厨房生产的相关产品成品、半成品、净菜、调料包等，但部分菜品只能满足团餐菜单构架中很小比例，工业化不能完全解决团餐项目标准化，每日菜单当中大部分菜肴还需要高技能人才进行操作、管理、管控。

在国家各机关企事业后勤分管业务领导的支持下，行业协会领导、专家、学者、行业优秀中国烹饪大师的参与下，本书编委会完成此书编写任务，以新时代人才工作为纲领，适应团餐现发展阶段，为全面做好新时代团餐管理人才工作提供了理论支持与技能遵循。

本书在编写过程中得到中国饭店协会领导、全国各地团餐连锁集团、烹饪大师的大力支持与帮助，在此一并表示感谢。由于作者水平有限，不足与不妥之处请行业同仁指正。

欢迎餐饮管理同行共享资源，主编微信：13611122755，更多信息请关注“艺产膳”小程序。

詹瑞臣

目录

第一部分　职业道德与中国传统烹饪

第三部分　中国烹饪传统与现代面点制作

第四部分　中国药膳文化与营养配餐技能

第五部分　西餐饮食

第六部分　烹饪管理师管理运营

第一部分

职业道德与中国传统烹饪

第一章　团餐烹饪管理师职业道德

第一节　道德与职业道德

一、道德概述

人类社会生活必须按一定标准和准则进行，否则社会生活将杂乱无章。制约人们社会生活行为的标准和准则叫规范。行为规范就是人们的活动、行为应当遵守的规则。人们的活动、行为可分为两大类，即技术劳动社会生产活动、社会生产行为和其他社会活动、社会行为。因此，行为规范也分为技术规范和社会规范两大类。社会规范是调整人们社会关系的行为规则。一般所说的行为规范就是指社会行为规范。社会行为规范又包括政治规范、法律规范、道德规范以及其他规范等。其中制约力最强的是政治法律规范，其次是纪律规范，再次是道德规范。道德规范属于上层建筑与社会意识形态范畴，在一个具体的社会形态中可划分为社会公德、家庭道德与职业道德三部分。

社会公德是全体公民在社会交往和公共生活中应该遵循的行为准则，也是作为公民应有的品格操守。公德是社会文明的象征，社会公德水平与社会进步、发展相联系。社会公德的基本行为准则是文明礼貌、助人为乐、爱护公物、保护环境、遵纪守法。大力倡导社会公德是加强社会主义精神文明建设的重要内容，对于在全社会形成的良好的道德风尚有着重要的作用。

职业道德是为适应各种职业的要求而产生的道德规范，是人们在履行本职工作过程中所应遵循的行为规范和准则的总和。所谓职业，是指人们所从事的专门业务，也是劳动者为了生存而发挥个人能力，在社会分工体系中从事相对稳定的、有报酬的工作，由此获得的特定劳动角色。所谓职业道德规范，是指从事某种职业的人们在职业生活中所要遵守的标准和准则，具体包括两方面的内容：一方面是从事某种职业的人在职业活动中处理各种关系、矛盾的行为准则；另一方面是评价从事某种职业的人职业行为好坏的标准。从事各行各业的人们，只有明确自己的职业道德规范，才能在职业活动中把职业道德的要求变成实际行动，保证出色地完成各项工作和任务。

二、社会主义职业道德规范

1. 社会主义职业道德的概念

社会主义职业道德是社会主义社会各行各业的劳动者在职业活动中必须共同遵守的基本行为准则。它是判断人们职业行为优劣的具体标准，也是社会主义道德在职业生活中的反映。

因为集体主义贯穿于社会主义职业道德规范的始终，是正确处理国家、集体、个人关系的最根本的准则，也是衡量个人职业行为和职业品质的基本准则，是社会主义社会的客观要求，是社会主义职业活动获得成功的保证。社会主义职业道德的含义是指社会主义社会各行各业的劳动者在职业活动中必须共同遵守的基本行为准则。由于社会主义事业是一个有机的统一整体，因此各行各业具有共同的职业道德规范。社会主义职业道德规范既是人们对各种职业道德关系和道德行为要求的概括和总结，也是所有从事社会主义事业的劳动者都应遵守的共同行为准则。

2. 社会主义职业道德规范制定的依据

社会主义职业道德规范建立在公有制经济基础之上，与以往职业道德规范的要求不同，其制定的依据也不一样。

社会主义职业道德规范同人们职业生活实践密切相关，它是具有社会主义制度下职业活动特征的道德准则和规范。正是在社会主义制度下从事各种职业活动的人们有着不同的劳动方式，经受着相同的劳动训练，从而形成共同的职业兴趣、习惯与心理传统，人们在从事各种职业实践活动中没有根本的利害冲突。尽管都有自己的特殊利益和要求，但其根本利益都存在于共同的利益之中，因此各行各业都把维护各行各业共同利益和尊重他人利益、互助精神作为职业道德的规范。

作为中国特色社会主义理论体系的新内容，社会主义职业道德以社会主义的集体主义为基本原则，以为人民服务为核心，以为集体、为社会利益为社会主义职业道德的精神，各行各业生产和工作的目的是满足社会日益增长的物质和文化的需要。使社会主义职业道德成为人类社会发展至今的崭新的道德形态。

3. 社会主义职业道德的规范体系

社会主义职业道德有相对独立的规范体系。以公有制为主体的社会主义社会，人们拥有共同的利益，党和政府、企业以及全社会的每一位成员都非常关心职业道德，全社会都迫切要求提高社会的职业道德水平。在这种情况下，全社会共同的职业道德规范就形成了。《中共中央关于加强社会主义精神文明若干问题的决议》规定了我们今天各行各业都应共同遵守的职业道德的五项基本规范，即“爱岗敬业、诚实守信、办事公道、服务群众、奉献社会”。而为人民服务就是社会主义职业道德的核心规范，它是贯穿于全社会共同的职业规范之中的基本精神。

全社会共同的职业道德规范与职业道德核心规范的形成，使社会主义职业道德有了相对独立的道德体系。其主体部分包括三个层次：第一层次是各行各业具体的职业道德要求；第二层次是各行各业共同遵守的五项基本规范；最高层次是社会主义职业道德的核心规范。

各行各业具体的职业道德要求所强调的具体职业规范的特点比较明显，并且带有强烈的可操作性和历史继承性。它只适用于本行业或本企业、本部门内部。这一层次的具体规范十分复杂，只能由各行各业自己去制定。

第二层次提出的五项基本规范虽然不具有具体职业的特点，但是介于社会主义职业道德的核心规范与具体行业道德规范之间的职业行为准则。它既概括了各行各业职业道德的共同特点，同时也是对各行各业提出的共同的要求。它所反映的是社会的公共利益，而不是各行各业从业人员的自身利益，它们是为人民服务核心规范的具体化。因此只有按照这些基本规范去做，其职业行为才能符合人民群众的意愿。

最高层次的为人民服务是社会主义职业道德的核心规范，是从业人员在进行具体职业活动中遵守的最根本的准则，是进行职业活动的根本指导思想。它既是每一职业活动的出发点，也是每一职业活动的落脚点。社会主义职业道德规范体系的形成为人们深刻理解和把握社会主义职业道德，提供了思想路标。

第二节　团餐烹饪管理师职业道德规范

随着生活水平的提高，食品安全和营养健康已成为人们日常饮食关注的焦点。而生活节奏的加快、对外交流的日益密切，使得人们在外就餐的机会增多，餐饮业团餐也迎来了前所未有的发展机会。而作为承载大众就餐的企业后勤服务保障，又该怎样为就餐者提供安全营养的食物，如何引导他们选择最适合自己的食物组合，如何从宏观的职业角度来规划餐饮业的发展方向呢？于是便诞生了“团餐烹饪管理师”这一新的职业，它顺应了人们对餐饮行业新业态、新发展，是餐饮市场行业日渐细化、知识结构不断更新的必然结果。

团餐烹饪管理师职业规范和职业操守，是职业道德的基本要求在团餐服务中的具体体现，也是职业道德基本原则的具体化。因此，它既是每个团餐烹饪管理师在团餐服务保障服务活动中必须遵循的行为规范，又是人们评判每个团餐烹饪管理师人员职业道德的标准。

一、热爱专业，忠于职守

热爱专业是职业守则的首要一条，爱岗敬业作为最基本的职业道德规范，是对人们工作态度的一种普遍要求。爱岗就是热爱自己的工作岗位，热爱本职工作，敬业就是要用一种恭敬严肃的态度对待自己的工作。只有对本职工作充满热爱，才能积极、创造性地去工作。做好团餐烹饪管理师工作，对发扬健康美食文化、提高大众健康水平、满足消费、促进社会物质文明和精神文明的发展都有重要的推动和促进作用。团餐烹饪管理师从业人员要认识到团餐烹饪管理师工作的价值，热爱团餐烹饪管理师工作，了解本职业的岗位职责、要求，以保证高水平完成任务，满足大众的消费需求。

二、合法经营、办事公道

团餐烹饪管理师的工作有其自身的职业纪律要求。所谓职业纪律是指团餐烹饪管理师从业人员在团餐烹饪管理师活动中必须遵守的行为准则，它是正常进行团餐烹饪管理师服务活动和履行职业守则的保证。

职业纪律包括劳动、组织、财务等方面提出的要求。团餐烹饪管理师人员在工作中要严格执行各项制度，如考勤制度、安全制度、技能制度、管理运营制度等，以确保工作成效。

此外，满足服务对象的需求是团餐烹饪管理师的最终目的。因此，团餐烹饪管理师人员要在维护客人利益的基础上方便顾客、服务顾客，强化食品安全意识，做到文明经营，控制成本，提高产品质量、保障运营质量。

三、文明待客，注重礼仪

礼貌待客、热情服务是团餐烹饪管理师工作重要的业务要求和行为规范之一，也是团餐烹饪管理师人员职业道德的基本要求之一。它体现出团餐烹饪管理师对工作的积极态度和对他人的尊重，这也是做好本职工作的基本要求。

1. 文明用语，和气待客

文明用语是团餐烹饪管理师从业人员在与员工、消费群体需使用的一种礼貌用语。它是团餐烹饪管理师人员与业主、消费群体、员工进行交流的重要交际工具，同时又具有体现礼貌和提供服务的双重特性。文明用语是通过外在形式表现出来的，如说话的语气、表情、声调等。

2. 注重仪表、仪容，端庄仪态

在与人交往的过程中，仪容、仪表常常是“第一印象”。整洁的仪容、仪表，端庄的仪态不仅是个人修养问题，也是服务态度和服务质量的一部分，更是职业道德规范的重要内容和要求。团餐烹饪管理师人员在工作中应精神饱满、全神贯注，精神面貌会给消费群体以认真负责、可以信赖的感觉。而整洁的职业形象如端庄的仪态则会体现出对消费群体的尊重和对本行业的热爱，给顾客留下一个美好的印象。

3. 尽职尽责、服务群众

团餐烹饪管理师是管理者，须尽心尽责地为业主消费群体服务，要在为消费群体服务时充分发挥主观能动性，用自己最大的努力尽到自己的职责，处处为顾客着想，使他们感受到标准化、程序化、制度化、规范化、贴心化的管理和服务。同时，团餐烹饪管理师人员要在实际工作中倾注极大的热情，将平等、友好、和谐的人际关系，通过自己的专业服务传达给每一位顾客，使其感受到温馨、舒适。

四、诚信待人、诚实守信

真诚守信和一丝不苟是做人的基本准则，也是一种社会公德，对团餐烹饪管理师从业人员来说它是一种职业态度。对于一个企业单位而言，如果不重视菜品的质量，或者盲目为顾客兜售高价、过期菜品，一味地追求经济利益，不重视顾客需求为其提供服务，那么这个餐饮项目的正常经营就会出现问题，在竞争中就会处于劣势；而如果团餐烹饪管理师能够根据顾客的需求为其推荐搭配合理的菜品，做到营养均衡、费用适度，切实为顾客着想，那么势必会赢得更多的顾客，也会在竞争中占据优势。

五、勤于学习，不断提高专业水平

随着知识结构的更新，任何一门职业都处于不断的发展之中。为了能够向顾客提供优质服务，使个人事业和团餐行业事业得到进一步发展，团餐烹饪管理师从业人员就必须具备丰富的业务知识和高超的操作技能。因此，不断学习、自觉钻研业务、精益求精就成了对从业人员的一种必然要求。如果只有做好团餐烹饪管理工作的愿望而没有做好团餐烹饪管理工作的技能，那是无济于事的。作为一名团餐烹饪管理从业人员要主动去了解客户的饮食习惯、群体健康状况和群体消费要求，不断去学习，熟练掌握团餐烹饪管理专业的各项知识，更好地适应本职工作。

六、宣传中华民族健康的饮食文化，奉献社会

我国的饮食文化源远流长，最初的饮食可以追溯到上古时期，并且随着时代的变迁，每个时期都赋予了饮食以各自的文化内涵。因此与西餐相比，中华民族的饮食文化积淀更为浓厚。我国传统的饮食结构是以植物性食物为主，遵从“五谷为养，五果为助，五畜为益，五菜为充，气味合而服之，以补精益气”的配膳原则。近年来，我国居民的食物供给状况有了明显的改善，但由于膳食结构不合理及体力活动减少，肥胖、高血压、糖尿病、血脂异常等慢性疾病的发病率增加，成为威胁我国居民健康的突出问题。作为一名餐饮工作者，除了满足顾客在菜品的需求、搭配菜单的结构、烹饪口味等需求外，团餐烹饪管理师还肩负着宣扬中华民族传统饮食文化、倡导大众平衡合理膳食的任务，并且要积极响应国家政策，“杜绝浪费，厉行节约”，深刻理解“十四五”五大发展理念，结合健康中国打造绿色发展饮食概念，从而为促进国民健康贡献自己的一份力量。

第三节　团餐产业发展现状

团餐产业发展现状见二维码。

第二章　中国饮食文化

第一节　饮食的历史与文化

饮食的历史与文化见二维码。

第二节　中国菜系的划分

一、地方菜

地方菜，即从地域角度对菜系的划分，一般以省命名，有“四大风味”和“八大菜系”之说。“四大风味”是指鲁味、川味、粤味及淮扬味；四大风味再细分为鲁菜、川菜、湘菜、苏菜、浙菜、徽菜、粤菜和闽菜，称“八大菜系”。

一个菜系的形成，与它悠久的历史与独到的烹饪特色是分不开的，同时也受到这个地区自然地理、气候条件、资源特产、饮食习惯等的影响。中国“八大菜系”的烹调技艺各具风韵，其菜肴之特色也各有千秋：苏、浙菜清秀素丽，鲁、徽菜古拙朴实，粤、闽菜风流典雅，川、湘菜丰富充实。

1. 鲁菜

鲁菜，又叫山东菜，历史悠久，影响广泛，是中国饮食文化的重要组成部分，以其风味独特、制作精细享誉海内外。鲁菜发端于春秋战国时的齐国和鲁国（今山东省），形成于秦汉。宋代后，鲁菜就成为“北食”的代表。鲁菜是我国覆盖面最广的地方风味菜系，遍及京津塘及东北三省，有着广阔的群众基础。

山东古为齐鲁之邦，地处半岛，三面环海，腹地有丘陵平原，气候适宜，四季分明。海鲜水族、粮油牲畜、蔬菜果品、昆虫野味一应俱全，为烹饪提供了丰富的物质条件。由于山东省内地理差异较大，因而形成了沿海的胶东菜（以海鲜为主）、内陆的济南菜以及自成体系的孔府菜三大体系。

鲁菜庖厨烹饪技巧全面，巧于用料，注重调味。常用的烹调技法有30种以上，尤以爆、炒、烧、塌法最为独特。清代袁牧称“滚油炮（爆）炒，加料起锅，以极脆为佳，此北人法也。”由于爆炒瞬间完成，营养素少有损失，且食之清爽不腻；烧有红烧、白烧，著名的“九转大肠”就是烧菜的代表；“塌”是鲁菜独有的烹调方法，其主料要事先用调料腌渍入味或夹入馅心，再沾粉或挂糊，用油两面塌煎至金黄色时，再放入调料和清汤，以慢火收尽汤汁，使之浸入主料，增加鲜味，其代表菜“锅塌豆腐”“锅塌鱼扇”广受喜爱。

鲁菜讲究调味纯正，口味偏于咸、鲜。鲁菜以汤为百鲜之源，非常注重用汤，尤其讲究清汤和奶汤的调制。清汤色清而鲜，奶汤色白而醇，清浊分明，取其清鲜。清汤的制法早在《齐民要术》里即有记载，现已演变为用肥鸭、肥鸡、猪肘肉为主料，经煮沸、微煮，使主料鲜味渗于汤中，中间要经过两次“清俏”，使汤内悬浮物集聚在“俏”料上，既澄清了汤汁，又增加了汤的鲜味。这种汤清澈见底，味道极其鲜美，一直被誉为高级汤料。制作“奶汤”需用大火，不加“清俏”，使汤呈乳白色，所以称“奶汤”。用“清汤”“奶汤”制作的名菜有“清汤柳叶燕窝”“清汤全家福”“奶汤蒲菜”“奶汤八宝布袋鸡”等，多数被列为高级宴席的珍馐美味。

鲁菜对烹制海鲜也有独到之处，海珍品和小海味的烹制堪称一绝。胶东沿海所产的偏口鱼，运用多种刀功和不同技法的处理可以制出“爆鱼丁”“熘鱼片”“糖醋鱼块”“焦熘鱼条”“荠菜鱼卷”“瓤八宝鱼”“汆鱼丸”等上百道菜，色、香、味、形各具特色，集千变万化于一条鱼上，体现了鲁菜的精巧技法。

山东人喜食葱、蒜。大葱以章丘所产最为有名，味甘而辛，可生食，用生葱蘸甜面酱更别具风味。这种吃法随山东名菜“烤鸭”“锅烧肘子”“清炸大虾”等进入高档宴席。鲁菜喜欢以葱香作调味，无论是爆、炒、烧、熘还是调汤都以葱和蒜炝锅。

鲁菜的风格是大方高贵，堂堂正正而不剑走偏锋，它是普遍的高水准，而不是以一两样菜或偏颇之味来号召，可谓中国菜的典型。故而鲁菜宴席铺陈大方，追求完美，多以主菜定名，席面丰盛，款式多样，每道菜都各具特色，有的是鲜香酥烂，有的则脆嫩清爽，有的浓郁醇厚，名款菜均区别于其质地口味。每道菜依序布陈席间，食时可按其所好，任意品味。

2. 川菜

川菜是以成都、重庆两个地方菜为代表，分别被称为蓉派、渝派。川菜作为我国八大菜系之一，在我国烹饪史上占有重要地位。它取材广泛，调味多变，菜式多样，口味清鲜醇浓并重，以善用麻辣著称，并以其别具一格的烹调方法和浓郁的地方风味，以及融会贯通、博采众家之长、善于创新的特点，享誉中外。

川菜常用的烹制方法有30余种，擅长炒、滑、熘、爆、煸、炸、煮、煨等。每种制备方法都有独特、完整的工艺要求。同一种烹调方法，因原料、味别的差异，又有各具特色的制法。其中小煎、小炒、干烧、干煸为川菜独有。小煎、小炒时不过油，不换锅，急火短炒一锅成菜，菜品鲜而不生，滚烫喷香；“干烧”时微火慢烧，用汤不满不欠自然收汁，口味浓而不酽；“干煸”时火中旺油、反复煸炒，菜品以酥制韧，散发干香之味。

川菜的特点是突出麻、辣、香、鲜、油大、味厚，重用“三椒”（辣椒、花椒、胡椒）和鲜姜。

川菜的“味”尤为突出，其味型之多，为各大菜系之首。四川产有独具特色的调味品，如郫县的辣豆瓣，自贡的川盐，保宁的食醋，潼川的豆豉，涪陵的榨菜，新繁的泡姜、泡辣椒等都是川菜常备的调料。川菜素有“一菜一格、百菜百味”的称誉，其中“格”和“味”

都是由这些独特的调味品调制出来的。川菜的厨师善于运用味的主次、浓淡、多寡调配变化，加之选料、切配和烹调得当，可将单一味调制出各具特色的复合味。川菜的复合味型有20多种，如咸鲜、家常、麻辣、糊辣、鱼香、姜汁、怪味、椒麻、酸辣、红油、蒜泥、酱香、荔枝、五香、香糟、糖醋等，其中最为著名的当数鱼香味、怪味、家常味。“怪味”是由姜米、蒜、葱、白糖、花椒面、红油、醋、白酱油、芝麻油、味精等10余种调料调制而成的，其味集甜、麻、辣、香、鲜于一体，不突出某一味，做到味中有味、重叠和谐。“鱼香味”要求咸、甜、酸、辣四味兼有，突出葱、姜、蒜味。“家常味”的基本味型是咸、鲜、微辣，其味的浓淡随菜式所需而定。

川菜中的蓉派菜主要以成都和乐山菜为主，讲求用料精细准确，严格以传统经典菜谱为主，其味较温和，绵香悠长。著名的菜品有麻婆豆腐、回锅肉、宫保鸡丁、盐烧白、粉蒸肉、夫妻肺片、蚂蚁上树、灯影牛肉、蒜泥白肉、樟茶鸭子、白油豆腐、鱼香肉丝、泉水豆花、盐煎肉、干煸鳝片、东坡墨鱼、清蒸江团等。

渝派菜以重庆和达州菜为主，大方粗犷，多创新，以花样翻新迅速、用料大胆、不拘泥于材料著称，俗称江湖菜。其代表作有酸菜鱼、毛血旺、口水鸡、干菜炖烧系列，以及以水煮肉片和水煮鱼为代表的水煮系列，以辣子鸡、辣子田螺和辣子肥肠为代表的辣子系列，以泉水鸡、烧鸡公、芋儿鸡和啤酒鸭为代表的干烧系列，以泡椒鸡杂、泡椒鱿鱼和泡椒兔为代表的泡椒系列，以及以干锅排骨和香辣虾为代表的干锅系列等。

一般认为蓉派川菜是传统川菜，渝派川菜是新式川菜。以做回锅肉为例，蓉派做法中材料必为三线肉（五花肉上半部分）、青蒜苗、郫县豆瓣酱以及甜面酱，缺一不可；而渝派做法则不然，各种带皮猪肉均可使用，青蒜苗也可用其他蔬菜代替，甜面酱用蔗糖代替。而具体烩制手法两派基本相似。所不同的在于蓉派沿袭传统，渝派推陈出新。

另外，四川各地的小吃通常也被看作是川菜的组成部分，如担担面、川北凉粉、麻辣小面、酸辣粉、叶儿粑、酸辣豆花等，以及用创始人姓氏命名的赖汤圆、龙抄手、钟水饺、吴抄手等。

3. 粤菜

粤菜也称广东菜，中国八大菜系之一，由广州、潮州、东江三地特色菜点发展而成，是起步较晚的菜系，但它影响深远，中国香港和澳门以及世界各国的中菜馆，多数是以粤菜为主。

粤菜注意吸取各菜系之长，烹调技艺多样善变，用料奇异广博。在烹调上以炒、爆为主，兼有烩、煎、烤，注重质和味，讲究清而不淡，鲜而不俗，嫩而不生，油而不腻，有“五滋”（香、松、软、肥、浓）、“六味”（酸、甜、苦、辣、咸、鲜）之说。其时令性强，夏秋尚清淡，冬春求浓郁，追求色、香、味、形。

粤菜用料十分广泛，主料、配料和调料均十分丰富。为了显出主料的风味，粤菜选择配料和调料十分讲究，配料不会杂，调料是为调出主料的原味，两者均以清新为本。粤菜著名的菜品有：鸡烩蛇、龙虎斗、烤乳猪、太爷鸡、盐焗鸡、白灼虾、白斩鸡、烧鹅、蛇油牛肉等。

粤菜派系中，广州菜包括珠江三角洲的肇庆、韶关、湛江等地的风味。其特点是取料广、选料精、配料奇、技艺精、善变化、品种多，品味讲究清鲜嫩脆滑爽，特别擅长炒、煎、炸、煲、炖、扣等技法。主要代表菜有“龙虎凤烩”“白云猪手”“蚝油网鲍片”“红烧大群翅”等。

潮州菜接近闽粤，汇两家之长自成一派。刀功精细，善烹海鲜，汤菜尤具特色。口味偏于香、浓、鲜、甜、清醇。汤菜爱用鱼露、沙茶酱、梅子酱、红醋等调料。制备方法以焖、炖、烧、焗、炸、蒸、炒、泡等技法最为擅长。其代表菜有“柠檬炖鸭”“潮州烧鹅”“鲜炸蟹塔”。

东江菜又名客家菜，其饮食习俗仍保留中原地区固有的风貌。原料多用肉类，极少用水产。主料突出，用油重，口味偏咸，朴实大方，以砂锅菜见长，以烹制鸡、鸭著称，有独特的乡土风味。烹调方法多而善变，常用蒸、炖、烩等方法，主要代表菜有“东江盐焗鸡”“东江全鸭”“煎酿豆腐”“东江鱼丸”等。

4. 苏菜

苏菜即江苏菜。起始于南北朝，至唐宋时，苏菜成为“南食”两大台柱之一（另一为浙菜）。明清时期，苏菜南北沿运河、东西沿长江的发展更为迅速。苏菜主要由淮扬菜、金陵菜、苏锡菜和徐海菜四个流派组成。

苏菜用料广泛，以江河湖海水鲜为主；刀功精细，烹调方法多样；擅长炖、焖、蒸、炒，重视调汤，保持原汁，风味清鲜平和，浓而不腻，淡而不薄，酥松脱骨而不失其形，滑嫩爽脆而不失其味；菜品风格雅丽，形质均美。著名的“镇扬三头”（扒烧整猪头、清炖蟹粉狮子头、拆烩鲢鱼头）、“苏州三鸡”（叫花鸡、西瓜童鸡、早红橘酪鸡）以及“金陵三叉”（叉烤鸭、叉烤鳜鱼、叉烤乳猪）都是其代表名菜。

淮扬菜以扬州、两淮（淮阴、淮安）为中心，以大运河为主干，南至镇江，东至南通，北至盐城。淮扬菜的特点是选料严谨，注意刀功和火功，强调本味，突出主料，色调淡雅，造型新颖，咸甜适中，口味平和。在烹调技艺上，多用炖、焖、煨、焐之法。著名的菜肴有“三套鸭”“将军过桥”“醋熘鳜鱼”“文思豆腐”等。

金陵（江宁）风味菜又称“京苏大菜”，指南京菜。南京菜兼取四方之美，适应八方之味，擅长焖、炖、叉烧、烤等，以滋味柔和、醇正适口为特色。其代表菜有“金陵桂花鸭”“拆烩鲢鱼头”“炖蒸核仁”“金陵扇贝”等。

苏锡风味菜以苏州、无锡为中心。苏锡菜重火候，烹调善用炖、焖、煨、焐之法，兼取爆、炒、煎、炸等技法，使得菜肴丰富多彩、细腻玲珑，口味清新爽口、浓淡适宜，注重造型。其名菜有“碧螺虾仁”“雪花蟹斗”“松鼠鳜鱼”“鸡茸蛋”“香脆银鱼”“镜箱豆腐”“常熟叫花鸡”等。

徐海菜是指徐州沿东陇海线至连云港一带的地方风味菜。它的许多名菜都与彭祖有关，据说“羊方藏鱼”就是彭祖的传世之作。徐海地区果蔬、野味、海鲜极为丰富，徐海名菜“野味王套”就是取用当地的大雁、野鸭、斑鸠、鹌鹑等做主料，配以香菇、火腿、冬笋、青菜心制成。徐海人爱食羊肉，冬吃三九，夏吃三伏，几乎所有餐馆都有羊肉菜肴。徐海菜的口味主要以咸鲜为主，特别注重原汤原味、一菜一味。夏季清淡兼辛，冬季浓重，以猪、羊、鸡和冬令时蔬制作菜点。在烹饪技巧上徐海菜精于炒、爆、熘、干炸。“糖醋黄河鲤鱼”在徐海享有盛名，徐海酒宴素有“无鲤不成席”之说。

5. 浙菜

浙菜富有江南特色，历史悠久，源远流长，是中国著名的地方菜种。浙菜起源于新石器时代的河姆渡文化，经越国先民的开拓积累，汉唐时期的成熟定型，宋元时期的繁荣和明清时期的发展，形成了浙菜的基本风格。

浙菜品种丰富，菜式小巧玲珑，菜品鲜美滑嫩、脆软清爽，其特点是清、香、脆、嫩、爽、鲜。浙菜主要有杭州、宁波、绍兴、温州四个流派所组成，各自带有浓厚的地方特色。

杭州菜是浙菜的主流。由于其传承了南宋以来历代名厨的技艺，菜肴制作精细，清鲜爽脆，淡雅细腻，带有古都的典雅特色，以“西湖醋鱼”“东坡肉”“龙井虾仁”“生爆鳝片”“干炸响铃”“油焖春笋”“宋嫂鱼羹”“叫花童子鸡”“西湖莼菜汤”等菜最为有名。

宁波菜以咸鲜为基础，注重保持原汁原味的特色，讲究嫩、软、滑，用料实在，色泽较浓。因宁波濒临东海，以蒸、烤、炖制海鲜见长。宁波名菜有“雪菜大汤黄鱼”“锅烧鳗鱼”“冰糖甲鱼”等。

绍兴菜富有江南水乡风味，以鱼虾河鲜、鸡鸭家禽、豆类、笋类为主，讲究香酥绵糯，原汤原汁，轻油忌辣，汁味浓重。其烹调常用鲜料配腌腊食品同蒸或炖，且多用绍酒烹制，故香味浓烈。代表菜有“糟鸡”“糟熘虾仁”“干菜焖肉”“绍兴虾球”等。

温州在我国古代历史称“瓯”，地处浙南沿海，当地的语言、风俗和饮食方面，都自成一体，别具一格，素以“东瓯名镇”著称，温州菜也称“瓯菜”。“瓯菜”以烹制海鲜见长，口味清淡，淡而不薄。烹调讲究“二轻一重”（即轻油、轻芡，重刀功）。其代表菜有“爆墨鱼丝”“网油黄鱼”“炸熘黄鱼”“蒜子鱼皮”等地方菜肴。

6. 徽菜

徽菜由皖南、沿江和淮北三种地方风味菜所组成。其中皖南风味以徽州地方菜为代表，是徽菜的主流和渊源。

徽菜素以烹饪山珍野味著称，擅长烧、炖，讲究火功，并习惯以火腿佐味、冰糖提鲜，善于保持原汁原味。不少菜都用木炭火单炖，不仅体现了徽菜的古朴典雅风貌，而且菜香四溢，诱人食欲。其代表菜有“火腿炖甲鱼”“冰糖香莲”“红煨鱼翅”“清炖马蹄鳖”“黄山炖鸡”臭鳜鱼等。

沿江风味盛行于芜湖、安庆、合肥地区。以烹调河鲜、家禽见长。讲究刀功，注重造型，以糖调色，其烟熏技术别具一格。其菜肴具有酥嫩、鲜醇、清爽、浓香的特点，代表菜有“毛峰熏鲥鱼”“清香砂焐鸡”。

淮北风味主要由蚌埠、宿县、淮北等地风味构成，其风味特点咸中带辣，汤汁口重色浓，惯用香菜作为作料和配色。烹调长于烧、炸、熘，菜品质朴、酥脆、咸鲜、爽口。闻名全国的“符离集烧鸡”“葡萄鱼”“奶汁肥王鱼”“香炸琵琶虾”等是当地著名风味菜肴。

7. 湘菜

湘菜是湖南菜的简称，由湘江流域、洞庭湖畔、湘西山区风味汇集而成，以湘江流域风味菜肴为主要代表。湘菜最突出的地方风味特色是以辣味菜和熏、腊制品居多。

湘江流域菜以长沙、衡阳、湘潭为中心，其中以长沙为主，制作菜肴讲究用料广泛、制作精细、外形美观，注重色、香、味、器、质的和谐统一。制作上以炒、蒸、腊、炖、煨等技法见长，口味注重酸辣、香鲜、软嫩。其代表菜有“东安子鸡”“冰糖湘莲”“紫花脱袍”“糖醋脆皮鱼”等菜式。

洞庭湖畔的风味菜以岳阳、常德两地为主，擅长烹制河鲜和家畜家禽，善用炖、烧、腊等技法。特点是芡大油重，咸辣香软，代表菜有“麻辣子鸡”“剁椒鱼头”“五元神仙鸡”等。

湘西风味菜由湘西、湘北的民族风味菜组成，以烹制山珍野味见长，善用烟熏、腌制技法，口味侧重咸香酸辣，有浓郁的山乡特点。其代表菜有“炒腊野鸭条”“腊味合蒸”“湘西酸肉”等。

8. 闽菜

闽菜，又称福建菜，是中国八大菜系之一，由中原汉族文化和当地古越族文化的混合、交流而逐渐形成。最早起源于福建福州闽侯县，在后来发展中形成福州、闽南、闽西三种流派。

福州菜是闽菜的代表，由以福州市为中心的闽东、闽北部分地区的地方菜组成。其特点是选料精致，刀功严密谨慎，灵巧高明，寓趣于味，素有切丝如发、片薄如纸的美誉；讲究火候，善于制汤，汤菜多种多样，素有“一汤十变”之说；喜用佐料，调味独特，偏于甜、酸、淡，喜加糖醋。代表菜有著名的“佛跳墙”“淡糟炒香螺片”“鸡汤汆海蚌”等。

闽南菜主要分布在晋江、泉州、厦门、漳州等闽南沿海地区，以烹饪海鲜见长。闽南菜选料严谨，讲究调味，操作仔细，炒、炸、熘、焖、蒸、煨、炖等技艺突出，菜品具有鲜、浓、香、烂等特色。口味略带甜、酸、辣，善用沙茶、芥末作调味品。其名菜有“龙身凤尾虾”“沙茶焖野鸡”“沙茶炒牛肉”“通心河鳗”“芙蓉鲟鱼”等。

闽西菜一般称客家菜，主要分布在闽西山区。据史书记载，客家人的祖先来自黄河中下游流域，所以至今还保留许多古代的习俗，饮食上则把中原的烹调技艺与当地资源相结合，形成了独特的风味。其菜品带有浓郁的南方山区色彩，用料多采自山区出产的笋、菇、芋、薯、鸡、鸭、猪、牛、羊、蛇、鱼、虾、龟、鳖等，刀功质朴、粗犷，调味品少，风味纯正，鲜美偏咸，一般菜肴碗大量大实惠，以显客家人热情好客。其代表菜有“麒麟脱胎”“爆牛七品”“太极芋泥”等。

9. 其他地方菜

（1）上海菜

上海菜源于本帮菜。所谓本帮菜，即本地菜，其特点是“粗鱼大肉，浓油赤酱”，经济实惠，最合普通百姓的胃口。如糟钵头、肉丝黄豆汤、扣三丝（火腿丝、鸡丝、笋丝）、鸡骨酱、青鱼秃肺等都是上海本地菜的名品。

上海菜最擅长用海鲜、河鲜烹制佳肴，小吃点心丰富多彩。味厚不腻，清淡素雅，醇香浓郁。上海著名的风味菜有“虾子大参”“红烧鳝段”“红烧鮰鱼”“生煸草头”“灌汤虾球”“生煎馒头”“南朝小笼”“鸽蛋圆子”“龙眼”“杏花楼月饼”等。

上海人喜食小吃，春季有松糕、春卷、汤团；盛夏有各种米制的冷糕、冷团、冷面；夏秋之际有各种热食糕团、鲜肉月饼、蟹粉小笼；隆冬有祛寒滋补的羊肉面及各种年糕。上海著名的小吃有城隍庙的南翔馒头、枣泥酥饼、鸽蛋圆子，沧浪亭的四季糕和苏氏面点，乔家栅的粽子、松糕、八宝饭，沈大成的时令糕团，鲜得来的排骨年糕，小绍兴鸡粥店的鸡粥，杏花楼的月饼等。

（2）京菜

京菜融合了汉、蒙、满等民族的烹饪技艺，吸取了全国各主要地区风味特色，纳入山东风味并集成了明清宫廷菜的精华，形成了自己的特殊风味，以炸、涮、爆、烤、扒为主，以清脆、香酥、鲜美为特色，味醇浓厚。

京菜之所以没有被列入八大菜系，究其原因，主要在于京菜品种复杂多元，兼容并蓄八方风味，名菜众多，难于归类。旧时的北京，王公贵族、达官贵人、巨商大贾和文人雅士们由于社会交往、礼仪、节令及日常餐饮的需要，家里都雇有厨师。这些来自全国各地的厨师便将四面八方的风味菜在北京汇集、融合、发展，逐渐形成独特的京菜风味。

京菜在原料上广收博取，善于将各种地方特色的干鲜原料等悉数拿来，广泛利用，精心烹制，使北京菜显得更加丰富多彩。

京菜的烹调手法极其丰富，烤涮爆炒、炸烙煎焗、扒熘烧燎、蒸煮汆烩、煨焖煸熬、塌焖腌熏、卤拌炝泡以及烘焙拔丝等一应俱全。每一种烹调方法又可在原料、炊具、火候或手法上略作变化而分化出多种操作方法。如烤有挂炉烤、焖炉烤、叉烧烤、炙子烤；爆有油爆、酱爆、芫爆、葱爆等；熘有焦熘、软熘、醋熘等。

京菜的口味向来讲求味厚、汁浓、肉烂、汤肥。著名风味菜点有北京烤鸭、爆双脆、葱爆羊肉、扒翅、炒鸭掌、烩四缘、熘黄菜、三不粘、醋椒鱼、酱爆鸡丁、糟熘鱼片、五柳鱼、龙须面、小窝头、肉末烧饼等。

北京小吃共有250多种，比较有地方特色的有灌肠、爆肚、茶汤、豆汁、炒疙瘩、炸油饼、炸咯吱、驴打滚、艾窝窝等。其中豆汁颇受老北京人偏好，其做法是用绿豆粉渣发酵后，用其汁煮成，味道酸怪，外地人不易接受，但老北京人却对此情有独钟。

（3）豫菜

豫菜为中原烹饪文明的代表。发源于开封的豫菜因地处九州之中，一直秉承着中国烹饪的基本传统：中与和。“中”是指豫菜不东、不西、不南、不北，而居东西南北之中；不偏甜、不偏咸、不偏辣、不偏酸，而于甜咸酸辣之间求其中、求其平、求其淡。“和”是指融东西南北为一体、为一统，融甜咸酸辣为一鼎而求一味、求一和。“中”与“和”为中原烹饪文化之本，为中华文明之本。从中国烹饪之圣商相伊尹（开封人）3600年前创五味调和之说至今，豫菜借中州之地利，得四季之天时，包容五味，以数十种技法炮制数千种菜肴，其品种技术南下北上影响遍及神州，美味脍炙人口。

今日豫菜不失传统，尤长创新。它四方选料，独特涨发，精工细作，极擅用汤，调和五味，程度适中。不论干鲜老嫩，煎炒烹炸，以一“味”领色、香、形、器，以一“和”而悦八方食客。因此豫菜没有时髦，没有浮躁，不以华丽逞一时，而以醇厚平和续千年。

著名风味菜点有糖醋熘黄河鲤鱼焙面、牡丹燕菜、葱扒羊肉、麻腐海参、紫酥肉、铁锅蛋等；著名的面点有河南蒸饺、开封灌汤包子、双麻火烧、鸡蛋灌饼、韭头菜盒、烫面角、酸浆面条、开花馍、水煎包、萝卜丝饼等；风味小吃有烩面、高炉烧饼、羊肉装馍、油旋、胡辣汤、羊肉汤、牛肉汤、博望锅盔、羊双肠、炒凉粉等；著名的卤点有开封桶子鸡、道口烧鸡、五香牛肉、五香羊蹄、熏肚等。

（4）天津菜

天津菜以烹制海鲜、河鲜见长，注重调味，讲究时令，口味以咸鲜、清淡为主，重芡，重火候，小吃品种多样。著名风味菜点有扒通天鱼翅、扒海羊、盐爆肚仁、官烧目鱼、炸熘铁雀、独羊脑、麻栗野鸭、大麻花、煎饼果子、驴打滚、糟熘鱼片等。

（5）河北菜

河北的风味菜有冀中南派、宫廷塞外派、京东沿海派三大流派。冀中南以保定为代表，特点是选料广泛，以山货和白洋淀的鱼、虾、蟹为主，重色、香，重套汤。塞外派以承德为代表，特点是选用当地原料入馔，善烹宫廷菜及山珍野味，刀功精细，重火功，讲究造型与装菜器皿，口味香酥咸鲜。京东沿海菜以唐山为主，以烹制鲜活海产见长。特点是原料丰富，刀功细腻，口味清淡，讲究清油抱芡。京东沿海菜菜品多配以精美的唐山瓷质餐具，外观别具风格。

河北菜著名菜点有匀拌肉瓜、烹虾段、一品寿桃、天桂山鸡、烧南北、常山甲鱼、烤全鹿、金毛狮子鱼、糯米甜饭、饶阴豆腐脑、王大山爆肚、郭八火烧、荞面饸饹等。

（6）东北菜

东北菜又分辽宁菜、吉林菜、黑龙江菜三种。

辽宁菜是在满族菜和东北菜的基础上，吸取全国各地菜点（特别是鲁菜和京菜）之所长而形成自己的独特风格。特点是一菜多味、咸甜分明、酥烂香脆、明油亮黄、讲究造型。辽宁菜最有名的是全羊席，一桌全羊席至少44个菜，菜肴有稀有干，有冷有热，有咸有甜，口感多样。著名菜点有白肉血肠、烤明虾、鲜活白蟹、金钱飞龙鸟、什锦火锅、游龙戏凤、蒸加吉鱼、老边饺子、吊炉饼等。

吉林菜点兼取京、鲁菜之精华，结合当地人民饮食习惯，充分利用吉林丰富的物产，形成了自己的特色。菜点制作精细，油重、色浓，特别注重宴席中大件菜的配置，菜品以盘大量多、讲求丰满实惠而闻名。菜肴注重咸香味鲜，软嫩酥烂，清淡爽口，菜肴浓、淡、荤、素分明。吉林菜用料广泛而讲究，用特产烹制的长白山珍宴、松花江水味宴、江城蚕豆宴、参芪药膳宴、梅花鹿全席等名扬四海。吉林的朝鲜族菜点小吃也颇具特色。吉林著名菜点有青菜火锅、鹿茸羹、炸蛤蟆、人参焕鸡、朝鲜族风味狗肉、狗肉火锅、生拌牛肉、白扒松茸蘑、红焖狍肉、带馅麻花、朝鲜族冷面、参茸馄饨、参茸豆沙等。

黑龙江菜以烹制山珍、河鲜出名，菜肴味重、色浓，肥厚实在。菜肴较少配料，主料突出。其烹调受鲁、京菜的影响，擅长扒、烤，又保留了自己传统的炖、煮、熬、烤等特色。著名菜点有清汤飞龙、红烧熊掌、白扒猴头、炒肉青菜粉、酱肉、糊白肉、手把肉、烤肉、刨花鱼片、三鲜水饺、酸辣粉皮、羊汤锅烙等。

（7）江西菜

江西菜包括南昌、九江、景德镇以及井冈山地区等地的特色风味。江西菜善烹山珍野味和水产。九江菜品色重油浓，口感肥厚，喜好辣椒。南昌菜肴讲究配色、造型。井冈山区菜讲究火功，菜肴丰满朴实、注重原味，尤以当地土产入馔最为有名。江西小吃以面点居多，制法各异，颇有特色。

著名菜点有三杯子鸡、香质肉、冬笋干烧肉、藜毫炒腊肉、原笼船板肉、石鱼炒蛋、浔阳鱼片、炸石鸡、兴国豆腐、米粉牛肉、金钱吊葫芦、信丰萝卜饺、樟树包面、黄元米果等。

（8）广西菜

广西菜由南宁、桂林、柳州、梧州等城市菜和壮族、瑶族、京族、侗族等少数民族菜组成。菜肴取料奇特，制作也极有个性。南宁等地菜以烹调野味见长，制作考究，讲究鲜活。烹调方法受粤菜影响较深，喜好辣味，清淡爽嫩。广西出产许多名贵中药材，烹调中将菜与补药巧妙结合而制成药膳，风味独特。

广西著名菜点有葵花马蹄肉饼、桂乳荔芋扣、纸包鸡、花雕碎鸡、马肉米粉、奶油焗浪戟、糊辣、桂北油茶等。

（9）中国台湾菜

中国台湾菜点以闽菜为基础，杂以粤、川、湘等地风味而形成自己的特色。善烹制海鲜，菜肴口感清淡、醇和、鲜美、兼有甜辣味，注重制汤。著名菜点有金玉满堂、蜂蛹四吃、满掌金钱、玫瑰豉油鸡、燕皮鱼翅、合制泡菜、葡萄干煎蛋、玉米浓汤等。

（10）海南菜

海南菜以粤菜为基础，再融合了本地特色。在烹饪原料上地方特色明显，如常用海味、野味，对畜禽原料挑选严格，菜肴中常出现椰子、椰蓉、菠萝蜜、蜜桃等海南的特色水果。海南菜讲究色、香、味、形俱佳，注重原料鲜活，口味清淡，体现本味。著名的风味菜点有海南椰子盅、蜜仁加积鸡、火把杀山羊、百衣椰子盒、烤盐灶蛤蜊、椰蓉焗子鸡、酥炸虾饼、海南粉、椰蓉糯米糕、空心煎堆等。

（11）中国香港菜

中国香港菜基本保留粤菜的传统，素具美名。加上香港是自由港，全世界水陆奇珍齐聚于此，西餐、日餐、东南亚餐纷纷立馆，香港本土厨师吸取各家之长，融会贯通，推陈出新，遂使以粤菜为主的菜点美名远扬。港式粤菜的著名菜点基本上与粤菜相似，尤以龙虾、鲍鱼、清汤扒鱼翅、龙虎斗、烩蛇羹等著称。

（12）中国澳门菜

中国澳门菜是澳门地道的风味美食。其最闻名的是马介休（即鳘鱼）、红豆猪手、烩牛尾、烩牛肠、青菜汤（由腊肠、生菜、土豆蓉、橄榄油合煮，别有风味）、咖喱蟹；还有烧烤食品如牛肋骨、乳猪、麦口、沙甸鱼、鹌鹑等。

（13）陕西菜

陕西菜是我国古老菜系之一。它形成于西周到春秋战国时期，是中华大地上一个历史最为悠久、文化底蕴最为丰富的菜系，在中华饮食文化演进、发展史上有着重要地位和作用。

陕西菜由关中、陕北、汉中三个地方菜组成，以关中菜为代表。陕西菜强调形状完整、酥嫩、汁浓味香，炒菜讲究飞火（即锅中有火），重用各种香料。小吃和点心与菜肴平分秋色，品种多，口感别致。其特点是取材以猪、羊肉为主，料重味浓，香肥酥烂，突出主味。

著名的陕西代表大菜有烤山鸡、烤鲤鱼、奶汤锅子鱼、葫芦鸡、炸香椿鱼、水磨丝、炸胡麻羊肉、手抓羊肉、五侯鲭、氽丸子、油炸丸子、饺子宴（以各种形态，不同馅心的饺子成宴）、牛羊肉泡馍、太后饼、乾县锅盔等。

著名的陕西关中“八大怪”中有五大怪都与吃有关，如“面条像腰带”“锅盔像锅盖”“油泼辣子是道菜”“羊肉泡馍大碗卖”“老碗比盆大”等。

陕西饮食最具代表性的是“西安小吃”，仅陕西凉皮就有四大流派之分，即汉中米面皮、秦镇米面皮、麻酱酿皮、岐山擀面皮。陕西西安蓝田县因小吃花样众多，被誉为“中国厨师之乡”。西安著名小吃有老白家水盆羊肉、天下第一碗、杂羔汤、里木烤肉、樊记肉夹馍、腊牛肉夹馍、葫芦头、酱大骨头、肉丸胡辣汤、麻辣粉、红油米线、蒜蘸面、酸汤水饺、镜糕、锅贴、黄桂柿子饼、丸子烩菜、水盆大肉、杂肝等。

（14）楚菜

楚菜的雏形出现于楚国，并随楚文化的发展而兴盛，体现出精、奇、细、巧等南派特征。楚菜由汉沔风味（含武汉、孝感、沔阳）、荆南风味（含荆州、沙市、宜昌）、襄郧风味（含随州、襄阳、十堰）、鄂东南风味（含黄石、黄冈、咸宁）、鄂西土家族山乡风味（以恩施为中心）5 个分支构成。

楚菜制作精细，主料为鱼、肉、时蔬，以大米作为辅料，形成鱼中有肉，肉中有鱼，肉蔬结合。如沔阳三蒸全部以米粉为辅助物，如粉蒸鱼、粉蒸肉、粉蒸时蔬，既突出了各原料自有的风味特色，又融合了稻米的清香。由于稻米黏附于原料之上，保护了原料的水分，使成菜吃起来鲜嫩柔滑，本味特色鲜明。

楚菜尤为讲究一菜多料，像金包银、银包金、烧三合、滑三丝、八宝饭等。楚菜重视刀功，名师多要求徒弟在细布上切肉丝，做到“肉断布不破”方可。楚菜中的元宝独碟、过桥双拼等传统冷菜都很精细。

楚菜常用的烹调方法有 30 余种，以蒸、煨、烧、炸、炒最有特色。湖北蒸菜历史悠久，品种丰富，讲究原形、原色、原味、原汁，极少用有色调味品，力求突出畜禽的肥美、鱼虾的鲜嫩和蔬菜的清香。代表品种民间首推“三蒸”，餐馆则以“清蒸武昌鱼”和“冬瓜鳖裙羹”为代表。

（15）山西菜

山西菜风味由南、北、中三地域组成。南路以运城、临汾地区为主，以海味为最，口味偏重清淡；北路以大同、五台山为代表，菜肴讲究重油重色；中路以太原为主，兼取南北之长，选料精细，切配讲究，以咸味为主，酸甜为辅，具有酥烂、香嫩、重色、重味的特色。著名菜点有熏猪肉、酿粉肠、过油肉、炒蝴蛤羊肉、刀削面、猫耳朵、拔鱼等。

山西面食尤为著名，成品筋韧或柔软，滑利爽口，余味悠长。面食品种亦多，吃法别致，甚至可以单独成宴，从头至尾绝无雷同。

（16）甘肃菜

甘肃风味以兰州为代表，善烹牛羊肉，常用烤、煮、炖，朴实无华。菜肴少用配料，崇尚辣、鲜、咸、酸、香，重用香料，口味浓厚、肥腻。现受外地烹调影响，也有制作精细的菜肴。著名菜点有驼峰炒五丝、烧驼掌、梅衣羊头、薇菜炖猪肉、河西酥羊、陇西腊羊肉、提篮鱼、罗锅鱼片、兰州拉面、烧鸡粉、高担酿皮、浆水面、羊肉粥等。

（17）贵州菜

贵州菜以咸、辣闻名，讲究色、味、形，并吸取少数民族的某些烹调方法，体现了浓郁的地方特色。著名菜点有竹筒烤鱼、蝴蝶竹、天麻鸳鸯鸽、金钩挂玉牌、肠旺面、刷把头等。

（18）青海菜

青海是多民族聚集之地，因此菜肴、小吃面点品种多样，风味更是各不相同。青海菜特点是醇香、软酥、脆嫩、酸辣，兼有北方菜的清醇，川菜的麻、辣以及南菜的味鲜、香甜。著名菜点有人参羊筋、蛋白虫草鸡、三色芙蓉丸子、雪莲人参果、羊肉筱子、羊肉汆面片、西宁凉粉、羊肉麦仁饭等。

二、官府菜

清朝官宦之家尤其重视烹饪，素来讲究“粗菜细做，家常菜细做”。贵族官僚之家生活奢侈，资金雄厚，原料丰厚，这是形成官府菜的重要条件之一。官府菜中以祖庵菜、随园菜、孔府菜、谭家菜最为有名，称为“四大私房菜”。四大私房菜各有奇技，祖庵菜凸显了湘菜之“精”，随园菜弘扬了淮扬菜之“文”，谭家菜广传粤菜之“鲜”，孔府菜彰显了鲁菜之“贵”。

除了四大私房菜，官府私家菜中比较有名的还有宫保（丁宝桢）菜、鸿章（李鸿章）菜、梁（梁启超）家菜等。

1. 祖庵菜

祖庵菜是晚清翰林、湖南省长谭延闿所创。谭延闿是著名的美食家，是把湘菜推向全国的第一人。他创造的祖庵菜非常有名，是南方菜系最具特色的代表。谭延闿一生钟情湘菜，精通食经，特别善于琢磨新的烹调方法。他的家厨曹敬臣手艺精湛，号称当时“长沙四大名厨”之一。据传谭延闿做菜时从不亲自动手，而只是设计方案，指导家厨曹敬臣制作。每次烹调时，主仆二人分工明确，谭延闿只说不做，曹敬臣只做不说，两人配合默契。外面一些大菜或古怪或时尚的做法，经谭延闿一说，曹敬臣足不出户便能心领神会，做出来的菜更是美味绝妙，创下了文人菜中的一段佳话。

2. 随园菜

随园菜得名于袁枚所著的《随园食单》。袁枚字子才，号简斋、随园老人，浙江钱塘

（今杭州）人，乾隆时期进士，33 岁弃官退隐于南京小仓山随园，是我国古代著名的诗人、美食家、烹饪家。随园原为曹雪芹家的私家园林，雍正五年其父遭免职，家产被抄，其园为江南制造隋赫德所有，称为隋园。乾隆十三年（1748 年），袁牧从隋赫德手中购得此园，并改“隋”为“随”。袁牧在随园中写下了《随园食单》，这是清代一部系统地论述烹饪技术和南北菜点的重要著作，该书所载的名馔以当时的南京特色风味为主，兼收江、浙、皖各地风味佳肴、特色小吃，以及当时的名酒名茶，共计 326 种。

3. 孔府菜

孔府菜历史悠久，烹调技艺精湛，独具一格，是我国延续时间最长、保存最完整的官府菜。其烹调技艺和传统名菜，都是代代承袭、世世相传，经久不衰。孔府菜的形成，主要是由于孔府的历代成员，秉承孔子“食不厌精、脍不厌细”的遗训，对菜肴的制作极为考究，要求不仅料精，细作，火候严格，注重口味，而且要巧于变换调剂，应时新鲜，以饱其口福。自西汉以来，随着孔子后裔政治地位的升迁，一度享有携眷上朝之殊荣。皇室成员及高官要员的纷至沓来，孔府也要设高级宴席接风。长期以来，因受门第观念的束缚，孔府内眷多来自于各地的官宦之家，他们之间的礼尚往来，使众家名馔佳肴得以荟萃一堂，各呈特色，互为补益。孔府这种广泛的社交活动和内、外厨之间的频繁更替，促使了孔府和宫廷、孔府与官府、孔府同民间的烹饪技艺的不断交流。加之千百年来孔府名厨巧师们的潜心切磋，师承旧制，在继承传统技艺的基础上进行创新，从而逐渐形成了自成一格、名馔珍馐齐备、品类丰盛完美，色、香、味、形、器俱佳的孔府菜。

孔府菜无论是侯门气派、世袭厨艺，还是民间绝技、吉祥祈福，食客在一席孔府菜中都能感受到富贵、权贵、威严、福禄，呈现了鲁菜之“贵”，有着非同一般的侯门气派。

4. 谭家菜

谭家菜为中国清朝末年的官人谭宗浚所创。谭宗浚父子酷爱珍馐美食，不惜重金聘请京城名厨，不断吸收各派烹饪所长，久而久之，独创一派谭家风味菜肴。由于谭家菜选料考究，制作精细，尤其重火功和调味，深受各界食客的赞赏与推崇，当时作为一种家庭菜肴就已闻名北京。以后由于谭家官运不佳，家道中落，不得不以经营谭家菜为生，从而使得谭家菜得以进一步发展。

谭家菜在烹调中往往是糖、盐各半，以甜提鲜，以咸提香，做出的菜肴口味适中，鲜美可口。谭家菜的另一个特点，是讲究原汁原味。烹制谭家菜很少用花椒一类的香料炝锅，也很少在菜做成后，再撒放胡椒粉一类的调料。吃谭家菜，讲究的是吃鸡就要品鸡味，吃鱼就要尝鱼鲜，绝不能用其他异味、怪味来干扰菜肴的本味。在焖菜时，绝对不能续汤或兑汁，否则，便谈不上原汁了。

谭家菜是家庭菜肴，讲究慢火细做，不像一般菜馆里的菜，出于经营的需要，多是急火速成。谭家菜中采用较多的烹饪方法是烧、烩、焖、蒸、扒、煎、烤以及羹汤等，而很少有爆炒类的菜肴，也不讲究抖勺、翻勺等技术。也正因为这个原因，想吃谭家菜还得事先预定为最理想，给厨师留出充足的备料、制作时间。

谭家菜以燕窝和鱼翅的烹制最为有名。在谭家菜中，鱼翅的烹制方法即有十几种之多，如“三丝鱼翅”“蟹黄鱼翅”“沙锅鱼翅”“清炖鱼翅”“浓汤鱼翅”“海烩鱼翅”等等。鱼翅全凭冷、热水泡透发透，毫无腥味，制成后，翅肉软烂，味极醇美。而在所有鱼翅菜中，又以“黄焖鱼翅”最为上乘。这道菜选用珍贵的黄肉翅（即吕宋黄）来做，讲究吃整翅，一只鱼翅要在火上焖几个小时。这样焖出来的鱼翅，汁浓、味厚，吃着柔软糯滑，极为鲜美，故有“戏界无腔不学谭（谭鑫培），食界无口不夸谭”之说。

谭家菜讲究美食美器，而且大部分菜品都用精致的器具分盛，顾客一人一份，这样的分餐办法比较符合现代卫生要求。品尝谭家菜也非常注重环境，尤其要布置得室雅花香，让顾客感受到一种古朴典雅的氛围。正因为谭家菜与众不同，曾有人发出“人类饮食文明，到此为一顶峰”的赞叹。

相传，要吃谭家菜还有一个条件，那就是请客一定要连谭家的主人请在内，不管每餐的就餐者与谭家是否相识，都要给谭家主人多设一个座位，谭家主人也总是要来尝上几口。要吃谭家菜，还有一条不成文的规矩，那便是无论吃客有多大的权位，都需走进谭家门来吃。

三、民族饮食

民族饮食是指除汉族之外各少数民族的菜肴。由于各少数民族所处的不同的社会历史发展阶段，所处地域、环境、物产、宗教信仰等的不同，所以几乎每一个民族都有各自不同的饮食习俗和爱好，并最终形成了独具特色的饮食文化。

1. 蒙古菜

蒙古菜点以羊肉、奶、野菜及面食为主要菜点原料，粗犷浓烈，烹调方法较简单，以烤最为见长，崇尚丰满实在的原味。著名菜点有烤羊腿、全羊席、手抓羊肉、奶茶、马奶酒、莜麦面、资山熏鸡、肉干、哈达饼、蜜麻叶、蒙古馅饼、德兴之烧卖等。

蒙古人多以射猎为生，出远门从不携带粮食，而是野豕为食。他们按照自己的嗜好，以沙漠和草原的特产为原料，制作出自己爱好的菜肴和饮料。此外，蒙古族也多以马、牛、驼及禽鸟等动物的肉或五脏作为主要材料。烹调方法朴素简单，适合游牧民族食用。蒙古族传统食品分为红食和白食两种。蒙古语称白食为“查干伊德”，意为纯洁高尚的食品。

蒙古人春夏食酥酪，秋冬食羊肉。富贵之家还有奶茶、奶酒、酸奶子等作为饮料。食品有奶油、奶豆腐、奶果子等。

2. 藏菜

西藏菜点以藏菜为基础，吸取川菜等的特色。藏民饮食粗犷，日常饮食以糌粑、酥油茶、牛羊肉、奶制品为主，菜肴多肥厚，对奶制品有一套独特的工艺。著名菜点有扒擦蘑菇、波突、萨干察门、风干牛肉、灌肠、烧肝、芭蕉芋粉条等。

3. 云南（滇）菜

云南菜多用山珍水鲜和野生动植物，有鱼类、鹿、象鼻、竹鼠、围子以及各种昆虫等。其口味鲜嫩，清香回甜，微麻、酸辣适中，讲究原汁原味，酥脆，重油醇厚、糯而不烂、嫩而不生。外观点缀得当，造型逼真。

云南历代都是朝廷发配罪官之地，这些官员带来了各自的饮食习惯，对当地的菜肴制作影响很大。明末南明桂王朱由榔退居云南，带来御厨，对云南饮食文化起了非常大的推动作用，使云南菜在融合早期少数民族饮食文化的风格上有了较大的发展和提高。

云南菜由昆明、滇南、滇西、滇西南和滇东北等几个区域菜所构成，其中滇东北的烹调口味近似川菜。滇西南人群聚居，菜点具有少数民族特色，有傣族菜、白族菜、哈尼族菜、纳西族菜等。滇菜名品有宣威火腿、玫瑰大头菜、太和豆豉、路南卤腐、汽锅鸡、过桥米线、锅巴油粉、破酥包子、太极干巴菌、菊花银耳汽锅鸡、鸡丝虎掌菌、鱼茸乳扇卷、都督烧麦、石屏烧豆腐等。

云南各民族的菜肴可谓是繁花似锦，非常丰富。云南各民族一般都有冬季宰杀猪牛的习惯，并逐渐积累，形成了一套独特的加工、腌制、贮藏工艺，制得的菜品便于食用，如彝族的乳饼、白族的乳扇、傣族的喃味、拉祜族的血鲊、藏族的琵琶肉、汉族的生炸肉等。

各族人民还善于利用当地资源，调制出各种风味菜，如傣族的香茅草烧鸡、怒族的烧羊肚、拉祜族的烧牛肉、独龙族的石板粑粑、纳西族的火烤粑粑等。

第三章　烹饪原料的鉴别与选择

第一节　烹饪原料鉴别

烹饪原料鉴别是指依据一定的标准，运用一定的方法，对烹饪原料的特点、品种、性质等方面进行判断或检测，从而确定烹饪原料的优劣，保证正确地选择和利用优质烹饪原料。

一、烹饪原料鉴别的目的及意义

①烹饪原料是烹调加工的物质基础，烹饪原料品质的好坏对菜肴的质量有决定性的影响，高质量的菜肴必须以优质的原料为基础。合理清洗、科学烹饪，为确保菜品提供技术支持，促进营养物质的吸收。

②烹调前对烹饪原料的品质进行鉴别，可以正确地选择原料，发挥原料的特点。

③烹饪原料的好坏与人类的健康甚至生命安全有着密切的关系（微生物、变质、有害物质污染）。

二、烹饪原料的鉴别方法

对于餐饮行业烹饪食材原料的鉴别方法主要有3种方式：食物感官鉴定、食物理化鉴定、食物生物鉴定。

1. 食物感官鉴定

所谓对食物感官鉴定就是凭借人体自身的感觉器官，对食品的质量状况做出客观的评价，也就是通过用眼睛看、鼻子嗅、耳朵听、口品尝和手触摸等方式，对食品的色、香、味、形进行综合性的鉴别和评价。

食物感官鉴定方法直观、简便，不需要借助特殊仪器设备、专用的检验场所和专业人员，甚至能够察觉理化检验方法所无法鉴别的某些细微变化，如表3－1所示。

表3－1　食物原料感官鉴定表

鉴定方法	鉴别内容	判断原料的品质	鉴定实例
视觉检验	原料的形态、色泽、清洁程度等	判断原料的新鲜程度、成熟度及是否有不良改变	新鲜的蔬菜茎叶挺直、脆嫩、饱满、光滑、整齐
嗅觉检验	鉴别原料的气味	判断原料的腐败变质	核桃仁变质产生哈喇味，西瓜变质带有馊味

续表

鉴定方法	鉴别内容	判断原料的品质	鉴定实例
味觉检验	检验原料的滋味	判断原料的好坏，尤其对调味品和水果	新鲜柑橘柔嫩多汁、受冻变质的柑橘绵软浮水，口味苦涩
听觉检验	鉴别原料的振动声音	判断原料内部结构的改变及品质	手摇鸡蛋的声音；检验西瓜的成熟度
触觉检验	检验原料的重量、弹性、硬度等	判断原料的质量	根据鱼体肌肉的硬度和弹性，可以判断鱼是否新鲜

2. 食物理化鉴定

食物理化鉴定是指利用仪器设备和化学试剂对原料的品质好坏进行判断。此鉴定方法可分析原料的营养成分、风味成分、有害成分等，鉴别结果比较精确，能具体而深刻地分析原料的成分和性质，做出原料品质和新鲜度的科学结论。例如：猪肉中是否含有“瘦肉精”（盐酸克伦特罗）；水发烹饪原料鱿鱼、黄管、牛肚、蹄筋、鸭掌是否用福尔马林浸泡过（甲醛水溶液）；白砂糖、粉丝、腐竹是否添加了“吊白块”（甲醛次硫酸氢钠）；甲鱼是否用激素（己烯雌酚）饲养；蔬菜是否含残留农药等。

3. 食物生物鉴定

食物生物鉴定主要是测定原料中有无毒性成分，常用小动物进行毒理实验，建议团餐或者餐饮企业在项目部提供相应的便捷式检测设备。

三、烹饪原料感官鉴别的内容

内容为区分优质、次质的烹饪原料品种。原料的等级及质量鉴别如一级腿、二级腿。加工制品的质量鉴别如冻肉鉴别、干货原料鉴别。名贵原料鉴别如鱼翅、鱼肚。常见劣质原料的鉴别如米猪肉、有淋巴结的病死猪肉、动物原料健康肉与病死肉的鉴别、掺假原料的鉴别、有毒害性原料的鉴别、原料的真假鉴别。同类原料的品种鉴别如水牛肉与黄牛肉鉴别。

四、烹饪原料感官鉴别的方法

下面对畜肉类、禽肉类、水产类、蔬果类、调辅料 5 类原料为例，对于每类举一例说明原料的感官鉴别方法。

1. 畜肉类

新鲜肉的感官鉴别主要从外观、气味、弹性、脂肪和煮沸后的肉汤 5 个方面对肉进行综合性的感官评价和鉴别，一定杜绝不法渠道采购而来的原料，严格把控检验（表 3－2）。

表 3－2 畜肉感官鉴定表

鉴别内容	新鲜度	感官形状
外观	新鲜肉	外表有微干或微湿润的外膜，呈淡红色，有光泽，切断面稍湿、不沾手，肉汁透明
	次鲜肉	外表有微干或微湿润的外膜，呈暗灰色无光泽，切断面比新鲜肉暗，有黏性，肉汁浑浊
	变质肉	表面外膜极度干燥或沾手，呈灰色或淡绿色，发黏并有霉变现象，切断面也呈暗灰色或淡绿色，很黏，肉汁严重浑浊
气味	新鲜肉	具有鲜猪肉正常的气味
	次鲜肉	在肉的表面能嗅到轻微的氨味、酸味或酸霉味，但在肉的深层却没有这些味
	变质肉	腐败变质的肉，不论在肉的表面还是深层均有腐败气味
弹性	新鲜肉	质地紧密富有弹性，用手指按压凹陷后立即复原
	次鲜肉	肉质比新鲜肉柔软、弹性小，用指头按压凹陷不能马上复原
	变质肉	组织失去原有的弹性，用指头按压的凹陷不能恢复，有时会将肉刺穿
脂肪	新鲜肉	呈白色，有光泽，有时呈肌肉红色，柔软富有弹性
	次鲜肉	呈灰色，无光泽，黏手，有时略带油脂酸败味和哈喇味
	变质肉	表面污秽、有黏液，常霉变呈淡绿色，脂肪组织很软，具有油脂酸败气味
煮沸后的肉汤	新鲜肉	肉汤透明、芳香，汤表面聚集大量油滴，气味和滋味鲜美
	次鲜肉	肉汤浑浊，表面油滴少，没有鲜香滋味，略带油脂酸败和霉变气味
	变质肉	肉汤极浑浊，汤内漂浮絮状的烂肉片，表面几乎无油滴，具有强烈的油脂酸败或腐败臭味

2. 禽肉类

禽肉类食材主要从眼球、色泽、气味、黏度、弹性和煮沸后的肉汤 6 个方面来鉴别，与新鲜畜肉的鉴别大致类似（表 3－3）。

表 3－3 禽肉感官鉴定表

鉴别内容	类别	感官形状
放血切口	健禽肉	切口不整齐，放血良好，切口周围组织有被血液浸润现象，呈鲜红色
	死禽肉	切口平整，放血不良，切口周围组织无被血液浸润现象，呈暗红色
皮肤	健禽肉	色泽微红，具有光泽，皮肤微干而紧缩
	死禽肉	呈暗红色或微青紫色，有死斑，无光泽
脂肪	健禽肉	呈白色或淡黄色
	死禽肉	呈暗红色，血管中淤存有暗紫色血液
肌肉	健禽肉	切面光泽，肌肉呈淡红色，有光泽、弹性好
	死禽肉	切面呈暗红或暗灰色，光泽较差或无光泽，手按在肌肉上有少量暗红色血液渗出

3. 水产类

水产类食材主要通过水产体表形态、鲜活程度、色泽、气味、肉质的弹性和洁净程度等感官指标进行综合评定（表3－4）。

表3－4　海参感官鉴定表

海参类别	感官性状
良质海参	体大，整齐均匀，干度足（水分在22%以下），水发量大；形体完整，肉刺齐全无缺损；开口端正，膛内无余肠和泥沙；有新鲜光泽
次质海参	均匀整齐，干度足（水分在22%以下）；参肉稍薄，个别有化皮现象，肉刺稍有损伤；膛内余肠、泥沙均存留较少
劣质海参	个头不整齐，参肉瘦，有化皮现象

4. 蔬果类

①果品的感官质量鉴别方法主要是目测、鼻嗅和口尝。目测包括：果品的成熟度，色泽，形态特征，果形，大小均匀度，表面清洁度，有无虫害，机械损伤等；鼻嗅包括：特有的芳香气味，是否有哈喇味和馊味等；口尝包括：滋味，质地等。

②蔬菜感官鉴别一般可以从蔬菜的色泽、气味、滋味、形态等方面，尤其是蔫萎、枯塌、损伤、病变、虫害侵蚀等方面鉴别（表3－5）。

表3－5　木耳感官鉴定表

鉴别内容	类别	感官性状
外观色泽	正常木耳	褐色或黑色，平滑，柔软短毛，组织纹理清晰，干品呈松散状
	掺假木耳	内外颜色均灰暗，质地酥，易潮解，组织纹理不清晰，干品结团
手感	正常木耳	用手抓木耳放手掌心掂量，木耳体轻柔和
	掺假木耳	手感发沉，数量明显减少
口味	正常木耳	用舌轻舔，没有异味
	掺假木耳	舌舔有异味说明掺假，掺糖发甜、掺盐发咸、掺矾发涩、掺卤发苦、挂锅底灰有油烟味，掺沙则硌牙
泡发	正常木耳	涨发性强，色泽淡，肉质肥厚，弹性强，表面有湿润的黏液，品尝有独特的香味
	掺假木耳	涨发性弱，肉质软而无力，弹性差，有糟烂现象

5. 调辅料

调辅料的感官鉴别指标主要包括色泽、气味、滋味和外观形态鉴别。其中气味和滋味尤为重要。调味品在品质上稍有变化，就可通过气味和滋味表现出来。如酱油品质掺假，如加入水、盐水及酱色；味精品质的掺假，将其加入糖；辣椒面品质的掺假，加入西红柿皮。

第二节　烹饪原料的选择

烹饪原料的选择即选料，是指烹饪工作者在烹饪原料进行初步鉴定的基础上，为使其更加符合食用和烹调要求，对原料的种类、品种、部位、卫生状况等，多方面地通过专业经验和标准综合挑选食材的过程。

一、烹饪原料的鉴别与选择的关系

烹调工艺中首道工序就是选择原料。原料的选择是否合理，不仅影响菜品的色、香、味、形，还影响到人体的身体健康以及菜品的成本控制。而合理选择原料的前提是能否识别原料、鉴别原料。

二、烹饪原料选择的方法

烹饪原料的选择大致分为3个层次。首先是确定原料能否作为烹饪的材料。其次是能够用于烹饪的原料，选择什么加工烹调方法，即制作什么菜肴才能发挥原料的优点，或者说，根据菜肴的要求，选择什么原料才能保证菜肴的质量。最后还要符合民俗风情、宗教信仰等人文社会因素。

1. 能否作为烹饪原料

根据可食性，原料分成两类：可食原料和不可食原料。所有的动植物原料必须同时具备以下4个条件，才能列入烹饪原料。

一是保证食用的安全性，农药、各种添加剂超标、有毒、原料变质、有毒害性原料等不可选用。

二是假冒伪劣原料不可选用。

三是野生动植物原料，尤其是法律法规保护的原料不可选用。

四是必须具有营养价值。

2. 依据菜肴的要求选择烹饪原料

一是根据种类、产季、部位、产地等选择优质烹饪原料：鸡中的九斤黄、鸭中的北京烤鸭、梨中的山梨、苹果中的红富士等都是同原料中的优良品种。

二是根据产季选择食材：螃蟹以九、十月份品质最佳；甲鱼以菜花和桂花开花上市的质量最佳；刀鱼以清明前上市的质量最佳；韭菜有六月韭驴不瞅，九月韭佛开口的民间顺口溜；笋尖的质量比笋根的质量要好。

三是根据食材部位：鳙鱼头肉多而肥，而青鱼头质量就不如鳙鱼头，但青鱼尾又比鳙鱼尾的质量要好。

四是根据食材产地：以瘦肉型猪“两头乌”的后腿为原料加工的金华火腿；榨菜以四川涪陵为佳；南方的葱便于烹调，辛香味浓，北方的葱茎长而粗，葱白肥大脆嫩，辣味淡，稍有清甜之味。

3. 依据人文社会因素选择原料

一是依照人体需要和健康状况进行选择，如不同的年龄、群体、工作强度、环境等。

二是根据不同的风情民俗进行选择，如蒙古菜、清真菜肴、素斋等。

第四章　鲜活原料的初加工

第一节　植物原料的初加工

在餐饮行业植物原料主要包括谷类、豆类、薯类等粮食，各种蔬菜，各种水果。

一、植物原料的初步加工方法

植物原料很广泛，特别是蔬菜的用途较广，既可作主料又可作辅料，加工方法简单（表4－1）。

表4－1　植物性原料初加工

类别	品种	初加工方法
叶菜类蔬菜	青菜、水芹、豆苗、草头、韭菜等	一般采用摘和切的方法，先摘取老帮老叶、黄叶、烂叶，切去老根，然后洗净
茎菜类	莴苣、菜台、藕、姜、慈姑、马蹄、洋葱、竹笋等	主要用刮、剜、切的方法，先将外皮筋膜等刮去，切去不用部分，再剜去腐败、有害的部位，洗净即可
根菜类蔬菜	白萝卜、胡萝卜、山药、番薯等	一般采用刮和切的方法。先用刮刀去菜的老皮和根须，然后切去应根等，洗净即可
果菜类	丝瓜、南瓜、冬瓜、辣椒、毛豆、扁豆、黄豆芽、绿豆芽等	瓜果类一般要掰掉尖部，顺势撕去老筋，洗净即可。茄果类一般要去蒂，部分瓜果蔬菜需要去皮，然后洗净
花菜类	花椰菜、青花菜、黄花菜等	刮去锈斑，去掉老叶、老茎，洗净即可
食用菌类	鲜蘑菇、鲜平菇、香菇、黑木耳等	摘去明显的杂质，剪去老根，用水洗去泥沙，漂去杂质即可

二、植物原料的初加工原则

一是摘剔加工，如摘、剥、削、撕、刨、刮、剜等方法，进行整理和清洗。

二是洗涤加工，如清水冲洗、盐水洗涤（20～30克/升）、高锰酸钾溶液洗涤（2～5克/升）、氯亚明水溶液、过氧乙酸水溶液、尤氯净水溶液、84消毒液、次氯酸水溶液等浸泡后再冲洗干净。

三是将原料进行去皮或者其他加工（表4－2）。

表 4－2　蔬果去皮方法

去皮方法	加工措施	使用原料
人工去皮	用削、刨、撕、剥等方法将原料去皮	一种主要的去皮方法，多用于形态圆小或细长的原料，如牛蒡，芋头等
机械去皮	利用旋转刀片手工旋转进行去皮	梨子、苹果、萝卜等
沸烫去皮	原料入沸水（或采用蒸汽）中短时间加热烫制，冷却去皮	桃、番茄、枇杷、核桃仁等
碱液去皮	原料入热碱液中，用竹刷搅拌去皮	莲子、芡实及大量的土豆、胡萝卜的去皮
油炸去皮	原料入温油锅中加热浸炸，熟后轻搓去皮	花生、核桃仁、松仁等

三、植物原料的保鲜原则

一是加工后的植物原料注意保色和保鲜，原料去皮后，含有的单宁易与氧结合发生褐变而使原料变色，应迅速烹调。

二是原料去皮后，用水浸泡的方法保存，既可保色，也可保鲜，浸泡时间不宜长，否则营养流失较多。

第二节　畜类原料的初加工

一、加工与分档的重要性

畜肉的修整及洗涤是为了去除畜肉上能使微生物繁殖的任何损伤、淤血、污秽物等不可食用部位，再用清水冲洗，使外观清爽整洁。

1. 畜肉副产品原料整理与清洗

在餐饮行业又称下水、内脏或杂碎。主要包括头、尾、蹄、内脏、血液、公畜生殖器等。

①肾脏整理与洗涤步骤：撕去外表膜，用刀片成两半，在去掉髓质（腰臊）清洗干净即可。

②胃（肚）的整理与清洗步骤：去掉污秽杂质，用盐醋搓洗、里外翻洗等方法使里外黏液脱离，修去内壁的脂肪，用水洗净。

③肠子的整理与清洗步骤：肠的洗涤与胃基本相同。

④肺的整理与清洗步骤：用灌水洗涤的方法使肺内部的淤血和杂质溢出，用手轻轻拍打肺叶，直到外表银白、无血斑，即洗净。

⑤心脏、肝脏修整与清洗步骤：先用刀修理心脏顶端的脂肪和血管，剖开心室，冲净淤血。修净肝表面的胆色肝、筋膜，用清水洗净。

⑥脑的清洗步骤：加工时先用牙签剔去脑的血筋、血衣，盆内放清水，左手托住脑，右

手泼水轻轻漂洗，切不可用水冲洗。破坏了保护膜，脑髓便会流出。

⑦舌的整理与清洗步骤：用沸水泡制发白，用小刀刮剥去白苔，并用刀切去舌的根部，尤其是去除舌根背侧的舌扁桃体。

⑧蹄及其他部位的整理采用刮剥法。

2. 畜肉的分割与剔骨处理

畜肉的分割与剔骨整理的主要目的：使原料符合后续加工的需求，多方位体现原料的品质特点，扩大原料在烹调加工中的使用范围，调整或缩短原料的成熟时间，便于提高菜肴的质量，利于人的咀嚼与消化，满足不同人群对菜肴的多种需求。

分割与剔骨整理的原则：必须符合卫生要求；必须按照原料的不同部位和质量等级进行分割与归类；必须符合所制菜肴的品质要求；剔骨过程中，必须剔除全部硬骨与软骨，并尽量保持肉的完整性，下刀准确，并力求做到骨不带肉，肉不带骨。

二、常见畜类分割图描述

1. 猪肉的分割部位及烹饪特点

猪肉无论用来红烧、清炖或是煎炒焖烤，都是非常美味及方便易买的大众食材。随着人们的生活水平越来越高，吃法也是越加精细，人们也更加注重猪肉的每个部位如何吃才最是营养美味。按照烹调的需要，整猪一般分为以下13个部位（图4－1）：

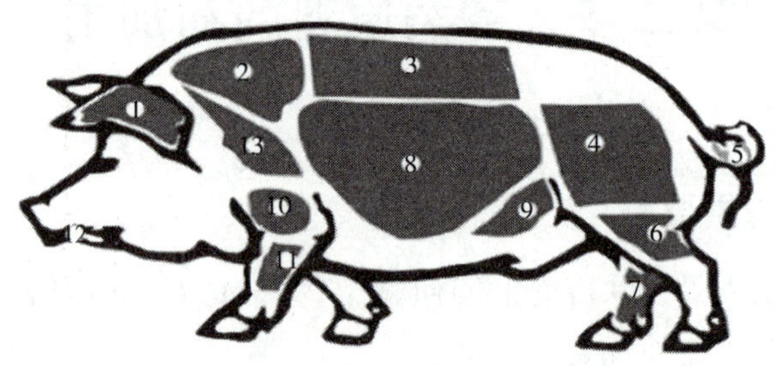

图4－1　猪肉分割图

1. 猪耳　2. 梅花肉　3. 大排　4. 后腿　5. 猪尾　6. 后肘　7. 后蹄

8. 肋排　9. 五花肉　10. 前肘　11. 前蹄　12. 猪舌　13. 前夹心

特级：猪里脊肉；一级：猪通脊肉和后腿肉；二级：前腿肉和五花肉；三级：脖子肉、奶脯肉、前肘、后肘。

①猪耳：是指猪的耳朵部分，此处肉皮薄、带有脆骨、质地较嫩，适宜于制作卤味。

②梅花肉：油脂分布均匀，是最常使用的部位，因有筋有肉，吃起来口感好，用途广泛，过去也是价位最高，俗称“上肉”。其适合长时间炖煮、红烧、大块烘烤，如叉烧肉、炖肉、白切肉，烹调时间越长越能将味道煮进肉里；另外也能切成薄片，做为火锅、烧烤用肉片。

③大排：猪大排是里脊肉与背脊肉连接的部位，又称之为“肉排”，肉质鲜嫩，适合做很多菜，如红烧、油炸等。

④后腿：后腿肉质好、质嫩，有肥有瘦，肥瘦相连，皮薄。其适宜做白肉（凉拌）、卤、腌、汤等。

⑤猪尾：尾根肉就是尾巴根肉（圆尾），也就是连接尾巴根地方的肉，肉质香，适合回锅肉、卤猪尾，烧猪尾等菜肴。

⑥后肘：后腿肉质特别结实，为较靠臀部的地方。因为肉纤维较粗，油脂较少仅带一点肥肉，肉质的口感上较涩。

⑦后蹄：此部位只有皮、筋、骨，没有肉，削去蹄壳才能烹制食用。其一般多红烧、酱、煮汤、制冻等。后蹄的蹄筋比前蹄的差。

⑧肋排：前排肉又叫上脑肉，是背部靠近脖子的一块肉，瘦内夹肥，肉质较嫩，适于作米粉肉、炖肉用。

⑨五花肉：指的是猪只背脊部下方的肚腩部位，又被称为“三层肉”。其含有大量油脂，所以肉的风味特别强烈。油脂丰富的五花肉口感温润，适合切块红烧或卤、炖煮，不会因为长时间炖煮而肉质变硬，而是会越煮越入味，如梅干扣肉、东坡肉。最外层的猪皮也因此成为食材弹性胶原蛋白代表食物。若想要快炒或清烫后白切蘸酱，则可选择肥瘦比例均匀的。

⑩前肘：此部位脂肪甚少、胶质多，肉质比梅花肉结实一点，又不会像后腿肉太瘦。因其肉质比后腿有弹性，适合红烧、炖煮至熟烂，或剁成绞肉做馅料。

⑪前蹄：此部位只有皮、筋、骨，没有肉，削去蹄壳才能烹制食用。其一般多红烧、酱、煮汤、制冻等。前脚爪的蹄筋比后脚爪的好。

⑫猪舌：又称之为“口条”，肉质坚实，无骨，无筋膜、韧带，没有肥肉，熟后无纤维质感。其适宜于爆炒、卤制。

⑬前夹心：肉质较老，色较红，筋多。其适宜切丁、片、肉末等。可用于炒、炸，做汤等。

2. 牛肉的分割部位及烹饪特点

牛的部位分档与各部位的名称随地区的不同而有差别，尤其是中、西餐对牛的分割与称谓差异较大。其原因有两方面：烹饪行业对于牛的分档取料叫法的影响，如对牛肉的俗称太多。烹饪行业的名称与各部位牛肉的商品名称存在差异，而商品名称大多来自食品加工业，相对比较规范。因此，烹饪中使用的牛肉名称应参照商品名称做规范化的调整（图4－2）。

①上脑：肉质细嫩，容易有大理石花纹沉积。上脑脂肪交杂均匀，有明显花纹。其适合涮、煎、烤，涮牛肉火锅。

②肉眼：一端与上脑相连，另一端与外脊相连。外形酷似眼睛，脂肪交杂呈大理石花纹状。肉质细嫩，脂肪含量较高，口感香甜多汁。其适合涮、烤、煎。

③肩肉：由互相交叉的两块肉组成，纤维较细，口感滑嫩。其适合炖、烤、焖，咖喱牛肉。

④前胸：位于牛前胸部，纤维稍粗，表面纹理多，并有一定的脂肪覆盖，煮熟后食之脆而嫩，肥而不腻。其适宜炖制或制汤，是清真特色菜溜胸口的最佳原料，切片后适宜涮制。

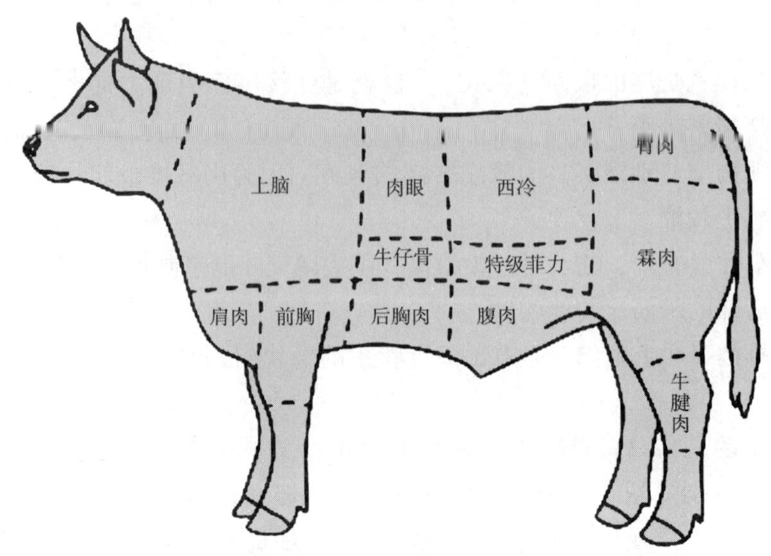

图 4－2　整牛分割图

⑤牛仔骨：牛仔骨又称牛小排，指的是牛的胸肋骨部位。但要明确的是，带骨头的在北美分割标准中，统称为牛仔骨，不带骨头的，统称为牛小排。

⑥后胸肉：在软骨两侧，主要是胸大肌，纤维稍粗，面纹多，并有一定的脂肪覆盖，煮熟后口感较嫩，肥而不腻。适合炖、煮汤。

⑦西冷：牛背部的最长肌，肉质为红色，容易有脂肪沉积，呈大理石斑纹状、西冷/沙朗牛排就是用到这块肉。比起菲力，其操作起来容错率要稍微大一些，因为有脂肪所以煎、烤起来味道更香，口感也很好。

⑧特级菲力：牛肉中肉质最细嫩的部位，大部分都是脂肪含量低的精肉，是运动量最少、口感最嫩的部位，常用来做菲力牛排及铁板烧。菲力牛扒对操作要求比较高，多一分就柴，所以一般菲力牛扒都在 3～5 成熟，以保持肉的鲜嫩多汁。

⑨腹肉：肥瘦相间，肉质稍韧，但肉味浓郁，口感肥厚而醇香。其适合清炖或咖喱。

⑩臀肉：肌肉纤维较粗大，脂肪含量低，只适合垂直肉质纤维切丝或切片后爆炒。

⑪霖肉：又称膝圆，和尚头，位于股骨内侧主要由缝匠肌，股肉侧肌等构成，肉质坚实，肉中有筋膜。其主要用于制作牛肉干，中餐中的炒菜，制作低温烤牛肉，制作酱卤的熟食品。

⑫牛腱肉：位于前后腿的骨的周围，有前后腱子之分，前腱子筋腱比例大于后腱子的比例，肉间有大量的结缔组织存在。其适合红烧或卤、酱牛肉等。

3. 羊的主要部位及烹饪特点

①颈肉：也叫羊脖子，其肌肉发达，肥瘦兼具，肉质紧实并夹有细筋。颈肉适合用于制作羊肉馅及羊肉丸子等。

②上脑：由互相交叉的两块肉组成，纤维较细，口感滑嫩。其适合炖、烤、红焖等。

③外脊肉：外脊肉主要是指脊骨外面，其呈长条形，长如扁担，所以也俗称扁担肉。外脊肉有一层皮带筋，纤维呈斜形，鲜嫩多汁、肌肉细腻。作为羊肉分割的上乘部位肉，因其出肉率不高所以尤为珍贵。其适合整条烧烤或切成块烧烤。

④前腿：位于颈肉后部，包括前胸和前腱子的上部。

⑤羊排：羊排是连着肋骨的肉，肥瘦相间且无筋，外覆薄膜，肥瘦相均。其肉特点越肥越嫩，脂肪覆盖率较好，质地松软，肉质鲜嫩多肉汁。其适宜涮、烤、炒、爆、烧、焖等中餐各种烹饪方式及西餐法式菜肴。

⑥里脊：羊里脊别名也叫羊菲力、竹笋羊肉。肌肉纤维丰富、肉质细腻且鲜嫩多汁，是全羊身上最鲜嫩的两条瘦肉。羊里脊肉蛋白质含量高，而脂肪含量低，适宜熘、炒、炸、煎等烹饪方式；作为烧烤原料，口味更佳。

⑦黄瓜条：黄瓜条肉位于大三叉下端，与磨裆肉相连。肉色淡红，呈条状包裹着股骨，形状像两条黄瓜，所以称为“黄瓜条”。一只羊身上只能出两条黄瓜条肉，它是羊身上最美味的部位，肉质细嫩，口感脆嫩鲜美，适合煎、烤、烹、炸等烹饪手法。

⑧后腿：羊腿肉质肥瘦均匀，肥瘦参半，适合爆炒、烧烤、红酒腌制后味道鲜美。

⑨前腱子：羊腱是指羊大腿上的肌肉，其肌肉包裹内藏筋，硬度适中，口感筋道。其适宜酱、炖、烧、卤等烹饪方式，颇有嚼头。

⑩羊蹄：羊蹄为羊的四肢，富含蹄筋，常用于卤制及熬汤使用。

⑪胸口：位于前胸，形似海带，肉质肥多瘦少，肉中无皮筋，性脆，用于烤、爆、炒、烧、焖等。

⑫羊腩：羊肚腩肉，肉质稍韧，口感肥厚而醇香。其适合清炖、红焖。

⑬后腱子：羊腱是指羊大腿上的肌肉，其肌肉包裹内藏筋，硬度适中，口感筋道。其适宜酱、炖、烧、卤等烹饪方式，颇有嚼头。

⑭羊蹄：羊蹄为羊的四肢，富含蹄筋，常用于卤制及熬汤使用。

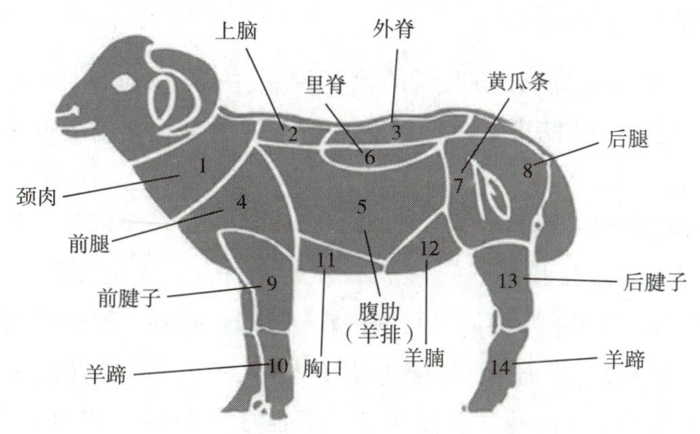

图 4－3　整羊分割图

第三节　禽类原料的初加工

一、禽类原料的初加工

1. 宰杀

禽类原料的宰杀方法主要有放血宰杀和窒息宰杀两种。放血宰杀要注意气管、血管要割断，血放净；宰口大小要掌握好，不能破坏整体造型；血要用盐水搅匀上笼蒸至结块。

2. 煺毛

煺毛有湿煺和干煺两种。家禽一般用湿煺，湿煺需注意：根据季节和禽类原料的老嫩掌握水的温度，保证禽类的表皮不受损坏，对一些水生禽类在浸烫时要用木棍搅动，便于烫透，也可提前用冷水将禽类浸透，再用沸水冲烫。

水温的掌握：70℃的水温为最佳水温。嫩鸡最低水温应控制在60℃，老鸡最低水温应控制在70℃。生长期61天的北京填鸭在60℃的水中浸烫10分钟可煺毛，在65℃水温中浸烫3分钟即可煺毛。

3. 开膛

目的是取出内脏，应配合烹调的需要选择开切的部位。其一般有开胸、开肋、开背三种方法，均需保持肉原料的形状。

①开胸法：适合一般的菜肴烹调，先从禽颈部与背骨间切开，取出气管和食管，再从肛门与腹部切开约6厘米的口，取出内脏洗净。

②肋开法：是从翼下切开，适合烤鸭的烹调，使其在烘烤时不至于滴漏油汁。

③开背法：切开背部，取出内脏洗净，适合于填装东西，适宜炖、扒、蒸等烹调方法。

二、禽类原料的分档取料

在现实餐饮行业当中，我们分档取料的禽类原料主要是鸡。鸡的主要肌肉有鸡胸脯肉、大腿肉、鸡腹肉、小腿肉、翅膀肉。下面以鸡为例，说明分档取料的方法。

1. 鸡的分档取料

鸡的各个部位主要分为鸡腿肉、鸡胸脯肉、翅膀肉、背脊等部位。

2. 鸡的各部位用途及烹饪特点

鸡在烹饪中可整用，可分割为头、颈、脊背、翅膀、胸脯、腿、爪等部位分别加以利用。鸡的内脏（胃、肠、肝、心）、血液、油等也都是较好的烹饪原料（图4-4）。

①鸡全架：指被去掉皮、大腿、胸脯肉、头、脖子、翅膀、内脏、以后剩下的部分，差不多都是骨头。其常用于油炸、烤制和熬汤使用。

②鸡脖：主要指鸡头与鸡身连接处，鸡脖含有许多淋巴系统，在加工过程中需要彻底清除干净再制熟。常用于卤制、烤制和熬汤。

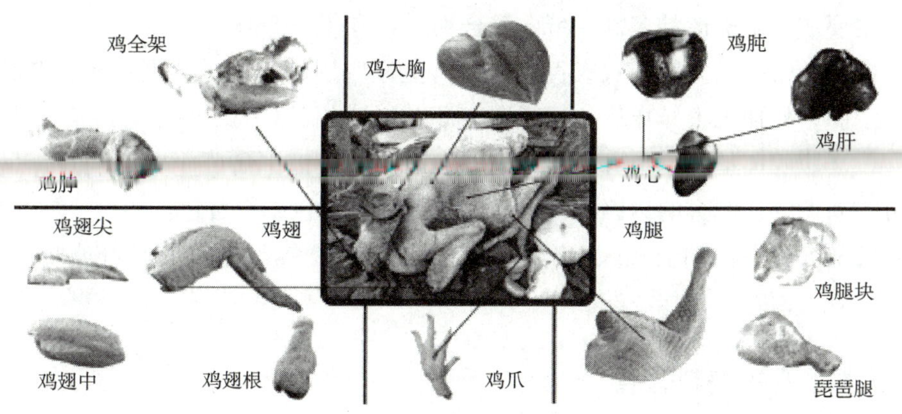

图 4-4 鸡肉分割图

③鸡翅尖：即鸡翅膀的外端，鸡翅尖含有丰富的胶原和弹性蛋白等。

④鸡翅：鸡翅又名鸡翼、大转弯，肉少、皮富胶质，肉质较多，常用于烧、炖、烤等烹调方法。

⑤鸡翅中：鸡翅中是鸡翅膀中间的一截，与翅根，翅尖有区别，是扁状的，一侧有并排的毛孔，另一侧有三角状的皮。其常用于红烧、烧烤等。

⑥鸡翅根：鸡翅根是指鸡翅中与鸡身连接的地方，肉质较多，常用于红烧、卤制等。

⑦鸡大胸：鸡大胸又称之为“鸡胸脯”，富含优质蛋白质，容易被人体吸收，常用于炒、熘等。

⑧鸡胗：是鸡的砂囊，又称为肌胃、鸡肫、鸡郡肝。其常用于爆炒、卤制等。

⑨鸡肝：鸡肝为雉科动物家鸡的肝脏。其呈大、小双叶，叶面有苦胆和筋络（加工时须摘去）。其色紫红，质细嫩，宜卤、炸。

⑩鸡心：鸡心就是鸡的心脏部分，富含脂肪、蛋白质、多种维生素和矿物质。其常用于爆炒、烤制等烹调方法。

⑪鸡爪：鸡爪，又名鸡掌、凤爪、凤足，是鸡的脚爪，共 4 个指头，可供食用。鸡爪在美食家的菜谱上不叫鸡爪，而称做凤爪。常用于红烧、卤制等烹调方法。

⑫鸡腿：鸡腿是鸡从脚到腿的部位，及腿根一带的肉，其肉质颇坚硬，连皮一起摄取时，脂肪的含量较多，常用于红烧、卤制等烹调方法。

⑬琵琶腿：琵琶腿是鸡腿上鸡爪与大腿之间的部分，去掉腿根一带的肉，大概形状像琵琶，因此叫琵琶腿。其常用于红烧、卤制。

3. 鸡的内脏部分

①胃：禽类的胃分为腺胃和肌胃两部分，烹饪中应用较多的是肌胃。肌胃又叫砂囊，俗称肫，呈圆形或椭圆形的双凸透镜状，背侧部和腹侧部壁很厚，前囊和后囊壁较薄。肌胃的肌肉组织由环行的平滑肌纤维构成，其肌纤维中畜含肌红蛋白，肉质坚，呈暗红色。

肌膜在肌胃两侧以厚而致密的腱相连。肌胃质韧，适于爆、炒、炸、卤、拌等烹调方法。肌胃黏膜上皮的分泌物与脱落的上皮细胞一起硬化形成一片厚的胃角质层，紧贴于黏膜上，俗称肫皮，主要成分是酸性黏多糖－蛋白复合物，具有药用价值。

②肠：禽类的肠可用来做肠衣或直接入馔。烹饪应用最为广泛的是鸭肠，鸭肠质韧，色浅红，外附油脂，初加工去异味后，适于爆、炒、涮等烹调方法，如芫爆鸭肠。

③肝：位于腹腔前下部，附有胆囊，烹饪加工时应去掉。禽肝小叶不明显，呈淡褐色至红褐色，分左右两叶。肥育的禽因肝内含有脂肪而呈黄褐色或土黄色。

④心：禽的心脏在比例上较大，分心基部和心尖部，锥形，表面附着油脂。禽心质韧，宜爆炒、熘、炸、卤等，如炸心花。

三、禽类原料的整料去骨

1. 整鸡去骨法为例

划开颈皮，斩断颈骨。在鸡颈和两肩相交处，沿着颈骨划一条长约6厘米的刀口，从刀口处翻开颈皮，拉出颈骨，用刀在靠近鸡头处，将颈骨斩断，需注意不能碰破颈皮。第二步是去前翅骨，再将去躯干骨和出后腿骨，最后翻转鸡肉。

2. 去骨整鸡的烹饪应用

整禽去骨的目的就是在腹腔内填入馅心，加热成熟后，十分饱满、美观。整鸡一般都是做八宝鸡或者葫芦鸡等相关菜肴。八宝馅的用料为八种不同的荤素原料切成丁或其他形状，加入调料拌成馅心或炒制而成。常用的原料有干贝丁、熟火腿丁、海米丁、海参丁、鱿鱼丁、虾仁粒、墨鱼粒、鸡肫丁、鸡肉丁、猪肉丁、猪舌丁、猪肚丁、猪舌丁、鸭肫丁、叉烧肉粒、肥肉丁、莲子、栗子丁、白果、糯米、薏仁米、兰片丁、香菇丁、口蘑丁、青豆等。馅料的搭配要在属种、颜色、口感上等充分考虑。

整鸡可用砂锅煨烂装盘，也可油炸上色后笼蒸至熟，或者蒸烂后再炸制金黄色装盘。

第四节　水产品原料的初加工

在水产类食物，主要生长分布在河里、江里、湖里、海里等。水产品的种类很多，有鱼类、虾蟹类、软体贝类等，品种不同加工方法也有不同（图4－5）。

图4－5　鱼的品种

一、鱼类原料的初加工

1. 体表及内脏的清理加工

①脱鳞加工：特殊鱼的鱼鳞，如新鲜的鲥鱼，鳞片中含有较多脂肪，烹调时可以改善鱼肉的嫩度和滋味，应保留或者在烹饪的过程中加入猪五花肉。

②去鳃加工：鱼鳃是微生物最多的地方。鱼类有两个鳃，每鳃各有 5 个鳃裂，其中 4 个鳃裂上各有 2 个鳃片，第五个鳃裂上无鳃片，但连接着咽齿，去鳃时一同去掉。

③开膛加工：开膛去内脏的方法有 3 种。腹出法：从腹部剖开，将内脏取出，常用于“红烧鱼”“松鼠鱼”等。脊出法：从鱼背处下刀，沿脊骨剖开取出内脏，常用于“荷包鲫鱼”。鳃出法：用两根筷子从嘴部插入，通过两鳃进入腹腔将内脏搅出（切断肛肠），制作“叉烧鳜鱼”“八宝鳜鱼”等。

④内脏清理：鱼漂富含蛋白质，特别是鮰鱼漂、黄鱼漂更是上品，加工时应剖开洗净。鱼腹腔壁内附着一层黑色薄膜腥味重，应刮洗干净。

⑤无鳞鱼的黏液去除加工：常用的去除黏液的方法有浸烫法和盐醋搓揉法两种。

浸烫法：将表面带有黏液的鱼，如鮰鱼、泥鳅、鲶鱼、鳝鱼、鳗鱼等，用热水冲烫。根据鱼的品种不同应灵活掌握水温。一般鳗鱼的水温在 50～100℃；黄鳝、泥鳅的水温在 60～80℃。在水中加入葱、姜、盐、醋、酒等调料，可使鳝鱼体内和体表黏液中的三甲胺被中和，大大减轻土腥气味，并使鳝鱼表皮发光。

盐醋搓揉法：将宰杀去骨的鳗肉或鳝肉放入盆中，加入盐、醋后反复搓揉，待黏液起沫后用清水冲洗干净。其多用于“生炒鳗片”“炒蝴蝶片”等。

2. 鱼的分割与剔骨加工

①鱼的骨骼结构：由头骨、脊椎骨、肋骨、鳍组成。

②鱼的肌肉结构：鱼的肌肉主要是横纹肌，即骨骼肌，可分为白肌和红肌。红肌分布与经常运动的相关部位，如胸鳍肌、尾鳍和表层肌等，特点是收缩缓慢，持久性强、耐疲劳，如鲤鱼的红肌就发达。白肌则相反，收缩性强，游动范围小，灵活，如白鱼、黑鱼等。

3. 鱼的分割部位及应用

①鱼头：以胸鳍为界限割下，其骨多肉少、肉质细嫩，皮层含丰富的胶原蛋白，适合红烧、煮汤等。

②躯干：去掉头、尾即为躯干，中段可分为脊背和肚档两部分。脊背的特点是骨粗肉多，肉的质地适中，鱼菜的变化主要来自脊背肉，适合的方法广泛。肚档是鱼中段靠近腹部的部位，肉厚皮薄，脂肪丰富，肉质肥美，适合烧、蒸等。

③鱼尾：俗称“划水”，以尾鳍为界限割下。皮厚筋多，肉质肥美，尾鳍富含胶原蛋白，适合红烧，也可与鱼头一起做菜。

4. 躯干的去骨加工

从鱼的背部用平刀法下刀，将鱼剖成对称的两片，带脊椎骨的叫硬片，反之为软片。

5. 鳝鱼的去骨加工

①鳝鱼生出骨法：用刀将鳝鱼从喉部向尾部剖开腹部，去内脏，洗净抹干，再用刀尖沿脊骨剖开一长口，使背部皮不破，然后用刀铲去椎骨即成鳝鱼肉。鱼肉可制作“炒蝴蝶片”“生爆鳝背”“炖鳝酥”等。

②鳝鱼熟出骨法：先用锅将清水烧沸，加入盐、醋、葱、姜、黄酒，然后倒入活鳝鱼，迅速加盖，烫 15 分钟，捞出用清水洗净。放在墩面从腹部下刀划开，背部完整的“单背划”，背部划成两条的叫“双背划”。

6. 整鱼出骨

①整鱼出骨：指将鱼体中的主要骨骼去除，而保持完整外形的一种出骨技法，如“八宝刀鱼”“灌汤鱼”“三鲜脱骨鱼”等。

②出骨的刀具：从形状上看，出骨刀成一字形，刀身长 22 厘米、宽 2 厘米、厚 0.1 厘米，刀身三面有刀刃，其中一面有 1/2 长刀刃，靠柄无刀刃的这一段刀身可以放食指，做横批腹刺时手指抵刀发力之用。

③适合整鱼出骨的原料：鳜鱼、黄鱼、黄姑鱼、石斑鱼、鲤鱼、鲈鱼、刀鱼等。每条鱼 600 ~ 700 克，刀鱼在 250 克左右。反出骨的整料，一般选用活鱼较好。出骨的方法可分为鳃内出骨和鳃下出骨两种。

鳃内出骨：适用于黄鱼、鳜鱼等骨骼小而散刺少的鱼类，重量以 700 克为宜。方法：剪刀从脐门进入剪断脊骨；掀起鱼鳃骨盖，用厨刀斩断脊骨；出骨刀从鳃内沿脊骨向前铲劈，直到脐门后平批向腹部使胸骨和脊骨分离；将鱼翻身，用以上方法剔除另一面骨；从鳃内捏住脊骨，将脊骨和胸骨连内脏抽出，洗净即可。

鳃下出骨：又分为鳃下两面开口出骨法和鳃下一面开口出骨法两种。

鳃下两面开口出骨法：适用于黄姑鱼、石斑鱼、鲤鱼、鲈鱼刀鱼等。方法：鱼鳃下 1 厘米处，横切一刀切断脊骨、胸骨，刀口长度以能将胸骨取出为准；将鱼翻身、在脐门处脊骨处横切一刀，刀口的长度与骨刀的宽度相等；刀分别从两个刀口进入使肉骨分离即可，鱼骨从鳃部取出即可；将鱼内脏洗净备用。

鳃下一面开口出骨法：适用于刀鱼、白鱼、鲤鱼、鲈鱼等。用剪刀从脐门出伸入逐渐张开剪刀直至剪断脊骨；在鱼鳃下 1 厘米处，横切一刀，切断脊骨、刀口长度同胸脊骨同宽；从刀口出进刀使骨肉分离。缺点是只适合清蒸菜肴，头身易分离，不宜采用。

二、其他水产品的加工

1. 虾的初步加工

加工程序：剪去额剑、触角、步足、沙肠等。龙虾将虾卵保留，烘干后可制成虾子，是鲜美的调味料。

食材出肉：用挤和剥的方法。

2. 蟹的初步加工

食材加工：清水中静养螃蟹，目的是吐出泥沙，然后用软毛刷刷净表面的泥沙，最后挑起腹脐，挤出粪便，用清水洗净即可，加热前用线绳将蟹足捆扎，防止蟹足脱落。

出肉：螃蟹骨缝较多，生出肉达不到目的，必须采用熟出法。具体步骤：蒸熟、去腿肉、去鳌肉、去身肉、去蟹黄。

3. 软体动物的加工

（1）鲍鱼加工

鲜活鲍鱼是一种高档材料，加工是关键环节，分为以下 5 个步骤。

①宰杀：将餐刀刀刃贴在鲍鱼的壳内，轻轻地来回拉动，使其壳肉分离，除去内脏，保证鲍鱼的形状。

②浸泡：鲍鱼肉的外面有一层黑膜，故先将鲍鱼放入加有小苏打的清水中浸泡约 6 小时，再进行刷洗。水与小苏打的比例一般为 60:1。

③刷洗：用毛刷将黑膜轻轻刷掉，放清水中浸泡 12 小时去碱味。

④定型：鲍鱼放入冷水中逐渐加热，防止放入沸水中，否则表皮开裂影响质量。

⑤煲制：定型后的鲍鱼肉应放到特制高汤中，以文火煲 8 ~ 10 小时，捞出，封好放入冰箱，鲍鱼汤可作调味用。

（2）蜗牛加工

将蜗牛饿养—挑选—焯水—除液，蜗牛食用必须是鲜活的。

（3）田螺加工

将活田螺放在清水中静养 2 ~ 3 天，目的是吐沙。

（4）河蚌加工

将河蚌用小刀开启，然后进行内脏处理，清洗干净即可。

（5）蛏子、蛤蜊的加工

将食材用 100℃水进行飞水，然后清洗掉内脏和泥沙，清洗干净即可。

第五章　干制原料涨发和加工制品处理

善用干制原料制作菜肴是中国烹饪的一大特色，而原材料干料涨发技术则是这一特色得以完美体现的前提条件。中国历代厨师为我们积累了许多宝贵的实践经验，有利于我们餐饮工作者准确掌握干料的涨发原理，从而得心应手地掌握涨发核心技术。

第一节　烹饪原料的干制及涨发概述

一、烹饪原料的干制目的及原理

烹饪食材的干制品是指新鲜烹饪原料经过干制后的产品。在不破坏原料固有本质特性的前提下，防止原料腐败变质，从而能在室温条件下长期保藏，以便于延长原料的供应季节，平衡产销高峰，交流各地特产，特别是原料脱水后，重量减轻，便于贮藏、运输、携带，供应方便。改变原料本来的性质，进一步提高适合环境温湿度性，如存放一年以上的干鲍鱼色泽较深，如存放得当，鲍鱼味会更浓，起“糖心”更好。

总之，其目的就是利用加热等方法，使原料的水分降到足以防止微生物繁殖、变质的水平，使微生物失去必需的生存条件。

二、干制原料的特点与复水性

1. 干制原料的特点

不同的烹饪原料干制加工过程也不完全相同，对干制品的复水性及风味有较大影响。如水产干制品按加工处理的方法可分为以下 3 类：

①直接干制的生干品：如鱿鱼、墨鱼、鱼肚、海参等原料，体形小、肉薄、易干燥，不经盐渍或熟处理而直接干制，由于原料组织的成分、结构和性质变化较少，故复水性较好，另外原料组织中的水溶性物质流失少，能保持原料品种的良好风味。

②熟制后再干制的熟干品：如牡蛎干、鲍鱼、蛏干、虾皮、鱼干等干料。新鲜原料经煮后（即可加 5% ~10% 的盐水煮，也可先盐渍后再水煮）进行干燥，这样有利于原料在煮熟时脱水，并使制品具有好的味道和颜色。优点是熟干制品质量较好，贮藏时间长，食用方便。缺点是经水煮后，一部分水溶性物质流失到煮汁中，易影响干品的风味和生成率。此外原料中的蛋白质凝固和组织收缩，干燥后制品的复水性差，组织坚韧，不易咀嚼，外观也不好看。

③盐渍后再进行干燥的盐干品：如盐干带鱼、黄鳝等。盐干品特别适合大中型鱼类和在

来不及处理或因天气条件无法及时干燥的情况下使用。

2. 原料干制的方法

干制方法有自然干燥、人工脱水两大类，具体包括晒干、风干、烘干、空气对流干制、冻干制，真空干制，热空气干制等方法。这些干制方法成品都具有干、硬、老、韧的特点。

3. 复水性

由于干制原料复水后恢复原来新鲜状态的程度是衡量干制品的重要指标，因此这里重点说明与干料涨发有关的复水性与复原性的问题。

①干制品的复原性——指干制品重新吸收水分后重量、大小、形状、质地、颜色、风味、成分以及其他各方面恢复原来新鲜状态的程度。

②干制品的复水性——简单说是干料吸水，恢复到新鲜时的细嫩、滑爽的能力。复水的基本类型有吸水、膨润和膨化后吸水。复水性受原料加工、干燥方法等多方面的影响，因此，复水后不会完全恢复到原先的状态，这是因为干燥过程中发生了一些不可逆的变化所致。

三、常见干制原料的种类

常见干制原料分为动物性和植物性干制品。

①植物性干制品，如干竹笋、食用菌类、金针菜、百合、海带等。

②动物性干制品，如水产干料包括海参、鱼肚、鱼皮、鱼唇、鱼骨、鲍鱼、鱿鱼等；陆生动物干品包括牛鞭等。

四、干制原料的涨发方法

干制原料涨发就是对原料进行复水处理或膨化加工，使其重新吸水后合乎烹饪加工的要求，进而烹制成美味菜肴，此过程简称“发料”。

由于干制品品种繁多，产地、品质各不相同，不同原料的组织结构特点是选择涨发方法的依据。根据干料涨发成品的特点，可将这些方法归纳为水渗透涨发和热膨胀涨发两类（表5－1）。

表5－1　干料涨发

水渗透涨发	冷（温）水浸发	自然水浸发	
		碱液浸发（碱粉）	水油发
	热水涨发	煮发	
		闷发	
		泡发	
		蒸发	水渗透涨发
热膨胀涨发	油介质	油发	
	砂介质	砂发	
	盐介质	盐发	
	干热空气介质	热膨化发	

水渗透涨发是指通过改变干制原料的周围环境（如温度、pH 值），使之最大限度吸收水分，这是所有干制原料都采用的涨发方法，然而有些高蛋白质的干制原料用水渗透涨发时间长，涨发效果差，故采用热膨胀涨发法。

热膨胀涨发方法是指将干制的原料在高温或高温加压的环境中进行加热，使干料所含的结合水汽化，促使原料结构膨化成多孔状态，然后再让干制原料复水，成为可以加工烹调的原料。

第二节　水渗透涨发工艺原理及实例

一、水渗透涨发工艺原理

将干料放入水中，干料就能吸水膨胀，质地变得柔软、细嫩，从而达到烹调加工及食用要求。水渗透法有两种不同的溶液，水渗透法和碱水渗透法。为什么水会进入原料？其共同的原理有 3 种。

1. 渗透作用

原料干制后，细胞大量失水，细胞内的干物质浓度增大。当重新与水接触时，细胞外物质的浓度小于细胞内物质的浓度，这时，由于浓度差的作用，细胞外的水分开始向细胞内渗透，直到细胞内外的渗透压达到平衡时为止，是被动吸收过程。

2. 亲水性物质的吸附作用

原料中的糖类（淀粉、纤维素）及蛋白质分子结构中，含有大量的亲水基团（—OH、—COOH、—NH_2），它们能与水以氢键的形式结合。蛋白质的吸水过程通常又称蛋白质的水化作用。亲水性物质的吸附作用是一种化学作用，它对被吸附的物质具有选择性，即只有与亲水基团合成氢键的物质才可被吸附。另外其吸水速度慢，且多发生在极性基团暴露的部位。

3. 毛细管的吸附作用

许多原料干制时由于水分的失去会形成多孔状，在浸泡时水会沿着原来的孔道进入原料体内。这些孔道主要由生物组织的细胞间隙构成，呈毛细管状，具有吸附水并保持水的能力。毛细管的吸附作用及渗透作用，使水在干料体上由表及里地被快速吸收，凡类似于水的液体及可溶的小分子物质都可以进入干料体内。此过程是一种物理作用。

二、水渗透涨发工艺操作关键

①依据原料的性质及其吸水能力，控制涨发的水温。用冷水能发好的，则尽量用冷水发，因冷水发可缓解高温所引起的物理变化和化学变化，如香气的散失、呈味物质的溶出、颜色的变化。

②干制原料的预发加工不可忽视。为提高干料的复水率，保证出品质量，必须为干料扫

除吸水障碍，如浸洗、烧烤、修整等。

③凡是不适用煮发，焖发或煮、焖后仍不能发透的干料，可采用蒸发，如一些体积小易碎的或具有鲜味的干制原料。

④如果原料在水中煮沸的时间过长，由于热和水向原料的传递量表层大于内层，容易造成外层皮开肉烂而内部却仍未发透现象，焖发可避免这种现象。

⑤碱水发主要适用于一些热水难以发透、肉质不易回软、质地特别坚硬的干料，如鱿鱼、墨鱼等。

⑥在不同类型的涨发过程中，都要对原料进行适当的整理，如内脏、鱼翅去沙等。

⑦由于干料的性质相差很大，一次发不透的可选用多次涨发。

三、水渗透涨发工艺实例

1. 鱿鱼、墨鱼的碱发

（1）火碱溶液涨发

5 千克水加入火碱（氢氧化钠、NaOH）17 克，当碱水温度在 20～30℃时，将回软的鱿鱼放入碱液中，一般浸泡 4～6 小时，当鱿鱼增厚一倍、有透明感、指甲能捏动时即可。涨发好后放入清水中备用。

（2）熟碱水涨发

9 千克开水加入 350 克碱面（碳酸钠、Na_2CO_2）和 200 克石灰（CaO），将原料投入涨发透，用清水浸泡。

（3）生碱水涨发

10 千克冷水（冬季温水）加入 500 克碱面调匀，溶化后成为 5% 的生碱溶液，将回软鱿鱼放入涨发透后，用清水浸泡备用。

（4）碱面涨发

鱿鱼用水浸泡回软，进行初加工后，再切成 3 厘米见方的片或剞上花刀再切成 3 厘米见方的片，放入陶瓷盆内。加碱面（500 克鱿鱼用 50 克碱面）和清水，上压一个盘子，浸 6 小时，冲入开水，用筷子搅匀，焖 1 小时，鱿鱼初步涨发后，倒去 1/3 的碱水，再冲入开水焖制，反复几次，待鱿鱼质软嫩、色乳白、呈半透明状时取出，用清水反复冲洗碱味。

2. 油水交替涨发蹄筋（水油发）程序

第一步低温焐油。蹄筋入油锅焐制，待油温上升（保持在 110℃），焐 30 分钟，原料表面不能有气泡；第二步小火水煮。放入开水锅中，加盖，用微火焖煮 20～40 分钟，使蹄筋软化，体积膨胀、增大、有弹性时捞出；第三步碱液浸泡。将 50℃热水 3 千克注入保温的容器中，加入食碱 75 克搅匀，浸泡 6～8 小时，无硬心时捞出；第四步将发好的蹄筋冷水漂洗。

第三节 热膨胀涨发工艺原理及实例

一、热膨胀涨发工艺原理

热膨胀涨发是采用各种手段和方法，使原料的组织膨胀松化成孔洞结构，然后使其复水，从而成为可用于烹饪加工的半成品。

1. 油发干料的组成特点

富含动物胶原蛋白多聚物；结构复杂；胶原蛋白加热60℃时可以急剧收所致原来正常长度的1/3～1/4。

2. 油发过程

（1）油发的基本原理

结合水是水在原料中存在的形式之一，因与原料组织中的亲水基团通过氢键结合。氢键主要是由水中氢原子或氧原子缔合形成。氢键的键能较大，日晒风吹的能量不足以破坏氢键，因此通常条件不能排除结合水。

将干料置于一定的环境中，温度升高到一定程度时，积累的能量大于氢键键能，就可以破坏氢键，使结合水脱离组织结构，变成游离态的水。这时的水就具有一般的通性，在高温条件下急剧汽化膨胀，使干料组织形成蜂窝孔状孔洞结构，为进一步复水创造了条件。

水分在100℃时剧烈蒸发，而蛋白质在表面100℃时变性加剧，使原料外皮急于老化，形成保护膜，从而影响膨发。所以，水太多需要高温使水汽化，但蛋白质高温变性影响膨化。水分太少，没有足够水形成汽室，也影响膨化。由于干料是热的不良导体，要使热量传递到干料的中心，使中心的结合水变成游离态的水，往往较困难。实际中常通过低温焐制的方法来调节热量的传递。

（2）油发的过程

第一阶段是焐油阶段，使原料受热回软。焐油时，干料会变软、收缩、卷曲，原料表层出现颗粒状小白泡，其微观实质是胶原蛋白发生热变性作用。具体是蛋白质的一些弱键断裂，导致蛋白质网状结构松弛。达100℃以上时（不超过130℃），胶原纤维变软、收缩，使干料体积缩小至原来的1/3左右。此时，蛋白质分子具有伸缩性，无外力作用时收缩，有外力作用时则伸展。在体积缩小的同时，排除少部分结合力弱的水，所以有微量气泡产生。特征表现为冷却后更加坚硬，具有半透明感。焐油温度在60～110℃。

第二阶段是涨发，是小汽室的形成长大膨化过程。其作用机理干料缩小时，油温由外向里传递的距离缩短，速度加快，使结合水短时间获得大量的能量，挣脱亲水基团的结合，从而能急剧汽化膨胀；干料体积缩小，增大了单位面积中蒸汽的膨胀力，使干料更易膨化；蛋白质的网状结构遭到初步破坏。表现为由干硬变得有弹性、延展性，保持气体能力增强。特征表现是体积急剧增大，色泽呈黄色，孔洞分布均匀。涨发温度在180～200℃。

第三阶段胶原纤维断裂膨化，气体逸出，原来的小汽室基本按原体积固定下来，宏观表现整个原料已经膨化。当焐油后的原料捞出油锅后冷却，再投入高温油中，可使结合水突遇高温，急剧汽化膨胀，油中产生大量的气泡并伴随着爆裂声。胶原蛋白由于高温失水，发生了不可逆变性，失去了凝胶的特性而脆化，使形成的孔洞结构固定下来，并浮于油面。

浸泡吸水回软的方法同水渗透涨发原理一样，怎么样鉴别好油发的标准十分重要。

二、影响热膨胀涨发工艺的因素

热膨胀涨发主要是高温条件下结合水变成自由水，然后汽化膨胀所致。但结合水要顺利变成自由水，与原料本身的结合水含量、形状结构、介质温度、化学成分及这些成分在不同的介质环境下发生的变化有关。

1. 结合水含量

①原料成分：就原料而言，一般含结合水的干料皆可用于膨化处理（如大米、小麦、鱼肚、蹄筋等）。由于原料的组织结构差异较大，其成分有以淀粉为主的，也有以蛋白质为主的，含结合水的量各不相同。

②结合水的量：结合水越多，汽化速度越快，原料组织弹性、伸展性越好，形成的气室就越大，原料就越膨胀。据测定，每100克蛋白质结合水有50克；100克淀粉结合水在30～40克。

2. 膨化介质的温度

温度是关键因素，只有当温度升到一定程度时，积累的能量大于氢键键能，才能破坏氢键，使结合水脱离组织结构，变成自由水。据测定，200℃左右即可破坏氢键也就是说具备200℃左右的温度环境，即可用于膨化生产。温度是可以控制的，但在实践中难以掌握，特别是油介质的温度控制是影响涨发质量的重要因素。

3. 原料的形状体积

蹄筋投入高温油中，只能使表面的结合水汽化，同时干蹄筋体壁干硬，持气能力差，汽化的水分仅使表面产生细小的孔洞，切很快定型脆化。这样的表层阻碍热量的传递，内部的结合水得不到能量就不会变成自由水，不能汽化膨胀，于是产生“僵化”的不良后果，而且是难以挽救的。

因此，体积越小，传热越快，氢键断裂就快，形成的自由水越多，产生的气体就多，原料就越膨胀。

4. 膨化介质的种类

膨化介质的种类有油脂、盐粒、沙粒、干热的空气或高压热空气，它们只起导热作用，都可以传递给干料合适的温度。如爆米花等。干热的空气就是将原料放于200℃的烤箱中，烤至膨发；高压热空气就是将干料放入密闭的膨化筒里加热一段时间，打开盖子，伴随着爆炸声，干料急剧膨化，冲出膨化筒。通过对比各种传热介质的膨发方法及成品特点，得出如下结论：高温条件下，干热空气涨发效果最佳。其原因有以下4点。

一是高压条件下，热空气膨胀速度最快（爆炸声即时气体急剧膨胀所致），因而涨发最彻底且气孔分布均匀，不受原料品种、品质限制；二是成本低，原料表层无油，省去很多工序。三是成品没有盐发的苦味，表面干净，不易变质产生哈喇味，耐贮藏；四是操作工艺简单，无须识别油温，难度系数小，易操作。

三、热膨胀涨发工艺实例

1. 鱼肚的油发

①低油温焐制阶段，鱼肚随冷油下锅，当油温升至110℃时，保持这一温度30分钟，捞出鱼肚，经过焐油的鱼肚体积缩小，具有半透明感，冷却后更加坚硬。

②高油温膨化阶段，油温升至180～210℃，分批投入焐油的鱼肚，此时一定要用勺将原料浸入油内，保证鱼肚充分与油接触，均匀受热膨化，确保涨发完全。涨发3分钟左右，视油锅内气泡减少，“叭叭”声停止，鱼肚体积明显增大时捞出，色泽呈淡黄色，孔洞均匀即可。

③复水阶段，鱼肚冷却后放入冷水中，进行复水，使原料的孔洞充满水分，处于回软状态备用。

2. 鱼皮的盐发——同油发原理

盐发是将干制原料置于加热的大量的盐中，使化学结合水汽化，形成物料组织的孔洞结构、体积增大、再复水的过程。盐发的过程分为三个阶段：低温盐焐制阶段；高温盐的膨化阶段；复水阶段。

①低温盐焐制阶段：取大量的食盐加热炒制（盐量是物料的5倍），达100℃时，将鱼皮埋入盐中，保持这一温度烤40分钟，至鱼皮重量轻且干燥时取出。

②高温盐的膨化阶段：鱼皮不用取出锅，继续炒，待盐的温度达180～200℃时，迅速翻炒鱼皮，直至发透，体积增大，色泽呈黄色，孔洞均匀时取出。

③复水阶段：鱼皮放入冷水中进行复水，使原料吸水回软，待用。油发注意温度、时间的控制；油发干料前检查有无虫蛀、灰尘、杂质，以免污染油质。

火发辅助方法的原理：角蛋白极其稳定。其稳定性主要是由于分子中肽键间有为数众多的二硫键，火烧可是硫键氧化还原，从而使二硫键断裂，达到涨发的目的。

第四节　其他加工制品的处理

一、冷冻原料的解冻处理

解冻就是使冻品恢复到冻前的新鲜状态，冻品中的冰晶还原融化成水的过程。正常的复原阶段是细胞外的冰晶融化成水并向细胞内渗透，细胞吸水后，再加上细胞内冰晶融化的水，共同促使细胞恢复到原来状态的过程，而且这些水分还会与细胞内的蛋白质发生水合作用，使食物具有良好的保水性，这样在食用时就有韧性。

解冻时原料的品质变化如下。

①汁液的流失，重量减轻。汁液流失的原因是原料在长期的冻结过程中，细胞间隙的冰晶越长越大，使蛋白质的特性发生变化。解冻后，冰晶还原成水，但蛋白质的空间构象没有可逆地回到原位，变性的蛋白质也失去了对水分子重新吸水的能力，水分未被组织细胞充分重新吸收，造成汁液的流失。

②冻品的复原性受到影响。在长期的冻藏中，细胞内的小结晶体会逐渐消失，细胞外的冰晶体逐渐长大，粗大冰晶挤压细胞，造成细胞组织受到损伤，蛋白质变性，这种变化影响了蛋白质的水合性，影响了肌肉的吸水性。

③微生物、酶活力增强。根据温度和湿度容易造成食材变质问题。

二、减少汁液流失的措施

①提高食材冻结速度，降低和稳定冻藏温度的有效时间。

②控制食材解冻的速度。在0℃的低温水中解冻8～10小时，肌肉组织状态基本上完全复原；在30℃下经过30分钟快速解冻，大部分水还滞留在细胞外，几乎不能恢复组织结构（表5－2）。

表5－2　解冻方法

解冻手段	具体操作方法
空气解冻	静止空气解冻、流动空气解冻
水解冻	静水解冻、流水解冻、淋水解冻、盐水解冻、随冰解冻、真空水蒸气凝结解冻
电解冻	低频电流解冻、高频电解质加热解冻
压力解冻	加压流动空气、高压（400 MPa）解冻
组合解冻	各种解冻方法联合

③根据原料的种类和用途，解冻可以采用三种不同的形式。一是完全解冻：是指烹饪原料的冰晶体全部融化后再加以处理。多数的烹饪原料，其结冰点在－1℃，所以当冻品温度升至－1℃时，即可认为已完全解冻。二是半解冻：冻品原料在解冻时，表面和内部的温度不同，为保证原料的新鲜度，只要便于加工，便可进行加工。三是高温解冻：烹饪原料在较高温度下，与烹制同时进行的解冻方法。解冻介质有热水、蒸气、空气、油等。

第六章　烹饪原料细加工

第一节　刀功工艺概述

刀功就是根据食材烹调与食用的需要，将各种原料加工成一定形状，使之成为组配菜肴所需要的基本形体，符合所烹饪菜肴的基础要求的操作技术。

一、刀功的目的和意义

刀功是菜肴制作的重要环节，它决定着菜肴的外形。刀功处理后，原料便于加热、调味，并能提高质感。刀功技术可创造出更新的菜肴品种，刀功处理后，便于食用，可促进人体的消化吸收。

二、刀功工具的种类、使用特点

1. 刀具的种类及使用特点

①中国厨师的刀分为片刀、桑刀、文武刀、骨刀、批刀、斩刀等。

②专用刀具：整鱼出骨刀、片鸭刀、烤肉切刀。

③其他刀具类如：鳗鱼刀、生鱼片切刀、冷冻切刀、奶酪刀等。

2. 磨刀及刀具的保养

磨刀石作为厨师一定要理解每种刀石的作用、种类及用途。刀石共有三种：粗磨石、细磨石、油石。

①粗磨石：用天然黄沙石料制成。沙粒粗、质地松而硬，常用于新刀开刃或磨有缺口的刀。

②细磨石：用天然青沙石料制成。颗粒细腻、质地坚实，能将刀磨快而不伤刀刃。

③油石：属人工磨刀石，采用金刚砂人工制成，成本高，粗细皆有，一般用于磨砺硬度较高的刀具。

3. 磨刀的方法

为了提高切割效率，必须使刀口保持锋利的状态。要做到这一点，在切割过程中必须经常磨刀，这不仅要有质地较好的磨石，而且要有正确的磨刀姿势和方法。

（1）磨刀的要点

一是准备：磨石放稳、准备一盆水；二是磨刀的姿势：磨刀时要求两脚分开，一前一后，前腿弓，后腿绷，胸部略向前倾，收腹，重心前移，两手持刀，目视刀锋；三是磨刀的方法：

首先将磨石固定于架子上，高度约为本人身高的一半，以操作方便、运用自如为准。磨刀时右手握住刀尖直角部位，左手握住刀柄前端，两手持稳刀，将刀身端平，刀与磨石的夹角为3°～5°为宜。

（2）磨刀须按程式进行

向前平推至磨石尽头，然后向后拉，始终保持刀与磨石的夹角为3°～5°，切不可忽高忽低。向前平推是磨刀膛，向后拉是磨刀口。无论是前推还是后拉，用力都要讲究平稳、均匀。当磨石表面起沙浆时，须淋点水继续再磨。

（3）磨刀时重点应放在磨刀锋部位

刀锋的前端、后端和中端部位都要均匀地磨到。磨完刀具的一面后，再换手持刀，磨另一面，注意两面磨制一样的程度，这样才能保证磨完的刀口平直锋利。

4. 刀锋的检验

检验刀磨得是否合格，一种方法是：将刀刃朝上，两眼直视刀刃，如果刀刃上看不见白色光泽，就表明刀已磨锋利了；如果有白色光泽，则表明刀有不锋利之处。另一种方法是：把刀刃轻轻放在大拇指手指盖上轻轻拉一拉，如有涩感，则表明刀刃锋利；如刀刃在手指盖上感觉光滑，则表明刀刃还不锋利。

5. 刀具的一般保养

将用完的刀擦干表面的污物，防止生锈，不经常用的刀在刀身两面涂一层植物油，防止生锈。

三、砧板的选用与保养

1. 砧板的种类

①餐饮行业砧板又称菜墩，是刀功操作时的衬垫工具。其按材料分为木制砧板和塑料砧板。行业中多用木制砧板。

②木制砧板的材料有橄榄木、银杏木、楠木、柳木、榆木、椴木、杨木、栗木、铁木等。

2. 砧板的选择

选用砧板的材料要求树木质地坚实、木纹紧密、弹性好、不损刀刃、树皮完整、不结疤、树心不空、不烂、砧板的颜色均匀，没有花斑。

优质的砧板应具备：一是抗菌效果好，银杏木和紫椴木有较好的抗菌性；二是防凹能力强，银杏木、榆木、柳树木制坚固而有韧性，既不伤刀又不易断裂，经久耐用，防凹能力强；三是能抗裂减震，选弹性好的木材。

3. 砧板的保养

①新砧板要加工定形，修整边缘，再用盐水浸泡、蒸煮、使木质紧缩，组织细密，树皮损坏时要用金属加固，防止干裂。

②砧板在使用时要旋转使用，防止出现凹凸不平。若出现，应及时修整。

③砧板长期不用时，应清洗干净，竖立放稳；也可用洁布盖住，放在通风处，防止发霉、变质；禁止在阳光下曝晒。

第二节　刀法种类及适用范围

刀法是指对原料切割的具体运刀方法。根据刀刃与原料的接触角度不同，刀法可分为平刀法、斜刀法、直刀法三种。

一、平刀法

平刀法指刀刃运行与原料保持水平的所有刀法，适用于原料平滑、扁薄的一种运刀方法。根据用力方向不同又分为：平批、推批、拉批、锯批、波浪批和旋料批（表6－1）。

表6－1　平刀法

刀法种类	运刀方法	加工对象
平批	刀刃与砧板平行批进原料	易碎的软嫩原料，如豆腐、豆腐干、鸡鸭血
推批	批料时运用向外的推力，从刀尖入刃向刀腰移动，批断原料	脆嫩性蔬菜，如生姜、菜、茭白、竹笋、榨菜
拉批	批料时运用几里的拉力，原料从刀腰进刃向刀尖部移动断离	韧性稍强的动物性原料，如鸡胸脯、腰子、猪肝、瘦肉等
锯批	即数次推拉批的结合	韧性较强或软烂易碎或块体较大的原料
波浪批	又叫抖刀批。刀刃进料后作上下波浪形移动	软性原料，如皮蛋、白（黄）蛋糕、豆腐干的批片
旋料批	对柱体原料的批片，把料时一边进刃一边将原料在砧板上滚动，可以批成较长的片	圆柱形植物原料

二、斜刀法

斜刀法指刀刃运行与原料保持一定角度的加工方法。依据运刀时刀身与砧板的角度不同可分为正斜刀与反斜刀两种（表6－2）。

表6－2　斜刀法

刀法种类	运刀方法	加工对象
正斜刀法（即正斜批，斜拉批）	右侧角度40°～50°，运用拉力，左手按料，刀走下侧	软嫩原料，如鸡胸脯、腰片、鱼肉
反斜刀法（即反斜批，斜推批）	右侧角度约130°～140°，运用推力，左手按料，刀身倾斜抵住左手指节。	适合脆性而黏滑的原料，熟牛肉、葱段等

三、直刀法

直刀法是刀法中比较复杂的，也是最重要的一类刀法。依据用力程度可分为切、剁、砍3类（表6-3）。

表6-3 直刀法

刀法种类		运刀方法	加工对象
切法	直切	用力垂直向下，切断原料，不移动原料者叫直切，连续快速切断原料叫跳切	加工脆嫩性植物原料，如萝卜、土豆
	推切	运用推力切料的方法，刀刃向下、向前运行，推切要求一推到底，刀刀分清	加工薄嫩原料，如里脊、鱼肉
	拉切	运用拉力切料，刀刃向后运行，要求一推到底，刀刀分清、用力稍大	加工韧性原料，如肉类
	锯切	是数次推拉切的结合，要求以柔软的韧劲入料，加强摩擦力度，减弱直接压力，切至2/3时再直切下去	加工酥烂、松散易碎的原料，如面包、熟火腿
	铡切	左手按住刀背前部，刀刃垂直起落或刀刃前后交替起落或刀刃前部不动，中后部起落铡切	加工薄壳、颗粒原料，如螃蟹、花椒、花生
	滚料切	左手滚动原料，切出的块叫滚料块	加工球形或柱形原料，如萝卜、土豆
	翻刀切	运用推力或拉力切料，切断原料后，顺势将刀在砧板上塌一下，使粘在刀面上的原料落在砧板上	加工片、丝、粒等形状的肉类原料
剁法（劈，砍）	砧剁	左手按料，用右手小臂的力量将刀扬起，垂直剁下，应一刀断料，防止产生碎骨	加工带骨和厚皮的原料，如排骨、鱼段
	直砍	将刀高举，猛击原料，左手应远离原料，注意安全	带骨的硬性原料，如鱼头、排骨
	排剁	两手各持一把刀，由右至左反复有规律地连续剁	加工肉泥、菜泥

续表

刀法种类		运刀方法	加工对象
剁法（劈，砍）	跟刀剁	将刀刃镶嵌在原料中，刀与原料同时起落，将原料批开	加工圆而滑的原料，如鱼头
	拍刀剁	刀刃放在原料上，用左手掌根猛排刀背，截断原料	加工带骨鸡、鸭等
排法	刀跟排	用刀跟部刃口，在原料表面排剁，使原料骨折、筋断，深度不宜超过 1/2	加工腱膜较多的块肉和用于扒、炖的禽类原料
	刀背排（捶）	用刀背对原料排敲，使肉松嫩，有利于肉泥的黏接	用于牛排加工

第三节　剞花刀功艺

一、剞花的目的与原料选择

剞花刀是指在原料的表面切割成某种图案条纹，使之受热收缩或卷曲成花形的加工。剞花刀的目的是缩短成熟时间，使热传递均衡，达到原料内外成熟、老嫩一致。

原料选择：一般有整形的鱼、方块的肉、畜类的胃、肾、心，禽类的肫、鱿鱼、鲍鱼等，植物性原料有豆腐干、黄瓜、莴笋等。

适合剞花刀的原料必须具备：

①原料较厚，不利于热的均衡传递，或过于光滑不利于裹汁，或有异味不便于在短时间内散发的。

②原料具有一定面积的平面结构，以利于剞花的实施和刀纹的伸展。

③原料应不易松散、破碎，并有一定的弹力，具有可受热收缩或卷曲变形的性能，可突出剞花刀纹的美观。

二、剞花刀法（又名混合刀法）

剞花刀法又称混合刀法，是指刀在原料表面或内部作垂直、倾斜等不同方向的运行，并在原料上切成或片成横竖交叉、深而不断的刀纹，使原料在受热时发生卷曲、变形而形成不同花形的一种行刀技法。

这种刀法比较复杂，主要把原料加工成各种造型美观、形象逼真（如麦穗形、松果形、灯笼形等）的形状。用这种刀法制作出的美味佳肴，能给人以美好的艺术享受，并为整桌酒席增添气氛。

这种刀法按照刀的运动方向可分为直刀剞、直刀推剞、直刀拉剞、斜刀推剞、斜刀拉剞等刀法。

1. 直刀剞

直刀剞与直刀切相似，只是刀在运行时不能完全将原料断开。根据原料成型的规格要求，刀运行到一定深度时即要停刀，在原料上切成直线刀纹，也可结合运用其他刀法加工出蓑衣黄瓜、齿边萝卜条、鱼鳃腰片等各种形状。

①技术要求：左手扶料要稳，运用指法从右前方向左后方移动，保持刀距均匀，控制好进刀深度，做到深浅一致。

②适应原料：适宜加工脆性原料（如黄瓜、冬笋、胡萝卜、莴笋等）和质地较嫩的韧性原料（如腰子、鱿鱼等）。

2. 直刀推剞

直刀推剞与推刀切相似，只是刀在运行时不将原料完全断开，留有一定的余地，根据原料成型的规格要求，刀在原料内运行到一定深度的时候要立即停刀，在原料上剞上直线刀纹，也可结合并运用其他刀法加工出荔枝形、麦穗形、菊花形等造型美观、形象逼真的各种料形。

①技术要求：操作过程中要使刀锋与墩面或原料始终保持垂直，控制好进刀深度，做到深浅一致；每剞一刀，左手和刀具都要移动一次，在移动过程中要灵活运用指法从右向左均匀移动，使刀距相等。

②适应原料：这种刀法适宜加工各种韧性原料，如腰子、猪肚领、净鱼肉、通脊、鱿鱼、肝脏、墨鱼等，也可用于一些脆性的原料如萝卜、冬瓜等。

直刀拉剞往往不容易把握刀具和深度，一般不单独使用。在日常工作和生产中，经常把直刀拉剞和直刀推剞结合起来使用，作为一种协调动作。

3. 斜刀推剞

斜刀推剞与斜刀推片（批）非常相似，只是刀在运行时不完全将原料断开，根据原料成型的规格要求，刀运行到一定深度时停刀，在原料表面剞上斜线刀纹，也可结合并运用其他刀法加工出如麦穗形、蓑衣形、松果形、菊花形等多种造型美观的料形。

这种剞刀方法经常适用于对一些比较薄的原料，利用斜刀推剞，可以增加刀纹的长度，能够充分地表现刀纹。

①技术要求：在剞刀的过程中，刀与墩面或原料的倾斜角度及剞刀的深度，要始终保持一致，而且刀距也要相等，才能保证所剞花刀造型美观，卷曲充分且均匀。

②适应原料：斜刀推剞适宜加工各种韧性原料，如腰子、鱿鱼、通脊、鸡鸭肫、猪肚领、墨鱼、鱼肚档等。

4. 斜刀拉剞

斜刀拉剞与斜刀拉片（批）非常相似，只是刀在原料中运行时也不完全将原料断开。根据原料成型的规格要求，刀在原料中运行到一定深度时便停刀，在原料表面剞上斜线刀纹，此法也可结合其他刀法综合运用加工出多种美丽的形态，如麦穗、灯笼、锯齿、鸡冠、梳子、鱼鳃等。

①技术要求：在操作过程中，应该使刀与墩面或原料的倾斜度始终保持一致，同时还要使剞刀深度一样、刀距相等，另外刀膛还要紧贴原料运行，防止原料滑动。

②适应原料：适宜加工各类韧性的原料，如腰子、鱿鱼、墨鱼、通脊肉、净鱼肉等。对于一些质地脆嫩的原料如萝卜、发制好的皮肚等也可以使用此剞刀方法。

5. 料形加工

料形加工是指运用各种不同的刀具和不同的刀法，将烹饪原料加工成型态各异、造型美观、利于烹调和食用的特定形状的加工过程。原料的形状大体上可分为基本料形、花刀功艺料形两大类，按照使用刀法的不同，每类料形又可分为若干小类。

三、基本料型

基本料型是指工艺过程比较简单、易于操作，易于成型的几何形状。基本料型大多数是运用切、剁、砍、片等刀法，经过简单加工而完成的几何形状。这类料型主要有如下几种：

1. 丁的种类

形状近似于正方体，它的成型方法是通过使用片（批）、切等刀法，将原料加工成大片或厚片，再切成条状，最后改刀成正方体的形状。

丁分大丁、中丁和小丁三种，它的大小主要取决于片的厚薄、大小和条的粗细，粗条可加工成大丁，细条可加工成小丁，介于两者之间称为中丁。

在具体的加工过程中，可根据烹调和菜肴制作的需要灵活加工成型。

①形状名称：菱形丁、方丁、橄榄形丁、指甲形丁。

②成型规格：大丁约 2 厘米见方，中丁约 1.2 厘米见方，小丁约 0.8 厘米见方。

③适应原料：韧性原料、脆性原料、软性原料、硬性原料等。

④用途举例：宫保鸡丁、青椒肉丁、碎米肉丁等。

⑤加工要求：用于充当配料的丁一般要求小一些，用于充当主料的丁一般要求大一些。对于加工质地较老的动物性原料，要先用拍刀法将其肌肉组织拍松；对于结缔组织较丰富的原料，要先将其片（批）大片以后，在片的两面排剞上刀纹，利于肉质疏松，割断筋络，扩大肉质的表面积，易于吸收水分，便于成熟和便于调味品的渗透。

2. 粒的种类

食材切配小于丁的正方体，它的成型方法与丁相同。

①形状名称：绿豆粒、豌豆粒等。

②成型规格：大粒约 0.6 厘米见方，小粒约 0.4 厘米见方。

③适应原料：韧性原料、脆性原料、软性原料、硬性原料。

④用途举例：用于制作清蒸狮子头等，还多用于各种配料。

⑤加工要求：与丁相同。

3. 米的种类

食材切配小于粒的正方体，成型方法与丁相同。

①形状名称：小米粒。

②成型规格：约 0.3 厘米见方。

③适应原料：脆性原料、硬性原料。

④用途举例：制作小煎鸡米、石榴烤鸭松等，另外还多用于点缀装饰菜肴。

⑤加工要求：可以运用直切或推切的刀法加工成型，加工时不要加工得太小，避免形成末状。

4. 末的种类

食材切配形状是一种不规则的形体，其成型方法是通过直刀剁加工形成的。

①形状名称：粗末，细末。

②成型规格：粗末体积相对较大，细末体积相对较小，只相当于毫米。

③适应原料：韧性原料、脆性原料。

④用途举例：可以制作红烧丸子等；也用于制馅，如肉馅、白菜馅等。

⑤加工要求：加工时要将原料充分剁碎，斩断筋络，用于制作大丸子的末应粗些，用于制作小丸子的末应细些。

5. 茸的种类

食材切配颗粒更为细腻，加工方法与末略有不同，它是运用刀背捶击加工而成的。

①形状名称：粗茸，细茸。

②成型规格：细茸需要过筛，粗茸则不需过筛，但要用刀刃斩断筋络。

③适应原料：精挑细选的净瘦肉、肥膘肉、净虾肉、净鱼肉等。熟制的土豆、红薯、山药、红小豆、豌豆等去皮后也能加工成茸。

④用途举例：用于制作菜肴，如扒酿海参、鸡茸鱼肚、蝴蝶海参、炒芋泥等，也用于制作馅心。

⑤加工要求：在制茸前，先要剔除筋络。制细茸时最好选用一大块净肉皮铺在墩面上，将肉放在肉皮上捶击，可使加工出的肉茸洁白、细腻、无杂质。

6. 丝的种类

食材切配呈细条状，它是运用片（批）、切等刀法加工而成的。在切成丝以前，先将原料片（批）成大薄片，再切成丝状。

①形状名称：粗丝，细丝。

②成型规格：粗丝直径约3毫米，长约4～8厘米；细丝直径小于3毫米，长约2～4或3～5厘米。

③适应原料：韧性原料、脆性原料、软性原料。

④用途举例：用于制作冬笋肉丝、干煸牛肉丝，还有佐味用的姜丝等。

⑤加工要求：加工时要顺着纤维纹路切丝，否则切出的丝表面不光滑。用于滑炒，滑溜的丝应细些，用于干煸、清炒的丝应粗些。

7. 条的种类

食材切配比丝粗。成型方法是首先运用片（批）的刀法，将原料片（批）成大厚片，然后再切制成条。

①形状名称：粗条，细条。

②成型规格：粗条直径约6～8毫米，长约4～6厘米；细条直径约4～5毫米，长约

5～7 厘米。

③适应原料：韧性原料、脆性原料、软性原料。

④用途举例：用于制作芫爆鸡条，香炸鱼条，糖醋黄瓜条、糖醋萝卜条等。

⑤加工要求：加工时应顺着纤维的方向切成条，否则容易出现毛边。韧性原料应切得细些；脆性原料、软性原料应切得粗一些；用于烧、煨的应切得粗一些；用于滑炒、滑溜的应切得细一些。

8. 段的种类

食材切配段比条粗，它是运用切、剁、砍等方法加工制成。

①形状名称：粗段，细段。

②成型规格：粗段直径约 1 厘米，长约 3.5 厘米；细段直径约 0.8 厘米，长约 2.5 厘米。切成的段应以“寸”为度，行业里有“寸段”之称。

③适应原料：韧性原料、脆性原料或带骨的原料。

④用途举例：用于制作蒜香仔骨、虾籽春笋、红烧鳝段等。

⑤加工要求：脆性原料应加工得细一些，一般不出“寸”；韧性原料应加工得粗一些，长一些；带骨的鱼段则应加工得更长一些（如红烧中段），但需要在原料表面剞上刀纹，以便于成熟和入味。对于段的长短没有硬性的要求，可以结合实际，灵活掌握。

9. 块的种类

食材切配是方体如正方体、长方体和其他多种几何形体，它是运用切、剁、砍等方法加工而成的。

①形状名称：大方块，小方块，骨牌块，滚料块，瓦块，劈柴块，象眼块等。

②成型规格：块的形状、大小、薄厚各不相同，规格也不尽相同，形状也没有规则。块的大小应取根据烹调和食用的要求灵活掌握。

③适应原料：韧性原料、脆性原料、带骨的原料。

④用途举例：用于炖鸡块、红烧瓦块鱼、油焖茄子等。

⑤加工要求：用于加热时间长的块应加工得大一些，以适宜于烧、焖、扒、靠、炖；用于加热时间短的块应加工得小一些，以适宜于滑炒、爆炒、炸等；带骨的原料应加工得小一些。对于块形较大的则应该用刀膛拍松或制上刀纹，以利于成熟和入味，缩短正式烹调时的加热时间。

10. 球的种类

食材切配成型方法较为复杂，首先运用切的方法将原料加工成粗段，再切成大方丁，最后削成球状。但现在有一种特殊的工具“珠球模具”可以用来快速加工，而且规格一致。

①形状名称：大球，小球。

②成型规格：大球直径约 2.5 厘米，小球直径约 1.5～2.0 厘米。

③适应原料：脆性原料。

④用途举例：溜冬瓜球、三色萝卜圆等。

⑤加工要求：加工球状料型时，球体要大小一致，球面应光滑均匀。

四、基本料型加工的注意事项

①一种料型在大多数情况下是通过多种刀法相互配合才最终形成的。

②所切制的原料形状要注意形态美观，粗细均匀，厚薄一致，整齐划一。

③在料型的运用上要配合烹调的要求。

④对料型的加工还应充分把握大料大用、小料小用的原则，合理使用原料，物尽其用。

第四节　烹饪各种刀功

花刀功艺料型是指运用混合刀法，在原料表面剞上横竖交错、深而不透的条纹，经过加热卷曲形成各种形态美观、造型别致的形状。其工艺程序比较复杂，技术难度较高，现就一些常用的花刀功艺料形简要分述如下：

一、斜“一”字花刀

斜“一”字花刀的成型方法是运用斜刀或直刀推、拉剞的方法加工制成。

①形状名称：半指纹，一指纹。

②成型规格：将原料两面剞上斜向一字排列的刀纹。半指纹的刀距约 5 毫米。一指纹的刀距约 1.5 厘米。

③适应原料：黄花鱼、鲤鱼、青鱼、胖头鱼、鳜鱼、鲫鱼等体形较大的鱼类。

④用途举例：半指纹适宜制作干烧鱼，一指纹适宜制作红烧鱼。

⑤加工要求：加工时要求刀距的大小和刀纹的深浅都要均匀一致。鱼的背部刀纹要相应深一些，腹部刀纹要相应浅一些。

二、柳叶花刀

柳叶花刀形的刀纹是运用斜刀推（或拉）剞的方法加工而成的。

①形状名称：柳叶形。

②成型规格：加工时在原料两面均匀剞上宽窄一致的、类似柳叶叶脉的刀纹。

③适应原料：鳊鱼、武昌鱼、胖头鱼等。

④用途举例：用于制作清蒸鳊鱼、西式葱烤鱼等。

⑤加工要求：加工方法同斜一字花刀，但是剞刀时要做到刀纹与刀纹之间达到“交而不连”的效果。

三、网格花刀（交叉十字花刀）

网格花刀（交叉十字花刀）形的刀纹因为形状像渔网的网格而得名。这种花刀是运用直刀推剞的方法加工而成的。

①形状名称：网格花刀（交叉十字花刀）。

②成型规格：加工时在原料两面均匀剞上交叉形十字刀纹。对于体形大而长的原料应多剞一些十字花刀，刀纹间距较为密集，而且呈双平行状态分布。

体形较小的鱼可少剞一些十字花刀，刀距可大些，但要注意刀与刀之间应该“交而不连”。

③适应原料：鲤鱼、青鱼或鳊鱼等。

④用途举例：多十字花刀宜制作干烧鱼，少十字花刀宜制作红烧鱼、酱汁鱼等。

⑤加工要求：与斜一字花刀的制作方法相同。

四、月牙花刀

刀功月牙花刀形的刀纹是运用斜刀拉剞的方法加工制成。

①形状名称：月牙花刀。

②成型规格：加工时在原料两面都均匀剞上弯曲的、形状似“月牙”的刀纹。刀纹间距约 6 毫米。

③适应原料：鳊鱼、武昌鱼、鲫鱼、鲈鱼等。

④用途举例：用于制作清蒸鳊鱼、油浸鲈鱼等。

⑤加工要求：与斜一字刀纹相同。

如果将上述刀纹的方向旋转，使月牙形向上弯曲，用类似方法剞成的一系列刀纹则称为“蚌纹花刀”。

五、牡丹花刀（翻刀形花刀）

牡丹花刀（翻刀形花刀）的刀纹是运用斜刀（或直刀）推剞、平刀片（批）等方法混合加工制成。因为这种方法加工出来的每一片料形都像牡丹花的花瓣，故而取名“牡丹花刀”。

①形状名称：牡丹花刀。

②成型规格：加工时将原料两面都均匀地剞上深至鱼骨的刀纹，然后用刀平片（批）进原料深约 2 ~ 2.5 厘米。最后将肉片翻起，如此反复进行，只至剞到鱼尾，一面剞完再剞另一面。原料每面可以翻起 7 ~ 12 刀，实践中多采用 8 刀剞法，有的地方又将之称为“八卦牡丹花刀”，经过受热卷曲即可形成“牡丹花瓣”的形态。

③适应原料：黄花鱼、鲤鱼、青鱼等。

④用途举例：用于制作糖醋黄河鲤鱼等。

⑤加工要求：原料应选择净重约为 1500 克的鲤鱼为宜，每片大小要一致。每面剞刀次数要相等，而且要注意两面对称。

六、松鼠鱼花刀

松鼠鱼花刀是运用斜刀拉剞、直刀剞等方法加工而成的。

①形状名称：松鼠鱼花刀。

②成型规格：先将鱼头去掉，沿脊骨用刀平片（批）至尾部，斩去脊骨并片（批）去胸

刺，然后在两扇鱼片的肉面剞上直刀纹，刀距约 4 ~6 毫米。

将鱼肉旋转一个角度，再斜剞上平行的刀纹，刀距约 2 ~3 毫米。直刀纹和斜刀纹均剞到鱼皮（但不能剞破鱼片），两刀相交构成菱形刀纹。

这种花刀经过拍粉、油炸等加工过程，在加热时由于鱼皮受热收缩卷曲，再加上鱼肉受热变形固形而形成造型独特的松鼠羽毛的形状。

③适应原料：黄花鱼、鲤鱼、鳜鱼等。

④用途举例：用于制作松鼠鳜鱼、松鼠黄鱼等。

⑤加工要求：刀距的大小、刀纹的深浅以及斜刀的角度都要均匀一致，原料应选择净重约为 1500 ~2000 克的为宜。

七、菊花形花刀

菊花形花刀是运用直刀推剞的方法加工而成的。

如果原料的厚度比较薄，也可以使用斜刀和直刀混合剞的方法加工而成。

①形状名称：菊花形花刀。

②成型规格：加工时在原料表面剞上横竖交错的刀纹，深度约为原料厚度的 4/5，两刀相交为 90°，然后改刀切成 3 ~4 厘米见方的正方块。经加热后即卷曲形成菊花的形状。

③适应原料：净鱼肉、鸡鸭肫、通脊肉等。

④用途举例：用于制作菊花鱼、干炸菊花肫、橙汁菊花肉等。

⑤加工要求：刀距的大小、刀纹的深浅要均匀一致。要选择新鲜的原料，最好选择鲜活的原料。因为鲜活原料肌纤维的收缩力强，收缩力度大，形成的菊花形状表现力强，造型更加逼真。

八、麦穗形花刀

麦穗形花刀的刀纹是运用直刀推剞和斜刀推剞加工制成的。

①形状名称：小麦穗、大麦穗。

②成型规格：大、小麦穗的主要区别在于麦穗的长短变化。长者称大麦穗，短者称小麦穗，两者的加工方法基本相同。加工时先用斜刀推剞，倾斜角度约为 45°，刀纹深度是原料厚度的 3/5。然后转动一个角度采用直刀推剞，直刀剞与斜刀剞相交，以 70° ~80°为宜。深度是原料的 4/5。最后将原料改刀切成长方块，经加热后即卷曲成形象的麦穗形状。

③适应原料：腰子、鱿鱼等。

④用途举例：用于炒腰花、爆鱿鱼卷、爆鳝筒等。

⑤加工要求：刀距的大小、刀纹的深浅、斜刀角度都要均匀一致；麦穗剞刀的倾斜角度越小，则麦穗越长；麦穗剞刀倾斜角度的大小，应视原料的厚薄作灵活调整。

九、荔枝形花刀

荔枝形花刀的刀纹是运用直刀推剞的方法加工而成的。

①形状名称：荔枝花刀。

②成型规格：加工时，先运用直刀推剞，刀纹深度是原料厚度的 4/5。然后转动一个角度采用直刀推剞，刀纹深度也是原料厚度的 4/5，两直刀相交角度为 80°左右。然后将原料改刀切成边长约 3 厘米的等边三角形。经加热后即卷曲成荔枝形态。

③适应原料：鱿鱼、腰子等。

④用途举例：用于制作荔枝鱿鱼、芫爆腰花等。

⑤加工要求：在加工时务必保持刀距的大小、刀纹的深浅、分块的形状和大小都要均匀一致。

十、松果形花刀

①形状名称：松果花刀。

②成型规格：加工时，运用斜刀推剞的方法在原料上进行剞刀，深度约为原料厚度的 4/5，进刀倾斜度为 45°左右。然后转动一个角度采用斜刀推剞，深度仍然是原料厚度的 4/5，进刀的倾斜度为 45°。两刀相交，角度为 45°，然后改刀切成宽 4 厘米、长 5 厘米的块。经加热后即卷曲形成类似的松果形状。

③适应原料：鱿鱼、墨鱼等。

④用途举例：用于制作糖醋鱿鱼卷、葱辣墨鱼花。

⑤加工要求：与荔枝形花刀相同。

十一、蓑衣形花刀

蓑衣形花刀的刀纹是运用直刀剞和斜刀推剞等方法混合加工制成。主要有两种形式。

1. 第一种蓑衣花刀

①成型规格：加工时，先在原料一面直刀（或推刀）剞上一字刀纹。刀纹深度为原料厚度的 1/2。然后在原料的另一面采用同样刀法，直刀剞上一字刀纹，刀纹深度为原料厚度的 1/2，与斜一字刀纹相交，形成一定的角度。蓑衣花刀剞好以后可以用手直接拉长，如果原料比较脆硬的话，直接拉容易被拉断，最好用食盐腌渍一下再拉。

②适应原料：黄瓜，莴笋，豆腐干等。

③用途举例：多用于冷菜制作，如糖醋蓑衣黄瓜、红油豆腐干、卤兰花干等。

④加工要求：刀距及刀纹深度要均匀一致。

2. 第二种蓑衣花刀

这种剞法因为形成的网眼类似农民下雨天穿的蓑衣，故而取名为“蓑衣花刀”。

①成型规格：加工时，先在原料的一面用直刀剞上深度为 4/5 的刀纹。然后将原料转动 90°，再用斜刀推剞上深约 4/5 的刀纹。将原料翻起，在另一面上也用斜刀推剞深约 4/5 的刀纹。最后改刀切成长约 2 厘米，宽约 1. 5 厘米的长方块。

②适应原料：猪肚领。

③用途举例：用于制作油爆肚仁、油爆蓑衣腰子等。

④加工要求：在加工时务必使刀距的大小、刀纹的深浅、分块的形状和大小都要均匀一致。

十二、螺旋形花刀

螺旋形花刀的原料成型，主要是采用小尖刀旋制而成。

①形状名称：螺旋丝。

②成型规格：选用圆柱形的原料（胡萝卜、黄瓜等），取其中段部位。用小刀斜架在原料上，进刀深约 1 厘米，逆时针转动原料，使刀从左向右螺旋式运行。然后用刀尖插进原料一端，顺时针旋进，将原料的芯柱旋掉。最后用手拉开，即成螺旋丝状。

③适应原料：黄瓜、莴苣、胡萝卜、白萝卜等。

④用途举例：多用于冷菜围边，也可用于拌制冷菜。

⑤加工要求：小刀要窄而尖，原料转动要慢，旋丝时要均匀用刀，丝不宜过细。丝的长度可长可短，根据需要灵活掌握。

十三、玉翅形花刀

玉翅形花刀的刀纹是运用平刀片和直刀切的方法加工制成。

①形状名称：玉翅形。

②成型规格：先将原料加工成长约 5 厘米、宽约 4 厘米、高约 3 厘米的长方块。用刀片（批）进原料 4/5，片完一片再片第二片，如此反复进行，至片完为止。然后用直刀法切成连刀丝，即成玉翅形效果。

③适应原料：冬笋、莴笋等。

④用途举例：用于制作葱油玉翅、白扒玉翅、鲍汁素鱼翅等。

⑤加工要求：加工时刀距要均匀，丝的粗细可根据需要灵活掌握，但丝的宽度务必与片的厚度保持一致。

十四、麻花形花刀

麻花形花刀的原料成型是运用刀尖划再经穿拉而成。

①形状名称：麻花形

②成型规格：将原料片（批）成长约 4.5 厘米、宽约 2 厘米、厚约 3 毫米的片。在原料中间用刀尖划开 3.5 厘米长的刀口，再将中间刀口的两侧各划上一道 3 厘米长的刀口。用手握住两端，并将原料一端从中间刀口处穿过并拉出来。经过受热卷曲更加像麻花的形状。

③适应原料：腰子、肥膘肉、通脊肉等。

④用途举例：用于制作软炸麻花腰子、芝麻腰子等。

⑤加工要求：中间的刀口要略微长一些，但也不要过长，以能够将原料穿过去为宜。其余的刀口要长短一致，成型方法要相同，不能穿反了。

十五、凤尾形花刀

凤尾形花刀的原料成型是运用直刀切的方法加工制成。

①形状名称：凤尾形花刀

②成型规格：将圆柱形的原料片（批）成两瓣，在原料 4/5 处斜切成连刀片。然后每隔一片弯卷一片并将其别住。如此反复进行，即可加工成凤尾形。

③适应原料：黄瓜、冬笋、胡萝卜等。

④用途举例：多用于冷菜拼摆时的点缀或围边之用。

⑤加工要求：每组分开的片数要相等，刀距要均匀。

十六、鱼鳃形花刀

鱼鳃形花刀的原料成型是运用直刀推剞和斜刀拉剞的方法混合加工而成的。

①形状名称：鱼鳃片。

②成型规格：先将原料片（批）成厚片，再运用直刀推剞或拉剞的方法，剞上深度约为五分之四的刀纹。然后将原料转动一个角度（通常是转动 90°），采用斜刀法剞上深度约为 3/5 的刀纹，片第一刀的时候，不断开原料，等到片至第二刀的时候，用斜刀拉片的刀法将原料断开，即“一刀相连，一刀断开”。如果每批一刀就断开，则称为“梳子花刀”，因形状像梳子而得名；如果直刀剞的刀纹比较浅，只有 1/4 深度的话，而且斜批一刀一断，则该种花刀称为“眉毛花刀”，也因形似而取名。

③适应原料：腰子、茄子等。

④用途举例：用于制作炝鱼鳃腰片、熘鱼鳃茄片等。

⑤加工要求：刀距要均匀，大小要一致。

十七、灯笼形花刀

灯笼形花刀的原料成型是运用斜刀拉剞和直刀剞的刀法混合加工而成的。

①形状名称：灯笼花刀。

②成型规格：将原料片（批）成大片后，改成长约 4 厘米、宽约 3 厘米、厚约 2 ~ 3 毫米的片，先在原料一端用斜刀法拉剞上两刀，深度为 3/5。然后，在原料另一端同样也剞上两刀（向相反的方向剞刀）。再转一个角度直刀剞上深度为五分之四的刀纹。经受热卷曲以后即可形成灯笼的形状。

③适应原料：腰子、鱿鱼等。

④用途举例：用于制作炒腰花、麻酱鱿鱼等。

⑤加工要求：加工时，斜刀进刀深度要浅于直刀的进刀深度。片形大小要一致，刀距要均匀。

十八、如意形

如意形的原料成型，是运用刀刃前端在原料四面按照一定的顺序各切两刀的方法加工而成的。

①形状名称：如意丁。

②成型规格：将原料加工成2厘米见方的大丁，在丁的四面均切上两刀，刀纹深度为原料厚度的1/2，用手瓣开方丁，即分成两个如意丁。

③适应原料：黄瓜、南瓜、胡萝卜、莴苣等。

④用途举例：多用于菜肴的围边或充当配料。

⑤加工要求：丁的大小要一致，分丁要均等。

十九、剪刀形

剪刀形的原料成型，是运用直刀推剞和平刀片（批）的方法加工而成的。

①形状名称：剪刀片，剪刀块。

②成型规格：剪刀片与剪刀块的区别在于薄者称片，厚者称块。两者的加工方法完全相同。加工时，先将原料加工成长方体，用平刀法分别从两个长边的1/2处片（批）进原料，两刀运行的深度相对，但在中间部分要留有余地，不能片断。再运用直刀推剞的方法，与短边成45°分别在两面均匀地剞上宽度一致的斜刀纹，深度是原料厚度的二分之一，两个面上的斜刀纹呈相交状态。然后用手夹住原料的上下两面，将每一个“斜十字”形拉开，即分成交叉形剪刀片（或块）。

③适应原料：黄瓜、冬笋、莴苣等。

④用途举例：多用于配料或用于菜肴点缀及围边装饰等。

⑤加工要求：刀距的大小，交叉角度要均匀一致；两个平刀纹要平行相对否则很那拉开成型；另外在拉动的时候，动作还要协调，不能将其拉坏。

二十、锯齿花刀形

锯齿花刀形的刀纹是运用直刀切和斜刀推剞等方法加工而成的。

①形状名称：锯齿花刀（俗称蜈蚣丝）。

②成型规格：加工时，先在原料表面剞上深度为原料厚度4/5的刀纹。

然后用直刀法顶着刀纹的方向将原料切断。

加工好的原料经过受热卷曲以后即形成锯齿花刀形（即蜈蚣丝）。

③适应原料：腰子、鱿鱼、嫩白菜的帮子等。

④用途举例：韧性原料可制作菜肴如生炒蜈蚣腰丝，芫爆鱿鱼丝等。嫩白菜帮需要经过凉水浸泡，卷曲以后可用于拌制冷菜，如拌白菜丝；也可作为点缀、围边，装饰菜肴之用。

⑤加工要求：刀距的宽窄、刀纹的深浅、粗细的程度等都要均匀一致。

二十一、各种平面花边形

平面花边形式样繁多，造型也逼真，成型方法是先将原料加工制成象形坯料，再经过直刀法横切或平刀法横批而加工成型的。在加工象形坯料的时候，可以采用厨刀加工而成，也可以借助各种模具加工而成。

常见的平面花边形如梅花片、麦穗片、齿牙圆片、多棱三角片等。

①上述所有的料型在加工时，都是先用刀具将原料修成如蝴蝶、玉兔、鱼等象形形态的坯料，然后根据不同的用途，切成或批成厚薄不等的片。

②这些料形适宜使用黄瓜、土豆、南瓜、各种萝卜、莴苣，冬笋等原料来制作。

③这些具有独特造型的料型多用于中、高档菜肴的配料，也可用于冷菜造型、点缀、围边装饰等。

④在加工过程中，要求所加工成型的原料都要达到工艺细腻，棱角分明，大小一致，长短相等，薄厚均匀的质量标准。

第五节　花色热菜工艺胚型加工

花色热菜又称造型菜，是饮食活动和审美意趣相结合的一种艺术形式，具有较强的食用性与观赏性。

花色热菜的坯型加工共有 14 种：卷入法、包裹法、填馅法、镶嵌法、夹入法、穿制法、串连法、叠合法、捆扎法、扣制法、模具法、滚粘法、挤捏法、复合技法。下面逐一介绍各种方法。

一、卷入法

卷入法是利用薄软而有韧性的片状原料或将韧性原料，加工成较大的片形作外皮，中间加入馅料，卷成圆筒状形，然后再烹制成熟的成型工艺。

①常用的卷料：鱼皮、鸡片、里脊片、蛋皮、网油、豆腐皮、海带、白菜叶等。

②馅料：用各种调过味的肉糜和丝、粒、末原料等。

③卷的形式有以下 3 种。

单卷：馅料放于卷料的一端或铺满卷料，卷成筒状；有大卷和小卷之分，大卷熟制后要改刀，小卷成熟后不改刀。

如意卷：从两头向中间卷，可用两种馅料。

相思卷：馅料放一端，卷至中间，翻过原料，从另一端放馅卷至中间。

二、包裹法

①包裹法是运用薄软而有一定韧性的片状原料（可食或不可食）或加工成片形的原料作为外皮，包住另一种原料的成型方法（表 6 –4）。

②包料的分类：可食包料和不可食包料两种。

③可食包料：糯米纸、蛋皮、豆腐皮、猪网油、卷心菜叶、春卷皮、百叶、紫菜等。

④不可食包料：薄纸、无毒玻璃纸、荷叶、粽叶等。

⑤特殊的制法：将动物性原料切成小块，用木锤敲打成薄片。

⑥馅料可以是任何原料形状，生坯的形状较多。烹调的方法多采用蒸、炸、烤、汆、煮等；代表菜有合叶粉蒸肉、纸包虾仁、盐鸡等。

表6－4　卷入法和包裹法比较

内容	卷制法	包裹法
卷料包料	均为可食性原料	有可食的、也有不可食的
生坯造型	都呈条状，有三种卷法	造型较多
馅料	糜状或丝、粒、末状等小型原料	除小型原料外，其他形状都可
是否封闭	卷入的馅料不封闭，甚至可露出卷外	大部分包入的馅料全封闭

三、填馅法

①填馅法是将原料制成馅心填入另一种原料的空隙处，形成生坯。

②外面的原料为皮料，里面的原料为馅料。

③皮料：一般为脱骨全鸡、全鸭、全鱼、肠、海参、各种蔬菜掏空心等。

④馅料：选料较多，多加工成小形状。

原料填入后，要封口，少数可为开放式；烹调方法多采用蒸、炸、煎、焖、烤等；代表菜有八宝葫芦鸡、叫花鸡、葫芦鸡、羊方藏鱼等。

四、镶嵌法

①镶嵌法是将片状原料嵌在主料上，或将糜状原料镶在片状的底托原料上，有时为使糜胶粘牢，还用“排斩”方法在原料上排几下。

②主料：多为整鱼。

③底托原料：为香菇、面包片、鱼肚、肉类、虾片等。

④镶于表层原料：为片状及胶糊状的动物性原料，一般要用各种原料弄出五彩缤纷的图案。

⑤烹调方法：炸、蒸、煎为主。

⑥代表菜：麒麟鳜鱼、白花鱼肚等。

五、夹入法

①夹入法是采用“夹刀片”的方法，切成一个个的夹刀片，然在夹刀片的中间夹上事先调制好的肉馅、虾糜或豆沙等馅料，即成生坯（表6－5）。

②夹刀片的原料：鱼肉、里脊肉、火腿片、鸡肉、藕、茄子等。

③馅料：多为糜胶状，一般以动物性原料为主，也用豆腐、香菇、木耳等素馅。

④烹调方法：炸、煎、熘等。

⑤代表菜：袈裟苹果、熘茄夹、素心藕夹。

表 6-5　填馅法、镶嵌法与夹入法的异同

比较		填馅法	镶嵌法	夹入法
相同点		都是将馅料填入另一种原料的层或空隙处，馅料大多要调味		
不同点	主料	空腹原料或挖空的原料及不可食的贝壳	剞刀的原料或片状的底托原料	均为夹刀片原料
	馅料	小型原料或整形原料	片状或胶状原料	糜状原料
	是否封闭	采用扎口、封口或用淀粉粘口	掀料都可见	挂糊的菜肴不见馅
	烹调方法	炸、蒸、炖、烤、熘	蒸、炸、汆	蒸、挂糊炸

六、穿制法

①穿制法是将原料去骨，在出骨的空隙处，用其他原料穿在里面，形成生坯的方法。

②穿制时应注意：一般选用小块型带骨的原料，或中间有空隙的原料；穿入的原料形状可用丝或条；穿入后菜料间相互结合紧密，两头平齐或略出；将某些动物性原料从中间刺穿出空隙，再穿入原料。

③代表菜：象牙排骨、龙穿凤衣、葱心排骨、三丝穿鸭翅等。

七、串连法

①串连法是将一种或几种厚片原料调汁腌制后，串在钎子上的成型技法，形状独特，别具一格。

②钎子材料：竹签、牙签、木签、不锈钢等材料。

③烹调方法：炸、铁板烧、烤等。

④代表菜：铁板鳝串、五彩肉串、鲜贝串等。

八、叠合法

叠合法是将不同性质的原料，分别加工成相同形状的小片，分数层粘贴在一起成扁平状生坯的方法。叠合须注意以下 5 点。

①一般底层是片状的整料，多为淡味的馒头片、肥膘肉、网油笋片等。

②中层为主要特色原料，如火腿、鸡片鳝片等。

③上层为菜叶和其他点缀物。

④烹调方法：煎、炸。

⑤代表菜：锅贴青鱼、锅贴火腿、锅贴鸡片等。

九、捆扎法

①捆扎法是将加工成条、段、片状的原料用丝状原料成束成串地捆扎起来。由于成型后似柴把，故菜肴命名为“柴把……”。

②主料：多为混合原料，形状有丝、条、片、小块等。

③捆扎材料：绿笋、芹菜、葱叶、蒜叶海带、金针菜等；特殊的也可用棉线、麻线等。

④烹调方法：蒸、拌、扒、熘等。

⑤代表菜：柴把鸭掌、柴把鸡、柴把肝、捆蹄、柴把鸭子、柴把鳜鱼等。

十、扣制法

扣制法是将所用原料按一定的次序用规则地码在碗内，成熟后整齐地覆盖入盛器中，使之具有美丽的图案。扣制法须注意以下 6 点。

①扣制前碗内抹少许食用油。

②容器底部可摆饰美化图案。

③码入碗中的菜料要以光洁丰润的看面朝下。

④排入扣碗的原料可以是一种或多种。

⑤烹调方法：以蒸为主。

⑥代表菜：虎皮扣肉、鸳鸯扣三丝、八宝甜饭等。冷菜也常用扣制法。

十一、模具法

①模具法是将糜胶或稀糊状的原料（或液体）装入模具中加热的方法称模具法，原料中的蛋白质、淀粉受热后凝固成各种各样的固体形状。

②模具：采用金属等材料制成各种形状；也可用其他的各种无毒无害的原材料做形状。

③烹调方法：多采用蒸。

④代表菜：瓢儿鸽蛋、荷花鸡胸脯汤、鸡汁无心蛋等。

十二、滚粘法

①滚粘法是在圆形的原料的表面均匀地滚粘上一种或几种细小的末、粒、粉、丝状的物料而形成生坯。

②主料：一般为糜状原料，因有一定黏性，如无黏性表面先沾上水。

③粘连物：各种丝、椰蓉、松仁、芝麻、糯米等。

④代表菜：珍珠丸子、绣球干贝、三丝绣球鱼等。

⑤注意：片状原料拍粉拖蛋液，再拍上松仁、芝麻等物料，不属于滚粘法。

十三、挤捏法

①挤捏法是将原料先加工成糜胶状，再用手或工具将糜胶状的原料挤成各种形状的方法。

②适合挤捏的原料：主要是糜胶状的肉类原料。

③烹调方法：多采用水氽、油氽、炸、蒸、炖等。

④代表菜：清炖狮子头、肉丸汤、清汤鱼圆等。

十四、复合技法

①复合技法是指菜肴的生坯造型通过两种或两种以上的方法加工而成。

②龙眼肉：先将熟肉片卷入莲心，再排入碗中，调味蒸烂后，扣入盘中。此菜采用了卷入法和扣制法组合。

③黄泥煨鸡（叫化鸡）：采用了填馅法和包裹法。

第七章　淀粉的烹调应用

第一节　挂糊和拍粉技术

挂糊就是根据菜肴的特点和要求，将原料用淀粉为主调制的黏性粉糊裹抹的一种操作技术。挂糊的原料都要以油脂作为传热介质。挂糊的原料以动物性原料为主，蔬菜、水果也可。烹调方法有炸、煎、脆熘、烹。调制粉糊的原料有淀粉、面粉、鸡蛋、发酵粉；辅助原料有面包渣、吉士粉、花椒粉等。挂糊的作用主要能使菜肴形成不同的色泽和质感；同时可防止原料中的水分流失；防止高温直接作用于原料而破坏营养素；糊和原料巧妙结合丰富了菜肴的风味特色。

一、粉糊的种类

①水粉糊：也称硬糊。是水和淀粉调制而成。适用于脆熘、炸等高温烹调方法。特点外脆里嫩，如“糖醋鲤鱼”。

②蛋清糊：蛋清和淀粉调制而成。适合温油软炸菜肴。特点是质感软嫩，如“软炸口蘑”。

③蛋泡糊：有些地方称“高丽糊”“发蛋糊”，由蛋清泡和淀粉调制而成，适用中油温或低油温加热。特点色泽洁白、质感松软，如“高丽香蕉”“雪衣鱼条”。

④全蛋糊（酥黄糊）：由全蛋和淀粉调制而成，适合中油温或高油温的烹调方法，如酥炸、脆熘等。特点色泽金黄、质感酥脆。拔丝菜和锅烧菜多用。

⑤脆皮糊（酥炸糊）：由淀粉、面粉、鸡蛋清、泡打粉、色拉油按一定比例调制而成。此糊的关键在于糊料的比例。具体制法：淀粉:面粉以6:4混合；加适量的鸡蛋清和色拉油拌匀；最后加泡打粉，如“脆皮鱼条”“脆皮银鱼”。

二、挂糊的成品标准与操作关键

1. 挂糊技术的成品标准

原材料一定要厚薄一致，原料表面保持平整。

2. 挂糊的操作关键

一是注意挂糊的时间，宜现挂现烹为宜。二是要注意掌握原料的味道。三是注意原料的湿度。

三、拍粉技术

拍粉就是在原料表面粘拍上一层干淀粉，以起到与挂糊作用相同的一种方法。所以拍粉也叫“干粉糊”。

拍粉原料的特点：容易成型，比挂糊的菜品更加整齐、均匀。炸制后外表酥脆、内软嫩，体积不缩小，可固定菜肴形状，防止原料着色过快，使之保持色泽金黄，形态整齐美观。操作的方法有以下两种。

1. 直接拍粉

在原料表面直接拍淀粉，具有干硬挺实的特点。目的是防止原料松散、黏结、起壳定型。例如“松鼠鱼”“菊花鱼”。

2. 拍粉拖蛋糊

原料先拍粉，从蛋液中拖过，再拍上面包粉或果仁。如“芝麻鱼排”。适用于高油温炸熟，成品外香、松、酥、脆，里鲜嫩。若拍粉拖蛋液不粘其他原料，成品具有外脆里嫩、色泽金黄、柔软酥烂的特点，如“生煎鳜鱼”。

拍粉须注意：现拍现炸，防止淀粉吸干原料中的水分，使原料变得干硬；原料的刀口内淀粉要拍匀，防止原料黏结，影响造型。

第二节　上浆技术

上浆就是将原料用淀粉、蛋清调制的黏性薄质浆液裹匀。经加热后，原料表面的浆液糊化凝固成软滑的胶体保护层，使菜肴的质地细嫩，上浆的原料可以用油作为介质加热（以低油温滑油为主），也可用水作为介质或直接入锅烹制，如“水煮牛肉”“鱼香肉丝”。

一、上浆的作用

作用是避免原料直接与高油温接触，使蛋白质在低温下变性成熟，保持原料内部水分与呈味物质不易流失，并使原料在加热中不易破碎，从而起到保嫩、保鲜、保持形态、提高风味与营养的综合优化作用。

二、上浆原料的选择与加工

原料选择：选用鲜嫩的动物性原料的肌肉、内脏等，一般宜选用后熟期原料。因为肉体软化，肌原纤维破碎持水性提高，ATP 在酶的作用下变成风味物质 IMP，部分蛋白质则可变成肽、氨基酸等风味物质。

刀功处理：加工成片、丝、丁、粒（米）。

三、上浆的程序和方法

1. 上浆前的处理

①漂洗：去除原料表面的碎屑、血污，使菜肴色泽洁白；某些菜肴色泽要求不是白色，则可不用漂洗；注意保存营养。

②腌渍：以无色调味品腌渍较多。根据菜肴的特点及要求加入调味品腌渍。

2. 几种上浆处理浆液

①干粉浆：直接用干淀粉与原料拌和，适宜含水量较多的原料，要充分拌匀。

②水粉浆：用湿淀粉与原料拌和。

③蛋清浆：原料先用鸡蛋清拌匀，再用淀粉（干湿都可）拌匀，适用于色白的菜肴。

④全蛋浆：用全蛋、蛋粉与原料拌和，适用色深的菜肴。

⑤上浆处理的关键：投放淀粉与蛋清的数量要恰当，用少则黏性小，易脱浆，多了黏性大易粘连。蛋清在搅打时不能有气泡。虾仁搅拌时间长，用力要迅速；鱼肉易断裂，搅拌力不宜过猛，防止碎；禽畜原料上浆前要加适量的水，让其吸收，搅拌不充分易脱浆。原料都要上劲，利于滑油。

3. 上浆后处理

①现浆现滑油：原料时间长要渗水，淀粉不溶于冷水易沉淀。

②静置：上浆后的原料可放入冷藏室，使原料进一步吸水，但时间过长则会渗水脱浆。

③添油脂：上浆后拌色拉油，滑油时原料迅速分散，淀粉糊化均匀，原料表面光滑，加油脂必须在原料加热前进行，过早则不利。

4. 滑油处理

上浆后的原料滑油时，常遇到的脱浆或黏结成团等问题都是因为油温。油与原料的比例＝3:1，油温：90～120℃（3～4 成）。另外在原料滑油时易出现粘锅现象，原因是没有炙锅，应做到热锅凉油，即可避免粘锅现象。

第三节　勾芡技术

勾芡是指在菜肴烹制接近成熟将要出锅前，向锅内加入水淀粉，使菜肴汤汁浓稠，具有一定黏稠度的技术。

一、菜肴芡汁的种类和特点

行业中一般按芡汁浓稠的差异，将菜肴芡汁分为包芡、糊芡、流芡、米汤芡 4 种。

①包芡：指菜肴汤汁较少，芡汁基本上黏附于原料表面，适用于炒、爆类菜肴。

②糊芡：指汤汁较多的菜肴、勾芡后呈糊状的一种厚芡，适用于汤汁宽而浓稠的菜肴，多用于熘菜。

③流芡：又称琉璃芡，是一种薄芡。类似于糊芡，但浓稠度小一些，流芡因其在盘中可以流动而得名。其适用于烧、烩、扒类菜肴。

④米汤芡：浓稠度比流芡小，多用于汤汁较多的烩菜、羹汤菜，要求芡汁如米汤，稀而透明。

二、粉汁的调制与勾芡的操作方法

1. 淀粉汁的调制

①水分芡：用淀粉和水调匀的淀粉汁。除爆、炒菜以外，几乎全部都用水分芡。

②兑汁芡：在勾芡之前用淀粉、鲜汤（或清汤）及有关调料勾兑在一起的淀粉汁，常用于旺火速成的爆、炒菜肴。

2. 菜肴勾芡的方法

①菜肴成熟后，直接淋入水分芡或兑汁芡，与原料翻拌均匀，再出锅，芡汁可一次淋入或分次淋入。

②在锅中调好芡汁（俗称“卧汁芡”），然后将成熟的原料入锅翻拌均匀，再出锅，或将芡汁用手勺浇淋在已装盘的原料表面。

三、勾芡技术的操作关键

1. 淀粉的品种选择

不同的淀粉的糊化温度、膨润性及糊化后的黏度、透明性都有一定差异。因此，勾芡操作必须事先对淀粉的种类、性能做到心中有数。

2. 准确把握芡汁入锅的时机

勾芡必须在菜肴即将成熟、口味和色泽已基本确定、锅中汤汁及温度相适应的时候进行，否则很难达到成菜的要求。

3. 精确掌握芡汁的用量

一般是勾芡时淀粉的用量与原料数量、含水量成正比，与火候的大小及淀粉的黏度、吸水性成反比见表 7－1。

表 7－1　芡汁的用量

菜肴名称	主料/克	配料/克	淀粉用量/克
炒里脊丝	瘦肉 300	熟冬笋丝 100	5～6
炒肉丝	肥七瘦三 300	熟冬笋丝 100	8
炒肉丝	肥七瘦三 300	韭黄	11
炒猪肝	肝子 300	冬笋	10
烩口蘑	鲜蘑菇 300	冬笋丝等 100	5.5

4. 勾芡前后充分搅拌

由于淀粉不溶于冷水，淀粉多数沉淀在底层，形成不了悬浮液；某些调料不溶于水也沉在碗底，因此，勾芡前要充分搅匀。

不同地区的肉食材也有很大区别，这里而分为品种、地区、规格、饮食结构等。

四、自来芡的形成与运用

很多原料质地脆嫩口味清淡，烹制出的菜肴可以不勾芡，如炒豌豆苗，鸡汁干丝；还有一些红烧菜、酱汁菜、蜜汁菜等，这类菜肴往往采用大火收稠卤汁，使之黏稠似胶，行业中称谓“自来芡”。

自来芡的菜肴一般选用富含胶原蛋白的原料，以水为主要导热体，通过小火长时间加热，胶原蛋白变成明胶，溶于卤汁中。明胶、油、糖三者相互作用，形成自来芡，并黏于原料四周。

1. 自来芡与粉质芡的比较

①粉质芡菜肴有时会因淀粉的黏腻味而影响菜肴本身的滋味和质量，且技术性强，不易掌握。

②粉质芡菜肴冷却后，色泽会变暗，芡汁常会吐水，如果淀粉质量较差，吐水更快。

③勾芡的菜肴，温度下降，芡汁会变硬（淀粉老化），且重热效果差；自来芡凉后形成富有弹性的“冻”口感好，且重热效果也好。

2. 自来芡的形成原理

①胶原蛋白水解生成黏稠似芡的明胶，这是自来芡中主要的增稠剂。胶原蛋白存在于动物性原料中，特别是在结缔组织中含量较高。胶原蛋白不溶于水，其分子结构独特，由三股α-螺旋结构构成，因此需要长时间加热才能将胶原蛋白的结构软化和分解。胶原蛋白分解后不断吸水膨润，最终水解成溶于汤汁的明胶，使汤汁黏度增大，随加热时间的延长，明胶越来越多。当温度下降时，明胶凝固成富有弹性的凝胶，凝胶的网状结构使得网眼中的水分子被牢固地保护在其中，所以自来芡汁不会脱水。

②油脂的乳化作用使汤汁的浓度增加。自来芡一般用油较多，然而成菜时并不见多少油，此种现象是由于油脂的乳化作用，使得它与汤汁融合在一起形成稳定的乳浊液。乳化作用需要乳化剂。实验表明烹调用油及原料中所含的蛋白质和磷脂是一种天然的乳化剂，在热力的作用下油脂会被分解成微小的油滴分散于汤中，再经乳化，形成黏稠的乳浊液。油脂本身具有一定的黏度，在加热过程中油脂的黏度增高，乳化后进入汤汁后，使汤汁的黏度相应增加。

油脂的乳化与明胶和糖有关。明胶吸水膨胀后，其网状结构使油水的结合变得更长久。烹制所加的糖与油脂中的脂肪酸发生酯化反应，生成蔗糖脂肪酸酯，酯化产物中有亲水性物质，也有亲油性物质，具备乳化剂的性能，因此它和明胶、磷脂一起充当油脂的乳化剂，加快了卤汁的浓度。

③糖的黏度使卤汁进一步增稠。自来芡用糖较多，蔗糖有黏性，溶于水后，随着水分的蒸发，浓度变高，汤汁的黏度增强。蔗糖可提高原料中蛋白质的热凝固温度，这种现象称为

蛋白质解胶作用，可使蛋白质加速膨润，水解成明胶。部分糖受热发生焦糖化反应，生成大量的焦糖及挥发性的醛、酮等，这些物质给菜肴带来浓郁的香气和悦人的色泽。

综上所述，胶原蛋白、油脂、糖是构成自来芡的主要物质基础，三者相辅相成、协同作用导致自来芡的形成。

3. 自来芡的烹调应用

（1）合理选择原料、调料

①应选择含胶原蛋白较多的原料。

②油脂的选择以富含磷脂为宜：油脂一般都含有磷脂，只是含量不同，粗豆油 1.1% ~ 3.2%，菜籽油 0.1%，猪油 0.05%。

③选用蔗糖和冰糖调味，原料胶原蛋白不足时，用糖也能产生自来芡。

（2）正确投放调料

（3）旺火收汁时要不停地晃勺

五、淋油技术处理

根据菜肴色、香、味的需要，在菜肴勾芡后，要淋入适量的熟性油脂，俗称“明油”或“明油亮芡”。其目的是调色味、增光泽。

1. 淋油的作用

①亮芡作用：油脂为什么能亮芡，是因为油脂对光线具有较强的折射作用和反射作用。勾芡时淋入明油，一部分和芡汁溶在一起，增加了芡汁的透明度，减少了芡汁对光线的吸收，大部分明油附着在芡汁的表面，形成一层油膜。这些油脂分子可以把照射在菜肴上的光线大部分折射、反射出去，给人光亮的感觉。

②淋油还具有这几种作用：润滑作用、增香作用、增色作用、保温作用、营养作用。

2. 淋入的油脂种类

种类有猪油、鸡油、葱油、色拉油、芝麻油、花椒油、辣椒油、材料油（以花椒、八角、葱、姜、蒜为调料）浸炸成的油。

3. 淋油的注意事项

充分结合菜肴的特点选用，要掌握好淋油的使用范围和用量。

第八章　烹饪原料制熟处理的原则和技法

第一节　烹饪原料制熟处理的目的和意义

人类从茹毛饮血到“炮生为熟”，是文明史的头等大事。然而人们追求熟食的目的永远不止于此，归纳起来有4个方面。

一、确保摄入食品的安全卫生

适宜的冷藏温度是确保食材新鲜安全的基础，能够抑制食物腐败和细菌生长缓慢；家用冰箱冷冻室的温度为－18℃，一切生物活体的代谢活动基本停止。冷库的温度在0～－8℃。

食品科学上把4.4～60℃的温度区叫作危险区或细菌生长区，其中4.4～16℃时，细菌生长很慢；16～37℃时，细菌迅速生长并分泌毒素；超过60℃时细菌可存活，但不生长。在60～130℃，大约在74℃时细菌会被杀灭，但仍有部分存活；到达水的沸点（100℃）时，几乎所有的细菌都被杀死。如果在100～116℃继续沸腾20分钟，则可破坏大多数生物毒素，耐热的肉毒杆菌，直到127℃才能全部杀死。对危害人体健康的微生物、寄生虫、毒素等，加热几乎是唯一有效的措施（表8－1）。

表8－1　成熟标准

肉的种类	成熟程度	颜色变化的说明	内部温度
牛肉	半熟	中心为玫瑰红色，向外逐渐呈桃红色，暗灰色。外皮棕褐色、肉汁鲜红	60℃
	中熟	中心为浅粉红色，外皮及边缘为棕褐色，肉汁浅桃红色	70℃
	全熟	中心为浅灰褐色，外皮色暗	80℃
羔羊肉	中熟	浅粉红色，肉汁浅粉红色	70℃
	全熟	中心为浅褐灰色，质地硬实而不松散，汁清	80～82℃
小牛肉	全熟	质地硬实，不松散，汁清，浅粉红色	74℃
猪肋条、腰肉	全熟	中心为浅灰色	77℃
猪肩胛肉及鲜火腿	全熟	中心为浅灰色	85℃

二、有利于食物中营养素的保护和消化吸收

食物在制熟过程中加热程度越高，营养素流失越严重。因此，理论上讲，只要能保证安

全卫生，制熟的实际温度越低越好。但有些营养物质不同，如以下 3 种。

1. 糖类

糖类主要是淀粉，呈胶束结构。这些物质不经加热，人体很难吸收，因直链淀粉和支链淀粉的胶束结构使水分很难接近。只有通过加热改变淀粉的结构，使淀粉水解，吸水膨胀，生成黏稠的糊状物（糊化），人体才能消化吸收。

2. 蛋白质

蛋白质加热凝固，其一级结构的多肽链并未被破坏，主要是维系二、三、四级结构的氢键甚至二硫键断裂，分子结构发生变化，使蛋白质的亲水性增加，容易被蛋白酶水解。如果长时间加热，多肽链断裂形成低聚肽，使其易被人体吸收（表 8－2）。

表 8－2　鸡蛋熟制类型

鸡蛋熟制类型	生食	半熟	炒食	低温油温炸	带壳煮熟
消化率	30%～50%	82.5%	97%	98.5%	100%

3. 脂肪

脂肪加热后与水形成乳浊液，油与水之间的张力降低，使油滴不容易合并。乳浊液在酶的作用下被消化吸收。

三、加热可以大幅增强菜肴的风味

加热对菜肴风味的影响至关重要。加热使烹饪原料中的风味物质释放，并且以人们喜欢的比例相互融合成诱人的香气和口味。加热是强化饮食美感的重要手段之一，如色泽、形状、味道等。

第二节　烹调加热设备

一、明火亮灶——中餐厨师的绝技

烹饪供热设备，都以产生火焰的形式来工作，餐饮业称为“明火亮灶”。

一般的柴草灶最高温度可达 700～850℃；结构合理的燃煤灶温度可达 850～900℃；燃气炉灶可达 1000℃；燃油灶温度可达 1400℃，但烟味较重，使用不广泛（表 8－3）。

表 8－3　烹饪设备种类

设备名称	民用燃气灶	热水器	沸水器	燃气大锅灶	食堂炒菜灶	水管蒸饭锅	火管蒸饭锅
热效率	55%～56%	80%～90%	75%～80%	45%～55%	30%～50%	60%～70%	65%～75%

“明火亮灶”的缺点是热效率很低，热量散失严重，浪费燃料，而且造成厨房劳动条件

的恶化。

二、电热设备——无火烹调

电热设备在厨房设备的比例越来越大，其中家庭的使用率比餐饮业高，原因是中国厨师擅长“明火亮灶”，某些设备不易配套。

目前，电热设备正朝着低耗能、全塑化、多功能、计算机化和高效性方向发展。低耗能——指电能转化为热能时的能量损耗越小越好。全塑化——指使用由塑料制作的大部分电热设备配件，具有与金属材料类似的强度，又具有金属材料没有的电气绝缘性能和耐腐蚀性。从而简化生产工艺、降低成本和减轻设备重量的目的。多功能——指一机多用，扩大电热设备的运用技能范围，减少占用面积、减少投资、节省开支。计算机化——使用微处理机把厨房电热设备具有的各项操作功能有机地连接起来，使它们按预先存入的程序进行操作，自动完成一系列烹饪操作。高效性——指提高设备的操作效能，同时提高设备的热效率。

三、烹饪操作中常用的传热介质

1. 水的传热

在烹饪技术中，水是最常用的传热介质，任何菜肴都离不开水。

①水的比热容高，能储存大量的热量，投入原料后，整个物料体系的温度不至于下降过快，便于原料成熟。

②水的导热性能好。所以，水经加热后立即发生对流，使整个容器内所有的物料处在均匀的温度场中。

③水是最廉价的传热介质，但要合理运用。

2. 水蒸气的传热

水蒸气也常被作为传热介质。是因为：水蒸气传热冷却后无任何污染。水蒸气的饱和温度随饱和蒸汽压而改变，因此传热的温度范围大于液态水。水蒸气不受任何容器及形状的限制，适合于任何形状和任意大小的原料。只要温度稳定，没有冷凝水产生，就不会造成营养素和风味物质的流失，也不会对食物造成污染。传热均匀，主要的传热方式是对流。

3. 食用油脂

油脂作为传热介质，应考虑它们的燃烧和分解温度。下面有几个相关的专业名词，应理解其含义。

①闪点是油脂受热时，其中的易挥发成分首先蒸发汽化，这种油蒸气如遇明火，立刻燃烧而产生火光，但又随即自行熄灭时的最低温度。纯净油脂的闪点一般不低于300℃，挥发物高的油脂，如芝麻油，闪点较低。

②燃点是指油脂因明火点燃发生火光而继续燃烧时的最低温度，一般比闪点高20～60℃。

③着火点是指油脂受热温度升高而自行着火时的温度。一般食用油脂的着火点在400℃左右。

④发烟点是指油脂因剧烈加热而分解生成分子量较小的容易挥发的物质，形成油烟时的

温度。发烟点过低对工作人员有害。

食用油脂传热介质的基本特点有以下5点。

①一般油脂的比热容比水小，因此加热温度容易升高，投入原料后，油温又下降很快。

②油脂的导热性能良好，在高温油锅中形成均匀的温度场，菜肴受热均匀。

③热油的工作温度远高于水，而且热油中不含水分，是食品制熟过程中美拉德反应和焦糖化反应进行的有利条件，使食品上色。

④烹饪原料与热油接触时，容易使其中的风味物质因受热释放或分解成新的风味物质，增加菜肴的风味特色。上浆、挂糊后，原料可进一步提高嫩度。

⑤热油有利于消化吸收率的提高，相对高的热处理温度不仅可以加速细菌死亡，而且能破坏某些对消化生理过程不利的生物活性因子，如大豆中的抗胰蛋白酶、马铃薯中的抗淀粉酶等。当然，高温而产生的小分子物质，不仅影响菜肴风味，而且对人体健康有害。故油温的高低要掌握好。

4. 金属

有些烹调技法，仅用薄层油脂，实际上就是以金属锅体作传热介质，薄层油脂的作用是用于粘锅。金属的良好导热性，使其传热快，温度容易升高，有利于美拉德和焦糖化反应。因传热快，温度不易控制，加之传热方式是传导，故原料受热不均匀。

5. 其他固体传热介质

其他介质目前使用的有食盐、粗沙、细石子、泥等，其导热性能不高，因此升温降温都比较温和，原料的营养破坏和流失率小，原料本身的风味物质不易流失。

第三节　火候和火候的运用

一、火候的定义

在一定的时间范围内，在不变或一系列连续变化的温度条件下，食物原料在制熟过程中从热源（能源、炉灶）或传热介质中经不同的能量传递方法所获得的有效热量（能量）的总和。

二、火候的运用

1. 从食物原料的感官性状判断火候

食物原料的感官物性是指它们的形态、料块大小、质地、颜色、气味等。这些性质在受热过程中，随温度的变化，性状都有变化，确保熟制后达到和谐的烹调结果。原则：体积小而薄的料块，多用高温短时间加热；体积大而厚的料块，多用低温长时间加热；质地老韧的原料，适宜用低温长时间加热；质地脆嫩的原料，适宜用高温短时间加热。与原料的表面积、加热设备、燃料有关。

2. 观察传热介质的表面物相判断火候

传热介质前面已讲过，传热介质在加热过程中与火候的关系通过物相变化判断，但与其自身的导热系数（或热导率、比例系数）有密切的关系。

3. 选择合适的烹调方法满足成菜的火候需要

炸、烹、炒、熘、涮、汆达到香嫩脆酥；炖、煨、焖、烧、煮、扒达到软烂；烤、蒸根据原料性质通过时间控制达到内嫩外焦香。

4. 根据食物原料在加热中的物相变化判断火候

原材料在烹制过程中色的判定；大块肉用筷子扎等方法来掌握食材的熟度；糖浆一般加热都在 160～180℃，降至 90～160℃形成定型玻璃态，即拔出丝。

第四节　烹饪原料加热制熟处理技法

中国烹饪实践中，常将烹和调同时或交替使用，有时还要运用多种加热技法，但是也有只加热不调味或只调味不加热的情况。因此，通常将加热制熟处理技法按操作目的分为 3 类。第一类称预熟处理：主要是为了制成半成品，所以往往只烹不调，所用烹调方法也比较单一。第二类称成菜熟处理：即制得菜肴成品，即烹又调，加热过程比较复杂，有时采用多种加热方法。第三类称非热处理：通常用于冷菜制作，往往只烹不调，甚至完全生食。

预熟处理是指在正式烹调之前，对食物原料先行加热，制得菜肴半成品的加工过程。为了使菜肴有各种不同的特殊风味，或者为了除去食物原料中的不良成分和影响，或者为了缩短正式烹调时间，厨师常对食物原料进行预熟处理。通常预熟处理不调味，所以技法简单。

一、预熟处理的目的和作用

1. 除去原料中不利于菜肴质量的异味

通过加热使这些异味成分从生物组织中分解游离出来，在降低蒸汽压的情况下挥发出去；或者用水加热，让这些异味成分溶解于水而除去。

2. 改进原料色泽或使料块定型

不管是水或油加热都能使原料凝固或上色（虾、蟹上色；在碱性环境下蔬菜显得更绿，称为定绿）。

3. 调整同一种菜肴中主辅料的成熟速度，缩短正式的加热时间

不同的食物原料，因其比热容不同，所以热容量不同，加上料块大小和用量的差异，因此在同一加热条件下，其生熟程度也不同，故不可能同时出锅，必须经过预熟处理。

4. 满足正式熟处理过程快捷方便的要求

对用量较大的食物原料进行预熟处理，作为半成品或预制品，在一定时间内储备待用，可以使正式熟处理过程快捷方便，以避免厨房工作的忙乱现象，如大件菜品羊蹄等。

5. 用预熟法保存某些容易变质的食物原料

食物原料中细菌活动的旺盛温度为4～60℃，因此为了使食物原料不易变质，可以在4℃以下冷藏，也可以经60℃以上中温处理杀死细菌后存放。

二、预熟处理的类型

1. 水预熟（焯水）

水预熟是以水为传热介质，使食物原料的异味成分溶于汤水或汽化逸去的预熟方法，行业中称“焯水”或“走水锅”。所谓“焯”——指将固体物料在水中加热后，再使之离开水的加热方法，汤水弃之不用。水预熟处理有冷水下料和沸水下料两种方法。

（1）冷水下料

此法加热时间长，可以有充足的时间将原料中的异味成分溶于水中，适用于体大、腥味重的动植物原料。原料在水中缓慢加热，可以有更多的渗透和扩散时间使其内部的异味成分和血水充分溶出。

（2）沸水下料

将原料投入沸水中快速加热，使原料在短时间内成熟。对于动物性原料，沸水投料可保持嫩度不变，同时去掉腥膻气味。对于植物性原料可以保持鲜艳的色泽，使酶失去活性。植物性原料加热时间不可过长，否则热量积累，造成叶绿素脱镁变成叶黄素。

水预熟适用的原料：异味轻、体积小、质地嫩的动植物性原料。

水预熟处理要注意的基本原则：根据原料的质地掌握加热时间，选择适宜的水温；用同一锅水处理多种食物原料时，要注意它们的颜色、气味、荤素等方面的差别；注意原料在受热过程中的营养和风味变化，尽可能不要过度加热，因为正式熟制时还要加热。

2. 蒸汽预熟（汽蒸）

蒸汽预熟就是以普通常压蒸汽或过热高压蒸汽为传热介质对食物原料进行预熟处理。此方法可使半成品口感软烂。现在厨师多用此法，原因是蒸发的温度和热量比较稳定，容易控制。蒸汽预熟处理可分为快速蒸制和缓慢蒸制两种。

（1）快速蒸制

即利用饱和蒸汽，在较短的时间内使食物成熟。因饱和蒸汽可以避免水分过度流失，能使原料保持一定嫩度，但调味较难。

①适宜的原料：体积小、质地嫩的原料，如蛋制品、肉糜、小块蔬菜。对于某些嫩度不易变化的原料如肉糜、土豆泥等可以足汽速蒸；对于冷菜中使用的黄、白蛋糕，就要放汽速蒸，防止产生气孔。

②快速蒸制应注意：蒸汽形成后再蒸，以防止原料干瘪；要控制好加热时间；使用保鲜纸封住原料表面，防止水汽进入原料中。

（2）缓慢蒸制

即利用蒸汽传热，长时间加热，使原料酥烂，以便正式烹调处理。因为蒸制温度在100℃以上，原料中的水分会汽化溢出，因此对于那些要保持水分的原料应带水放在器皿中蒸制，如涨发海参、制作香酥鸡等。

①适宜的原料：体积大、质量好的原料。

②根据成菜的需要，进行适当的蒸前加工；要控制好加热时间，尽管缓慢加热，但并非越慢越好；注意控制水分的流失。蒸气预熟处理时要掌握的三点基本原则：一是注意与其他预熟处理方法的配合；二是注意如何配合调味；三是当几种原料同时蒸制时要防止串味。

3. 油预熟（过油）

油预熟就是利用热油传热的作用使食物原料脱去水分，或诱发美拉德反应、焦糖化反应，使原料上色、增香、变脆的方法。在实际操作中，通常都用140℃以上的高温油浴进行，只对干果类原料使用低温油浴。

①低温油预熟处理法（焐油）：利用热油的热量，使原料在其中缓慢升温，促成原料中所含的水分逐渐汽化，为其最终脱水或提前膨化做准备。此法多在干料油发中使用。适宜的原料：花生仁、腰果、鱼肚等干料。操作时要注意应冷油下料，即油温不易过高（保持原料内层的水分和外层的水分同时汽化）；并注意原料的外观变化（花生仁、腰果等色会加深）。

②高温油预熟处理法（走油）：利用油受热后的温度域宽，传热速度快，容易形成高温的加热条件等特点来加热食物原料，并使其中的蛋白质和糖类物质发生美拉德反应、焦糖化反应，从而使制得的菜肴呈现诱人的红润色泽。油脂在高温下分解产生游离的脂肪酸和具有挥发性的醛、酮类等一系列含氧化合物。此外，油脂还是某些香气物质的溶剂，所以高温加热还有增香和赋香的作用。

油预热操作中注意正确把握原料的成熟程度；根据菜肴的成品要求掌握好火候和色泽；炸制后的半成品不宜久放。油预熟方法的一般原则：一是根据原料的性质选择适宜的加热方式；二是切成块料的原料要分块下锅，使其受热均匀，防止粘连。

4. 调色预熟（走红）

利用调料或汤汁，在预熟过程中增加菜肴的色泽，故俗称走红。在实施中有两种方法。

（1）卤汁调色预熟方法（卤汁走红）

将经过焯水或过油等方法已预熟的食物投入用酱油、料酒、糖色等调料兑成的卤汁中，用低温加热，使其裹附卤汁，达到预定的色泽要求。其适合用于料块较小的原料。具体操作是大火烧开卤汁、小火卤制、达到上色要求。要防止烧焦，锅底垫竹箅。

（2）热油调色预熟方法（油炸走红）

经过焯水等预熟处理后半成品，在表面均匀地涂抹上饴糖或酱油、料酒、蜂蜜等调料，皮向下放入锅中，炸成要求的色泽备用。其适合体积较大的动物性原料。操作注意调料要涂抹均匀，控制好加热时间。

第五节　单一加热技法和复合加热技法

中国烹调技法的精髓就是加热技法。在古今流传的加热技法有上百种，而常见的也有六七十种。中餐往往是单一加热技法重复交替使用，这样就出现了许多复合加热技法。行业中有不同的分类方法，本章主要研究烹饪加热的本质，故以传热介质和传热方式作为分类法基础。

烹调方法是指初步加工和切配后的原料及半成品原料，通过加热和调味，制成不同风味菜肴的操作方法。烹调方法是菜肴烹调工艺的核心。菜肴的色、香、味、形是通过各种烹调方法的运用集中体现的。正确掌握、熟练运用烹调方法，对于保证菜肴质量，增加风味特色，丰富花色品种，都具有极其重要的意义。

一、单一加热技法

在烹饪制熟操作中，所用的传热介质主要是水、水蒸气和油。目前流行的以水为传热介质的熟处理技法有煮、烧、炖等。以水蒸气为传热介质的有蒸；以油为传热介质的制熟方法有炒、爆、烹、煎等；以辐射为主，兼有热空气对流的有烤、熏、炕等；以铁板，盐，石块等固体为传热介质的有焐、焗、烙、炮、炙等；还有远红外辐射和微波加热法。

二、复合技法

复合技法有两层含义：其一，指由单一加热技法衍生的二级加热方法，如滑炒，它们都有特定的适用场合；其二，指单一技法重复交替使用的成菜技法。

1. 烤法的衍化和变格

烤的原始形态是篝火烧灼，所以有时也笼统地称为烧或烧烤，极短时间的烤也称燎。自从有专门的设备以后，烤法就衍化成明火烤和暗火烤两种工艺。

烤是指将原料腌制入味后，利用柴、煤、天然气、煤气等燃烧的热量或电、远红外线的辐射热，使原料成熟的一种烹调方法。其特点是具有色泽美观，形态完整，皮酥肉嫩，香味醇厚的特点。根据设备的差异，烤又分为暗炉烤、明炉烤、泥烤 3 种。

①明火烤：是将原料放在敞开的炉中烤制的方法，如烤羊肉串，现在仍有人称明炉烤为炙。电烤炉和远红外烤炉都可以代替明火烤炉，所谓的炕和烙都类似于明火炉。

②暗炉烤：将原料置于密闭的烤炉中烤熟的方法。如北京烤鸭暗炉烤也是面点制熟常用的方法，所谓的烘和焙就是暗炉烤。

③熏：是烤的一种变格技法，是在密闭的烤炉里，将燃料和熏料混合燃烧，利用含有小分子呈香物质的烟气作为传热介质，使这些香味物质黏附在原料表面，形成独特的风味效果。

2. 煮法的衍化和变格

煮是将经过初步熟处理的半成品，切配后放入汤汁中，先用旺火烧沸，再用中火或小火煮熟成菜的烹调方法。其特点是汤宽汁浓、汤菜合一、口味清鲜。

①烹调程序：一是加工切配，要求选择新鲜、易熟的原料，一般切配成丝、片状，部分原料也可切成段、块或整形。二是煮制调味，煮制常以咸鲜味较多，川菜中味型较多。

②操作要领：一是煮制时，酌情用葱、姜、花椒等调味品，以增强除异味增香的作用。二是煮制时要求速度尽可能快，以保证菜肴质量。

③注意事项：一是菜肴成熟后迅速起锅，过分煮制会影响菜肴质量。二是要掌握好汤的比例，避免菜多或汤多。

④举例：大煮干丝。

3. 炖的方法

炖是将精加工的原料放入足量的水锅中，加调料，旺火烧开小火长时间加热，直到原料烂熟为止。其分为隔水炖和不隔水炖。

炖是经过加工处理的原料放入炖锅或其他陶制器皿中，添足水，用小火长时间烹制，使原料熟软酥烂的烹调方法。其特点是汤多味鲜、原汁原味、形态完整、酥而不碎。炖菜中，汤清且不加配料炖制的叫清炖；浓汤而有配料的叫混炖。烹调手法相同，只是口味略有差异。

①烹调程序：一是选料加工，要求原料新鲜，结缔组织多，原料老韧。二是焯水炖制，放在器皿中炖制，也可用桑皮纸封口，再放入水锅中隔水蒸炖。

②操作要领：一是炖制菜肴时，可根据原料性能、质地，酌情加葱、姜、黄酒，以增加鲜味。二是汤汁煮沸后，改用小火，保持小沸状态，这样形态完整，保持原汁原味。

③注意事项：一是原料焯水后要洗干净，这样汤清，味醇。二是炖菜要一次添足水量，不宜中途加水，以防影响汤的浓白度。

④举例：枣莲炖雪哈。

4. 煨的方法

煨就是将原料加入较多量汤水后用旺火烧沸，再用小火或微火长时间加热至素烂成菜的烹调方法。煨是加热时间最长的烹调方法之一。其特点是软糯酥烂、味鲜醇厚、汤宽而浓。

①烹调程序：一是选料加工，该法加热时间较长，形状较大的整禽可以不去骨。二是加热煨制，原料焯水后，放入陶器中，加水、调料，旺火烧沸，微火煨至酥烂即成。

②操作要领：一是根据原料性能、质地、酌加各种调料，以免冲淡主味。二是要保持汤汁似沸非沸状态，使汤汁清、原料形状完整。

③注意事项：一是原料焯水，然后用清水洗净，以保持汤清味醇。二是要一次加足水，不宜中途加水或加调料。

④举例：母油整鸭。

5. 烧的方法

烧是经切配加工熟处理（炸、煎炒、煮或焯水）的原料，加适量的汤汁和调味品，先用旺火烧沸，定味、定色后再用中火烧透至浓稠入味成菜的烹调方法。烧可分为红烧、白烧、干烧三种。

（1）红烧的方法

红烧是将切配后的原料，经焯水和炸、煎、煸、蒸等方法，制成半成品，放入锅内，加入鲜汤，旺火烧沸，撇去浮沫，再加入调味品，改用中火或小火，勾芡（有的不勾芡收汁），起锅成菜的烹调方法。其特点是色泽金黄或红亮、质地细嫩或熟软，鲜香味厚。

①烹调程序：一是选料切配，用于红烧的原料要根据烧制菜肴的时间长短进行选择，一般用同一质地的原料，使烧制的时间和菜肴的质感一致。适合烧制的原料规格一般为条、段、

块、整条及整只，或自然形态。二是半成品加工，半成品的加工方法要根据红烧原料的品种、质地、形态、新鲜程度、烧制时间、色泽、味型来选择。三是调味烧制，根据原料的质地、形态和菜肴的质感，决定烧制时间的长短、添汤量的多少和火力的大小。无论是调味品上色或糖色上色都要和菜肴品质相符。四是收汁装盘，收汁的方法有自然收汁和勾芡收汁两种方式。

②工艺流程先后程序：选择原料、切配、半成品加工、调味烧制、收汁、装盘。

③操作要领：一是在烧制菜肴中，如原料质地不同，可通过熟处理调整好成熟度，或用先后投料的方法来达到成熟一致的目的。二是短时间烧制的菜肴，以菜肴刚熟的程度、细嫩的质感、恰当的汤汁及渗透入味的效果为好。长时间红烧的菜肴，要掌握好原料的质地、添水量、烧制时间、火力大小和菜肴质感。三是注意提色配料：不同的复合味有相宜的菜肴色泽，如咸甜味配橙红色，咸鲜味配鹅黄色，家常味配金红色，五香味配金黄色等相配。四是把好收汁关。

④注意事项：一是为了使红烧菜肴不杂乱，调味料应用纱布包好使用；豆瓣酱炒香后要去渣。二是半成品加工与烧制的时间相隔不宜太长，否则会影响菜肴质量。三是在烧制过程中，要防止粘锅，可采用在锅底垫一些鸡骨等原料。

（2）白烧的方法

白烧与红烧是对应的，都因烧制菜肴的色泽而得名，其基本方法同于红烧。白烧是运用不同的原料、调味品，以达到白烧的效果。其特点是色白素雅、清爽悦目、醇厚味鲜、质感鲜嫩的特点。白烧除参照红烧烹制方法外，还应注意以下 5 个方面。

①原料新鲜无异味，具有色泽鲜艳、质地细嫩、滋味鲜美、受热易熟等特点。

②调味品是无色的，忌用有色调味品，口味以咸甜味和咸鲜味为主。

③白烧半成品的加工方法常用的有焯水、滑油、清蒸等，并对白烧原料在定色、保色、提鲜、增加细嫩质感等方面起促进作用。

④白烧的烧制时间比红烧短。

⑤一般用奶汤或薄芡为好，其汁稀薄。

⑥举例：白汁鲍脯。

（3）干烧的方法

在烧制过程中，用中小火将汤汁基本收干成自然芡，其滋味渗入原料内部或黏附在原料表面上的烹调方法。特点：色泽金黄、质地细嫩、亮油紧汁、鲜香醇厚。

①烹调程序：选料加工：应选用糯性、质感细嫩和滋味鲜美的原料。属于干料的应控制好软糯程度；新鲜原料要去除异味。切配处理：原料一般以条、块和自然形态为主。干烧调味：常用的复合味有咸鲜味、家常味、酱香味等味型。收汁装盘：中火烧沸，中小火烧制，中火收汁。装盘要突出主料，成型丰满，清爽悦目。

②工艺流程先后顺序是选择原料、初加工、刀功处理、熟处理成半成品、调味烧制、收汁、装盘成菜。

③操作要领：干烧原料的初步熟处理，关系到成菜的色、香、味、形。干烧菜的添汤量

要适当，应根据原料的性质和烧制时间来灵活掌握。合理调味。使汤汁浸润原料，入味均匀。翻动原料或将汤汁浇淋在原料表面。

④注意事项：干烧菜肴油汁明亮，不呈现汤汁，菜肴味厚、滋润、发亮。对于含胶质重的荤肴或不易翻面的原料，火力不宜过大，防止粘锅。有些特殊调味品（如面酱），应以中小火炒香后，用汤汁解散后再放入原料烧制。

⑤举例：干烧中断。

6. 焖的方法

焖是由烧衍变的烹调方法，即延长了小火加热时间的烧，成菜更烂，汁更浓。焖是指经炸、煎、炒、焯水等初熟制备的原料，添入汤汁，旺火烧沸，撇去浮沫，放入调味品，加盖，用小火或中火慢烧，使之成熟并收汁至浓稠成菜的烹调方法。特点形态完整，汁浓味醇，软嫩鲜香。根据色泽和调味区别，其又可分为黄焖、红焖、油焖3种。

7. 扒的方法

扒是由烧演变的烹调方法，与其不同的是扒在最后阶段还要勾芡。扒因所用调料的不同分为红扒、白扒、奶油扒。扒是指将初步熟处理的原料，经切配，整齐地叠码成型，放入锅内，加汤汁和调味品，烧透入味，勾芡，大翻勺，保持原形装盘的烹调方法。特点是选料精细，讲究切配，原形原样，不散不乱，略带芡汁，鲜香味醇。

8. 㸆的方法

㸆和烧的区别在于最后汤汁要几乎全被原料所吸收的烹调方法，为此有些菜肴在制熟的后期要适当提高温度，但不可烧焦。

9. 烩的方法

烩由烧演变而来，通常将预熟的多种原料，用旺火在短时间内制成汤汁较多的菜肴，如大杂烩、烩三鲜。烩是指将多种初步熟处理的小型原料一起放入锅内，加入鲜汤和调味品，用中火加热烧沸，勾芡成菜的烹调方法。特点是用料多样，汁宽芡厚，色泽鲜艳，菜汁合一，清淡鲜香，滑腻爽口。

①烹调程序：加工切配：新鲜、细嫩、易熟、无异味的原料。炝锅烩制：葱姜炝锅，加鲜汤烧沸去浮沫，加入原料和调味品，勾芡起锅。

②操作要领：烩制的切配组合，要对主辅原料的色、香、味、质感、荤素等材料搭配好，才能突出烩菜的风味。对无鲜味和有异味的原料要先煨制；不宜过分加热的原料，可在起锅前加入；初熟制备的原料以刚熟为宜。烩制的时间要迅速，定味后勾芡，以增加鲜香味。

③注意事项：原料质地不同，烩制时要注意投料顺序。勾芡的水淀粉不宜太浓，下锅立即推匀，防止结块。

④举例：宋嫂鱼羹（又称赛蟹羹）。

10. 汆的方法

汆是将软嫩的原料放在大量的热水中，用大火使其在短时间内成熟的烹调方法。南方称为汆，北方称为涮。汆是指将加工切配的原料，上浆或不上浆，或将泥状丸子形的半成品放入鲜汤或沸水中迅速加热至熟的烹调方法。特点是汤宽量宽多，滋味醇和清香，质地细嫩爽口。

①烹调程序：将原料加工切配。需上浆的原料，根据汆制菜肴的要求，掌握好浆的稀稠厚薄。汆制成菜：一种方法是清汤汆另用清汤调制，另一种方法是混汤汆。

②操作要领：汆制菜肴要求刀功严格，原料加工要一致，否则会影响美观和成熟时间。肉泥要去筋络，要上劲。汆制时水要沸。辅料不宜太多，以保证汆制菜肴的细嫩质感。

③注意事项：不上浆的原料下锅后水沸，要撇去浮沫，保证菜肴清爽、美观。上浆的原料，下锅后，滑散的动作要轻。

④举例：滑汆鱼片。

11. 涮的方法

涮是指火锅里倒入特制的清汤、奶汤或鲜汤烧沸，将主辅料切成薄片或较小的形状放入汤汁内短时间加热至熟，随即蘸上调味品食用，或直接食用的一种烹调方法。特点是主辅料品种多，鲜香细嫩，汤鲜味美。下面以“涮羊肉”为例进行说明。

①烹调程序：选料加工：涮羊肉的主料宜用内蒙古的羯羊（即阉割过的公羊，没膻味）。冷冻切片：以 -5℃冷冻至刚硬，每 500 克切 80 ~ 100 片，厚薄均匀。调料辅料组合：辅料选用粉丝、木耳、白菜、豆腐、酸菜、绿色菜等；调料应准备芝麻酱、酱豆腐、韭菜花、辣椒油、卤虾油、芥末糊、米醋、葱花、香菜、汤蒜等。

②操作要领：选用羊肉要考虑肉质的老嫩、有无膻味、新鲜程度等。将调味品组合成有多种复合味的味碟，使蘸食者各具特色。

③注意事项：羊肉要冷冻压制好。涮制完毕时，可放入白菜、粉丝等辅料，作为清口解腥之用。还可煮面或下饺子食用。

④举例：涮羊肉。

12. 烫的方法

烫是指原料加工成型、调味后，放入沸水中，将原料加热成熟成菜的烹调方法。特点是汤清味鲜，色泽鲜艳，肉质细嫩。

①烹调程序：a. 加工成型：主料以新鲜、细嫩、无异味的水产品为主，剔除筋膜，多数制茸泥状；辅料选用色泽鲜艳的原料搭配，突出主料。b. 烫制成菜：原料成型后，冷水下锅，将汤烧沸，把锅端离火或加冷水，将原料“烊熟”，配料烫熟，在锅中加入调味品，将成熟的主配料盛入碗中即可。

②操作要领：烫制菜肴的刀功要求严格，原料要经过刮茸、排斩等处理。原料要上劲，盐、水的比例要恰当。一定要用冷水下锅，汤不能沸。

③注意事项：原料下锅时，要大小均匀，形状美观。辅料要先烫熟，烫中可预先调味。原料下锅表面略结壳成型，可用手勺或汤勺翻动。

④举例：清汤鱼圆。

13. 炆的方法

炆是指用微火将半成品慢火焖熟的烹饪方法。

14. 焅的方法

焅是专指将食物炒熟后烹煮的方法，熇和焅不是同一种方法。

15. 水焐的方法

肉糜类原料，扬州“川”，由冷水加热至82～90℃保温至熟，水焐与水浸都低于100℃的热水传热制熟法，余的温度低。

三、炸的衍化和变格

在烹饪中炸的形式较多，一般主要是由原料质地不同，需要在入油前做必要的处理所造成。

1. 炸的方法

炸将经过加工处理的原料，直接或经挂糊放入较大油量的油锅中，加热成熟的烹调方法。炸是烹调方法中较为重要的一种方法，炸的技法以旺火、油量大为主要特点。其需要注意以下 3 点。必须将所炸原料用足够的油来淹没，使其受热均匀。油的温度变化较大，烹调的有效油温在 100～230℃，根据菜肴灵活掌握油温。油的温度不仅有热油锅、温油锅、旺油锅之分，还有先热后温或先温后热之别，有的还用冷油下锅。所以，过程要考虑原料性质，又要善于用火。

炸制菜肴的风味特色主要有外脆里嫩、外松里糯、外酥脆里松软等。在炸制的过程中，操作者往往采用“复油炸”“间隔炸”“油浸炸”等手法。

2. 复油炸的方法

复油炸是指原料放入油锅后，先炸到一定成熟程度，捞出原料，重新调节锅内油温，再放回原料复炸，以达到炸制菜肴应有的效果。

3. 间隔炸的方法

间隔炸是指原料在油炸过程中，油温高了便离开火口，待油温下降后又重上火口，它是调节油温、保证炸制菜肴质量的重要方法。

4. 油浸炸的方法

油浸炸是指经过加工处理后需要油炸的原料，在适当火力、油温时下锅，并将锅端离火口，适时重上火口，用温油再浸炸。

炸的分类各地有所不同，但主要有干炸、清炸、软炸、松炸、酥炸、卷包炸等几种。

5. 清炸的方法

清炸是指原料不挂糊，直接投入油锅中炸制的方法，适合细嫩的原料。原料表面虽不挂糊，但要抹饴糖、酱油等调味料，增加色泽和脆感。

清炸的原料经刀功处理后，不经挂糊上浆，只用调味品腌味，直接放入油锅用旺火热油加热，使之成熟。成品特点是外香脆、里鲜嫩。

①烹调程序：原料刀功处理：适宜清炸的原料，刀功成型主要是花形和整形，原料大小一致。原料码味。炸制成菜：清炸菜多数采用复炸的方法。

②操作要领：刀功成型，要求均匀，深浅一致。码味均匀，入味后再炸制。根据原料形态的不同，分别掌握好油温。

③注意事项：清炸的原料，再码味时，所用调味品要注意颜色，防止炸后原料色泽变黑。

整形原料炸熟后，要马上改刀装盘，以保证菜肴质感和使用效果。

④举例：清炸里脊。

6. 挂糊炸的方法

用淀粉或蛋白质为基质的糊状物黏附在原料的表面，然后入油锅炸制的方法。糊的种类很多。干炸是先将原料用调味品腌味，再经拍粉或挂糊，然后下油锅炸熟的一种烹调方法。成品特点是外酥脆、里鲜嫩、色泽金黄。

①烹调程序：刀功成型：干炸的原料一般加工成片、条、段、粒等形。原料码味、挂糊：拍粉或挂糊，粉有面粉或淀粉，糊通常有蛋清糊、水粉糊。炸制成菜：拍粉或挂糊后分散下锅，炸制结壳，通过复炸，达到外酥脆、里鲜嫩的质感。

②操作要领：原料码味要均匀，入味后才能拍粉或挂糊油炸。掌握好油温。

③注意事项：拍粉或挂糊都不能太厚或太薄。拍粉要牢，否则过油时易脱落到油中，油的色泽变暗。

④举例：干炸丸子、干炸里脊等。

7. 软炸的方法

软炸是将制嫩而形小的原料，先码味后挂糊，再入五成热的油中炸制成熟的烹调方法。特点是外酥软、内鲜嫩。

①烹调方法：原料加工：原料一般选用无骨、无皮的生净软性原料为主，加工成小形原料。码味：常用调味品有盐、酒、胡椒粉、味精、葱、姜等，腌5～15分钟。挂糊：挂蛋清糊或全蛋糊，以包住原料为准。炸制：分散下锅，炸成金黄色或淡黄色，复炸一次。

②操作要领：原料新鲜，无异味。去骨、去皮。刀功要求按规格成型。码味准确，挂糊厚薄适当。掌握好油温，不要超过六成，防止外焦。复炸要掌握好色泽。

③注意事项：软炸采用植物性油脂，光泽好。最好是花生油，回软快，色泽好。逐块挂糊下锅炸，防止结壳。在淋芝麻油和撒椒盐时，必须将锅内的油倒尽。

④举例：软炸肝尖、软炸里脊、软炸虾仁等。

8. 松炸的方法

松炸是制新鲜水果、泥状原料或制嫩形小的原料，经挂蛋泡糊，入中火低油温锅中，缓慢炸制成熟的烹调方法。特点是成品具有涨发饱满、非常松嫩，色泽鹅黄。

①烹调方法：原料加工：水果切块或段，或切片夹馅。制嫩原料可制成泥、球、条、段等形，并码味。用蛋清打蛋泡糊。过油加热成型挂蛋泡糊入二三成热的白油锅中炸制成型。炸熟装盘：色泽炸制一致，装盘。

②操作要领：选择好原料。原料码味要清淡。采用中火低油温。

③注意事项：调制蛋泡糊，必须将蛋清全部打起，不可有低液。挂糊时要求大小均匀，糊包住原料，形状美观。油温要低，多翻动，使之受热均匀，色泽一致。

④举例：雪衣豆沙等。

9. 酥炸的方法

酥炸指原料经蒸或煮熟至酥软，挂糊或拍粉后（也可不挂糊拍粉），入油锅炸制成菜的烹调方法。特点是外酥香，里软熟。

①烹调程序：加工原料：有的须去骨，有的将原料加工成泥，有的先焯水再进行加工。原料码味或制泥。半成品加工：原料必须呈半成品再进行酥炸，必须先煮或蒸或烧。挂糊拍粉：根据菜肴特点而定。过油酥炸：入五成热油中炸至结壳，复炸至酥脆，色泽金黄，改刀装盘。

②操作要领：必须是去骨的净料。半成品挂糊的干稀厚薄、拍粉的多少。炸时，要掌握好半成品的数量和形体、挂糊拍粉的时间、火力的大小、油温的高低和油量的多少、炸制时间的长短等。

③注意事项：肉类泥茸搅拌后，可先进行试蒸，以保证原料细嫩的程度。烧煮原料时要掌握好半成品软熟、酥烂的程度。不挂糊的原料，在炸制中要掌握时间，不可将原料炸老起渣，影响质感。

④举例：香酥仔鸭、香酥春卷、香酥鸡等。

10. 卷包炸的方法

卷包炸是将加工成丝、片粒等无骨原料，与调味品拌匀，再用包卷皮料包裹或卷裹起来，入油锅炸制成菜的烹调方法。包卷皮料有：可食和不可食两种。可食的有鸡蛋皮、网油、腐皮、面皮、千张、糯米纸等；不可食的有桑皮纸、无毒玻璃纸、锡纸等。特点是外酥脆、里鲜嫩。

①烹调程序：原料加工：包炸的馅料以条、片、粒形为主，卷炸的馅料以丝、泥、沫形为宜。馅料调制：以咸鲜味为主，掌握好馅的嫩度。卷包馅料：每条包裹均匀一致，收口处用蛋液或清水或湿淀粉粘牢。炸制装盘：成熟后，立即改刀装盘，并带调辅料上桌。

②操作要领：选好主料和辅料：选择新鲜、无异味的主料，以及色泽鲜艳、富有质感、鲜香味美的辅料。宜用中火油温：油温的高低视皮料的性质而定。

③注意事项：包裹原料若是生炸的，一般都需要改刀后再放入油锅炸制；若是熟炸的，一般经油炸后，改刀装盘。包炸时，应将包头露出，以便于解散。

④举例：干炸响铃。

11. 烹的方法

“烹”泛指食物加热熟制，现在有时指制熟处理技法的统称。这里的烹也称“炸烹”，是指将经过加工的小型料块入旺火热油炸至金黄色，再加入调料汁制熟的烹调方法。调味汁多不加淀粉。调味汁中不加有色调料的烹法称“清烹”。烹是将切配好的原料用调料腌制入味，挂糊或拍粉，投入旺油锅中，反复炸至金黄色，外酥脆、里鲜嫩后倒出，再炝锅投入主料，随即烹入兑好的调味汁，翻锅成菜的烹调方法。特点是外酥香、里鲜嫩、爽口不腻。

①烹调程序：原料加工：加工成较小的形态。为了使原料更加细嫩，可剞一些刀纹。挂糊调汁：原料形较大可提前腌味。挂糊以拍干淀粉（或干面粉）、湿淀粉、全蛋淀粉为主，在临炸时挂糊最好。味型有糖醋味、茄汁味、咸鲜味、荔枝味等。炸烹装盘：不挂糊的原料用中火旺油炸制，挂糊的用旺火温油锅炸制，并在断生刚熟、皮酥肉烂时捞出。炝锅后，放辅料，下主料，烹汁，翻锅装盘。

②操作要领：

不挂糊的原料要选择好形态，以免炸时变形。调味汁的数量和味感的浓淡对菜肴成品的影响很大。

③注意事项：提前兑好芡汁，如果汁不够可少加些鲜汤。炸制时要控制好油温。

④举例：炸烹子鸡。

12. 熘的方法

熘有时写称“溜”。熘与烹的区别在于烹法在调味阶段淋较稀的调味汁，而熘则淋较稠的调味汁。熘是将切配后的丝、丁、片等小型原料或整型原料，经油滑、油炸、蒸、煮的方法加热成熟，再用调制的芡汁淋浇于原料上，或将原料投入芡汁中翻拌成菜的烹调方法。熘菜因技巧操作方法的不同。熘又变化为焦熘、滑熘、软熘、糖醋熘、醋熘等。

13. 炸熘的方法

炸熘是脆熘、焦熘、烧熘的统称，是指将切配成型的原料，经码味，再挂糊或拍粉，放入热油锅炸制成外香脆、里鲜嫩，然后浇淋或粘裹芡汁成菜的烹调方法。

①烹调方法：切配码味。挂糊拍粉：码味味后的原料根据菜肴成品要求，有 4 种处理方式。第一种是挂糊；第二种是拍粉；第三种是先挂糊再拍粉；第四种是码味后直接上笼蒸制，再拍粉、油炸熘制。将烹饪的食材油炸酥脆。将所需要的味型调汁熘制。

②操作要领：刀功处理要求原料规格一致。码味以基本咸味为准。控制糊粉的干稀厚薄。掌握好油的温度。肉糕蒸之前，要调好老嫩程度，用中火蒸透，凉后改刀。

③注意事项：糊的稀稠度要合适。要粘牢拍粉原料，炸时不易掉。兑在碗内的调味汁，要求比例恰当，调味准确。用芡汁熘制，动作要迅速，及时出锅，否则影响成品脆香的质感。

④举例：生爆鳝片、焦熘丸子等。

14. 滑熘的方法

滑熘是将切配成型的原料码味上浆后，经滑油至断生，烹入芡汁成菜的烹调方法。特点是滑嫩鲜香、清淡醇厚。

①烹调程序：加工切配：以基本工艺型为主。码味上浆。滑油熘制：原料放入三、四成热的油锅中滑散、断生沥油。炝锅、倒入原料、烹入芡汁或调味、出锅。

②操作要领：原料上浆必须上劲，咸淡适宜，粉浆厚薄恰当，原料下锅后才能容易滑开。滑油时要根据菜肴的颜色，选择油。掌握好油温，在三、四成热时滑油为宜。滑熘菜肴，一般以甜酸味为主，也有咸鲜味。

③注意事项：原料上浆静置后，在滑油前必须调好稀稠度，以保证原料在油中能迅速滑散。滑熘菜的芡汁要略多一些，给人以柔软的感觉。从技法上，滑熘菜的芡汁，基本上同于滑炒烹调方法，只是口味不同而已。

④举例：熘里脊片。

15. 软熘的方法

软熘是将质地柔软细嫩的主料先经蒸熟、煮熟或氽熟，再浇汁成菜的烹调方法。特点是异常滑嫩清香。

①烹调程序：刀功处理：剞花或条、段、块等。蒸、煮、汆熟。熘制浇汁：原料断生后，一般都调制芡汁，淋浇在原料上。

②操作要领：原料的大小尺寸要一致，形美观。要掌握好原料的成熟度。

③注意事项：一定要选择新鲜细嫩的原料，以保证菜肴的质量。软熘菜，有的不能放油或少放油，这样才能突出软熘菜醇厚、鲜香、异常滑嫩的特色。

④举例：西湖醋鱼、糟熘鱼片等。

四、煎的衍化和变格

由于煎法制熟的原料形状都是扁平的，其传热方式主要为铁质炊具（锅、铛）的热传导作用。面点的煎制被称为烙。煎法的变格形式被称为贴和塌，变格的措施是在煎的基础上淋上稀的调料汁，一方面借助于调料汁中水的汽化传热，另一方面又防止加热过程中升温太快，使食物焦糊。

1. 煎的方法

煎是锅中加少量油加热，放入经刀功处理成扁平状的原料，用小火煎至两面呈金黄色，酥脆成菜的烹调方法。

①烹调程序：选料切配：煎的主要原料以禽畜肉和鱼虾为主，应选用新鲜无异味、质地细嫩、滋味鲜香的原料。调制挂糊：由泥茸和粒状原料制成饼时，一般须经鸡蛋、淀粉等调味料拌制。煎制调味装盘：将原料整齐摆入锅中煎至两面金黄。调味的方法有 3 种：一是煎好后，去掉油脂，淋芝麻油装盘；二是原料煎好装盘后，浇上调好的复合味汁；三是原料煎好后，锅内留少许油，烹入兑好的芡汁，倒入原料翻锅装盘。

②工艺流程：原料选择、刀功处理、调制或挂糊、小火煎制、调味装盘、成菜。

③操作要领：加工成颗粒状的原料，大小均匀，可加入荸荠等较为松口的配料，使口感松嫩。加工成片的原料，厚薄一致，挂糊时稀薄度要适当。在煎制前要有一个基础调味，突出鲜香味，并且要配合辅助调味。挂糊、拍粉、拖蛋液都必须在煎前进行。

④注意事项：煎制前，用手铲将原料规整成型，不时转动煎锅，使原料受热均匀。煎制后的调味，都应提前做好准备，尽量缩短时间，以保证菜肴外酥脆、里鲜嫩。煎法是一种常用初熟置备方法，可与烧、蒸、焖等烹调方法配制成菜。

⑤举例：椒盐鸡饼、香煎银鳕鱼等。

2. 贴的方法

贴是将原料单面煎制成熟。往往是几种原料叠层叠加的，所以加热时不便翻动，只是单面加热，在煎时淋入一些调料汁（卤汁），一方面借助于水蒸气传热，另一方面又可降温。贴是指用几种原料黏合在一起，呈饼状或厚片状，放在锅里煎熟，使贴锅的一面酥脆，另一面柔嫩的烹调方法。特点是色形美观、菜肴底面油润酥香，表面鲜香细嫩。

①烹调程序：选料切配：菜肴底面一般采用熟肥膘肉，也有用面包片的。表面原料选择新鲜细嫩的鸡肉、鱼肉或虾肉等，切成长方形和泥茸状，再粘贴在底面上。黏合成型：黏合前有的主料要码味。若用肥膘肉垫底，需在表面戳一些刀口，防止加热时卷缩。黏合

时每层都应抹上干淀粉和一层很薄的泥料，黏合后，每块都摆图案即可。贴制装盘：锅中放少许油，将半成品整齐排放在锅中，用中小火贴制，贴至表面刚熟，底部酥脆呈金黄色起锅，装盘。

②工艺流程：原料选择、切配加工、码味、黏合成型、装饰图案、贴制成熟后装盘成菜。

③操作要领：肥膘肉必须煮熟，然后压平晾凉。码味时，要保证基础味的咸度，用于黏合的泥料要打上劲。

④注意事项：原料要依次下锅，并排列整齐。煎制时锅内要干净，防止油污损坏表面图案。贴制成熟后迅速上桌，否则会影响风味。

⑤举例：锅贴鱼片。

3. 塌的方法

塌也称“锅塌”，其实与贴类似，只不过原料是可以翻动的，两面煎黄。塌是将加工切配的原料，挂糊后放入锅内煎或炸成两面金黄，再加入调味品和适量汤汁，用小火收浓汤汁或勾芡，淋上明油成菜的烹调方法。

①烹调程序：选择原料：选用细嫩易熟的原料。加工成小型原料。挂糊塌制：原料码味，粘上一层面粉，拖蛋液放入锅内，煎制成金黄色，添入适量鲜汤，加调味料，小火收浓汤汁，可勾芡或不勾芡，淋明油起锅。

②工艺流程：原料选择、刀功切配、码味、拍粉、拖蛋液、煎制两面金黄、添鲜汤加入调味料、收汁或勾芡、装盘成菜。

③操作要领：选用原料要细嫩，以便迅速成菜，缩短塌制时间，使成品具有酥嫩醇厚的特点。拍粉不宜太厚，拖蛋液要均匀。塌制菜肴是否勾芡，应根据汤汁多少而定。

④注意事项：拍粉、拖蛋液要临煎前进行，不可过早拍粉，以防原料出水，面粉粘手，影响形状。控制好火候，防止煎焦塌糊原料。装盘时，应注意造型，以增强菜肴美感。

⑤举例：锅塌豆腐、锅塌三白等。

五、蒸法的变化

蒸是指把经过加工好的食材进行刀功处理，通过水的传热将原料烹制而成的菜肴出品。

1. 蒸的方法

蒸是指经过加工切配、调味、盛装的原料，利用蒸气加热，使之成熟或软熟入味成菜的烹调方法。特点是保持原形、原味不失、原汤原汁、口味滋润。按蒸制的火候分为旺火沸水速蒸和中火沸水蒸。按蒸制的方法分为清蒸和粉蒸。

2. 清蒸的方法

主料加工成半成品后，加入调味品，添入鲜汤蒸制；或者原料经过加工后，加入调味品装盘，直接蒸制成菜肴的烹调方法。特点是保持菜肴本色，汤清汁宽，质地细嫩或软熟，清淡爽口。

①烹调程序：将原料进行加工处理。装盛调味：味型一般为咸鲜味。蒸制成菜：要求软熟的菜肴，需用旺火沸水长时间蒸；要求细嫩的菜肴，需用旺火速蒸或中火沸水慢蒸。

②操作要领：焯水的原料，要控制好加热程度。要分清蒸制菜肴成菜后的质感，并以此决定其蒸制方法。

③注意事项：清蒸类菜肴最好放在蒸笼的上层，以防蒸制时被上层其他菜肴汤汁色泽污染和串味。清蒸菜肴成菜后，要捡去表面的调味料，保持汤清。

④举例：清蒸鱼。

3. 粉蒸的方法

原料加工切配后，放入调味品腌味，用适量的大米粉拌和均匀，上笼蒸制软熟酥烂成菜的一种烹调方法。特点是色泽金红或黄亮油润，软糯滋润，醇香浓鲜，油而不腻。

①烹调程序：选择原料，加工切配。调味腌制常用咸鲜味、咸甜味、五香味等复合味。米粉拌制：拌米粉时，要根据原料的老嫩、肥瘦比例来确定米粉的用量，一般掌握在1∶(0.06～0.1) 幅度内，拌制的干稀程度要适当。装盛蒸制：原料有的用荷叶包起来；也有的直接蒸。蒸时原料不能压紧，以免影响疏松度和成熟的一致性。

②操作要领：对原料进行刀功处理时，片、块、条的厚薄、大小要均匀。米粉的质量对粉蒸的效果有直接的关系。选用籼米，用小火炒至微黄，晾凉，再磨成细末。对于缺少脂肪的原料，在调味过程中要加放油脂，成菜后才有油润滋糯的感觉。米粉要拌均匀，其干稀度应以原料湿润而不见汤汁为准。

③注意事项：粉蒸菜要一气呵成，中途不能停火或降温，否则会出水。米粉炒制时，用微火炒至微黄。

④举例：荷叶粉蒸肉、粉蒸排骨等。

六、炒的衍化和变格

炒法是中国烹饪的特色技法，所以衍化的方法较多。炒是将切配后的丁、丝、条、片、块等小型原料用中油量或少油量，以旺火或中火快速烹制成菜的烹调方法。炒的分类有滑炒、生炒、熟炒、软炒。这里只讲滑炒、爆炒、煸炒，主要是根据油温的高低区别。

1. 滑炒的方法

滑炒多用动物性原料，并且要进行上浆处理，然后投入中油温（100℃左右）中加热成熟，再加入配料翻拌勾芡成菜。采用动物性生净原料作主料，加工成丁、丝、条、片、块等小型原料，再经上浆，在旺火上以中油量在锅里过油快速烹制，然后用兑汁芡或勾芡（有些不勾芡）成菜的烹调方法。

①烹调程序：码味上浆：应先码味后上浆，码味的调味料有盐、酒；兑好芡汁；过油成熟：油温控制在五成（150℃）以下，迅速划散，断生捞出；烹汁成菜：锅内投入熟料，随即烹入兑好的汁，淀粉糊化淋油，出锅。

②操作要领：认识原料的特性，准确选料；刀功熟练，原料规格一致；码味上浆，是保证菜肴嫩的关键；处理好投料、火力、油温及油量的关系。

③注意事项：码味上浆，抓拌原料出手轻，用力匀，抓匀拌透，使原料全部被包裹；主料和辅料配合滑炒的菜肴，一般辅料另行煸炒断生或与主料同时过油，保证主、辅料成熟一

致，达到菜肴滑嫩、成菜迅速的目的；烹入芡汁或勾芡，都应从菜肴四周浇淋，并使淀粉充分糊化，淋油亮芡出锅。

④举例：清炒里脊丝。

2. 爆炒的方法

爆炒的油温较高，原料入锅后快速加热成熟，再和配料合炒勾芡成菜。爆又分为油爆、酱爆、葱爆、芫爆等。

3. 爆的方法

爆是将原料加工成小型的片、丁、粒或花刀形状，经上浆、滑油或先水汆后过油，再烹入调味品或芡汁旺火速成的烹调方法。特点是形状美观，脆嫩爽口，紧汁亮油。

①烹调程序：刀功成型：刀功要整齐划一，刀的深浅一致，便于入味。上浆兑芡：爆菜大部分要上浆（也有不上浆的，只在沸水中一烫再过油）。上浆的粉要恰到好处。过油：汆烫过油。其主要有两种方法，第一种是原料上浆，在四成热油中过油，油量与原料的比例为2:1，旺火速成；第二种是原料不上浆，先在沸水中烫一下，然后马上放入六成热油中过油。油量与原料的比例为2:1，旺火速成。爆制烹汁：原料沥油，随即入锅，烹入芡汁，翻勺出锅。也有的先烹入芡汁，再放入原料翻锅，出锅。

②操作要领：刀功成型要大小一致，深浅均匀。掌握好火力，油温。芡汁调制要及时。掌握好爆菜技巧。

③注意事项：爆制菜，要掌握好烹制与食用时间，成菜后迅速上桌，以保证良好的质感。原料下锅前，注意上浆不能过厚。不上浆的原料先用沸水焯一下。

④举例：油爆双脆。

4. 煸炒的方法

煸炒有时称“干煸”，用油量较少，但油温与爆炒相近。一般多用植物性原料。

5. 生炒的方法

生炒又称煸、煸炒。指切配后的小型原料，不经上浆或挂糊，直接下锅，用旺火热油快速炒制成菜的烹调方法。特点：鲜香脆嫩，汁薄入味的特点。

①烹调程序：将原料加工成小型原料。炒锅置火上烧热，用油滑锅，放入少量油，待油温五六热（160℃左右）时，投入原料煸炒，烹酒，加调料，炒匀，装盘。

②操作要领：生炒菜肴一般保持旺火，高温快炒，时菜肴质嫩。熟悉生炒原料的质地、耐热程度、准确掌握下料顺序和投放调味料的时机。动作要敏捷，下料快而集中，翻炒均匀，使原料受热一致又渗透入味，并迅速成菜。

③注意事项：需勾芡的菜肴，要根据原料渗出汤汁的多少，掌握芡汁稀稠程度。生炒过程中，要求保持高温，防止炒焦粘锅。

④举例：香干炒牛肉。

6. 熟炒的方法

熟炒指经初熟处理的原料，再经切配后不上浆、码味，用中火热油，加调配料炒制成菜的烹调方法。特点是香酥滋润、见油不见汁。

①烹调程序：原料熟处理；切配；按成品要求切配；熟炒熟制：以中火为主，旺火为辅，用油恰当，油烧至五成热，投入原料，反复炒出香味；加调料；出锅。

②操作要领：根据菜肴的质量标准，恰当掌握原料的成熟度，以保证菜肴的质感。原料在熟处理前，需根据成型要求，修整成利于切片的形状。猪肉的片厚一些，牛、羊肉片切薄一些。

熟炒：以中火为主，如数量多也可用旺火。

③注意事项：有些不易成熟的原料（笋、茭白等），可进行熟处理。若使用甜面酱、豆豉、豆瓣酱等调料，必须炒出香味。有些菜肴需勾薄芡，使菜肴略带汤汁；也有顺其自然的。

④举例：回锅肉。

7. 软炒的方法

软炒将经过加工成流体、泥状、颗粒的半成品原料，先与调味品、鸡蛋、淀粉等调成泥状或半流体，再用中小火热油迅速翻炒，使之凝结成菜；或用中小火低油温制片过油、炒制成菜的烹调方法。特点是形似半凝固状或软固状、细嫩滑软或酥香油润。

①烹调程序：原料加工：肉类需剔净筋络，捶成细泥状。调制半成品：软炒的原料入锅前，需预先组合调制，根据主料的凝固性能，掌握好鸡蛋、淀粉、水分的比例。软炒成菜：锅中下油烧至二至五成热（60～150℃）时放入调制好的原料，过油或直接炒匀。

②操作要领：原料制成泥状，要求细腻、无筋、无刺，保证成菜细嫩软滑。将主料制成半成品原料。掌握好火候。

③注意事项：甜香味软炒菜肴，一定要待原料酥香软烂后，再按菜肴要求加入白糖和油脂；待糖与油脂完全融化后，及时出锅，成菜才会有香甜、酥糯、油润的效果。咸鲜味软炒菜肴，口味宜清淡、鲜嫩、不腻，要控制好油脂的用量。软炒菜肴的色泽和口味要求严格。

④举例：大良炒鲜奶。

七、粒状固体介质传热技法

以粗沙、卵石、盐粒之固体传热介质，制熟食物的方法，江浙成为焐。广东的东江盐鸡后称盐焗。

第六节　几种甜菜烹饪方法

1. 拔丝的方法

可分为干拔法、水拔法、油拔法和水油拔法。糖与水＝6∶1，糖与油＝30∶1，使糖融化，糖液至160℃左右；油炸原料与糖液＝3∶1（均为重量比）；糖液融化后，在160～190℃呈无定性的黏流态，在160℃以上的液态，在90℃以下能迅速冷却形成无定性的玻璃态，用筷子拨动时能拉出丝。

2. 挂霜的方法

挂霜指经过初步熟处理的小型原料，加工成半成品，然后粘裹一层主要由白糖熬制的糖浆成菜的烹调方法（糖浆尚未熬至拔丝糖浆程度即包裹原料的，称为翻砂）。特点是色泽洁白、甜香松脆。

①操作要领：原料的熟处理是挂霜类菜肴质感的基础。熬制糖液时，火力要小而且集中，火面最好小于糖液的液面，使糖液由锅中间向锅边沸腾。挂霜时，放入的原料应迅速翻动、离火、分散原料。

②注意事项：熟处理时，防止原料炸糊，保持原料有较好的色泽。挂霜若出现结块，不宜采用大散的办法，最好用手分开，防止脱霜。挂霜类菜肴宜凉吃；撒糖粉的应热吃。

③举例：挂霜荸荠丸。

3. 拔丝的方法

拔丝是将原料加工成块状、球状、条状，经油炸制成半成品，放入白糖熬制起丝的糖液中，粘裹挂糖成菜，用筷夹起能拔出丝的烹调方法。特点是明亮晶莹，外脆里嫩，口味香甜。

①烹调程序：选料加工：选用新鲜成熟的水果。原料以块、条、球和自然形态为主。挂糊炸制：拔丝菜肴大部分都需挂糊（也有不挂糊的）。所挂的糊有蛋清糊、全蛋糊、脆皮糊、拍粉等。熬糖拔丝：锅中加水或油，放入白糖，小火加热，使其溶化。炒至糖液变稠，呈米黄色时，投入原料，翻动，离火，使糖液包裹均匀，装盘，迅速带凉开水一碗，同时上桌。

②操作要领：挂糊时要掌握好糊的稀稠厚薄，防止脱糊。复炸的同时，要熬糖液，防止原料冷却，影响拔丝。糖液要将原料包裹均匀，及时起锅，防止剩余糖液熬过头，影响菜肴色泽。

③注意事项：拔丝原料要保持一定的温度。成菜后及时上桌。

④举例：拔丝蜜橘。

4. 蜜汁的方法

蜜汁是把白糖、蜂蜜与清水熬化收浓，放入加工处理过的原料，经熬或蒸制，使甜味渗透，质地酥糯，再收浓糖汁成菜的烹调方法。特点是色泽美观，酥糯香甜。

①烹调程序：选料加工：选用新鲜成熟、滋味鲜美、富有质感的原料。原料以条、块、片、球及自然形态为主。蜜汁调制装盘：蜜汁有两种方法。一种是将白糖、蜂蜜和清水放锅中，用中火熬化，收浓，放入原料，移小火焖熬。另一种是将原料蒸至酥烂，捞出，沥干水，放入熬制浓稠的糖液中，上笼蒸至入味，原料取出装盘，将汁收浓，浇在原料的表面。

②操作要领：莲子、米仁、白果等干料应提前上笼蒸透。焖熬香蕉、苹果类原料时，糖液应浓一些。蒸制火腿、腌鱼、香肠等原料糖液浓度可淡一些，这样不影响口味。

③注意事项：要掌握好熬制时间，控制好火力，防止原料熬焦或熬烂。要注意蜜汁菜肴的甜度，以能表现出原料本身的滋味和食者对甜度不觉腻口为宜。

④举例：蜜汁火方、蜜汁苹果、蜜汁什锦等。

第九章　风味调配

第一节　调味原理和调味工艺

调味原理以理论为支柱。而中餐厨师和持传统观点的饮食文化研究者，有另一套调味规律的认识。

①中餐调味规律的传统说法有“本味”思想，“五味调和”“天人相应”“适口者珍”等。

②中餐调味很注意与菜肴成熟过程的配合，为此分别采取烹调前调味、烹调中调味和烹调后调味的阶段处理方法，一切都为了保证整体菜肴有良好的风味效果。

③对于某些特定菜肴，并非在烹前、烹中和烹后都要调味，而需要根据菜肴设计中的口味特征选择在某一个或几个制作阶段进行调味处理，因此调味的具体实施方法也是不同的。归纳起来有以下几种，并适当交替使用：

腌渍法：将原料与调料拌匀放置或浸泡在调料溶液中，前者称干法腌渍，后者称湿法腌渍。

掺和法：调料先溶于水或汤制中，然后加入肉糜、茸泥或汤制中搅拌均匀，是烩菜、汤菜调味方法。如肉糜等。热渗透法应用于如蒸菜、干热烤等菜肴。

裹浇法：将液体或半流体的料汁浇裹黏附于原料或菜肴半成品的表面。应用于上浆、挂糊、收汁、拔丝、蜜汁、挂霜和熘菜等。

粘撒法：将固态调料粘撒在原料菜肴表面。

其他方法有自助蘸食法。

第二节　增香和调香

香和味都是狭义风味的构成要素，有人直接把香和味都当作味觉来看，这是不正确的。实际上香在生理上是通过嗅觉器官识别，而味是通过味觉器官识别，只是鼻腔和口腔在生理部位上是相通的。

一、菜肴增香技术

人们对菜肴的香气的感知，也是分层次的，有的菜肴上桌即已香气扑鼻；有的是入口以后，香和味同时感受；有的是经过咀嚼之后，香气、滋味、质地三位一体。

1. 菜肴增香的目的和效果

①菜肴增香的基本目的在于诱发食欲，是典型的风味作用。充分利用原料中的天然呈香物质。如麻油、姜、蒜等。利用制熟加热过程，合成新的呈香物质。除腥抑臭，化腐朽为神奇。

②通常有四种办法：加入易挥发物质如酒精，降低具有不良气味物质的蒸气分压，使其逃逸。利用酸碱中和原理分解或转化不良气味。加入气味浓烈的呈香物质，掩盖不良气味。利用焯水、过油等预熟手段，溶解或破坏不良气味。

2. 菜肴增香技术措施

增香和调味，大多数是同时进行的，所以相关措施基本相同。

①用腌渍、涂抹、黏附等手法——抑臭调香法，烹前、烹中等。

②利用加热的方法，使香料中的香气大量挥发如炝锅、烹煮、蒸制、煎炸、烧烤、铁板、褒、锅巴等加热过程。

③采取密闭加热制熟的方法，阻止呈香物质挥发如汽锅炖、瓦罐煨、竹筒烤、泥烤等。

④用烟熏的方法把熏料中的呈香物质黏附到原料表面。

二、菜品的调香

调香是香料工业的主要技术措施。调香师是一种专门的职业，他们凭借敏锐的嗅觉和丰富的经验，能够有效地进行各种呈香材料的配伍和选择恰当的用料比例，调制出各种不同用途、香型的香精制品，运用于各行各业。

烹调中的调香并不突出。因为“调”是利用物理的机械的混合功夫，调和出诱人的香气来，而且能控制它们的烈度和释放的时间长短，是一种高超的技艺。一个成功的调香师，应遵循的调香的原则：

①增强：使好闻的香气充分发挥。

②掩盖：以香掩臭。

③夺香：加入少量的物质使香气改变。

④矫正：某些气味单独存在，气味不良，但如果在一定范围内，用多种组分恰当组合，反而气味芳香。

⑤稀释：有些物质浓度太大，气味反而不好，但稀释到一定的阈值，反而变得优雅宜人。调香是伴随着调味而进行，无一个只调香不调味的实例。

三、菜肴的味型及其调配

味型实际上就是复合味，主要指滋味和气味的综合体现。实践中由两种或两种以上的调味料或食用香料按比例调和而形成味觉和嗅觉的综合感觉。味觉名称仍无科学定义，但在行业中有一定的表述形式。现流行比较广泛的有20余种，如咸鲜味、香咸味、椒麻味、椒盐味、五香味、酱香味、麻酱味、烟香味、陈皮味、咸甜味、糖醋味（酸甜味）、荔枝味、香糟味、甜香味、酸辣味、麻辣味、家常味、蒜泥味、鱼香味、姜汁味、芥末味、怪味等。还有一些与外来结合的调味汁：糖醋汁（江苏、广东、香港）、咖喱汁等。

第三节 调色和配色

一、菜肴色泽的来源和色素类型

1. 菜肴色泽的来源

菜肴色泽主要有三个来源。

①生鲜原料及其加工制品的自然颜色，也称原料的本色，如绿色蔬菜。

②因加热而引起的原料色泽变化：原料受热变色、美拉德反应（糖类物质中的羰基和蛋白质中的氨基作用，又称羰氨反应）、焦糖化反应（单纯的糖类）。

③调料调配菜肴的色泽，如调料。

2. 食品和菜肴中所含色素的种类

①红素类化合物：存在于脊椎动物血液和肌肉中的主要色素。

②叶绿素类化合物：高等植物中与光合作用有关的绿色色素。其重要的结构特征是卟吩中心的镁原子，凡是叶绿素的变色反应都涉及镁原子的脱落，加热容易引起这种变化。行业中"定绿"是加入适量的碱。

③类胡萝卜素化合物：维生素 A，脂溶性物质，都具有从红到黄的颜色。

④花色苷类：植物界分布最广的色素。颜色较多，色彩的稳定性受 pH、湿度和氧气浓度等的主要影响，以及花色苷降解酶、抗坏血酸、二氧化硫、金属离子和糖等次要因素影响，所以只有利用原植物组织在食品雕刻、冷菜、点缀等场合利用。

⑤类黄酮化合物：麻黄中较多，与花色苷类相似，具有抗氧化性，可产生苦味。

⑥单宁：相对分子量在 500～3000 的水溶性多酚类化合物，颜色从黄色、白色到淡棕色，带有涩味。

⑦甜菜色素类：颜色与花色苷类相似，但他们是含氧的杂环化合物的衍生物，在罐头食品中常用。

⑧焦糖色素：糖色。

⑨红曲米所含的红曲色素：微生物红曲霉菌所分泌，性质稳定。

⑩人工合成色素：苋菜红、胭脂红、柠檬黄、靛蓝等。

二、菜肴的调色

菜肴的调色方法有保色、变色、兑色和润色四种。

1. 保色法

保色法是利用调色手段保持原料本色或突出原料的本色的方法，如用油形成保护膜、用碱定绿、加盐使黄瓜、青椒绿色稳定。

2. 变色法

变色法是利用有关的调料改变原料的本色，是烹饪的菜肴色泽的方法，如美拉德反应、焦糖化反应。

3. 兑色法

兑色法是用相关的调料以一定的浓度或比例调配出菜肴色泽的方法。

4. 润色法

润色法是增加菜肴色彩的明亮程度，主要是靠菜肴表面涂抹油脂的方法实现，如淋油、刷油等。

三、菜肴的配色

原料之间的配合、调料配合、不同的加热方法的配合相互颜色的差异也十分重要。

第二部分

中国烹饪冷菜篇

第十章　冷菜制作工艺

第一节　冷菜工艺概述

冷菜是仅次于热菜的一大菜类做法很多，形成冷菜独自的技法系统，按其烹调特征，可分为炮拌类、煮烧类、汽蒸类、烧烤类、炸氽类、糖粘类、冻制类、卷酿类、脱水类等，每类中还有一些具体的方法。这说明冷菜烹调技法之多，不在于热菜之下。所以，它习惯上与热菜烹调技法并列为两大烹调技法。冷菜在饮食业俗称冷荤或冷盘。它是具有独特风格，拼摆技术性强的菜肴，食用时都是吃凉的，称为凉菜。凉菜切配的主要原料大部分是熟料，因此这与热菜烹调方法有着截然的区别，它的主要特点是选料精细、口味干香、脆嫩、爽口不腻，色泽艳丽，造型整齐美观，拼摆和谐悦目。

1. 滋味稳定

冷菜冷食，不受温度所限，搁久了滋味不会受到影响。这就适应酒席上宾客边吃边饮，相互交谈。所以它是理想的饮酒佳肴。

2. 第一道菜入席

冷菜常以第一道菜入席，很讲究装盘工艺，它那优美的形、色，对整桌菜肴的评价有一定的影响。特别是一些图案装饰冷盘使人心旷神怡，兴趣盎然，引诱食欲；对于活跃宴会气氛也起着锦上添花作用。

3. 大量制作

由于冷菜不像热菜那样随炒随吃，这就可以提前备料，便于大量制作。若需开展方便快餐业务或举行大型宴会，冷菜就能缓和烹饪方面的紧张。

4. 制作要求

①在烹调方法上凉菜除必须达到干香、脆嫩、爽口等要求外，还要求做到味透肌里，品有余香。

②根据不同凉菜品种的要求，要做到脆嫩清香或爽口无汤不腻。

③刀功是决定凉菜形态的关键。在操作上必须认真精细，做到整齐美观，大小相等，厚薄均匀，使改刀后的凉菜形状达到菜肴质量的要求。

④在拼摆装盘时要求做到菜与菜之间、辅料与主料之间、调料与主料之间、菜与盛器之间色彩的调和。造型要艺术大方，使拼摆装盘后的凉菜呈现出色形相映、生动逼真的美感。

⑤要注意营养，讲究卫生、凉菜不仅要做到色、香、味、形俱美，同时还要更加注意各种菜之间的搭配，使制成的菜肴符合营养卫生的要求，增进人体的健康。

⑥在凉菜拼摆装盘时，要注意节约原料，在保证质量的前提下，尽力减少不必要的损耗，以使原料达到物尽其用。

5. 冷热菜区别

冷菜与热菜相比，在制作上除了原料初加工基本上一致外，明显的区别是前者一般是先烹调，后刀功；而后者则是先刀功，后烹调。热菜一般是利用原料的自然形态或原料的割切、加工复制等手段来构成菜肴的形状；冷菜则以丝、条、片、块为基本单位来组成菜肴的形状，并有单盘、拼盘以及工艺性较高的花鸟图案冷盘之分。

调味方面，热菜调味一般都能及时见效果，并多利用勾芡以使调味分布均匀。冷菜调味强调“入味”，或是附加食用调味品，热菜必须通过加热才能使原料成为菜品，冷菜有些品种不须加热就能成为菜品。热菜是利用原料加热以散发热气使人嗅到香味，冷菜一般讲究香料透入肌里，使人食之越嚼越香，所以素有“热菜气香”，“冷菜骨香”之说。

冷菜的风味、质感也与热菜有明显的区别。从总体来说，冷菜以香气浓郁，清凉爽口，少汤少汁（或无汁），鲜醇不腻为主要特色。其具体又可分为两大类型，一类是以鲜香、脆嫩为特点；另一类是以醇香、酥烂，味厚为特点。

6. 冷菜装盘

装盘的 3 个步骤：无论“单盘”“双拼”还是“什锦拼盘”，都必须根据原料的原有形态，以及经过刀功处理的块、片、条、丝等不同形状适当使用。装盘时一般要经过垫底、围边、装面 3 个步骤。

①第一步垫底，即装盘时先把一些碎料和不整齐的块、段配料垫在盘底。

②第二步围边，又称“扇面”，就是用比较整齐的熟料在四周把垫底的碎料盖上。

③第三步装面，把质量最好，切的最整齐，排列得最均匀，美观的熟料排在盘面上。

装盘有 6 种方法。

①排：将熟料平排成行地排在盘中，排菜的原料大都用较厚的方块或腰圆块、椭圆形。排，可有各种不同的排法，如“火腿”，叠排成锯齿形，逐层排叠，可以排出多种花色。

②堆：就是把熟料堆放在盘中，一般用于单盘。堆也可配色成花纹，有些还能堆成很好看的宝塔形。

③叠：是把加工好的熟料，一片片整齐地叠起，一般叠成梯形。

④围：将切好的熟料，排列成环形，层层围绕。围的方法可以制成很多的花样。有的在排好主料的四周围上一层辅料来衬托主料，叫作围边。有的将主料围成花朵，中间另用辅料点缀成花心，叫作排围。

⑤摆：是运用各式各样的刀法，采用不同形状和色彩的熟料，装成各种物形或图案等，这种方法需要有熟练的技术，才能摆出生动活泼、形象逼真的形状。

⑥覆：是将熟料先排列在碗中或刀面上，再翻扣入盘中或菜面上。

7. 凉菜制作

凉菜是筵席上首先与食客见面的菜品，故有“见面菜”或“迎宾菜”之称。因此，凉菜做得好与不好，直接影响到食客对筵席的印象。凉菜拼盘，更是各类凉菜品种自然巧妙的组合，因此需要较为讲究的刀功技术、较为协调的色泽搭配以及较为优美的装盘造型等。

制作凉菜拼盘，首先要了解凉菜拼盘的基本知识和具体操作步骤。传统的凉菜拼盘有双拼、三拼、四拼、五拼、什锦拼盘、花色冷拼等 6 种不同的格式，而制作拼盘时都要经过垫底、围边、盖面 3 个步骤。

①双拼就是把两种不同的凉菜拼摆在一个盘子里。它要求刀功整齐美观，色泽对比分明。其拼法多种多样，可将两种凉菜一样一半，摆在盘子的两边；也可以将一种凉菜摆在下面，另一种盖在上面；还可将一种凉菜摆在中间，另一种围在四周。

②三拼就是把三种不同的凉菜拼摆在一个盘子里，这种拼盘一般选用直径 24 厘米的圆盘。三拼不论从凉菜的色泽要求和口味搭配，还是装盘的形式上，都比双拼要求更高。三拼最常用的装盘形式，是从圆盘的中心点将圆盘划分成三等份，每份摆上一种凉菜；也可将三种凉菜分别摆成内外三圈等。

③四拼的装盘方法和三拼基本相同，只不过增加了一种凉菜而已。四拼一般选用直径 33 厘米的圆盘。四拼最常用的装盘形式，是从圆盘的中心点将圆盘划分成四等份，每份摆上一种凉菜；也可在周围摆上三种凉菜，中间再摆上一种凉菜。四拼中每种凉菜的色泽和味道都要分隔开来。

④五拼也称中拼盘、彩色中盘，是在四拼的基础上，再增加一种凉菜。五拼一般选用直径 38 厘米圆盘。五拼最常用的装盘形式，是将四种凉菜呈放射状摆在圆盘四周，中间再摆上一种凉菜；也可将五种凉菜均呈放射状摆在圆盘四周，中间再摆上一座食雕作装饰。

⑤什锦拼盘就是把多种不同荣耀、不同口味的凉菜拼摆在一只大圆盘内。什锦拼盘正常选用直径 42 厘米的大圆盘。什锦拼盘要求外形整齐刀功精巧详实，拼摆角度准确，荣耀搭配协调。什锦拼盘的装盘形式有圆、五角星、九宫格等几何图形，以及葵花、大丽花、牡丹花、梅花等花形，从而形成一个五花八门的图案，给食者以心旷神怡的感觉。

⑥花色冷拼也称象形拼盘、工艺冷盘，是经过全心构思后，将多种凉菜菜肴在盘中拼摆成飞禽走兽、花鸟虫鱼、山水园林等各种平面的，立体的或半立体的图案。花色冷拼是一种技术要求高、艺术性强的拼盘形式，其操作程序比较复杂，故正常只用于高档筵席。花色冷拼要求主题突出，图案新颖，形态生动，造型逼真，食用性强。要制作好凉菜的拼盘，首先便要练好制作凉菜的基本功。

一是要掌握好各种凉菜的烹制方法。凉菜不仅是简单的凉拌菜，而是采用拌、泡、腌、卤、熏、冻、炸熟、糟醉、糖粘等多种技法烹制出来的冷吃菜肴。只有做好了这些凉菜菜肴，才可认为制作凉菜拼盘提供合格的原料。

二是要具有纯熟的刀功技法。凉菜拼盘的原料，大多是加工制熟后再进行切配，因此具有一定的难度，对刀功技法的要求甚高。只有掌握好各种刀功技法，才可以切配出符合要求的拼盘原料来。此外，制作好凉菜的拼盘还需要具备一定的美术功底和创意能力，才可以设计制作色泽搭配合理、典雅大方、构思巧妙的拼盘。

需要说明的是，制作凉菜拼盘时，也要经过正常凉菜装盘时的三个步骤，即垫底、围边、盖面。

①垫底：用修切下来的边角余料或质地稍次的原料垫在下面，作为装盘的基础。

②围边：用切得比较整齐的原料，将垫底碎料的边沿盖上。围边的原料要切得厚薄均匀，并根据拼盘的式样规格等将边角修切整齐。

③盖面：用质量最好、切得最整齐的原料，均匀地盖在垫底原料上，使一切拼盘显得丰满、整齐、典雅。

此外，一些凉菜拼盘制作好后，还要根据需要浇上味汁，或者用一些原料加以装饰和点缀，如香菜、黄瓜片、萝卜雕花等。

第二节　冷菜的加工制作

一、冷菜的调味方法及味型

1. 冷菜的调味方法

①直接用确定好味型所需的调味品拌制成菜，如蒜泥黄瓜。

②使用调配好的复合味汁调味成菜。对复合调味汁的使用主要有三种方法：拌味装盘；装盘淋味；味碟蘸食。

③腌渍调味后热处理，再冷却成菜，如芝麻鱼排。

④热处理过程中调味成菜，如酱牛肉。

2. 冷菜常用的味型

味型指用几种调味品调和而成，具有各自本质特征的风味类型。常用的味型有红油、蒜泥、姜汁、椒麻、酸辣、葱油、鱼香、麻酱、五香、盐水等20多种味型。

调味汁是味型的具体体现，每类味型包含若干种相近的复合味汁，如酸甜味型、糖醋味型、茄汁味型等。

3. 基础复合调味品的制作

姜醋汁、油酥豆瓣、花椒油、花椒盐、葱椒酒。

二、冷菜的加工烹制方法

根据风味特色，冷菜可分为两大类型：一类是以醇香、酥烂、味厚为特点，烹制方法以卤、酱、煮、烧为代表。另一类是以鲜香、脆嫩、爽口为特点，烹制方法以拌、炝、腌、泡为代表。还有一些特殊的加工方法，如“挂霜、冻制、脱水”等。现分三类介绍：

1. 以可食性生料为基础的加工法

（1）生拌法

拌是将可食的生料或晾凉的熟料，如酸辣黄瓜、姜汁莴笋、生鱼片等脆性原料，用刀切成丝、丁、片、条等，加入调味品拌制成菜的烹调方法。

①烹调程序：一是选料加工：应选用新鲜无异味、受热易熟、质地细嫩、滋味鲜美的原

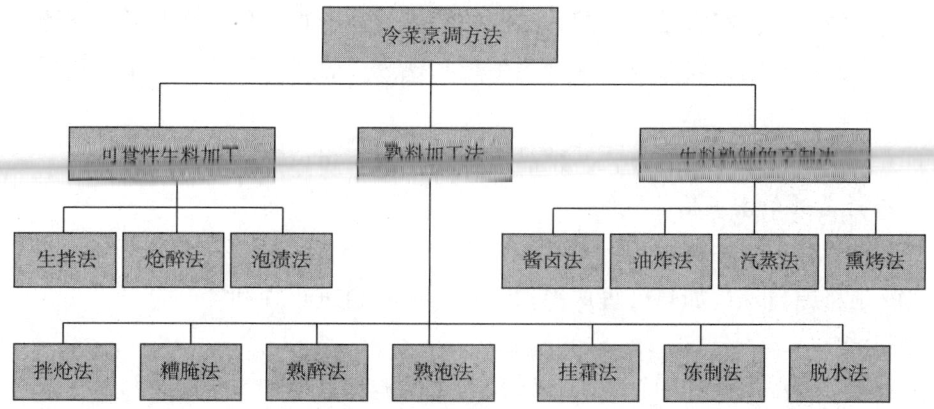

料。二是拌前处理：炸制、煮制、焯水、氽制、腌制、生料直接拌制。三是拌的方式：生拌、熟拌、生熟拌。四是装盘调味：拌味装盘、装盘淋味、装盘蘸味。

②操作要领：一是拌制菜肴一律用植物油，经炼熟晾透后再用。二是炸制处理的原料，应先将原料码味，掌握好口味和色泽。三是原料尽可能除去腥膻异味。四是适合焯水的原料，都是新鲜细嫩，受热易熟的蔬菜。五是腌制原料只需放入精盐，抖散即可，不可反复搅拌，以免破坏色泽。六是拌制菜肴，不论是何种味型，都应以复合味为标准。

③注意事项：一是生熟拌的凉菜，装盘时要将熟料盖在生料上。二是浇汁类菜肴要讲究技巧，要表现出原料的色彩。

④举例：凉拌蜇皮、四川瓜皮、拌海带丝等。

（2）炝醉法

炝醉法有醉虾、醉蟹、腐乳炝虾等。将切配成小型的原料，以滑油或焯水成熟后，沥干水分，趁热加入调味品，调拌均匀成菜的烹调方法。特点是色泽美观、质地脆嫩、醇香入味。

①烹调程序：一是选择切配：应选用新鲜、细嫩、清香和富有质感特色的原料。加工时要去筋，加工成细小形状或自然型。二是滑油炝制（滑炝）：原料上浆后，滑油捞出，使原料滑嫩。炝入花椒油、芝麻油及胡椒粉等调味品，拌匀。三是焯水炝制（普通炝）：原料焯熟，沥干水分，炝入花椒油、芝麻油及胡椒粉等调味品，拌匀。

②操作要领：一是刀功成型要均匀、大小一致。二是一般动物性原料以热炝为好。

③注意事项：一是原料滑油、焯水的火候要适中。二是原料在炝拌味时，应待渗透入味后，才能装盘。

④举例：海米炝芹菜、花生米菠菜等。

（3）泡渍法

泡渍法有四川泡菜、泡藕片等。

2. 生料熟制的烹制法

①酱卤法是将初加工的原料，放入酱汁或卤汤中烧沸，转用中、小火煮至成熟后捞出的烹调方法。

②油炸法是直接油炸成熟的原料如肉类、鱼类、薯类等动植物。油炸后卤浸，在卤汁中

浸泡入味，有色泽红亮，细嫩滋润，醇香味浓的特点，适于鸡、鱼、豆制品、鸡蛋等。

③熏烤法中的烤我们比较熟知。熏分为生熏和熟熏。熏料有茶叶、大米、锅巴、松柏等，熏的时间 10 分钟。

④汽蒸法是用水蒸气传热的方式，菜品有蒸蛋黄糕、蛋白糕、蒸腊鸡腿等。

3. 以熟料为基础的烹调法

(1) 拌炝法

拌炝法就是将原料经过加热处理成熟后，再与调味料进行拌和。

(2) 糟腌法

糟腌法是将原料浸入卤汁中，或加入以盐为主的调味品拌和，排除原料部分水分和异味，使调味汁渗透入味成菜的烹调方法。特点是色泽鲜艳，鲜嫩清香，醇厚浓郁。

①烹调程序：一是选料加工用新鲜、质地细嫩的原料。加工成小型或自然性。二是腌制方式有盐腌、酒腌、糟腌。

②操作要领：一是未经刀功处理的原料精盐撒放要均匀，中途要常翻动，使味渗透均匀。二是酒腌的原料要清洗干净，以保证卫生质量。三是糟腌要求原料质地细嫩。

③注意事项：一是饭店、餐厅与一般食品店的腌制品不同。二是酒腌分红醉（用酱油）；白醉（用盐）。

(3) 熟醉法

熟醉法是先焯水后醉、先蒸后醉和先煮后醉。

(4) 熟泡发

熟泡法是新式冷菜加工方法，源于泡菜的制法，不用植物料，而用动物料，称“荤料泡菜”。

(5) 挂霜法

挂霜法是水与糖的比例以 1∶3 ~ 1∶4 为宜；原料处理。

(6) 冻制法

冻制法大部分都是富含胶原蛋白的动物性原料，如水晶肴蹄、冻羊羔、鱼冻等。

(7) 脱水法

脱水法的菜品有肉松、菜松等。

第三节 冷菜制作的安全卫生标准

一、凉菜出品质量标准规范

①所有凉菜制作必须按冷荤食品安全操作程序制作菜肴，确保无残留农药、无交叉污染等食品安全事故的发生。

②不得使用腐烂变质、过期以及无检验合格证明的食材原料。

③生食类食品要新鲜，确保卫生、无菌、无沙土、无虫蚁。

④凉拌的菜品温度要符合该菜品的制作要求但不结冰。

⑤青菜类凉拌菜必须保证既熟且脆，色要青绿、口感脆爽。

⑥菜肴必须按出品标配卡要求（包含顾客要求）制作。

⑦菜肴必须按高标准出菜，做到份量不足不出、不合标准不出。（原料在切制时必须大小、粗细、厚薄一致，配菜时主料与配料的比例要按成本卡标准量化，配置同一菜肴、同一规格应始终如一，绝不能今天多，明天少，规格质量和样式风格都要保持其统一性。）

⑧菜肴出品时（特殊器皿除外）都必须装盘，并且装盘要饱满、自然、挺拔，点缀和围边也不能喧宾夺主，菜肴的盛装也不得占用盆子的边缘。

⑨菜肴的成品中不得出现杂物、异物、害虫、飞虫等。

⑩菜肴的所有出品无原料不新鲜、腐败变质等现象。

⑪不得使用违反国家食品安全规定的食品添加剂。

⑫菜肴的出品盛装卫生标准，必须做到盛器无污垢、无缺口、无破损。

⑬上菜必须按顺序先来先做、每道凉菜制作时间不得超过10分钟。

⑭为需配备佐料的菜肴配齐相应的佐料（如酱牛肉等菜肴）。

⑮必须掌握好咸淡：菜品口味要温性、中性，要平和平淡，要体现出复合味来，绝不能咸或偏淡。（复合味是几种味复合在一块，吃起来很舒服，多数人都能接受，体现不出哪种具体味来，味和味之间相互影响，总体口味比较中和。）

二、冷菜制作注意事项

①一定要挑选新鲜蔬菜，要用清洁的水多冲洗几遍，对缝隙处的污垢要抠挖干净。菜洗净后，用煮沸的水烫几分钟，捞出后即可切制。切冷菜的刀和案板，最好也用开水冲烫消毒，不能用切生肉和切其他未经烫洗过的刀来切凉拌菜。否则，前面的清洗消毒工作等于白做。

②拌冷菜时，应用干净的筷子，不要用手拌。一般可加葱、蒜、姜末和醋，既可以调味，又起杀菌消毒作用。

③做冷拌肉菜时，肉一定要先煮熟煮透，切肉的刀和案板也要和切生肉、生菜的刀和案板分开。

④没吃完的凉菜，哪怕放进冰箱，也难免会受到细菌污染。而再拿出来食用时一般也不会加热，所以这样的凉菜吃下去容易引起肠胃不适，须适当处理。

三、冷菜厨师岗位要求

①清理卫生：冷荤卫生至关重要，进入冷荤室前要二次更衣，并认真进行手、案板、刀具消毒。冰箱把手要用消毒毛巾扎好（每天都要换一次）。冷荤室内无人时，紫外线消毒两小时，确保室内无菌。冷荤室内杜绝存放杂物，药物和生食品。厨房人员坚持更换消毒池中消毒水，并用消毒毛巾擦拭冰箱内部、案子、墙壁等。装食品的用具每天要用消毒水刷洗后

用清水冲净。地面等室内室外保证清洁，干净整齐码放用具、食品。

②检查冰箱：冷荤班前卫生全部做完后，要认真检查冰箱食品（凡超过24小时的熟食品均须加热后再出售），如发现过期、变味和隔夜拌菜要及时处理，食品盘要洗消更换，冰箱内码放整齐无异味。

③用具消毒：每天所用冷荤食品盘、盒、刀、案板、小毛巾都需消毒（刀、案板用酒精消毒）。

④验收原料：冷荤间使用的原料需冷荤人员亲自验收，符合制作冷菜要求的原料经验收，在加工间加工后方可进行冷荤的使用。

⑤粗加工：凡验收合格的原料，需在粗加工间进行粗加工，蔬菜要摘净、去老根并刷洗干净。动物性原料需要宰杀、去内脏、出净血污，并分档取料。

⑥制作加工：冷荤的制作加工需在大厨房进行。经加工的各种菜品需达到制定的口味、色泽等要求，不可以粗制滥造、以劣充优。

⑦拌炝菜加工：拌炝菜品一般适用于蔬菜类和部分动物性原料。原料断生后，随即用调味品进行拌、炝，使菜品保持脆、嫩、咸鲜爽口。

⑧配制各种调味配汁：营业前要根据各种不同菜品的要求，将各种味形的调味汁合理的配制完毕，以备营业中使用。

⑨宴会品种制作：接到宴会菜单要按照宴会的具体要求。花色拼盘要求口味、色泽、原料、技法、荤素搭配合理，花色拼盘形象逼真，上菜及时。

⑩独碟制作：零点凉菜，要及时快速地完成，不得拖延或影响上菜时间，每一道菜品都要符合成本核算的质量要求，刀功、刀面整齐一致，装盘美观。

⑪果盘制作：按客人习惯制作不同的果盘，要求色泽搭配艳丽、果品新鲜、品种配合得当、干净美观。

⑫检查食品库存：冷菜不同于其他菜品，需要绝对不受交叉污染，存放的成品要随时检查、加热，每天营业即将结束时，要彻底检查成品存量情况，并对明天所需加工的原料提出数据。

⑬提供采购数据：在检查结束后，立即将短缺原料的数量提供给主管，以便统一填写采购单。

⑭做好班后收尾：检查食品、成品是否全部下箱保存，水浸成品半成品是否全部换清水浸泡。检查电、水、气是否全部关闭。并与接班人员或夜班值夜人员交接清楚。

第四节　食品雕刻概述与历史

一、食品雕刻的意义

食品雕刻是我国烹饪技术中一项宝贵的遗产，它是借鉴其他艺术门类的基础上逐步形成和发展起来的，是厨艺人员在长期实践中创造出来的一门餐桌艺术、雕刻艺术。其历史悠久可以追溯至四千多年前，先民信奉天神旨意和各种祭祀活动，在祭祀活动中有一种祭品食物钉。据先秦《礼记》记载，这种“钉”，是指堆放在器皿的菜品果品，一般只供陈列而不食用，它便是最早的食品雕刻。食品雕刻的真正发展是始于20世纪70年代，在这30多年的时间里，食品雕刻不仅在食品原料和制作工艺的拓展方面有了新的突破，在选择雕刻题材、造型艺术和应用方面有了质的飞跃。

二、食品雕刻的定义

食品雕刻是以具备雕刻性能的食品原料为基础，使用特殊的刀具和方法，塑造可供视觉观赏的艺术形象的专门技艺。食品雕刻也是一种造型艺术，它与石雕、玉雕、木雕等造型艺术一样，有着共同的美术原理，遵守共同的形式美法则。其通过造型艺术形象，给人审美享受。食品雕刻又是一种特殊的技艺，它是有关食品的艺术，是烹饪技术体系中不可或缺的组成部分。

三、食品雕刻的特点

食品雕刻是烹饪技术与造型艺术的结合，与菜肴、面点制作技术相比较，有其自身的特殊性。

①构思新颖别致，成品形象适应饮食习俗，极富生活情趣和时代气息。

②从自然界事物和现实生活中广泛撷取题材。食品雕刻虽然在原料选用方面不及菜肴，但在造型题材面，却比菜肴丰富，既可以来自自然界物象景观，也可以取自现实生活和艺术作品。

③具有独特的造型性、艺术性。食品雕刻最主要目的是装饰席面、美化菜肴，故雕刻作品形象生动，刀法准确，色调明快，情感上得到美的享受。

④展示时间短，刀具特殊。作品只能一次性使用，不能长时间保存，必须现做现用，故也有人称为瞬间艺术。刀具在样式上规格并无统一规定，一般都是自行设计制作，具有轻薄锋利、小巧灵便的特点。

⑤某些作品不仅可供欣赏，而且可以食用，如熟鸡蛋雕刻的作品，皮冻、琼脂雕等。

四、食品雕刻的作用

食品雕刻出现在宴会和菜肴中，主要是陶冶情趣，刺激食欲，弘扬餐饮文化，增进友谊。食品雕刻一直受中外人士的青睐，架起我国与世界人民的友谊桥梁。食品雕刻在餐饮市场上越来越显示其独特的魅力，具有很强的展示性。在一些大型宴会、酒宴中都有大型群雕出现，与菜肴相互映衬，营造气氛。食品雕刻从制造工艺到造型艺术不愧为中国烹饪艺术瑰宝，它的每个发展过程都从侧面反映出当时的烹饪风格。

五、食品雕刻的运用

食品雕刻的品种繁多，如动物、植物、景物及人物都可以雕刻。它可以给宴席增加欢快、愉悦气氛，增进就餐者的食欲，给人以美的享受。食品雕刻的应用没有统一的规格标准，根据雕品在菜肴、宴席中起的作用，大体上分成以下 3 点。

1. 雕品在冷菜中的应用

雕刻成品在冷菜中主要用来点缀衬托冷菜给普通冷盘增加艺术色彩，给冷盘增加艺术感染力，提高菜品的价值。

2. 雕品在热菜中的应用

雕刻成品在热菜使用少而精，一般以点缀为主，同时也应用于花色造型菜也可以作为盛器，在菜中一般用于汤少或无汤汁的菜肴中。

3. 雕品在席面上的应用

雕品单独出现在展台或席面上，一般都是高级宴席及美食节、大型宴会使用得较多，主要是组装，专供欣赏，也称花台。

第五节　食品雕刻的常用原料

一、选用食品雕刻原料的原则

在选择食品雕刻的原料时，要注意以下 3 条原则。

①要根据雕刻作品的主题来进行选择，切不可无的放矢。

②要根据季节来选择原料，因蔬菜原料的季节性很强。

③选择的原料尤其是坚实部分必须是无瑕疵，纤维整齐、细密、份量重、颜色纯正。因为食品雕刻的作品，只有表面光洁，具有质感，才能使人们感受它的美。

二、食品雕刻原料、成品及半成品的保管

食品雕刻的原料和成品，由于受到自身质地和水分的限制，保管不当极易变质，既浪费原料又浪费时间。为了尽量延长其贮存和使用时间，现介绍几种贮藏方法。

1. 原料的保存

瓜果类原料多产于气候炎热的夏、秋两季。因此，宜将原料存放在空气湿润的阴凉处，这样可减少水分蒸发。萝卜等产于秋季，用于冬天，宜存放在地窖中，上面覆盖一层 0. 3 米多厚的砂土，以保持其水分，防止冰冻，可存放至春天。

2. 半成品的保存

雕刻的半成品的保存方法是把它用湿布或塑料布包好，以防止水分蒸发，变色。尤其注意的是雕刻的半成品千万不要放入水中，因为此时放入水中浸泡，使其吸收过量水分而变脆，不宜下次雕刻。

3. 成品的保存

成品的方法有两种：一种是将雕刻好的作品放入清凉的水中浸泡，如发现水质变浑或有

气泡需及时换水；另一种方法是低温保存方法，即将雕刻好的作品放入水中，移入冰箱或温库，以不结冰为好，使之长时间不褪色，质地不变，延长使用时间。

三、食品雕刻原料的具体介绍

1. 食雕根、茎类生原料

①白萝卜：圆形和长形，又称象牙白萝卜；适用于雕刻人物、花朵和猛兽，一般价格便宜，是常用的食品雕刻原料。

②红萝卜：又称红皮萝卜，肉质紧密，水分少易糠心；可用来雕刻鸟兽、昆虫、牡丹花及容器等。

③心里美萝卜：呈长圆形，外皮翠绿色，肉质呈粉红色、玫瑰红或紫红色，色彩艳丽，和花卉的颜色相似，所以雕刻出的花卉形象逼真。

④青萝卜：长圆形，表面绿色与表皮相似，给人一种清新、高雅、愉快的感觉，常用来雕刻绿色的菊花。

⑤胡萝卜：又名红棍、丁香萝卜、红萝卜，淡黄色、红色。是用来雕刻菊花、月季花、梅花、金鱼绣球等。

⑥红薯：又称白薯、山芋，呈粉红色或浅红色，质地脆、致密，用来雕刻动物和人物。

⑦莴苣：又名莴笋，茎皮浅绿色或浅绿白色，肉质脆嫩，细润如玉；可用来雕刻翠鸟、菊花、绣球、青蛙、蝈蝈等。

⑧水萝卜：又称红水萝卜，肉质洁白，个体小，常用来雕刻各种小型花朵，如梅花、三角花等。

2. 食雕瓜果类原料

①黄瓜，又名青瓜，肉质绿色或青白色，形有棒形、圆柱形，用于雕船、青蛙、蜻蜓等，也可拼平面图案。

②南瓜：又称金瓜，有扁形和长形，长形有牛腿瓜之称，嫩时绿色，可用来雕刻大型食雕和各种花卉，雕刻的原料线条清晰，表现作品的效果好。

③西瓜：呈圆形、长圆形，西瓜品种很多，可用来刻制西瓜盅、西瓜灯，有很大的欣赏价值。

④西红柿：又名番茄、洋柿子，有红色、粉红色和黄色，其果较嫩、多汁，无法刻制比较复杂的形象，只能利用外层雕制简单的花卉和拼摆图案等。

⑤茄子：又名西各苏、矮瓜，有棒形、球形，颜色紫色、绿色、白色等，可雕刻花卉和装点色。

⑥樱桃：小圆果，皮肉均呈鲜红色，也可刻制小花拼摆，常作装点材料。

3. 食雕熟制品原料

①鸡蛋糕：有黄色、白色，要选择一定面积和厚质，质地均匀细腻，着色一致的原料，用于刻龙头、凤头、亭客等和简单的花卉。

②肉糕：午餐肉、鱼泥肉糕等，这类原料雕刻粗线条轮廓，如宝塔桥等。

③豆腐：含蛋白质，营养价值高，应放在水中雕刻。

④琼脂：将琼脂加水浸泡透后，放入锅内加少量水，熬至溶化，倒入容器中，凉透即可用于雕刻，可用于雕刻大型人物、动物等。

⑤奶油、巧克力：这些原料经改刀或模具挤压，常用来点缀、映衬等。

四、食品雕刻工具的种类及应用

“工欲善其事，必先利其器”，要学好或做好食品雕刻，应先准备好一些必需的雕刻工具，主要是各种刀具，用于食品雕刻的刀具，以锋利方便为原则，常用刀具大致分为刻刀类、戳刀类、模型刀具三大类。

1. 刻刀类

刻刀主要有直头平面刻刀、斜口刀、弯头刻刀，又称手刀。

①直头平面刀：长形斜口尖刀，多用于多种花卉、鸟兽、人物造型等；一般都以自己制作为主。

②弯头刻刀：短形斜口尖刀，刃面与刀把成钝角，约 150°。

③斜口刀：长 15 厘米，刀口与刀背夹角 45°左右，两端刀刃宽度不一，主要用于浮雕、瓜盅和瓜灯。

2. 戳刀类

①U 形刀：又称圆口戳刀，其刀刃的刃口横断面是弧形，体长 15 厘米，两端设刃，每一号 U 型刀两端刃口大小各有差异，宽的一端比窄的一端略宽 2 毫米，U 型刀多用于花卉，如菊花、整雕的假山，雕刻制品的弧形、动物的翅膀等。其一般有五个型号，从大到小。

②V 形刀：又称尖口戳刀，刀体长 15 厘米，中部略宽，刀身两端有刃，刀口规格不一，两头都可用来刻一些较细而且棱角较明显的槽、线、角。

③方口戳刀：方口戳刀为刃口、横断面两边呈一定夹角的角形口戳刀，夹角 90°，两端设刃。

④单槽弧线刀：单槽弧线刀一头为刀刃口，一头有柄，刀口向上弯曲，刀身长 15 厘米，弧度一般为 150°，槽深 0.3 厘米，宽为 0.5 厘米，多用于雕刻鸟的羽毛。

⑤钩形戳刀：也称钩线刀，刀身两头有钩线刀刃，是雕刻瓜灯、瓜盅纹线的工具。

3. 模具刀

（1）动植物模型刀

动物模型刀种类多，形态各异，是挤压某些动植物平面图案的专用刀，用不锈钢片制成的象形刀具。

（2）文字型刀模具

这种刀具用不锈钢片制成，有汉字、英文字母等字样的一类模型刀具，多用于宴会使用，多用于吉祥的文字，如福、禄、寿、禧、生日快乐。食品雕刻新手最好的练习用具是平口直刀、U 形刀、戳刀。

五、食品雕刻的原则

食品雕刻工艺性强，制作时要根据不同需要，精心构思和制作，是祖国宝贵的文化遗产，而食品雕刻技艺是烹饪技术与造型艺术的完美结合，为驰名中外的中国菜肴锦上添花。

1. 主题突出，画龙点睛

食品雕刻无论是小型还是大型，都要做到主题鲜明，在菜肴的装饰中，应以菜肴为主，以食品雕刻点缀，衬托为辅，以突出主题为目的，才能达到锦上添花的作用。

2. 刀法细腻，具有美感

食品雕刻从工艺来看，主要包括选料和刀功成型以及组装造型，但主要还是刀功成型。作品的成功与否关键在于刀功处理，一件好的作品需要好的主题以外，更需要娴熟的刀功、细腻的刀法，这是食品雕刻的核心技术。

3. 食用为主，欣赏为辅

以食用为主的作品，必须选择可食性的原料，食用放到首位。

4. 欣赏为主，食用不辅

以欣赏为主，食用为辅的食雕成品，在冷菜和热菜的造型中使用非常广泛。如冷菜锦上添花、凤戏牡丹中的花卉，就不能食用。热菜中一般点缀衬托为主，同时也用于造型，如龙舟、瓜盅等。

5. 清洁卫生，食用安全

食品雕刻成品必须讲究卫生，特别是观赏与食用相结合的食品雕刻作品，不允许用一些不能食用的原料替，应以可食用的果蔬作陪衬。在操作时应做到生熟分开避免交叉污染。

六、食品雕刻的程序、方法

在餐饮行业食品雕刻技术比较复杂，必须有计划、分步骤进行，才能达到目的。

①命题：又称造题，即雕刻的内容题材。根据使用的场合来确定雕品的题目。

②定型：根据题意来确定类型，雕品的大小、高低、表现形态等。

③选料：要根据题目和雕品的类型选择原料，要考虑原料的质地、色泽、形态、大小等，是否有利于完成题目和雕品的要求。

④布局：要根据主题内容和雕品的形象对雕品整体设计，在原料上安排好主体部分，再安排好衬托部分。

⑤雕刻：食品雕刻的艺术价值完全是通过雕刻技艺来体现的，先雕刻出作品的大体轮廓，然后下刀，先整体后局部，先粗后细，要做到下刀要稳准，行刀要利落，刀过无痕。

⑥点缀：作品完成后还需将作品局部饰以辅料进行点缀、修饰，使之更趋完美。

食雕的方法的概念是在雕刻某些作品的过程中采用的各种施刀方法，它具有一定的特殊性，具体使用时，要根据原料的质地和性能，雕品的需要，灵活运用。

①切：切是一种辅助手法，在雕刻前用切的方法将原料多余的部分先切除掉。

②削：削是一种辅助的手法，先削出雕品的轮廓。

③旋：旋是运刀线路为弧线，旋出的面也就是带圆弧的面方法如同削苹果皮，一般在雕刻含苞待放的或半开的月季花、玫瑰花、牡丹花、山茶花时会运用到这种方法。

④刻：刻是用刻刀来操作，落刀成型，刀法直接，同时必须和其他刀法混合使用，才能使作品更逼真。

⑤戳：用戳刀在原料上戳出细线条或三角条和半圆花瓣，以及动物身上的羽毛，人物的服饰走向等。

⑥挤压：挤压是一种比较简单的刀法，主要适用于模型刀具操作，用模具将原料刻成实体模型或挤压成型。

⑦粘：粘也是现代食品雕刻最常用的手法之一。粘就是用502胶水将加工成型的原料粘接在一起，在使用502胶水的时候必须注意胶水与菜肴的分离。

七、食品雕刻的保管

食品雕刻成品大多由含水较多的原料刻成，如果保管不当，很容易变色，以致损坏。雕品又是一件艺术性很强、操作复杂的作品，必须妥善保管，尽量延长雕品的使用时间。

①水泡法：将脆性的雕刻成品放入1%的白矾水中浸泡，这样能较长时间保持成品的新鲜程度，如不加白矾可加适量的冰块。

②加膜保鲜法：将雕刻成品放入盘内，用保鲜膜包裹好放入冰箱，保持1℃冷藏，可保持3天左右。

③明胶保鲜法：在雕刻成品表面喷涂上一层明胶液，冷凝后可使雕品与空气隔绝，起到长时间保存的目的。

④维生素C保鲜法：在存放雕刻成品的冷水中加入几片维生素C，可使成品较长时间保存。

⑤我们要全面考虑和理解雕刻和美术的关系。

第十一章　菜肴的装盘与美化工艺

第一节　菜肴的造型与盛装技术

一、菜肴的造型

菜肴的造型是刀功、火候和风味调配的综合体现，是评判菜肴质量的一项指标。利用原料的自然形态。可以表现出菜肴的原料美、技术美、形态美和意趣美。其贯穿于原料的初加工、切配、半成品制作、烹调、拼摆装盘等全过程，决定菜肴造型的因素（表 11 －1）。

表 11 －1　菜肴的造型

整形原料	刀功处理后的形状	生坯加工成型
通过加热定型	通过拼摆造型	通过盛装造型

二、菜肴的盛装

菜品盛装，行业上习惯称为装盘，就是将可食菜品整齐、有序、美观、洁净地装入盛器中的操作过程。

1. 基本要求

菜肴出品要丰润整齐，突出主料、色与形和谐美观，盛装动作敏捷、协调，分装菜品要均匀，注意食品及操作卫生。

2. 菜品与盛器的配合原则

菜品与盛器类别相适合、菜品分量与盛器规格相适宜、菜品色泽与盛器色彩相协调、菜品档次与盛器质量要相称。

3. 方法

菜品盛装有两类，一是热菜的盛装，二是凉菜的盛装。不论哪一类，实际中应根据菜肴的形态、特点、芡汁的浓度、汤汁的多少及烹调方法的不同，灵活运用具体盛装方法。热菜的盛装有以下 5 种。

（1）炸制、煮制类菜肴的盛装

此类菜肴是以油或水为传热介质使原料成熟的，菜品特点是无汁无芡。具体盛装方法是：用漏勺捞起原料，沥净油或水，然后用排勺或筷子等工具将菜肴拨入盛器内，去掉渣状物，再适当调整，使菜肴排放整齐或堆放饱满，形状大的先改刀再盛装，如干炸里脊、干炸丸子、雪丽凤尾虾、炸板肉、锅烧鸭、萝卜鱼。步骤：捞出原料→沥净油或水→装入盘内→调整美化。

（2）炒、爆类菜肴的盛装

炒、爆类菜肴的特点是组成菜肴原料的形状较小，汤汁较少或芡汁薄而紧。常采用的盛装方法主要有以下两种。

①拉入法：盛装前先颠翻勺尽量将形状完整和主要原料集中在上面，然后将铁锅倾斜，用排勺左右交叉，将菜肴拉入盘内。

②覆盖法：盛装前先颠翻勺，使菜肴原料集中，将形状整齐及主要原料颠入排勺，然后先将剩余部分装入盘内，再将排勺中的部分覆盖在上。覆盖时用力要轻，使菜肴圆润饱满，形态美观。

（3）熘、烧、焖类菜肴的盛装

菜品的熘、烧、焖类菜肴成品都带有一定数量的汤、芡，盛装方法主要有以下两种。

①拖入法：主要适用于整体原料烹制或质嫩易破碎的菜肴，如熘鱼片、浮油鸡片、红烧鱼、酱焖鱼等。盛装前先转动原料，然后倾斜铁锅，将原料慢慢拖入盘内，也可采用排勺或其他工具配合。

②盛入法：主要适用于原料烹调后不易散碎的菜肴。具体方法是用排勺将菜肴分次盛入盛器内，操作时，形状整齐的要盛在面上，多种原料组成的菜肴要盛得均匀，动作要轻，不要损伤菜肴的形态，汤汁不要淋落在盘边。

（4）蒸、扒类菜肴的盛装

菜品的蒸、扒类菜肴的特点一般都是形态较整齐美观的，盛装方法主要有以下两种。

①扣入法：主要适用于原料改刀成型后，定碗蒸制使之成熟的一类菜肴。具体方法是将改刀成型的原料，好面朝下，整齐地码入碗内，不整齐的或碎料装在上面，加调味汁，蒸制成熟后，沥去汤汁，扣入盘内，然后调制原汁浇在上面即可。扣入法装盘的菜肴圆润、整齐、美观。

②拖入法：勺内整扒类菜肴一般都采用拖入法盛装，扒类菜肴讲究造型，装盘技巧性强，难度也较大。具体方法是先将铁锅转动，使原料整体运动，大翻勺将好面朝上，并保持原形整齐不变，拖滑入盘内，如扒芦笋鲍鱼、扒肥肠菜心等。同时，此方法还适用于塌、煎、贴等类菜肴的盛装。

（5）烩类菜肴和汤菜的盛装

①盛入法：用排勺直接盛入盛器内。

②倒入法：将菜肴直接倒入盛器内。

三、菜肴盛装的注意事项

菜品注意事项非常重要，它直接反映出整体工艺流程的技术环节的表达，共分为以下六点：菜肴盛装的数量控制，菜肴盛装的卫生控制，菜肴盛装的餐具选择，菜肴盛装的温度控制，菜肴盛装的造型控制，菜肴盛装的色泽控制。

第二节　菜肴的装饰美化技术

所谓菜肴的美化就是利用菜肴以外的物料，通过一定的加工附着于菜肴旁或其表面上，对菜肴色泽、形态等方面进行装饰的一种技法。美食的辅助手段，形式多样，通常叫“围边”，也叫“菜肴美化艺术”。

一、菜肴的美化形式“百菜百格”

主体装饰以主料为主体的美化有以下 7 种方法。

①覆盖法：如什锦火锅。

②扩散法：如芙蓉鸡片、干烧鲤鱼等。

③牵花法：如百花豆腐、一品豆腐等。

④图案法：食用性原料形成图案，如葵花四宝、葵花豆腐等。

⑤镶嵌法：用形象造型，如莲花金鱼、麒麟鲑鱼、金毛狮子鱼、二龙戏珠等。

⑥间隔法：用于排列有序的菜肴，如狮子头、清蒸武昌鱼等。

⑦衬垫法：底下垫一层绿色料的一种方法。

辅助装饰利用菜肴主辅料以外的原料，采用拼、摆、塑等造型手段，在菜肴旁对其进行点缀或围边的一类装饰方法。

①点缀法：盘饰简洁、明快、简单易做。还包括对称点缀、不对称点缀、局部点缀等方法。

②围边法：以几何形围边，设计成不同的几何图形，如圆、方等。具象形围边是以大自然的物象为题材来塑造菜肴的造型。例如，动物类有孔雀、蝴蝶等；植物类有输液、寿桃等；器物类有花篮、宫灯、扇子等。

二、菜肴的美化方法

1. 实用型美化

实用型美化就是以能食用的小件熟料、菜肴、点心、水果作为装饰物美化菜肴的方法。所使用的原料都是可以食用的。

①原料：香菇、西兰花、玉米笋、鹌鹑蛋、火腿、生鲜的香菜、黄瓜、西红柿、水果等。

②相关代表菜肴：菊花鱼、兰花鱼翅、松鼠鱼、北京烤鸭等。

2. 欣赏性美化

欣赏性美化是采用雕刻制品、琼脂、生鲜蔬菜、面塑作为装饰物美化菜肴的方法。这些装饰物以美化欣赏为主，能食用（或者说符合卫生条件），但都不食用。雕刻制品美化方法有以下 9 种。

①蔬菜、水果、花卉美化：利用蔬菜加工成不同的形态，如用片串花、卷花等。

②蔬菜点缀品美化：利用蔬菜自然的形状及模具加工成各种形态，如叶等。

③拼摆造型美化：几何形、象形造型。

④琼脂美化：如金鱼戏莲。

⑤面塑美化：目前很少用。

⑥非食用原料装饰美化，如“纸花”用于鸡腿等直接抓吃。

⑦糖艺、巧克力工艺美化：象形菜肴和意境菜，采用中西合并的形式表达。

⑧分子技术美化：近年比较流行。

⑨冰雕美化：传统冰雕缩小版，用于餐桌对不同的菜肴表达。

三、菜肴美化要遵循的四个原则

一是卫生安全原则、二是食用为主原则、三是经济快速原则、四是协调一致原则。

①装饰物与菜肴的色泽、内容、盛器必须协调一致，使其形成统一的艺术体。

②宴席菜肴的美化还要结合演习的主题、规格、与宴者的喜好与忌讳等因素，做好相互协调。

③要综合各方面的因素，做到因时因菜而定。

第三节　中国菜肴的命名规律与原则

一、菜肴名称的重要性

①菜名具有一定的推销功能，菜肴名称是人们认识菜肴的主要根据，如原料组成、烹制方法、口味类型等，是反映菜肴的自身，是菜品生动的广告词。

②菜名具有潜在的商业价值，他给人留下的“第一印象”是消费者决定购买意向的一个重要因素。如北京全聚德的“北京烤鸭”、天津的“狗不理包子”等。

③菜名如同商品的商标名称，还具有产权价值。

二、中国菜肴命名规律的探讨

菜肴命名，就是根据一定的情况给菜肴起名，一定程度上反映菜肴的某些特征，使人们能根据菜名初步了解菜肴。

菜肴名称是由大量的表意词汇组成，大部分词汇表达的意思是人们熟知的，也有仅为专业厨师能理解的专业术语，还有地方言的差异。归纳见表 11－2、表 11－3。

表 11－2　菜肴命名分类

属性	类别	具体分类	菜肴命名规律特点
实指	一、菜肴原料词汇	主料、配料、调料	有14类词汇组成；以“主料”使用率最高；有两个词汇组成四字的菜名最多，90%；采用夸张、比喻、象形等词汇，表达菜肴的气氛
	二、菜肴属性词汇	色泽、香味、味型、造型、盛器（炊具）、质感	
	三、菜肴制作词汇	加工方法、烹调方法	
虚指	四、菜肴纪念词汇	人名、地名	
	五、菜肴美称词汇	典故、成语、诗词、谐音等	

表 11－3　菜肴常用的美称词汇表

种类		常用词汇
美化菜肴色泽		翡翠（绿色）、白羽（玉白色）、珊瑚（红色）、水晶（无色透明）芙蓉、雪花（白色）、五彩（五种色泽）、金银（黄白两色）
美化菜肴形状	动物类	凤尾、虎色、金鱼、蛤蟆、螺丝、蝴蝶、松鼠等
	植物类	石榴、樱桃、菊花、百合、萝卜、枇杷、杨梅、莲藕等
	器物类	荷包、绣球、琵琶、花鼓、响铃、镜箱、马安、珍珠、如意、雀巢等
糕点造型		麻花、交切、寸金等
美化菜肴原料		一品、三品、三鲜、四生、四喜、四宝、五柳、八宝、八珍、什锦等

三、中国菜肴命名方法的分类

1. 写实命名法

菜肴的名称也就是给创新的菜品命名，由实指词汇组合构成菜名的方法。

①以主料配料为主：肉片海参、青菜炒肉、鸡蛋西红柿等。

②以主料和盛器为主：砂锅豆腐、铁板牛柳、锅仔银鳕鱼等。

③以主料和特色为主：香酥鸡：风味肘子、大千干烧鱼等。

④以主料和制法为主：清蒸鱼、滑溜里脊等。

⑤以主料和调味品或味型为主：糖醋排骨等。

⑥以主料和油脂为主：鸡油菜花和网油大虾等。

⑦以主料和创始人为主：东坡肉、夫妻肺片等。

⑧以主料和药材为主：人参鸡、当归炖乌鸡等。

⑨以主料和发源地为主：武昌鱼、东安鸡、西湖醋鱼等。

⑩以主料和辅料及制法为主：仔鸡烧板栗、小鸡炖蘑菇等。

⑪以主料和烹调方法及特色为主：油爆双脆、炸烹仔蟹等。

2. 艺术命名法

艺术命名法是针对顾客的猎奇心理，抛开菜肴的具体内容而另立新意的一种命名方法。人们对这类命名的态度可归纳两类：一是肯定的态度，认为这类菜名虽不能直接反映菜肴的特征，但高雅的名称，含义隽永深远，增加了菜肴的艺术感染力，可以引起人们的兴趣，启发联想，增进食欲，令人永远不忘，发挥出菜肴的色、形、味所发挥不出的作用；二是批评的态度，认为这些菜名太花哨，牵强附会，使人看了不知是什么。如金玉满堂、荣华富贵。具体命名方法如下：

①强调造型艺术：龙虎斗、二龙戏珠、狮子头、群龙戏珠。

②渲染奇特制作方法：熟吃活鱼、油炸冰淇淋、拔丝冰棍。

③表达良好祝愿：全家福、母子会、鲤鱼跳龙门、富贵荣华。

④反映人民意志：西施舌、贵妃鸡、进贤菜、一品南乳肉、带子上朝。

⑤寄托爱憎感受：叫花鸡、霸王别姬。

⑥抒发怀古情思：迎客青松、敦煌蟹斗。

⑦依据史实或神话传说，赋予特殊含义：鸿门宴、哪吒童鸡、桃园三结义、子龙脱袍。

⑧借助隽永的诗文命名、点缀诗情画意：掌上明珠、佛跳墙、百鸟归巢。

3. 虚实命名法

虚实命名法是就菜肴某一方面特征进行美化的命名方法，其名称由实指词汇和虚指词汇组合构成，其特点是实中有虚，看菜名既知其原料，还有几分雅趣，因而受到厨师和美食家的推崇，如松鼠鱼、翡翠蹄筋等。

四、中国菜肴命名存在的问题

1. 一菜多名或多菜一名问题

（1）不同的地区、民族、社会行业中，原料的名称极为混乱，表现为俗名太多。如山东将带鱼叫刀鱼，江苏将刀鲚称刀鱼等。

（2）方言、土语的影响。方言、土语和风味习惯，使饮食文化具有强烈的地域特征，从菜肴名称上可见一斑，如炒鸡蛋，北方称“炒木樨”，煎鸡蛋在山东称“摊黄菜”；馄饨四川称“抄手”，广东称“云吞”，江西称“清汤”，新疆称“曲曲”，江苏淮阴称“淮饺”。

2. 胡乱命名问题

滥起“艺术”菜名的现象严重。如猪耳朵与猪舌头做凉菜称为“悄悄话”；花菜炒猪心称为“花心”；经营者挖空心思地研制菜名，如“情人的眼泪”是芥末拌肚丝，“红灯区”是辣子鸡丁，“蚂蚁上树”“一行白鹭上青天”“孤男寡女”等。这些庸俗的菜名多引起消费者的反感。

五、中国菜肴命名的注意五点事项

一是谨慎起艺术的菜品名称。二是供顾客选择菜名的菜单中不宜选用艺术菜名。三是宴席菜单中的艺术名称应结合正名。四是仿荤素菜命名要注意忌讳。五是艺术菜名英译要准确。

第十二章　菜品质量管控技术

在餐饮行业厨房禁用坚硬的铁丝、竹扦来固定菜肴等。注意注水肉、瘦肉精、甲醛、吊白块、毒大米、亚硝酸盐等。注意不合理的烹调技法，如烟熏、过度的高温油炸等。

第一节　掌握火候是菜肴质量好坏的关键

一、油传热的最佳成熟标准

在本书前面已经讲过菜品传热的方式和类型，如温油锅 90～130℃、热油锅 150～200℃，菜品的最佳的成熟度和加热时间，与油料比例、料块的大小、原料的导热性能等有密切关系（表 12－1）。

表 12－1　油为传热介质时部分菜品的火候控制

菜名	初炸温度/℃	复炸温度/℃	时间/min	油料比	挂糊品种
炸春卷	140～160	—	4	1:15	—
炸猪排	170	180	合计 25	1:8	拍面包粉
椒盐鱼片	170	190	合计 6	1:10	挂全蛋糊
脆皮鱼条	175	—	2	1:18	挂脆皮糊
醋熘鳜鱼	175	200	合计 1	1:3	挂水粉糊
香炸鸡腿	165	200	合计 10	1:6	挂薄糊
炸菜松	150～160	—	1	1:5	—
炸土豆条	160	175	合计 4	1:8	—
炸豆腐泡	180	—	6	1:5	—

注　表中所列时间是指单个料块的成熟时间。

二、水传热的最佳成熟标准

水加热 30～100℃，高压锅可达 100℃以上（表 12－2）。

表 12－2　水为传热介质时部分菜品的火候控制

菜名	温度/℃	时间	料水比	质量/g	备注
水氽鱼片	90～100	2min	1:5	200	先上浆，原料厚度 0.5 cm
水氽鱼片	95	80s	1:6	150	先上浆，原料厚度 0.2 cm

续表

菜名	温度/℃	时间	料水比	质量/g	备注
白斩鸡	90～95	25min	1:4	1500	整只鸡加热到100℃出锅
氽鱼圆	30～90	[illegible]min	1:5	100	直径3 cm，从30℃升至90℃
氽肉圆	70～100	9min	1:5	350	直径3 cm，入锅30℃，出锅100℃
水爆羊肚	100	20s	1:7	500	原料丝状，爆2次，每次10s
汤爆双脆	100	12s	1:6	共重300	原料剞刀，在汤中时间不计
清炖狮子头	95	2h	1:2	750（10只）	如果先加热至100℃，3min
卤牛肉	100	100min	1:3	1500	料块2.5 cm×3 cm，卤中有调料
红烧肉	95～100	90min	1:1	1000	肉块为2.5 cm×3 cm方块
鲫鱼汤	100	30min	1:2.5	450	成汤后汤料比为1:1.5

三、热空气辐射传热的最佳成熟标准

热空气辐射传热的最佳成熟标准见表12－3。

表12－3　明炉烤菜肴的火候控制

方式	菜名	部位	料形	火力	时间/min
加网烧烤	猪肉烧烤	后腿肉	薄片	强火	2～3
	鸡翅烧烤	鸡翅	整只（剞刀）	中火	15
	牛肉烧烤	腿肉	薄片	强火	1
	鱼肉烧烤	整条	整形	中火	12
火熘烧烤	烤乳猪	整小猪	整只	180℃	40
	烤鸡肉串	鸡排	薄片	中火	3
	烤羊肉串	净羊腿肉	薄片	中火	44
铁板烧烤	猪肉烧烤	腿肉	厚片	中火	4
	鱼片烧烤	中段净肉	厚0.5 cm	强火	1
	鱼片烧烤	中段净肉	厚2 cm	强火—弱火	6
	牛排	仔牛腿肉	厚3 cm	强火—弱火	8～10

注　烹饪方式分为明炉和暗炉。

第二节　菜肴的组配工艺

菜肴的组配就是组合、搭配。所谓组配工艺，有两层含义：一是烹饪原料之间的搭配，即将经过选择、加工的各种烹饪原料，按照一定的规格、质量、标准，通过一定的方法，组配成可供直接烹调的完整菜肴的工艺过程，饮食业称为“配菜”。二是菜肴之间的组合，即将烹调后的菜肴精心组织和搭配，成为一定规格质量的整套菜肴的工艺过程。

菜肴组配工艺是基础，套菜组配工艺是提高，确保菜肴出品整体质量。菜肴组配是相对独立的加工工序，是菜肴烹制成熟前必不可少的一个重要过程，对定性、定量的规范生产，提供规范的生产标准提高产品的稳定性，对菜肴的风味特点、感官性状、营养质量等都有一定作用，对平衡膳食有重要意义。

组配工艺任务往往都是由知识、经验、阅历丰富的人来担任，组配工作不仅仅是简单的配菜配料行为，而是集菜肴设计、组配实施、质量监督、创造新品种菜肴为一体，大大地扩大了组配工艺的范围和组配的职能。

一、单一菜肴原料的构成及组配形式

单一菜肴原料组配工艺，简称“配菜”，是指把加工成型的各种原料加以适当的配合，使其可烹制出一份完整的菜肴的工艺过程。一份完整的菜肴由三个部分组成：主料、辅料、调料。

①主料：在菜肴中作为主要成分，占主导地位，是突出作用的原料。通常占60%的比重。是反应菜肴的主要营养与主体风味指标。

②辅料：为从属原料，指配合、辅佐、衬托和点缀主料的原料。占30%～40%，作用是补充或增强主料的风味特性。

③调料：调和食物风味的一类原料。

菜肴组配往往依据主料、配料的多少，分为三类：

一是单一原料菜肴的组配：菜肴中没有配料，只有一种主料，对原料质量要求较高，如“清炒虾仁”“清蒸鱼”。

二是多种主料菜肴的组配：主料品种在两种或两种以上，数量大致相等，无主、辅之分，配菜时原料应分别放置，便于操作，如“三色鱼丸”“植物四宝”。

三是主、辅料菜肴的组配：菜肴有主料和辅料，并按一定的比例构成。其中主料为动物性原料，辅料为植物性原料的组配形式较多，也有辅料是动物性原料的，如“肉末豆腐”，也有多种组合的辅料，如“五彩虾仁”。主辅料的比例一般为9:1或8:2或6:4等形式，辅料的比例宜少不宜多，不能喧宾夺主。

二、单一菜肴组配工艺的作用

1. 确定菜肴所用的原料，进而确定菜肴的成本和售价

菜肴的用料一经确定，就具有一定的稳定性，不可随意增减、调换，可保证质量和企业信誉。

2. 奠定菜肴的质量基础

组配工艺规定和制约着菜肴原料结构组合的优劣、精细、营养成分、技术指数、用料比例、数量多少，以保证菜肴的质量。

3. 奠定菜肴的风味基础

风味基础，即人们通常说的色、香、味、质等各种表现的综合。

①菜肴的风味不是随机性的。

②确定菜肴的口味和烹调方法。

③确定菜肴的色泽、造型。

4. 菜肴的色泽与三个方面有关

①主料和辅料本身固有的色泽，是菜肴的基本色泽。

②调味品所赋予的色泽，是菜肴的辅助色彩。

③加热过程中的变化色泽。

5. 组配工艺是菜肴品种多样化的基本手段

菜式创新的方式虽然很多，但在很大程度上是原料组配工艺的作用。原料组配形式和方法的变化，必然会导致菜肴的风味、形态等方面的改变，并使烹调方法与这种变化相适应。可以说，组配工艺是菜式创新的基本手段。

6. 确定菜肴的营养价值

菜肴的规格质量确定后，各种原料的营养成分也就固定下来。组配原料中的营养成分不可能完全相同，它们之间可互相补充，以满足人体对营养素的需求，提高菜肴原料的消化吸收率和营养价值。

三、菜肴色、香、味、形组配的一般规律

1. 原料色彩的组配规律

色彩是反映菜肴质量的一个重要方面。菜肴的风味特点或多或少地通过菜肴的色彩被客观地反映出来，从而对人的饮食心理产生极大的作用。

菜肴的色彩可分为冷色调和暖色调两类，通过色调来表示菜肴色彩的温度感。在色彩的7个标准色中，近于光谱红端区的红、橙、黄为暖色；接近紫端区的青、蓝、紫为冷色；绿色是中性色。所谓冷、暖是互为条件，互为依存的。如紫色在红色环境里为冷色，而在绿色环境里又成为暖色；黄色对于青、蓝为暖色，而对于红、橙又偏冷。

几种重要的色彩在菜肴中给人的感觉（烹饪色彩特征）如表12－4所示。

表12－4　烹饪色彩特征

色彩	感觉	菜例
白色	给人以洁净、柔嫩、清淡之感。当白色炒菜油芡交融、油光发亮时，则给人一种肥浓的感觉	清汤鱼圆、芙蓉银鱼、糟溜三白
红色	给人以热烈、激动、美好、肥嫩之感，同时味觉上表现出酸甜、香鲜的快感	红梅菜胆、北京烤鸭
黄色	给人温暖、高贵的感觉，尤以金黄、深黄最明显，使人联想到酥脆、香鲜的口感	吉士虾卷、咖喱鸡丝
绿色	蔬菜居多，清新、自然，给人脆嫩、清淡的感觉。若配以淡黄色，显得格外清爽、明目	鸡油菜心、金钩芹菜

续表

色彩	感觉	菜例
棕色	给人浓郁、芬芳、庄重的感觉，同时显得味感强烈和浓厚	红卤香菇、干烧鳊鱼
黑色	在菜肴中应用较少，给人以味浓、干香、耐人寻味的感觉	酥海带、蝴蝶海参
紫色	属于忧郁色，运用好可给人淡雅、脱俗之感	紫菜蛋汤、紫菜卷

菜肴色彩的组配有以下 4 种形式。

①单一色彩菜肴：组成菜肴的原料由单一的一种原料色彩构成的。

②同类色的组配：也叫“顺色配”。所配的主料、辅料必须是同类色的原料，它们位于同一色相，只是光度不同，可产生协调而有节奏的效果，如“韭黄炒肉丝”。

③对比色的组配：也叫“花色配”“异色配”，即把两种不同色彩的原料组配在一起。

④多色彩的组配：组成菜肴的色彩是由多种不同颜色的原料组配在一起，其中以一色为主，多色辅之，色彩艳丽，总体调和，如“五彩鱼丝”。

2. 菜肴香味的组配规律

香味是通过人们的嗅觉感官感知物质的感觉。研究菜肴的香味，主要考虑食物加热和调味后才表现出来的嗅觉风味。原料都具有独特的香味，组配菜肴时要熟悉各种原料的香味，又要知道其成熟后的香味，注意保存或突出它们的香味特点，并进行适当搭配，才能更好地掌握香味组配规律。菜肴香味组配要遵循的一般规律。

①主料香味较好，应突出主料的香味：主料的香味为主，辅料、调料衬托，如“滑炒鸡丝”。

②主料香味不足，应突出辅料的香味。

③主料有腥膻异味，可用调味品掩盖。

④香味相似的原料不宜相互搭配：原料的香味比较相似，配在一起反而使主料的香味更差，如鸭与鹅、牛肉与羊肉、南瓜与白瓜、白菜与卷心菜等。

3. 菜肴口味的组配规律

口味是通过口腔感觉器官舌头上的味蕾鉴别的，是评价中国菜肴的主要标准，是菜肴的灵魂所在，一菜一格，百菜百味。菜肴口味组配的规律有以下 3 点。

①突出主料的本味：就是以清淡咸鲜为主，所用调味品较少，用盐量也少，汤菜一般含盐量在 0.8%，爆、炒等菜肴含盐在 2% 左右。

②突出调味品的味道：所用调味品较多，以复合味较多。

③适口与适时规律：根据各地风俗、风味特点、口味、时令季节等符合大多数人的味觉习性，才算是好口味。

4. 菜肴原料形状的组配规律

菜肴原料形状的组配是将各种加工好的原料按照一定的形状要求进行组配，组成一盘特定形状的菜肴。菜肴形状组配的规律有以下 3 点。

①根据加热时间来组配：菜肴的形状大小必须适应烹调方法。

②根据料形相似来组配：主、辅料的形状必须和谐统一、相近相似，根据烹调的需要确定主料的形状，从而确定辅料的形状。如丁配丁。

③辅料服从主料来组配：如荔枝腰花——辅料长方片或菱形片。

5. 菜肴原料质地的组配规律

配菜时应根据原料的性质进行合理的搭配，符合烹调和食用的要求。原料质地组配主要有两方面。

①同一质地的原料相配：即原料质地脆配脆、嫩配嫩、软配软，如“汤爆双脆”。

②不同质地的原料相配：即将不同质地的原料组配在一起，使菜肴的质地有脆有嫩，口感丰富，给人一种质地反差的口感享受，如“宫保鸡丁”“雪菜肉丝”。

6. 菜肴与器皿的组配规律

餐具种类繁多，从质地材料看有金（镀金）、银（镀银）、铜、不锈钢、瓷、陶、玻璃、木质等；从形状上看有圆、椭圆、方形、多边形等；从性质来看有盘、碟、碗、品锅、明炉、火锅等。美食需配美器，不同的菜肴要选择合适的餐具。

①依菜肴的档次决定餐具：较名贵的原料如燕窝、鱼翅等，一般要选用银质或镀银的餐具。

②依菜肴的类别定餐具：大菜或拼盘用大型器皿，无汤的用平盘，汤少的用汤盘，汤多的用汤碗。

为使菜肴在盘中显得饱满，又不显臃肿，通常以器皿定量，这既是最基本的，也是最常用的确定单个菜肴原料总量的定量方法，即用不同的容量、规格的盛器，可以预先核定出菜料总量标准。

第三节　整套菜肴的组配

套菜组配工艺是根据就餐的目的、对象，选择多种类型的单个菜肴进行适当搭配组合，使其具有一定质量规格的整套菜肴的设计、加工过程。套菜组配工艺是决定套菜形式、规格、内容、质量的重要手段。套菜通常由冷菜和热菜共同组成，根据其档次、规格的不同，可分为便餐套菜和宴席、宴会套菜两类。

一、团餐（宴席）菜点的构成

中式团餐行业发展趋势竞争激烈，使我们在专业上必须下足了功夫，特别是服务对象水平不断提高，给我们提出了更高的要求，所以在菜单的设计，菜品的结构一定要参照宴会的结构去进行学习，一些单位内部招待也非常重要，学好这篇是作为烹饪管理师必不可少的重要部分，宴席食品的结构，有“龙头、象肚、凤尾”之说。它既像古代军中的前锋、中军和后卫，又像现代交响乐中的序曲、高潮及结尾。冷菜通常以造型美丽、小巧玲珑为开场菜，起到先声夺人的作用；在团餐组配中是否是“硬菜”，也就是质量好的主菜；热菜用丰富多彩的佳肴，显示团餐或宴席最精彩的部分；饭点菜果则锦上添花，绚丽多姿。中式团餐或宴席菜点的结构必须把握三个突出原则和组配要求：即在团餐或宴席中突出热菜，在热菜中突出大菜，在大菜中突出头菜。

1. 冷菜

冷菜又称“冷盘”“冷荤”“凉菜”等，相对于热菜而言。其形式有单盘、双拼、三拼、什锦拼盘、花色拼盘带围碟，要结合热菜考虑整体结构设计。

①单拼：一般使用5～7寸盘，每盘只装一种冷菜，每桌宴席根据宴席规格设六、八、十单盘。其造型、口味较多，是宴席中最常用的冷菜形式。

②拼盘：每盘由两种原料组成的叫“双拼”；由三种原料组成的叫“三拼”；由十种原料组成的叫“什锦拼盘”。乡村举办的宴席多用拼盘形式。现今饭店举办的中、高档宴席以单碟为主。

③主盘加围碟：多见于中、高档宴席冷菜。主盘主要采用“花式冷拼”的方式，花式冷拼的设计要根据办宴的意图来设计。花式冷拼不能单上，必须配围碟上桌，没有围碟陪衬花式冷拼显得虚而无实，失去实用性，配围碟可以丰富宴会冷菜的味型和弥补主盘的不足。围碟的分量一般在100克左右。

④各客冷菜拼盘：是指为每个客人都制作一份拼盘，较好地适应了“分食制”的要求。

⑤团餐项目有的具备冷菜食品经营资质，有的不具备，300人以上的团餐企业不建议有冷菜进行搭配。

2. 热菜

热菜一般由热炒、大菜组成，它们属于食品的“躯干”，对其质量要求较高，将宴席逐步推向高潮。

（1）热炒

热炒一般排在冷菜后、大菜前，起承上启下的过渡作用。

菜肴特点：色艳味美、鲜热爽口。

选料：多用鱼、禽、畜、蛋、果蔬等质脆嫩原料。

烹调特点：旺火热油、兑汁调味、出品脆美爽口。

烹调方法：炸、熘、爆、炒等快速烹法，多数菜肴在30秒～2分钟内完成。

原料加工后的形状：多以小型原料为主。

在宴席中的上菜方式：可连续上席，也可在大菜中穿插上席，一般质优者先上，质次者后上，味淡者先上，味浓者后上。一般是4～6道，300克/道，8～9寸盘。

（2）大菜

大菜又称“主菜”，是宴席中的主要菜品，通常由头菜、热荤大菜（山珍、海味、肉、蛋、水果等）组成。成本约占总成本的50%～60%。

大菜组成：原料多为山珍海味和其他原料的精华部位，一般是用整件或大件拼装（10只鸡翅、12只鹌鹑），置于大型餐具之中，菜式丰满、大方、壮观。

烹调方法：主要用烧、扒、炖、焖、烤、烩等长时间加热的菜肴。

出品特点：香酥、爽脆、软烂，在质与量上都超出其他菜品。

在宴席中上菜的形式：一般讲究造型，名贵菜肴多采用“各客”的形式上席，随带点心、味碟，具有一定的气势，每盘用料在750克以上。

①头菜是整桌宴席中原料最好、质量最精、名气最大、价格最贵的菜肴。通常排在所有大菜最前面，统帅全席。配头菜应注意：头菜成本过高或过低，都会影响其他菜肴的配置，故审视宴席的规格常以头菜为标准。鉴于头菜的地位，故原料多选山珍或常用原料中的优良品种。头菜应与宴席性质、规格、风味协调，照顾主宾的口味嗜好。头菜出场应当醒目，结合本店的技术长处，器皿要大，装盘丰满，注重造型，服务员要重点介绍。

②热荤大菜是大菜中的主要支柱，宴席中常安排2～5道，多由鱼虾菜、禽畜菜、蛋奶菜及山珍海味组成。它们与甜食、汤品联为一体，共同烘托头菜，构成宴席的主干。配热荤大菜须注意：热荤大菜档次如何，都不可超过头菜。各热菜之间也要搭配合理，避免重复，选用较大的容器。每份用料在750～1250克。整形的热荤菜，由于是以大取胜，故用量一般不受限制，如烤鸭、烤鹅等。

团餐要结合用餐服务模式进行整体设计，根据环境结合餐标等指标设计。

3. 甜菜

甜菜包括甜汤、甜羹在内，凡指宴席中一切甜味的菜品，在团餐有一些菜品可以放到水果吧或者一些甜羹放到明档粥水那里。

①甜菜品种：品种较多，有干稀、冷热、荤素等，根据季节、成本等因素考虑。

②用料：用料广泛，多选用果蔬、菌耳、畜肉蛋奶。其中，高档的有冰糖燕窝；中档的有散烩八宝、拔丝香蕉；低档的有什锦果羹、蜜汁莲藕。

③烹调方法：拔丝、蜜汁、挂霜、糖水、蒸烩、煎炸、冰镇等。

④作用：改善营养、调剂口味、增加滋味、解酒醒目。

4. 素菜

素菜在宴席中不可缺少，品种较多，多用豆类、菌类、时令蔬菜等，在团餐当中根据热菜的数量和菜品结构进行搭配，因为是大批量的炒，尽量减少叶菜的使用。在宴会中通常配2～4道，上菜的顺序多偏后，素菜入席时应注意：一是应时当令，二是取其精华，三是精心烹制。烹调方法：视原料而异，可用炒、焖、烧、扒、烩等。作用：改善宴席食物的营养结构，调节人体酸碱平衡，去腻解酒，变化口味，增进食欲，促进消化。

5. 席点

宴席点心的特色是注重款式和档次，讲究造型和配器，玲珑精巧，观赏价值高。点心的安排：一般安排2～4道，随大菜、汤品一起编入菜单，品种多样，烹调方法多样。上点心顺序：一般穿插于大菜之间上席，配置席点要求：一要少而精，二须闻名品，三应请行家制作。

汤菜，汤菜的种类较多，传统宴席中有首汤、二汤、中汤、座汤和饭汤之分。

①首汤又称“开席汤”，此菜在冷盘之前上席，一般用海米、虾仁、鱼丁等鲜嫩原料用清汤氽制而成，略呈羹状。特点：口味清淡、鲜纯香美；作用：用于宴席前清口爽喉，开胃提神，刺激食欲；变化：首汤多在南方使用，如两广、海南、香港、澳门。现内地宾馆也在照办，不过多将此汤以羹的形式安排在冷菜之后，作为第一道菜上席。

②二汤源于清代，由于满人宴席的头菜多为烧烤，为了爽口润喉，头菜之后往往要配一道汤菜，在热菜中排列第二而得名。如果头菜是烩菜，二汤可省去，若二菜上烧烤，则二汤

就移到第三位。

③中汤又名“跟汤”。酒过三巡，菜吃一半，穿插在大荤热菜后的汤即为中汤。作用：消除前面的酒菜之腻，开启后面的佳肴之美。

④座汤又称“主汤”“尾汤”，既是大菜中最后上的一道菜，也是最好的一道汤。原料：座汤规格较高，可用整形的鸡鱼，加名贵的辅料，制成清汤或奶汤均可。为了区别口味，若二汤是清汤，座汤就用奶汤，反之则反。要求：用品锅盛装，冬季多用火锅代替。座汤的规格应当仅次于头菜，给热菜一个完美的收尾。

6. 饭汤

宴席即将结束时与饭菜配套的汤品，此汤规格较低，用普通的原料制作即可。现代宴席中饭汤已不多见，仅在部分地区受欢迎。

7. 主食

主食多由粮豆制作，能补充以糖类为主的营养素，协助冷菜和热菜，使宴席食品营养结构平衡。主食通常包括米饭和面食，一般宴席不用粥品。

8. 饭菜

饭菜又称“小菜”，专指饮酒后用以下饭的菜肴。作用：清口、解腻、醒酒、佐饭等功用。小菜在座汤后入席，不过有些丰盛的宴席，由于菜肴多，宾客很少用饭，也常常取消饭菜；有些简单的宴席因菜少，可配饭菜作为佐餐小食。小菜如果有冷菜经营要放在冷菜区域。

9. 辅佐食品

①手碟：在宴席开始之前接待宾客的配套小食，如水果、蜜饯、瓜子等。

②蛋糕：主要是突出办宴的宗旨，增添喜庆气氛。

③果品：用鲜果，如“一帆风顺”。

④茶品：一是注意档次；二是尊重宾客的风俗习惯，如华北多用花茶，东北多用甜茶，西北多用盖碗茶，长江流域多用青茶或绿茶，少数民族多用混合茶，接待东亚、西亚和中非外宾宜用绿茶，东欧、西欧、中东和东南亚宜用红茶，日本宜用乌龙茶，并以茶道之礼。

二、团餐（或宴席）菜肴的组配方法

1. 合理分配菜点成本

控制菜肴成本是作为一名厨师的基础，成本的控制作为厨师进入厨房的那一天开始就是必须学习的过程，它反映了一个优秀合格厨师的综合能力，是在未来职业生涯发展当中一个重要基础。

2. 核心菜点的确立

一般核心菜点是每桌宴席的主角。一般来说，头菜、主盘、座汤、首点，是宴席食品的“四大支柱”；甜菜、素菜、酒、茶是宴席的基本构成，都应重视。

头菜是“主帅”，主盘是“门面”，甜菜和素菜具有缓解、调节营养及醒酒的特殊作用；座汤是最好的汤，首点是最好的点心；酒与茶能显示宴席的规格，应作为核心优先考虑。如何提高菜品质量和整体的结构设计，是促进服务质量提高的基础。

3. 辅佐菜品的配备

核心菜品一旦确立，辅佐菜品就要“兵随将走”，使宴席形成一个完美的美食体系。

辅佐菜品，在数量上要注意“度”，与核心菜保持1:2或1:3的比例；在质量上注意“相称”，档次可稍低于核心菜，但不能相差悬殊。此外，辅佐菜品还须注意弥补核心菜肴的不足。

4. 宴席菜目的编排顺序

一般宴席的编排顺序是先冷后热，先炒后烧，先咸后甜，先清淡后味浓。传统的宴席上菜顺序的头道热菜是最名贵的菜，主菜上后依次是炒菜、大菜、饭菜、甜菜、汤、点心、水果。现代中餐的编排略有不同，一般是冷盘、热炒、大菜、汤菜、炒饭、面点、水果，上汤表示菜齐。有的地方是上一道点心再上一道菜的做法。

总之，宴席的设计应根据宴席类型、特点、需要，因人、因事、因时而定。会花许多力气。在团餐发展过程当中，我们必须参考宴会菜单的结构。团餐行业竞争激烈，都是在控制成本的情况下进行菜单的设计，菜品的调配进行有效设计。

三、影响团餐（或宴席）菜点组配的因素

菜点组配是指组成一活动的菜点的整体组配和具体每道菜的组配，而不是将一些单个菜肴点心随意拼凑在一起。

现代活动项目菜点组合涉及整体的售价成本、规格类型、宾客嗜好、风味特色、服务活动目的、时令季节等因素。这些因素就要求设计者懂得多方面的知识。

1. 办宴者及赴宴者对菜点组配的影响

菜单菜肴组配的核心就是以顾客的需求为中心，尽最大努力满足顾客需求。准确把握客人的特征，了解客人的心理需求，是设计菜点组配工作的基础，也是首先考虑的因素。因此，菜点的组配要以活动主题和参加者具体情况而定，使整个活动气氛达到理想境界，使客人得到最佳的物质和精神享受。

①消费者饮食习惯的影响。

②消费者的心理需求影响：分析举办者和参加者的心理，从而满足他们明显的和潜在的心理需求。

③活动主题影响。

④活动价格的影响。

2. 菜点的特点和要求对组配的影响

不管菜单售价的高低，其菜点都讲究组合，配套成龙，数量充足体现时令，注重原料、造型、口味、质感的变化。菜单菜点达到这些特点和要求，是满足顾客需求的前提。

①菜单菜点数量的影响。

②根据菜点变化的影响。

菜单菜点的变化表现在以下几个方面：原料选择应多样，烹调方法应多样，色彩搭配应协调，品类衔接需配套。

③时令季节因素的影响。

④食品原料供应情况的影响。

3. 厨房生产因素对菜点组配的影响

组配好菜单菜点要通过厨房部门的员工利用厨房设备进行生产加工。因此，厨师的技术水平和厨房的设备条件直接影响宴席菜点的组配。

（1）厨师技术力量的影响

了解生产人员的技术状况，配出切合实际的菜点。在组配中要亮出名店、名师、名菜、名点和特色菜的旗帜，施展本地本店的技术专长，避开劣势，充分选用名特物料，运用独创技法，力求新颖别致。

（2）厨房设施设备的影响

厨房设施设备对菜点组配有很重要的影响。

4. 餐厅接待能力对菜点组配的影响

餐厅接待能力的影响主要包括两方面：服务人员和服务设施。

①厨房生产出菜品后，必须通过服务员的正规服务，才能满足宾客的需要，这就需要服务员具备相应的上菜、分菜技巧，否则就不要组配复杂的菜肴。

②组菜要考虑服务的种类和形式，是中式服务，还是西式服务；是高档服务，还是一般服务，明确上菜的程序。

③组配菜肴应考虑餐具器皿，是用金器，还是银器，要充分体现本店的特色。

④一般餐厅分为领导餐厅、员工餐厅、宴会厅。

⑤用餐模式分为自助餐、档口售卖、冷菜会、大卖场、单品售卖等模式。

四、菜单菜点营养组配的依据

中国营养学会于2022年通过了我国居民应遵循的科学膳食的基本准则——《中国居民膳食指南》，结合实际，对菜点营养组配的宏观指导是：

①食物多样，合理搭配。

②吃动平衡，健康体重。

③多吃蔬果、奶类、全谷、大豆。

④适量吃鱼、禽、蛋、瘦肉。

⑤少盐少油，控糖限酒。

⑥规律进餐、足量饮水。

⑦会烹会选，会看标签。

⑧公筷分餐，杜绝浪费。

五、计算机在宴席菜肴组配中的应用

目前，一些信息IT产业精英深挖餐饮行业管理体系和系统，成功地研制出“营养配餐管理体系”计算机软件，特别是在整体管控水平方面，大幅提高了后勤餐饮行业的水平和工作效率，软件非常适用于医院、机关食堂、饮服行业、部队、幼儿园和中小学营养餐。

以数据库为基础，系统可进行任意组合搭配，同时计算机显示出整个宴席菜单的营养成分，以及与营养标准值的比较、偏差值、人均营养平均值、热量来源、钙磷比例、热氮比例等营养数据。

第四节　优良的风味效果是菜肴质量的灵魂

一、特效的作用

在加工的过程中怎样控制菜肴的质量，是我们所研究的目的。现在已有人对不同烹调方法用盐量的多少做了研究，如不同烹调方法调味用盐比例（表 12－5）。

表 12－5　不同烹调方法调味用盐比例

菜肴类别	比较对象	用盐/%	备注
汤菜	汤汁	1.1～0.8	以汤汁计算盐量
烘烤菜	主料	2～1.5	—
煮菜	整盘菜	0.9	汤汁和干料合并计算
蒸菜	蛋液	1.2	加水量约为 1:1.5
炒蔬菜	主料	1.5～2.0	—

二、菜品的创新

1. 创新菜的原则

以器皿追时尚，以味道做基础，以原料创新意，以烹饪采百家，以思想求发展，以理念看未来，以学习为进步，以民主求发展，以包容求和谐，以团队共创造。

2. 厨师创新菜点制度

①厨房定期进行厨师制作创新研讨交流会。

②凡已在酒店工作 3 个月以上的厨房员工（实习生除外），均应积极参加研讨交流会。

③参加研制人员必须提供创新菜品资料，新菜品应在用料或口味及其他方面具有一定的新意，注重所服务对象的实际要求，并能适应餐饮潮流或工艺优质超前。

④所有创新菜品由行政总厨牵头评判，对突出的创作者给予适当的奖励。

⑤定期将优秀创新菜品以特别介绍方式进行推销或补充到新菜单中。

三、新菜式及菜单的制作流程

根据项目的需要或者服务群体的需要，定期性进行菜单百分比的调整（表 12－6）。

表 12－6　操作流程图

工作程序	操作内容与方法
取材	利用有关市场信息，掌握货源供应情况（包括数量、质量、价格、运输、供应周期等因素），进行美食制作和开发研究

续表

工作程序	操作内容与方法
试制	按一定的程序，掌握起货成率，以合理的搭配和多种烹调方法制成可销售产品，经有关人员试餐，提出改良意见后，进一步完善烹调方法
成本测算	采用标准的成本测算表格，清晰地填写新产品所采用的主料、配料、数量、分量、饰物、容器，连同食物的成品照片一起交于经营财务部进行成本核算
销售	成本测算完成后，餐饮项目部拟订新菜式的销售价、餐牌及相应的饮食推广、宣传计划
取舍	1. 餐饮项目部拟定的销售计划须报经营财务部备案，主管领导、项目经理逐级审批，获得正式批准后，餐饮项目通知有关部门新菜式销售的生效日期 2. 新菜式推销后视销售的排行榜决定菜式的保留与取消
菜牌制作	制作新菜牌必须考虑食品原料供应的季节性、采购来源、贮存方法、食品原料的搭配、烹饪难易程度和服务规格，分析新菜式原料成本、售价和毛利，预测该菜式销售趋势，以及新菜式的销售对原有菜式的影响，最后综合平衡新菜单的各款菜式，确保搭配合理 1. 大菜牌：体现餐厅菜系的特点和风味，菜品的高、中、低档比例须合理，品种要齐全（包括烧腊、凉菜、热菜、点心和甜品等）。大菜牌的菜式适用于一个相当长的时期，必须确保原材料供应来源 2. 特色菜牌：特色菜牌是未列入大菜牌的季节性菜式，每两个月或每季度更换一次，以品种多、新鲜感强和满足宾客饮食口味为目的 3. 风味菜牌：推广代表不同饮食文化特点的美食，以营造饮食气氛和满足宾客新奇享受为特色 4. 套菜菜单：多款高中低档食物并存，每套菜式包括头盘、热菜、主食及甜品等，方便宾客选择，适合婚宴、寿宴、商务或团体宾客

第五节　砧板基本操作标准

原料的出净率决定制衡采购的质量和标准，原料的出净率是指原料经加工后可直接用于做菜的净料和未经加工的原始原料之比；原料的出净率越高，即原料利用率越高；反之利用率越低，菜肴的单位成本就越大，在售价不变的前提下，则菜品毛利就越低。

一、餐饮行业常用食材切配标准

餐饮行业原料的出净率是支持企业菜品成本的基础，也是一个企业的厨政管理核心，它是团餐企业的合规根本、财务成本管控的技术要求。以下为部分食材出净率指导参考值，因产地、规格、等级、大小不同会影响出净率，作为餐饮行业仅为参考。

常用海鲜鱼虾参考出净率见表 12－7。

表 12－7　常用海鲜鱼虾参考出净率

原料名称	净料名称	出净率	原料名称	净料名称	出净率
鲤鱼、鲢鱼	净全鱼	80%	鲜虾	去须、脚虾	80%
鲫鱼、鳜鱼	净鱼块	75%	带鱼	无头净鱼	76%
小黄鱼	净全鱼	55%	鲢鱼	净鱼片	32%
—	—	—	三文鱼	净三文鱼	6%
黑鱼、鲤鱼	净鱼片	36%	鳜鱼	净鱼片	40%
鳝片	去头净鳝片	70%	蛙仔	净蛙仔肉	48%
碱发鱿鱼	去皮、内脏	90%	海蜇头	净蜇头片	65%

常用青菜类参考出净率见表 12－8。

表 12－8　青菜类参考出净率

原料名称	出净率	原料名称	出净率	原料名称	出净率
生菜	85%	苦瓜	70%	白萝卜	74%
西芹	77%	香芹	75%	藕	79%
广茄	91%	青笋	52%	圆白菜（丝）	81%
洋葱	81%	老南瓜	77%	圆白菜（块）	72%
紫薯	80%	甜玉米	90%	大芋头	72%
黄瓜（带心）	75%	西红柿	95%	干核桃仁	91%
黄瓜（不带心）	50%	芦蒿	80%	蒜薹	81%
香菜	74%	香菇	470%	哈密瓜	63%
青椒	61%	盖菜	80%	尖椒	87%
小葱	80%	美人椒	95%	菜花	77%
木耳菜	64%	金瓜	78%	菠菜	78%
小白菜	93%	冬瓜	63%	芦笋	73%
油菜	70%	杭椒	90%	西兰花	55%
四季豆	95%	荷兰豆	90%	韭菜	90%
姜	90%	土豆	85%	大葱	81%
心里美	82%	蒜	90%	百合	83%
杂菌	72%	奶白菜	85%	西葫芦	91%
红椒	82%	干葱	80%	园茄	93%
咸菜	90%	鲜香菇	80%	青蒜	73%
黄彩椒	76%	芥蓝	40%	草菇	82%
樊杏	50%	红小西红柿	85%	紫甘蓝	79%
雪里红	88%	金针菇	75%	红彩椒	74%
花叶生	50%	糖蒜	67%	天葵	56%
茶树菇	58%	薄荷叶	72%	娃娃菜	79%
小米辣	83%	胡萝卜	81%	樱桃萝卜	60%
苦菊菜	78%	香椿苗	92.5%	线椒	77.6%
杏鲍菇	39.6%	黄小西红柿	85%	茴香	79%
大白菜	86%	豇豆	91%	丝瓜尖	61%
松花蛋	90%	熟咸鸭蛋	90%	鹌鹑蛋	95%

常用肉类、干货参考出净率（表12－9）。

表12－9　肉类、干货参考出净率

原料名称	出净率	原料名称	出净率	原料名称	出净率
干猴头	400%	参皮	500%	鱼皮	200%
牙捡翅	150%	鱼肚	500%	牛蹄筋	200%
响螺片	200%	干松茸	200%	冰鲜松茸	90%
干口蘑	200%	合成翅	60%	米粉	217%
粉条	200%	粉皮	431%	粉丝	230%
木耳	840%	宽粉条	200%	腐竹	220%
蕨根粉	379%	黄花	300%	黄豆	250%

常用鲜肉类出净率（表12－10）。

表12－10　鲜肉类出净率

原料名称	出净率	原料名称	出净率	原料名称	出净率
猪肝	95%	猪腰	72%	羊油	57%
牛外脊	80%	羊腱子	68%	油渣	28%
猪板油	77%	—	—	—	—

常用冻货类参考出净率（表12－11）。

表12－11　冻货类参考出净率

原料名称	出净率	原料名称	出净率	原料名称	出净率
鸡软骨	103%	青虾肉	100%	牛鞭	80%
鸭肠	90%	冻八带	54%	白虾（酥皮虾）	67%
海藻芽	250%	虾仁	52%	冻鲜核桃仁	92%

常用调料类参考出净率（表12－12）。

表12－12　调料类参考出净率

原料名称	净料率	原料名称	净料率	原料名称	净料率
泡姜	38%	野山椒	60%	泡萝卜	61%
云南米椒	24%	黑酸菜	60%	红灯笼椒	67%
板栗	59%	泡椒	51%	冬笋	82%
日本脆紫菜	70%	腰果	94%	—	—

二、菜品料头、配料切配标准

砧板切配标准（表 12－13）。

表 12－13　砧板切配标准

序号	原料名称	规格	序号	原料名称	规格
1	蒜薹段	长 4.5 厘米	25	马蹄片	宽 0.4 厘米
2	香芹段	长 4.5 厘米	26	四季豆丁	长 0.8 厘米
3	韭菜段	长 5 厘米	27	鳝鱼段	长 7 厘米
4	豆腐块	2 厘米见方块	28	日本豆腐	宽 1.5 厘米
5	茄子条	长 5 厘米，宽 1 厘米	29	青蒜丁	长 0.5 厘米
6	葱头	长 3 厘米	30	毛肚	宽 0.5 厘米
7	香菜段	长 3 厘米	31	鸭肠	长 8 厘米
8	蒜薹丁	长 0.5 厘米	32	豇豆	长 5 厘米
9	黄瓜条	长 5 厘米，宽 1 厘米	33	赛螃蟹鱼丁	鲈鱼 0.5 厘米
10	小葱段	长 3 厘米	34	八带	长 6 厘米
11	粉条	长 14 厘米，只限 2 天	35	柴鸡冬瓜片	厚 5 厘米
12	冬笋片	长 4 厘米，只限高汤煲	36	糖卷果	厚 2 厘米
13	冬笋尖	长 6 厘米	37	酥皮虾	去虾线挤下头洗
14	芦蒿段	长 4 厘米	38	参皮	宽 2 厘米
15	滚刀大葱	长 4 厘米，必须葱白	39	肚条长	6 厘米，宽 1 厘米
16	西芹菱形	长 4 厘米，必须去皮	40	藕丁	2 厘米见方丁
17	红椒条	长 4.5 厘米，宽 1 厘米	41	藕片	厚 0.3 厘米
18	青椒条	长 4.5 厘米，宽 1 厘米	42	扁豆马儿片	长 5 厘米
19	葱丁	长 0.8 厘米，必须细葱	43	沙煲娃娃菜	宽 1.4 厘米
20	宫保虾球葱段	长 2.5 厘米	44	蒜蓉娃娃菜	宽 2 厘米
21	美人椒丁	长 0.5 厘米	45	上汤娃娃菜	宽 3 厘米
22	葱丝	长 5.5 厘米	46	炸饹馇	长 6 厘米，宽 1 厘米
23	大姜片	长 4.5 厘米，宽 1.0 厘米	47	猪皮	长 6 厘米，宽 1 厘米
24	冬笋丝	长 6 厘米，宽 0.3 厘米	48	松鼠鱼	长 15 厘米，宽 10 厘米

续表

序号	原料名称	规格	序号	原料名称	规格
49	前尖肉末丁	黄豆大小	65	豆腐皮	3.5 厘米菱形
50	炉肉	厚 0.2 厘米	66	尖椒	3.5 厘米菱形
51	盖菜	长 15 厘米，带叶	67	土豆	厚 0.2 厘米
52	包菜丝	长 10 厘米，宽 1 厘米	68	小炒牛肉	厚 0.2 厘米
53	大葱段	长 5.5 厘米	69	自制豆腐	长 4 厘米宽 3 厘米
54	小白菜	长 7 厘米	70	老玉米	长 4 厘米
55	奶白菜	在经的中间开刀	71	紫红薯	长 4 厘米
56	杏鲍菇	2.5 厘米见方丁	72	芋头	长 4 厘米
57	土豆丁	2 厘米见方丁	73	老南瓜	长 4 厘米
58	三文鱼丁	1.5 厘米见方丁	74	鲜啤酒醉牛柳	厚 0.2 厘米
59	海鲜豆腐煲	2 厘米见方丁	75	红彩椒	3 厘米
60	麻婆豆腐	2 厘米见方丁	76	黄彩椒	3 厘米
61	芦笋虾球	长 4 厘米	77	红椒三角	4 厘米
62	清炒芦笋	长 4 厘米菱形	78	青椒三角	4 厘米
63	草菇芦笋	长 10 厘米	79	干烧黄鱼打	十字刀间距 1.8 厘米
64	油泼羊肉	厚 0.2 厘米	80	侉炖黄鱼打	一字刀间距 1.8 厘米

凉菜切配标准（表 12－14）。

表 12－14　凉菜切配标准

序号	原料名称	规格	序号	原料名称	规格
1	菠菜	长 6 厘米	15	熟膀丝	3 毫米×5 厘米
2	海藻芽，葱丝	长 5 厘米	16	熟鸭肝片	长 3 毫米
3	八带	长 3.5 厘米	17	熏肉卷	3 毫米×5 厘米
4	紫甘蓝红黄彩椒	2 厘米×1.5 厘米	18	羊羔肉	9 厘米×2.5 厘米×0.5 厘米
5	木耳撕片	长 2 厘米	19	秘制熏鱼	1 厘米条
6	豆酱	5.5 厘米×3 厘米×0.6 厘米	20	京派酱鸭条	0.8 厘米宽条
7	豆腐丝	长 12 厘米	21	熟鸭翅	长 8 厘米
8	泉水老豆腐	厚 5 毫米	22	香辣三黄鸡	0.8 厘米×8 厘米
9	黄瓜片（大拌菜）	4 毫米×3 毫米的 45°斜刀片	23	蜇头片	长 0.4 厘米
10	哈密瓜片	3 毫米×4 厘米	24	三文鱼片	宽 5 厘米
11	咸香鸡	0.7 厘米×6 厘米	25	娃娃菜	0.4 厘米不规的片
12	彩椒紫甘蓝（大拌菜）	2.5 厘米×3 毫米	26	海参片	0.3 厘米斜刀片
13	熟鸭脖	长 1.5 厘米	27	泡菜条	5 厘米×2 厘米
14	熟鸭胗片	长 2 毫米	28	水泡腐竹	2 厘米×5 厘米

面条档原料改刀标准（表12－15）。

表12－15　面条档原料改刀标准

序号	原料名称	规格	序号	原料名称	规格
1	面条	厚2毫米，宽2毫米	22	蛋皮丁	8毫米见方丁
2	黄瓜丝	1.5毫米细	23	芹菜丁	6毫米见方丁
3	心里美丝	1.5毫米细	24	胡萝卜丁	6毫米见方丁
4	香菜段	1.5毫米段	25	木耳	长2厘米，宽7毫米
5	炒疙瘩	5毫米见方丁	26	尖椒丁	1厘米见方丁
6	胡萝卜丁	5毫米见方丁	27	土豆丁	7毫米见方丁
7	黄瓜丁	5毫米见方丁	28	豆腐丁	7毫米见方丁
8	生五花肉丁	5毫米见方丁	29	豌豆黄	宽2厘米45°菱形块
9	长寿海鲜卤	生五花肉3厘米方丁，厚1毫米	30	小豆凉糕	宽2厘米45°菱形块
10	香菇丝	1毫米丝	31	山楂糕	宽2厘米45°菱形块
11	木耳丝	长2厘米，宽7毫米	32	杏仁豆腐	1.5厘米菱形块
12	鱿鱼丝	长3厘米，宽2厘米	33	龟苓糕	1.5厘米菱形块
13	黄花	长1.5厘米	34	豌豆腐	豆腐中间切开，1厘米菱形
14	葱段	长5厘米	35	驴打滚	长6厘米
15	鸡蛋西红柿卤	西红柿1，5厘米	36	芝麻凉糕	长3厘米
16	茄丁卤	带皮茄丁1.5厘米见方丁	37	京味糊塌子	长6.5厘米
17	尖椒丁	1厘米见方丁	38	老北京糊饼	30°三角形；12块
18	小炖肉海藻芽	海藻芽长7厘米	39	韭菜合子	韭菜长2毫米
19	木耳	长2厘米，宽7毫米	40	什锦切糕	60°三角形
20	黄花段	长2厘米	41	葱花饼	30°三角形，12块；葱花2毫米
21	炸豆腐丁	8毫米见方丁	42	什锦切糕	60°三角形

第三部分

中国烹饪传统与现代面点制作

第十三章　中式面点概述

面点分为中式面点和西式面点。中国菜系众多，从广义上讲，指用各类粮食、豆类、果品、水产及根茎菜类为坯料，配以各种馅心（有的不配馅心）的各种主食、地方风味小吃和点心。从狭义上讲，指利用面粉，米粉及其他杂粮粉料调面团制成的面食小吃、各式口味形状不一的点心。

我国的面点制作技术历史源远流长，历史悠久。周朝便出现了“周代八珍”“楚宫名食”的汉代面点制作技术已有了很大的发展，出现了饼、粽、包（烙、蒸、煮）等名吃。我国地域广阔、民族众多、习俗多样，物产品种、质地各异，经过历代名厨师、点心师充分发挥聪明和才智，不断在实践中总结，广泛在行业交流，在技术上创出了品种繁多、口味丰富、形色俱佳、内容十分广泛的面点制品。南方和北方各地在制作烹饪技法上和原料选用上各有千秋，行业有“南米北面”之说，米制品和面制品南北各有特色。中国菜系众多对于中式面点的名称，历史上一直没有统一说法，习惯说法存有差异，北方常称为“面食”“主食”，南方常称为“点心”。“面点”是20世纪末为统一南北的总称谓，便于餐饮市场经济发展，促使南北交流，是“面食”“点心”的统称。

第一节　中式面点的概念

中式面点泛指用各种粮食（米、麦、豆、杂粮）、果品、水产以及根茎菜类制成坯料，配以油、糖、果品、鱼、虾、肉、蔬菜等制成多种口味的馅料（或不配馅料），经过加工制作而形成具有一定色、香、味、形的各类食品，是各种面食、小吃和点心的总称。中式面点的特点历经几千年延续，在历代厨师和点心师充分发挥专业创造力和想象力，不断实践，理论总结，逐步形成了鲜明的特点。

一、用料极其广泛

华夏民族的饮食文化、食源结构奠定了中式面点制作中选料的广泛性。中式面点的原料选用广泛，包括五大类原料。

①植物性原料（粮食、蔬菜、果品等）。

②动物性原料（鸡、猪、牛、羊、鱼虾，蛋奶等）。

③微生物原料（酵母菌等）。

④矿物性原料（盐、碱、矾等）。

⑤合成原料（膨松剂、香料、色素等）。

由于我国地域幅员辽阔，各地区的土壤及农艺条件不同，因此同一品种原料因产地、季节、环境不同而生长差异很大。特别是中式面点能根据制作工艺产品要求，注意合理地选用原料，能够达到扬长避短、物尽其用的效果。

二、技法精湛

技法长期以来是手工制作为主，经过了漫长的发展历程，特别是技术操作者继承和不断推陈出新创造，拥有了众多流派技法和绝活，形成了一系列有别于其他国家的技法。其制作过程和各种技法十分讲究。

①面点制作工艺流程相对较为复杂，一般都要经过选择食材、配料、调制坯料、搓条、下剂、制皮、上馅（有的需上馅，有的不需要）、成型、成熟等过程。

②烹饪技法多样，不论是调制面坯，还是擀皮等过程，都有相应的技法要求。

③操作手法多变，常用的成型技法就有搓、切、包、卷、擀、捏、叠、摊、抻、削、拨、滚沾、挤注、模具、按、剪、镶嵌、钳花等十几种不同方法。每一种技法又可细分成多种手法，如捏的成型技法，可分为挤捏、推捏、绞捏、叠捏、塑捏等。“薄如蝉翼”就是对中式面点精湛技法的形象描述。

三、制作口味多样

“口味”是中式面点食品的“魂”，历代厨师不断传承、总结、创新，形成了许多深受我国广大群众喜爱的品种。

①利用坯皮的原料、配伍、调制的不同，使面点口味不同，形成了疏、松、爽、滑、软、糯、酥、脆等不同质感的坯皮，奠定了面点的口味基础。

②馅心是面点制作过程中的重要内容之一。我国馅心用料广泛，选料讲究，无论荤馅、素馅，甜馅、咸馅，生馅、熟馅，所用主料、配料、调料都精心选择最适宜品种、部位，做到品质优化、物尽其用，形成了鲜嫩、滑嫩、爽脆、香甜可口、果香浓郁、咸甜适宜等不同特色的馅心，配上适当的面皮相得益彰，构成了面点的口味。

③利用加热成熟的方法，丰富面点口味。面点加热成熟方法常用的有蒸、煎、煮、炸、烘、烙、贴等；馅心的烹调方法有拌馅、炒、煮、蒸、焖等，而且各地在制作中交叉应用，最终形成了各面点的特点和口味。

四、出品讲究造型

我国面点的成型技法复杂，种类繁多，基本形态丰富多彩。总体上看，面点的外形特征，概括起来有几何形、象形、自然形等。

①便于经营，区分品种、口味。面点已经形成不同的品种，不同口味具有不同的造型，如豆沙包、鲜肉包等形态各异，一脉相承。同一品种，不同地区，不同风味流派也会有不同形态，如鲜肉大包全国大多数地区形态为提褶包，而湖南形态为四眼包等。

②形态的选用更能体现面点的名副其实，增添情趣、意境，如绿茵白玉兔、像生梨等。

③便于成熟，形成制品的风味。如形态的选择要从坯皮、馅心、风味、成型、成熟多方面因素考虑，才能达到色、香、味、形、质俱佳的境界，才能充分体现厨师对面坯、馅心、成型、成熟等技法掌握的水平。

五、应时迭出

中式面点除正常供应不同层次，丰富多彩的早餐、茶点、主食点心、夜宵点心、宴席点心外，还要根据不同季节特点、时令物产、节庆习俗等条件推出多种点心，应时更换品种。例如，元宵节的元宵、清明节的青团、端午节的粽子、中秋节的月饼、重阳节的重阳糕等。春季、夏季、秋季、冬季的选料，制作，吃法各有不同。

六、注重养生保健

中式面点除了以色、香、味、形著称以外，还有一个显著的特点是注重食补，注重养生保健的功能。该特点最具有民族特色，也是与外国面点主要区别之一。这一特点与现代科学倡导的“合理膳食”可谓异曲同工。

我国古代劳动人民在长期生产、生活以及同疾病做斗争中，清楚地认识到，正确的饮食在养生、防病方面，都发挥着极其重要的作用。唐代著名医学家孙思邈在其所著的《千金要方》“食治篇”中指出：“安身之本，必资于食，救疾之速，必凭于药……不知食宜者，不足以存生也。”其精辟地指出：人的身体健康根本源于饮食，不懂得合理饮食的人，是不可能健康长寿的。因此，掌握正确的饮食养生，对于防治疾病，健康长寿是非常必要的。中国面点正是以注重食补、饮食养生，达到防病、强身、健体、益寿为目标的面点。在我国很早就流传有“药食同源”之说。药食皆来源于天然之物，均具有天然固有的形、色、性、气、味、质等特性，因而二者在性能上有相通之处。食物也具有类似药物的四气五味、升降浮沉、归经、功效等属性。如饺子的起源说：相传东汉末年，“医圣”张仲景曾任长沙太守，后辞官回乡。正好赶上冬至这一天，他看见南阳的老百姓饥寒交迫，两只耳朵冻伤，当时伤寒流行，病死的人很多。便在当地搭了一个棚，支起一口大锅，张仲景总结了汉代 300 多年的临床实践，制成“祛寒娇耳汤”，其做法是用羊肉等一些祛寒药材在锅里煮熬，煮好后再把这些东西捞出来切碎，用面皮包成耳朵状的“娇耳”，下锅煮熟后赠送给乞药的病人。每人两只娇耳，一碗汤。人们吃下祛寒汤后浑身发热，血液通畅，两耳变暖。从冬至吃到除夕，吃了一段时间，抵御了伤寒，治好了病人的烂耳朵。从此乡里人与后人就模仿制作，称为“饺耳”或“饺子”，也有一些地方称“扁食”。人们在冬至和大年初一吃饺子，以纪念张仲景舍药和治愈病人的事情。

中式面点在制法、口味选料上，形成了不同的风格和浓厚的地方特色，通常分为“南味”“北味”两大风格，具体又分为“京式”“苏式”“广式”。京式面点，泛指我国黄河以北的大部分地区（包括华北、东北等）所制作的面点，以北京地区为代表，故称京式面点。京式面点的代表品种主要有：抻面、一品烧饼、清油饼、都一处的烧麦、狗不理包子、清宫仿膳肉末烧饼、千层糕、艾窝窝、豌豆黄等，都各具特色。

京式面点的形成与北京悠久的历史和古老的京都文化密不可分。从很早的时候起，北京地区便成为汉、匈奴、契丹、女真和回族等民族杂居相处的地方。由于东北、华北地区盛产小麦，北京地区素有食用面食的习俗，各民族面点的制作方法、品种在此进行交流、融合。北京在战国时代就是燕国的都城，又曾是辽朝的陪都和金朝的中都，后为元、明、清三朝都城，是我国多个朝代政治、经济、文化的中心。北京聚集了全国各地的官宦商贾，文人荟萃，商业繁荣，各地官宦进贡特产。为满足宫廷饮食和官场、商场的交际需要，饮食文化尤为发达，极大地刺激了京城的烹饪技艺提高和发展。面点也不例外，京式面点兼收并蓄了各民族的面点制作方法，得到了很大发展。例如：抻面，据史家研究，它是胶东福山人民喜食的一种面食品，明代由山东进贡入宫，受到皇帝的赏识，赐名“龙须面”，从此成为京式面点的名品。为满足宫廷皇室需要，北京出现了以面点为主的筵席。传说清嘉庆年间时“光禄寺”曾经做了一桌面点筵席，仅面粉用量高达60多千克，可见其用料、品种之多与规模之大绝无仅有。此外，宫廷面点的外传，也直接促进了京式面点的发展与形成。

综上所述，京式面点最早起源于华北、山东、东北等地区的农村，满、蒙、回等少数民族地区。在其形成的历史过程中，吸收了各地区、各民族的面点精华，又受到南方面点和宫廷面点的影响，是我国北方地区各族人民的智慧结晶，形成了具有浓厚的北方各民族风味特色的京式面点流派。

第二节　各地方面点特点

一、京式面点

京式面点主要以面粉为原料，特别擅长制作面食，其有独特之处。被称为四大面食的抻面、削面、小刀面、拨鱼面，不但制作技术精湛，而且口味爽滑，筋道，受到广大人民的喜爱。京式的小食品和点心，也很丰富多彩。在馅制品方面，肉馅多用“水打馅”，佐以葱、姜、黄酱、味精、芝麻油等，口感鲜咸而香，柔软松嫩，具有独特的风味。

1. 用料丰富

京式面点的主料有麦、米、豆、黍、粟、蛋、奶、果、蔬、薯等，加上配料、调料，用料可达上百种之多。由于北方盛产小麦及饮食习惯的因素，总体用料以小麦面粉居于首位。

2. 品种众多

京式面点品种很多，有山西被称为我国“四大面食”的抻面、刀削面、小刀面、拨鱼面，也有品种繁杂的北京小吃。每一种类面点中，又可以分出若干品种。如乾隆年间杨米人的《都门竹枝词》中写道：“三大钱儿卖好花，切糕鬼腿闹喳喳。清晨一碗甜浆粥，才吃茶汤又面茶。凉果渣糕聒耳多，吊烤烧饼艾窝窝。叉子火烧刚买得，又听硬面叫饽饽。烧卖馄饨列满盘，新添挂粉好汤团……果馅饽饽要澄沙……三鲜大面要汤宽。”这充分反映了京式面点品种丰富，文化底蕴丰厚。

3. 制作精细

京式面点制作精细，主要表现在用料讲究，善制面食，[illegible]、馅心精美，成型、成熟方法多样化。京式面点馅心注重鲜、香、甜，肉馅多用水打馅，并常用葱、姜、黄酱、芝麻油为调辅料，形成北方地区的独特风味。如天津的“狗不理”包子，就是加骨头汤，后加葱花、香油搅拌均匀成馅，使其口味醇香、鲜嫩适口，肥而不腻。如“一窝丝清油饼”，先抻面抻得细如线，然后再盘做成“一窝丝清油饼”；茯苓饼摊得薄如纸；煎饼擀得薄如蝉翼，充分反映了京式面点制作具有独特技法。

4. 风味多样

京式面点中既有汉族风味、仿膳风味，又有蒙古族、回族、满族风味，且民族风味相互交融，形成新的风味。

二、苏式面点

苏式面点泛指长江下游江、浙一带地区所制作的面点，它起源于扬州、苏州，以江苏最具代表性，故称苏式面点。苏式面点的主要代表品种有扬州的三丁包子、翡翠烧麦，苏州的糕团、船点，淮安的文楼汤包，嘉兴的粽子等。

1. 苏式面点的形成

扬州、苏州都是我国具有悠久历史的文化名城，古今繁华地，市井繁荣，商贾云集，文人荟萃，游人如织。历史上商贾大臣、文人墨客、官僚政客纷至沓来，带动了两地经济的发展。“春风十里扬州路”“十里长街市井连”“夜市千灯照碧云”“腰缠十万贯，骑鹤下扬州”均是昔日扬州繁华的写照。而清代乾隆年间徐扬所画的《姑苏繁华图》中，也描出了苏州的奢华。悠久的文化，发达的经济，富饶的物产，为苏式面点的发展提供了有利的条件。

苏式面点继承和发扬了本地传统特色。据史料记载，在唐代苏州点心已经出名，白居易的诗中就屡屡提到苏州的粽子等。《食宪鸿秘》《随园食单》中，也记有虎丘蓑衣饼、软香糕、三层玉带糕、青糕、青团等。而扬州面点自古也是名品迭出，据记载最负盛名的仪征萧美人，她制作的面点“小巧可爱，洁白如雪”“价比黄金”；又如定慧庵师姑制作的素面；运司名厨制作的糕，也是远近闻名，有口皆碑。近现代名厨人才辈出，经过不断创新，不断发展，又涌现出翡翠烧卖、三丁包子、千层油糕等一大批名点，形成了苏式面点这一中式面点中的重要面点流派。

2. 苏式面点的主要特点

江浙一带因处在我国最为富饶、久负盛名的“鱼米之乡”，民风儒雅、市井繁荣、食物源极为丰富，为制作苏式面点奠定了良好基础，提供了良好条件。制品色、香、味、形俱佳的特点最为突出。苏式面点可分为宁沪、苏州、镇江、淮扬等流派，各有不同的特色。苏式面点重调味，味厚、色艳、略带甜头，形成独特的风味。馅心重视掺冻（即用多种动物性原料熬制汤汁冷冻而成），汁多肥嫩，味道鲜美，苏式面点很讲究形态，如苏州船点，形态甚多，常见的有飞禽、走兽、鱼虾、昆虫、瓜果、花卉等，色泽鲜艳，形象逼真，栩栩如生，被誉为精美的艺术食品。

3. 风格复杂，品种繁多

苏式面点就风味而言，可包括有苏锡风味、淮扬风味、宁沪风味、浙江风味等，其品种相当丰富，《随园食单》《扬州画舫录》《邗江三百吟》等著作中都有记载。经过近现代名厨的传承、创新、发展涌现出了一大批名店、名点，在中式面点制作中享有盛誉。

4. 技法细腻，制作精美

在苏式点心制作中，形态总体可用“小巧玲珑”四个字概括。例如：特有的面点品种——“船点”，相传发源于苏州、无锡水乡的游船画舫上。其坯皮可分为米粉点心和面粉点心，成型制作精巧，常制成飞禽、动物、花卉、水果、蔬菜等，形态逼真。面点形态也是以精细为美，如小烧卖、小春卷、小酥点。扬州的面点制作的精致之处也表现为面条重视制汤、制浇头，馒头注重发酵，烧饼讲究用酥，包子重视馅心，糕点追求松软等，其中馅心掺冻“灌汤”是苏式面点制馅的重要特有技法。

5. 选料严格，季节性强

苏式面点对原料选用严格，辅料的产地、品种都有特定的要求，选用玫瑰花要求是吴县的原瓣玫瑰，桂花要求用当地的金桂，松子要用肥嫩洁白的大粒松子仁等。一些名特品种还选用有特殊滋补作用的辅料，长期食用有一定的健身作用。例如：松子枣泥麻饼，有润五脏，健脾胃的作用。

苏式面点历来注重季节性，四时八节均有应时面点上市，形成了春饼、夏糕、秋酥、冬糖的产销规律，大部分节令食品都有上市，落令的严格规定。例如：酒酿饼正月初五上市，三月二十日落令；薄荷糕三月半上市，六月底落令等。目前，不再有历史上那样的上市、落令时间的严格要求，但基本上做到时令制品按季节上市。如扬州面点春季供应“应时春饼”；夏季供应清凉的“茯苓糕”“冷淘”；秋季供应“蟹肉面”“蟹黄包子”等。而《吴中食谱》记载“汤包与京酵为冬令食品，春日烫面饺，夏日为烧卖，秋日有蟹粉馒头”。浙江等地面点中，春天有春卷；清明有艾饺；夏天有西湖藕粥、冰糖莲子羹、八宝绿豆汤；秋天有蟹肉包子、桂花藕粉、重阳糕；冬天有酥羊面等。面点品种四季分明、应时迭出。

6. 善用原料，色香自然

苏式面点充分利用食品原料固有的颜色、香味为面点制品着色生香，彰显风味。如利用玫瑰花、桂花等的颜色和香味，作为制品着色生香的原料，可以拌入馅心、拌入坯料增加制品香味，也可以撒在制品表层增香添色。又如猪油年糕、方糕等就配用玫瑰借其天然红色，添加桂花点缀出黄色，选用红枣、赤豆使呈棕红色等，再如青团的绿色、清新香味就是来自春天碧绿色艾蒿嫩苗叶，由于添加量很多，所以制品带有这些辅料浓厚的自然风味。

三、广式面点

广式面点泛指珠江流域及南部沿海地区所制作的面点，以广州地区为代表，故称广式面点。广式面点有代表性的品种有叉烧包、虾饺、莲茸甘露酥、蛋泡蟹肉批、马蹄糕、娥姐粉果、沙河粉、荷叶饭等。广式面点又称广州点心、是汉族饮食文化的重要组成部分。以岭南小吃为基础，广州吸取北方各地、包括六大古都的宫廷面点和西式糕饼技艺发展而成，品种有千款，为全国点心种类之冠。“一盅两件饮早茶，二包五点食点心”，广州作为广东早茶美食文化的核心区域，也是广式点心的发源地。

1. 广式面点的形成

广东地处我国东南沿海，气候温和，雨量充沛，物产丰富，盛产大米，故当时的民间食品一般都是米制品，如伦敦糕、萝卜糕、糯米年糕、炒米饼等。早期广式面点以民间食品为主。广东具有悠久的文化，秦汉时，番禺（今广州）就成了南海郡治，经济繁荣，促进了饮食业和民间食品的发展。在这些本地民间小吃的基础上，经过历代的演变和发展，吸取精华而逐渐形成了今天的广式面点。娥姐粉果是广州著名的点心之一，它就是在民间传统小吃粉果的基础上，经过历代面点师的不断创新、不断完善而形成的。又如九江煎堆，驰名粤、港、澳，为春节馈送亲友之佳品，它也是在民间小吃基础上发展起来的，至今已有几百年的历史。广州自双魏以来历经唐、宋、元、明至清，是珠江流域及南部沿海地区的政治、经济、文化中心。唐代时，广州已成为我国著名的港口，外贸发达，商业繁盛，与海外各国经济文化交往密切。广州是我国与海外各国较早的通商口岸，经济贸易繁荣，饮食文化也相当发达，面点制作技术发展比南方其他地区发展更快，特色突出。19 世纪中期，英国发动了侵华的鸦片战争，国门大开，欧美各国的传教士和商人纷至沓来，广州街头万商云集、市肆兴隆。广州较早地从国外传入各式西点的制作技术，广州面点厨师吸取西点的制作技术，丰富了广式面点。如广州著名的擘酥类面点，就是吸取西点技术而形成的。广州在我国南方地区影响较大，客观上又促进了广式面点的发展。

2. 广式面点的主要特点

广式面点，富有南国风味，自成一格。近百年来，其又吸取了部分西点制作技术，品种更为丰富多彩，以讲究形态，花色著称，坯皮使用油、糖、蛋多，营养丰富，馅心多样、晶莹，制作工艺精细，味道清淡鲜滑，特别是善于利用荸荠、土豆、芋头、山药及鱼虾等做坯料，制作出多种多样美点。

①坯皮丰富、品种丰富。据有关资料统计，广式点心坯皮有 4 大类、23 种，馅有 3 大类、47 种之多，能制作各式点心 2000 多种。按经营形式可分为日常点心、星期点心、节日点心、旅行点心、早晨点心、西式点心、招牌点心、四季点心、席上点心、点心筵席等，各种点心可根据坯皮类型、馅心配合，可分别制出精美可口、绚丽缤纷、款式繁多、不可胜数的美点。米及米粉制品是其历史传统强项，品种除糕、粽外，还有煎堆、米花、沙壅、白饼、粉果等外地罕见品种。

②馅心广泛、口味多样。广式面点馅心选料之广，得益于广东物产丰富，五谷丰登，六畜兴旺，四季常青，蔬果不断。正如屈大均在《广东新语》中所说：“天下所有之食货，粤东几尽有之，粤东所有之食货，天下未必尽有之。”原料之广泛、丰富，给馅心提供了丰富的物质基础。广式面点馅心用料包括肉类、海鲜、水产、杂粮、蔬菜、水果、干果以及果实、

果仁等。如叉烧馅心，为广式面点所独有，除烹制的叉烧馅心具有独特风味外，还有别具一格的用面捞芡拌和的制馅方法。由于广东地处亚热带，气候较热，所以面点口味一般较清淡。

③善于吸收、技法独到。在广式面点中使用皮料的范围广泛，有几十种之多，其中不少配料、技法是吸收西点制作技艺，坯皮较多使用油、糖、蛋，制品营养丰富，并且基本实现了本土化，如擘酥、岭南酥、甘露酥、士干皮等。广式面点外皮制作技法独到一般讲究皮质软、爽、薄，如粉果的外皮“以白米浸至半月，入白粳饭其中，乃舂为粉，以猪脂润之，鲜明而薄”。馄饨的制皮也非常讲究，有以全蛋液和面制成的，极富弹性。包馅品种要求皮薄馅大，故皮制作和包馅技术要求很高，要求皮薄而不露馅，馅大以突出馅心的风味。此外，广式面点喜用某些植物的叶子包裹坯料制成面点，如“东莞以香粳杂鱼肉诸味，包荷叶蒸之，表里香透，名曰荷包饭”。如此，则产生不同的香味。

④季节性强、应时迭出。广式面点常依四季更替、时令果蔬应市而变化，浓淡相宜，花色突出。要求是：夏秋宜清淡，春季浓淡相宜，冬季宜浓郁。春季常有礼云子粉果、银芽煎薄饼、玫瑰云霄果等；夏季有生磨马蹄糕、陈皮鸭水饺、西瓜汁凉糕等；秋季有蟹黄灌汤饺、荔浦秋芽角等；冬季有腊肠糯米鸡、八宝甜糯饭等。

以上这三大主要风味流派面点依靠其鲜明的地方性、地域特色，在全国有很大影响力。除此之外，常言道“一方水土，养一方人”，我国各地都有各自的特色风味和独到之处。各民族面点如清真、朝鲜族、藏族、土家族、苗族、壮族等也有自己的风味面点，虽未形成鲜明的地域体系及辐射面，但也早已成为我国面点的重要组成部分，融合在各主要地域流派中，同样也展示了其独特的魅力，为我国面点制作技艺增光添彩。

四、四川小吃特点与工艺

四川小吃之所以深受人们喜爱，是因其自身特点所决定的。一是风味突出，麻辣鲜香：它同川菜一样，不仅选用多种调味品和复合调味品，并且十分讲究调味的技巧，形成了多种风格。二是善于用汤：成都风味小吃中用的汤，是用多种原料和调料精心熬制的，汤浓味美。三是注重质量：无论哪种小吃，都特别讲究原材料和调味料的质量。四是承受时令翻新花样；承受着一年四季变化，选用应时原料制成的成都风味小吃，不断变化翻新，应时应景。

此外，小吃在经营上灵活方便，经济实惠，也是受到人们普遍欢迎的一个重要原因。在四川名小吃中较为著名的有夫妻肺片、赖汤元、龙抄手、钟水饺、钵钵鸡、串串香、麻辣烫、肥肠粉、担担面、宜宾燃面、绵阳米粉、罗江豆鸡、水煮牛肉、火鞭子牛肉、三大炮、灯影牛肉，川北凉粉，奶汤面，炖鸡面，梓潼酥饼，火边子牛肉，鱼皮花生，白橙糖，鳝鱼鸡蛋卷，桃米炒蛋，樱桃蜜饯，窝丝糖，酥心脆糖等。

五、各地方代表菜特点制作工艺

1. 五香酥饼

配方：面粉 2 斤，温水 1 斤，猪油 200 克，盐 20 克，大茴 10 克，花椒 10 克，葱 50 克。

工艺：面粉和温水揉搓成光滑的面团饧置 30 分钟待用。猪油烧开后，将大茴、花椒和葱加入炸香，待调味油晾凉后加入适量面粉调酥。将饧好的面团下成适当的小剂，用卷酥方法开酥成型，直径呈 10 厘米左右的圆形，平底锅刷油煎烙，色泽金黄，咸香酥脆。

2. 黄桥烧饼（白糖桂花）

冷水面团：面粉 1 斤，水 0.5 斤。

油酥：面粉 1.5 斤，板油 325 克。

酵面团：面粉 2 斤，面肥 100 克，碱适量。

馅料配方：面粉 0.5 斤，白糖 1.25 斤，橘饼 25 克，桂花酱 50 克，香油 50 克。

工艺：将冷水面团原料揉搓成光滑的面团饧置待用；油酥料擦成干油酥；酥面料和成酥面团静置发酵，待起发时对碱中和；将馅原料拌和好，捏成 100 个馅球；把酵面和冷水面团合在一起揉匀，和油酥下成等量小剂，然后用酵面剂包上油酥，擀成长条形薄片，顺长对折，稍擀一下再卷起，揪成两个剂子，按扁成圆皮，包入馅球封严剂口，将剂口朝下擀成椭圆的饼，刷上蛋液或糖稀，粘上芝麻成生坯；将饼入炉 180℃烘烤至饼鼓起、呈嫩黄色即熟，或者用平底锅煎烙（油漫饼面），煎至饼面鼓起，呈金黄色出锅。

3. 黄桥烧饼（咸味）

主料：面 500 克，油脂 100 克。

辅料：板油 150 克，鸡蛋 1 个，花椒粉、葱花、味精、盐、老肥和碱适量，开水、温水适量。

工艺：面粉 200 克，油脂 100 克调酥。取面粉 150 克，开水约 90 克，冲烫好面团并揉匀；再取 150 克面粉加上老肥用温水和匀饧置，待饧发后兑碱中和。板油切丁，加入调味道拌匀成馅，葱花包时再加入。成型加工方法参照白糖桂花黄桥烧饼制作。

4. 周村烧饼

配方一（咸味）：面粉 500 克，水 250 克，盐 10 克，芝麻 150 克。

配方二（甜味）：面粉 500 克，水 250 克，糖 75 克，芝麻 150 克。

工艺：面团揉匀稍饧，下成 48 个小剂，逐个蘸水在瓷墩上压扁，再向外延展成圆形薄饼片，厚薄要匀。上面再擦水，使有水的一面朝下，均匀地粘满芝麻。取已沾芝麻的饼坯，平面朝上贴在挂炉上壁，用锯木灰或木炭火烘烤至成熟，用铁铲子铲下，同时用长勺头按住取出。

5. 发面千层饼

原料：精粉 800 克，温水 400 克，酵面 200 克，盐 5 克，五香粉 5 克，芝麻 50 克，碱 15 克，油 1500 克（实耗 150 克）。

工艺：将面粉倒在案上，加入酵面、温水和匀发酵半小时后，兑碱揉匀后再盖上布饧半小时。将饧好的面揉匀，搓成上粗下细的剂按扁，擀成约 40 厘米长、上宽上窄的面片，将调味料及油均匀的拌和在面片上，从窄的一头向上卷成卷，然后两头合拢再擀成圆饼。饼面撒上芝麻，油锅煎烙，也可前用文火烙黄后再放油锅炸，金黄色起锅切块。

6. 猪肉火烧

配方：面粉500克，酵面375克，热水250克，猪肉300克，大葱200克，酱油、味精、盐、香油、碱适量。

工艺：将猪肉剁成泥，大葱切成末，加入调味料拌成馅待用；面粉用60℃热水和好晾凉，加入酵面（对碱揉匀）搋匀，搓成长条揪成20个小剂，擀成圆皮包上肉馅收好口，按成圆饼后进炉烘烤，待饼面鼓起，颜色金黄时出炉。

7. 千层酥角

配方：高筋粉300克，低筋粉200克，奶油500克，蛋75克，糖25克，水150克，盐8克，馅料250克。

工艺：将低筋粉和奶油擦成酥，高筋粉、盐、蛋、糖和水揉匀后，将两种面团盖上湿毛巾进冰箱冷冻，取出后按英式开酥方法开酥（将皮面团擀成长方形片，酥面才擀成宽与皮面相等、长约为皮面的2/3，将酥面盖住皮面的2/3，将皮面未盖油酥的部分往中间对折，形成皮酥五层结构的重叠交替形式，然后再横过来如叠被子似折叠，再次擀开再重复上述动作，共三次），把千层酥开成0.5厘米厚的皮，切成4厘米×4厘米方片，中间抹上馅心，然后对折成三角，刷上蛋液200℃烘烤。

8. 苏式水饺

馅料配方：瘦肉175克，肥肉75克，糯米饭125克，鸡腿菇17.5克，香油2.5克，味精5克，盐5克，胡椒粉1.5克，猪油17.5克，糖17.5克，生抽10克。

皮料配方：面粉200克，水100克，皮馅比为4:6。

灌汤馅配方：肉（瘦七肥三）8斤，皮冻4斤，糖3.5两，生抽2两，盐1两，胡椒粉3钱，味精1两，料酒5钱，葱花3两，姜末2两，香油5钱。

9. 烧麦

配方：面5斤，开水2.5斤，猪肉3千克，菜馅4千克，调味料适量。

工艺：将面粉用开水烫好摊凉（中途要撒还魂水），揉成团后搓条，下成50克4个小剂，按扁撒朴面，用小走槌擀成波浪花边，抹上馅后轻轻拢起成筒状，稍露馅心，上笼旺火蒸15分钟。

10. 翡翠烧麦

配方：面5千克，青菜1.25千克，糖1.5千克，猪油2千克，精盐、碱少许，干淀粉、水适量。

工艺：青菜用焯透，开水内加少许碱防止菜变色，如果用米汤煮菜则不用加碱。将焯好的菜捞出放冷水里摆两次挤去水分剁碎，加盐、糖、猪油调成馅。用挤出的菜汁烧开将面烫熟，晾凉后下成小剂，擀成烧麦皮，每50克4个剂，包入馅心后来收口，让馅心微露，上笼蒸5分钟左右即熟。

11. 景芝三盖饼（山东安邱景芝镇名吃）

配方：面500克，盐5克，花生油20克。

工艺：将面粉加适量温水和成面团，揉匀后搓成长条，分成四个面剂；取一个面剂，擀成直径约16厘米小饼，饼心刷油盐，再取一个面剂，用手压扁，两面蘸油盐，放在第一个饼中心；再取第三个面剂压扁，放在第二个面剂上，三个面剂一起擀成直径约33厘米的薄饼，平放在鏊子上烙15分钟即熟。

特点：此饼又名三层饼，柔嫩而有筋，内卷菜同吃又别有风味。

12. 油条

配方：面5千克，花生油适量。

春秋季：矾150克，碱100克，盐80克，30℃水3千克。

夏季：矾160克，碱110克，盐100克，水3千克。

冬季：矾140克，碱90克，盐70克，45℃水3.25千克。

工艺：碱、矾、盐放入盆内，慢慢加入水使之溶解，再放面粉搅匀，边掐边推，揉至“三光”后，饧30分钟，再揉、再饧置，共三次，盆内抹油，盖好保温，饧4～8小时后，下成10厘米宽、1厘米厚的面剂，再切成3厘米宽的小条，两片相叠后用筷子竖顺压一下，抻长26厘米，油炸至金黄色捞出。

13. 广式油条

配方：面500克，盐10克，臭粉1克，泡打5克，苏打2.5克，枧水15克，清水400克（可加部分蛋量代替水），生油1500克（约耗100克）。

工艺：盆内放入275克清水盐、苏打、臭粉、枧水10克和匀；再放入面粉（干粉内加泡打先混匀）拌匀成面团，然后将面团复叠三次，边复叠边往里加余下的枧水和清水，将面团放在案板上静置20分钟，再复叠一次后待面团松筋；将已松筋的面团开薄切条，下锅中上火炸至金黄色即可。

第三节　中式面点设备和用具

一、面点所需设备

1. 和面机

和面机即面包面团搅拌机，专门用于调制面包面团，有立式和卧式两种。生产高质量的面包应使用高速搅拌机（转速在500 r/min以上），使面筋充分扩展，缩短面团的调制时间。如果是普通和面机，则需要配一台压面机，将和好的面团通过压面机反复再加工，以帮助面筋扩展。

2. 电饼铛

电饼铛也叫烤饼机，是一种烹饪食物的工具，单面或者上下两面同时加热使中间的食物经过高温加热，达到烹煮食物的目的。其可以灵活进行烤、烙、煎等烹饪方法，有家用小款型和店面使用大款两种。悬浮式电饼铛是电饼铛的上下加热面中间间隙是可以调整的，饼厚则两面上升，薄则两面下降，这样有效保证了双面的加热均匀，悬浮式电饼铛有简单易用、升温快速、清洗方便等特点。

3. 电蒸箱

电蒸箱是通过发热盘（蒸发盘）将水转化为高温蒸汽对食物进行100%蒸汽烹饪的高科技厨房电器产品，具有强大的纯蒸功能。其能快速实现蒸菜、蒸饭、蒸汤以及加热饭菜等烹饪，并且具有精确温控、锁定营养、降脂减盐、保持食物原汁原味和鲜味等功能。

4. 电烤箱

电烤箱是利用电热元件所发出的辐射热来烘烤食品的电热器具，可以制作烤鸡、烤鸭、烘烤面包、糕点等。根据烘烤食品的不同需要，电烤箱的温度一般可在50～250℃范围内调节。

5. 油炸锅

油炸锅目前多采用远红外电炸锅，能自动控制温度，有效保障了制品的质量。

二、面点所涉及的用具

①烤盘，用于摆放烘烤制品，多为铁制，清洗后须擦干以防生锈，铝制品容易清洗，但存在热通折射缺点，现已有表面作防粘处理的铁氟龙烤盘。

②焙烤模具，它是蛋糕、面包（土司）成型的模具，由铝、铁、不锈钢或镀锡等材料制成，有各种尺寸形状，可根据需要选择。

③刀具、菜刀，用于制馅或切割面剂。锯齿刀：蛋糕或面包切片；抹刀：（裱花刀）用于裱奶油或抹馅心用；花边刀：其两端分别为花边夹和花边滚刀，前者可将面皮的边缘夹成花边状，后者由圆形刀片滚动将面皮切成花边。其还有一些专用制品的刀具。

④印模，它是一种能将点心面团（皮）经按、切成一定形状的工具。模具的形状有圆、椭圆、三角等，切边有平口和花边两种，如月饼模、桃酥模、饼干模等。

⑤挤注袋、裱花嘴，挤注袋又称裱花袋，与不同形状的裱花嘴配合使用，用于点心的挤注成型，馅料灌注和裱花装饰。挤注袋面料可用尼龙、帆布、塑料制成。裱花嘴有铜、不锈钢、塑料等品种，有平口、牙口、齿口等几十种不同形状。

⑥转台，可转动的圆形台面，主要用于装饰裱制大蛋糕。

⑦筛子，用于干性原料的过滤，材料有尼龙丝、铁丝、铜丝等。

⑧锅，可分两种，一种为加热用的平底锅，用于馅料炒制，糖浆熬制和巧克力的水浴溶化（炒制果酱必须用铜锅，切忌用铁锅，因为铁制品遇到果酸易氧化变色）；另一种为圆底锅（或盆），用于物料的搅打混合。

⑨走槌，用于擀制面团，材料有木制、塑料和金属三种；形状有平、花齿及用于特殊制品的圆锥体（烧麦）。

⑩铲，材料有木、竹、塑料、铁、不锈钢等，用于混合、搅拌或翻炒原料。

⑪漏勺，在油炸制品时，往往和灌浆料同时操作，最少配备两把以上，以便于操作。

⑫长竹筷，用于油炸制品时的翻滚操作。

⑬汤勺，材料有塑料、不锈钢、铜等，用于挖舀浆料如乳沫类蛋糕浇模用。

⑭羊毛刷，用于生产制品时油、蛋液、水、亮光剂的刷制。

⑮打蛋器，用于蛋液、奶油等原料的手工搅拌混合。

⑯衡、量具，称、量杯、量勺等。面点制作一定要有量的概念，尤其是西点，不能凭手或眼来估计原料的多少，必须按配方用衡器来称量各种原料，注明体积的液体原料可用量杯来量取。

⑰金属架，摆放烘烤后的制品，便于透气冷却或便于表面浇巧克力等物料。

⑱操作台，大批量制作可采用不锈钢、大理石或拼木面的操作台，小批量生产如家庭可在面板或塑料板上进行。

第四节　中式面点常用原料

一、面粉

面粉的化学成分因小麦的种类、产地、气候及制粉方法不同，而有着较大的变化范围。面粉中的含量最高的是糖类（主要是淀粉），约占面粉量的75%，蛋白质占9%～13%（主要是面筋蛋白质），维生素和矿物质相对集中在坯芽和麸皮内，脂质含量较少面点制作中。面粉通常按蛋白质含量多少来分类，一般分为三种类型。

1. 高筋粉

高筋粉又称强筋粉、面包粉，蛋白质含量为12%～15%，湿面筋在35%以上（加拿大的春小麦最好），主要用于面包、起酥点心、哈斗的制作。

2. 中筋粉

中筋粉蛋白质含量为9%～11%，湿面筋含量约25%～35%，市场出售的标准粉、普通粉都属于这类面粉。中筋粉主要用于重型水果蛋糕、饼类、面食类及一些对面粉要求不高的点心。

3. 低筋粉

低筋粉又称弱筋面粉、蛋糕粉、糕点粉，蛋白质含量为7%～9%，湿面筋含量为25%以下，适宜制作蛋糕、甜酥点心和饼干等。

另外还有一些专用的特制粉，经过氯气漂白处理，颗粒非常细，因而吸水量大，适合做含液量和含糖量较高的蛋糕、面包，即高比蛋糕、高比面包，故又称高比粉。

二、油脂

油脂是油和脂的总称，一般将在常温下呈液态的称为油，呈固态的称为脂，多数动物油及氧化油在常温下呈固态，具有较高熔点、良好的起酥性和可塑性，加工性能优于植物油。

油脂在西点制作中具有起酥、充气、可塑、乳化等功能作用，在烘焙中还能产生特有的香气，并能增加制品的色泽。

油脂加入面粉中，因其流变性，能在面粉颗粒周围形成油膜，阻碍蛋白质对水的吸收和面筋网络的形成，使面团的弹性和韧性降低，但可塑性得到提高。

一般来说，在一定的范围内，油脂越多，起酥性越强，动物性油脂优于植物性油脂。

油脂引入空气的能力称为充气性，油脂因充气而膨松（搅打），充气性越好，打发的体积越大，油脂的充气性与结晶状态有关。另外，细粒糖也有助于油脂的充气。

油脂的可塑性是指像面团一样经受揉捏、擀制及成型。可塑性与环境、温度及熔点有关，也与固体脂和液态油的比例有关。

油脂还具有乳化性，在乳化剂存在的条件下，它能与水形成稳定的分散体系，油脂的乳化性能越好，分散性也就越好，从而使制品得到更均匀的质地。

1. 奶油

奶油又称白脱油、黄油、牛油，具有特殊的芳香，是西点的传统油脂。奶油即牛奶中的脂肪，含脂量80%左右，水分16%，有含盐、无盐两种，熔点28℃～30℃。其具有良好的起酥性、可塑性和乳化性，但价格较高，储存稳定性较差。

2. 麦淇淋（忌廉）

人造奶油由植物油氢化而成，其质地类似奶油，含脂80%，水分16%，起酥性、可塑性、乳化性较好，储存稳定性好，价格低，但缺乏天然奶油的风味。

3. 起酥油

起酥油是指精炼的动植物油脂，氢化油或上述油脂的混合物，含脂量100%，分为全氢化和混合型两类，有固态和液态两种（流动性适合做面包、糕点），起酥油多呈白色，加色加香的则呈黄色。

4. 猪油

猪油具有良好的起酥性和乳化性，但不及奶油和忌廉，可塑性、稳定性较差，在西点中主要用于咸酥点心等类型。中点酥皮类用之较多。

5. 牛、羊油

其具有良好的可塑性和起酥性，但熔点高，可达45℃左右，不易消化，在国外多用于布丁类点心。

6. 植物油

植物油起酥性和乳化性均比动物油脂差，西点类使用量较少，常用于中点制作。花生油在植物油中质量较好，色、香、味俱全，是首选用油。棕榈油色质清亮，口感较好，也是较好的选用油。豆油生产出的制品颜色好，但易起沫，且有豆腥味，适宜煎不宜炸。卫生油（棉花油）炸制品色泽金黄好看，但没脱毒的卫生油长期食用对人体有害，所以不提倡使用。菜籽油、茶油色泽度较好，并含有些微的天然植物香味。

三、糖

糖除了作为甜味剂外，还能阻碍面筋吸水和生成，故能调节面筋的筋性，提高糕点的酥性。其吸湿性能使糕点保持柔软，渗透压能抑制微生物的生长，焦糖化反应和美德拉反应能促使制品上色增香。蛋糕制作中，增加蛋液的黏度和气泡的稳定性。发酵制品中糖又是酵母的食物。

1. 白砂糖

白砂糖形态上可分为细粒、中粒和粗粒三种，从产品的来源上又可分为蔗糖和甜菜糖两种。蔗糖的质量、口感优于甜菜糖。

细粒糖（绵糖）因其容易溶解，协助制品膨胀效果好，多数糕点均采用，故用量也较大。中粒糖性能略差于细粒糖，但含水量又低于细粒糖，适合做海绵蛋糕。粗粒糖不易溶化，含水量最少，甜度较高，适合熬浆、制品的表面装饰和加工糖粉。

2. 糖粉

糖粉是由结晶糖碾成的粉末，主要用于表面装饰，还可用于塔皮、饼干、奶油膏、糖皮制作，可增加制品光滑度。

3. 赤（红）砂糖

其是未经脱色精制的蔗糖，用于某些要求褐色的制品，如农夫蛋糕、苏格兰水果蛋糕或中点月饼馅、点心馅等。

4. 葡萄糖

其又称淀粉糖，是由淀粉经酶水解制成，主要含葡萄糖、麦芽糖和糊精，加入在糖制品中能防止结晶返砂。

5. 蜂蜜

蜂蜜含有较多的葡萄糖和果糖，带有天然的植物花香，营养丰富，吸湿性强，能保持制品的柔软性。

6. 化工甜味剂

其包括糖精、甜蜜素等。从某种意义上讲它们并不是糖，只是一种甜味剂，无营养价值，在制品加工过程中除增加甜度外并不起其他作用，因此高档产品中很少使用。

四、蛋

蛋是糕点制作中常用的原料。鸭蛋、鹅蛋因含有异味在糕点制作中很少使用。

1. 鲜蛋的化学成分

①蛋壳：占全蛋的10%。

②蛋白：占全蛋的60%。

③蛋黄：占全蛋的30%。

④去壳净蛋约50～55 g，其中蛋白占66.5%，蛋黄占33.5%。

⑤蛋清中水分约占87%，10%的蛋白及少量的脂肪、维生素、矿物质。

⑥蛋黄中水占50%，脂肪占30%，蛋白质占16%，其余为少量的矿物质。

2. 冻蛋

冻蛋在−20℃储存，冷水解冻后要尽快用完。分蛋法（蛋清蛋黄分离法）冷冻1～2天后比鲜蛋更容易起泡，是 pH 值从 8.9 降到 6.0 所致。

3. 全蛋粉

将其按一份蛋粉，三份水的比例配成蛋液，但起泡不好，不宜做海绵类蛋糕。

4. 蛋清粉

取 90 g 蛋清粉、600 g 水，调配好后放置 3～4h 再使用，延长搅打时间，用于皇家糖霜、蛋白膏等。

五、乳品

常用的乳品主要是牛奶。牛奶不仅是常用辅料，还用来制作馅料和装饰料，也是制作奶粉、奶油、酸奶、奶酪等乳制品的原料。

1. 牛奶的化学成分

牛奶含水量约占 87%，其他有蛋白质、乳脂、乳糖、维生素和矿物质。牛奶中的蛋白质是完全蛋白质，营养价值高。酪蛋白占牛奶中蛋白质 80%，以胶体颗粒悬浮于乳清中。乳清中溶解的蛋白质是乳清蛋白质。乳脂以脂肪球状态分散在乳清中，因此牛乳是一种水包油的乳状液。

2. 牛奶在糕点中的作用

牛奶含水量高，是糕点常用的润湿剂，并可提高制品的营养价值，赋予奶香味。乳糖在烘焙中与蛋白质发生美德拉反应，使制品上色速度快。酪蛋白和乳清蛋白是良好的乳化剂，能帮助水油分散，使制品的组织均匀细腻。

3. 面点常用乳品

①鲜牛奶：在制作中低档蛋糕时，蛋量减少，往往用鲜牛奶补充。鲜牛奶有全脂、半脂、脱脂三种类型，脱脂加工分离出的乳脂可用来加工新鲜奶油和固态奶油。

②奶粉：是由鲜牛奶浓缩干燥而成，使用方便。如果配方中为鲜牛奶，可用奶粉按 10%～15% 的浓度加水调制。

③炼乳：是牛奶浓缩的制品，分甜、淡两种。甜的保存时间长，可较好地保持鲜奶的香味，可代替鲜奶使用，用来制作奶膏效果更佳。

④乳酪（奶酪）：是牛奶中的酪蛋白经凝乳酶的作用凝集，再经过适当加工、发酵制成。其营养丰富、风味独特，可做乳酪蛋糕和馅料。

巧克力熔点低，质地硬而脆，用时用约 40℃ 温水水浴法熔化。

六、水果和果仁

糕点使用的水果有多种形式，包括果干、糖渍水果（蜜饯）、罐头水果和鲜水果。果干和蜜饯主要用来制作水果蛋糕、月饼馅等。鲜水果和罐头用于较高档次的西点装饰和馅料，中点不常用。

果仁是指坚果类的果实，广泛用于糕点的配料、馅料和装饰料，如杏仁、核桃仁、榛子、栗子、花生、椰蓉及各类瓜子仁。国外用量最多的是杏仁。

第五节 中式面点制作工艺

一、中式面点的分类

中式面点的分类是按照一定的标准，科学地、系统地将中式面点的品种划分为不同的类别，以促进中式面点的标准化实施，以满足面点的教学、生产、消费的需要。

1. 中式面点的分类原则

目前我国面点分类方法较多，且各地不同。现根据可搜集到的资料看，反映出的问题表现在如下 4 个方面：各地对分类的标准认识不统一；行业习惯叫法不统一；分类标准使用不规范；理论和实践生产不统一。因此，目前中式面点分类是难以统一，这种现状对于开展面点教学研究、生产实践是不利的。科学统一的面点分类标准，是发展、创新中式面点的需要。分类时要尽可能与原有分类法保持一定的承接性，便于学习、教学、接受、推广。

①分类科学。分类要符合分类学的基本原则，选择面点制品最本质属性作为分类基础，规定统一的归类原则，合理、客观地进行层级分类。

②系统性。将中式面点制品按规定的归类原则选择分类，形成一个由若干个子系统组成的逐级展开的系统，使之系统化、标准化、规范化。

③可延伸性。面点制品的分类要充分考虑到科技的进步、创新品种的出现等情况，留出足够空间，使中式面点分类体系具有可延伸性。

根据以上几点，中式面点的分类可采用按层级划分的方法。第一级按原料属性进行分类，因其能反映面点制品最本质特征，符合我国传统饮食特点；第二、三级可根据掺入不同的物料、添加料及调制工艺而形成不同性质的面坯进行分类，因其既能反映每一类面点制品的共同特点，又能反映各类制品之间的差异，同时有利于教学与生产实践，统一规范面点工艺的教学、科研、生产的实施。

2. 中式面点的分类方法

面点制品的分类方法较多，各类分类方法均有各自的特点和适用范围，常用的分类方法有以下有 5 种：

①按坯皮原料分类，这是最为常见的一类分类法，是第一级按照原料的商品属性为依据划分，可分为麦类制品、米类制品、杂粮和其他类等。

②按熟制方法分，这是生产实践中分工常用的一类分类法，可分为蒸、炸、煮、烙、烤、煎以及综合熟制法等。

③按形态分类，这是按照面点制品的形态的一类分类法，在销售时常见，又可分为饭、粥、糕、饼、团、粉、条、包、饺以及羹、冻等。

④按馅心分，这是以人们饮食习惯区分的一类分类法，在销售时常见，可分为荤馅、素

馅、荤素馅等。

⑤按口味分，这是以人们口味习惯区分的一类分类法，在销售时常见，可分为甜味、咸味、咸甜味和甜咸味等。

3. 按坯皮原料分类法

下面简要介绍目前中式面点制品分类中，运用最广泛的较为科学统一的一种按坯皮原料分类法。分类系统如图 13－1 所示。

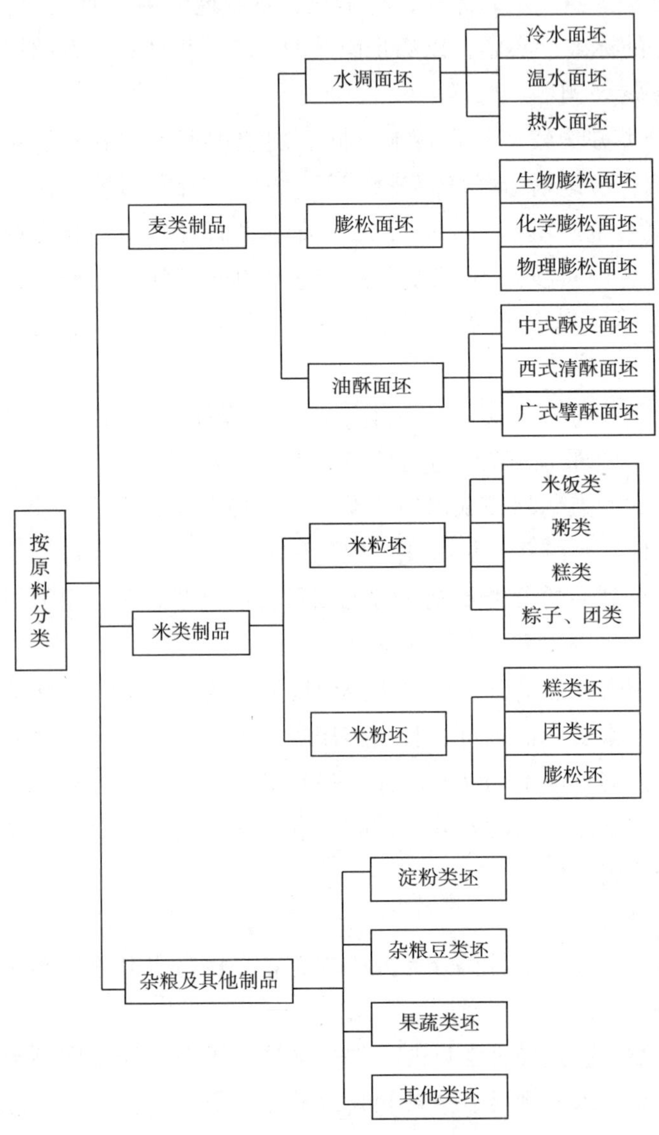

图 13－1　坯皮原料分类法

（1）麦类制品

麦类制品是面点中制法最多、比重最大、花色繁多、口味丰富的一大类制品，在面点制作中占有重要地位，在盛产麦类的北方地区尤其突出。

麦类制品是指调制面坯的主要原料小麦粉，掺入原物料，主要是水、油、蛋和填加料，经调制成为多种特性的面坯，再经过多道加工程序制成的产品。因掺入原物料、填加料及技法不同，形成了多种多样的面点制品，各有风味和特色。主要可分为以下 3 种。

①水调面团：即用水与面粉调制的面坯。因水温不同，其又可分为冷水面坯（水温在30℃以下）、温水面坯（水温在 50 ~ 75℃）、热水面坯（水温在 80 ~ 100℃，又叫沸水面坯或烫面）三种。

冷水面坯劲力大有韧性，制成成品色白、爽滑、有劲（俗称筋抖），适用于制作面条、水饺、馄饨、烙饼等。

温水面坯柔中有劲，富有可塑性，制成品时，容易成型，烹制后也不易走样，口感适中，色泽较白。这种特点特别适用于制作各种花色蒸饺。其他用途同冷水面坯。

热水面坯特性是柔软、劲小，成品呈半透明状，色泽较差，但口感细腻、软糯并有些甜味，加热也容易成熟，适用于制作蒸饺、烧麦、锅贴、薄饼等。

水调面坯在调制中，再经过加工处理，还可调成柔软的面筋面坯，如盐水子面，常用于调制春卷皮用。有些水调面坯在调制过程中，适当掺入一些填加料，以改善面坯性质和口味，丰富花色品种。如加糖和椒盐，使制品增加口味；冷水面坯加盐增强筋性，使制品更爽滑；加入蛋液成为水蛋面团，可制作口味好，富有营养的“伊府面”“全蛋面”等。

②膨松面坯：可分为三个种类。一是在面坯调制中，加入酵母；二是加入化学膨松剂；三是把鸡蛋抽打成泡，再加入面粉调制成糊状面坯。这三种面坯制成成品的共同特点是：体积膨胀、松泡多孔、质感松软，酥香、可口、营养丰富。

加入酵母而调制的膨松面坯，称为发酵面坯，最适宜制作蒸、烤制品。其品种繁多，如馒头、花卷、包子、银丝卷、烤饼等。

加入化学膨松剂而调制的面坯，叫作化学膨松面坯，这类面坯用途广泛，以广式点心中应用最为常见。一是直接把水、油脂、糖、鸡蛋、膨松剂等掺入面粉，一次揉合成坯，制成膨松、酥香的面点，叫单酥面坯，又叫混酥面坯，如核桃酥、杏仁酥等。二是将坯料中油脂等比例降低，增加膨松剂用量，使制品更为膨松，质感松软，但是酥性降低，常称化学膨松面坯，如甘露酥皮、松酥皮、拿酥皮、锚沙皮、土干皮及西河坯等面皮及其花色点心。此外，三是用矾碱盐调制的面坯，是传统制作油条、油饼、麻花等制品的方法，制品松泡、酥脆，常称为矾碱盐面坯。

用蛋泡调制的面坯，又叫调搅面坯或物理膨松面坯，用它制成的成品比酵母和膨松剂面坯具有更大的膨松性，而且营养、色泽、口味俱佳，常制作精细点心，如各色蛋糕等。

③油酥面坯：即用油脂与面粉调制的面坯。这种面团分为中式层酥、广式擘酥和西式奶油清酥等，制品的共同特点是层次清晰、色泽美观、入口酥化、品种繁多，常用来制作精致美点。

油酥面坯制作方法常有两种做法：一是包酥法（又叫酥皮），由两块面坯（一块是用水、油、面粉调制的水油酥面坯，一块是用油与面粉调制的干油酥面坯），一块做皮、一块做心，包在一起，经过擀、叠、卷等工艺而成（因处理方法不同又分为明酥、暗酥、半暗酥等）。

二是叠酥法，原为西式酥皮制法，以奶油为介质达到起酥目的，也是调制两种不同性质的坯皮，叠放在一起，经过几次叠、擀而成后叫清酥坯。广式面点师吸收西式清酥皮制作技法，改良创新而成广式擘酥。区别是使用的油脂不同，擘酥使用的是猪油，更适应中国人的饮食习惯，清酥使用的是奶油，奶油的起酥性更好，并有奶香味。

油酥面坯这类面坯制成的成品共同特性是：层次分明、酥香可口。品种有酥合、酥饺、酥饼和各种花色酥点等。

除上述主要面坯外，还有全蛋面坯、水油蛋面坯、油糖蛋面坯等。如蛋黄酥，就是油糖蛋面坯制成的。

（2）米类制品

米类制品是指在米或米粉中掺入水及其他调辅料进行调制，再经成型、熟制而成的制品。

①米粒坯制品：指以籼米、粳米、糯米与水熟制而成的制品。其是否加入调辅料，依品种而定。米制品有普通米饭、花色饭、普通粥、花色粥、米糕、米团、粽子等。

②米粉坯制品：指以将糯米、粳米、籼米磨成米粉为原料，因为三种米粉性质不同，一般采用按品种需要搭配成镶粉。

糕类坯：指以镶粉加水或糖（糖浆、糖汁）拌和调制，经成型、熟制（或熟制后成型）而成的制品。制品有松糕、方糕、年糕等。

团类坯：指以镶粉原料，先局部热处理，经调制、包馅、成型后熟制（或熟制后成型）而成的制品。制品有各色汤圆、金团、双酿团等。

③膨松坯：指以籼米粉加水及糖、酵母或膨松剂等辅料调制成坯，经发酵、成型、熟制而成的制品。制品有棉花糕等。

（3）其他制品

①澄粉制品指以特殊加工的澄粉（麦淀粉）加水调制，再经成型、熟制而成的制品。制品有虾饺等。

②杂粮豆薯类制品指用杂粮或豆薯类磨成粉，经调制、成型、熟制而成的制品。是否掺入面粉、米粉、油、糖等，依品种而定。制品有小窝头、黄米炸糕、绿豆糕、豌豆黄、豆面糕等。

③果菜类制品是以根茎类的蔬菜和水果为主要原料调制而成的面点制品，制品有鸡粒芋角、莲蓉点心等。

④特殊制品指上述制品以外的制品，如鱼虾蓉点心等。

二、酥类制品

1. 酥类制品的原料

①面粉：以低筋粉为佳，中筋粉次之，高筋粉不宜选用。配方中的面粉面筋含量越低，做出的制品口感、质量越好。

②糖：以绵白糖为佳，细砂糖次之，选用粗砂糖制作的制品，起酥性将受到一定影响，

且口感较硬。

③油脂：荤酥用动物油，清真酥（素）酥用植物油。目前在酥点的制作中，有的配方改用西点奶油，在口感及起酥性上别具风味，在此可供参考。

④蛋：用量恰当可以增加营养，辅助制品体积膨松，但切忌超量使用，量大易起面筋，使制品起酥性较差，质地紧密干硬。

⑤水：在酥类制品制作中，水的作用主要是起到溶解各类化学原料，忌多用。

⑥化学原料：应科学组方，相互配合使用，忌单一用料，以免口感差、化学味刺鼻。

⑦配方比：酥类制品配方中，面粉:油脂:糖的比例约为2:1:1（液态油略少些）。

2. 酥类制品的工艺流程

（1）擦粉（擦酥）

面粉、发酵粉（泡打）混匀过筛后倒在案板上扒成面池；然后将白糖、油脂、蛋液与化学原料（溶化在冷水中），一起搅拌成混合液倒入面池中，本着由内至外的原则，逐步与面粉混合成软硬适宜的油酥面团。液态油用抄拌法，固态油用擦酥法，不管采用哪种方法，只要将原料混匀无干粉即止，切忌抄拌过度起筋影响制品起酥性。

（2）制坯

根据制品的形态要求，可采用不同的方法制作坯料，如卡模、扣模、摁模、切块手工成型等方法，切块或扣摸制作时，须先将面团擀成厚约1～2厘米。

（3）装饰

表面可撒黑白芝麻、花生、瓜籽等各类果仁来装饰，也可以刷蛋液、蛋黄；或光坯不进行装饰。

（4）烘烤

生坯摆盘时，间距不小于坯料的长度或直径，入炉温度控制在100～150℃为宜，出炉温度控制在200～290℃为宜，也可采用180℃恒温。除配方的特殊要求外，180℃以下适宜制品的起发，190℃适宜制品的定型上色。

3. 注意事项

面筋含量不宜高，配方水分更忌多。

化学原料忌单一，事先融化冷水中。

泡打只与干粉拌，酥面调制忌揉搓。

进炉摆盘忌不匀，兑水务必粉前投。

开花温度不宜高，制品未熟见风愁。

4. 案例：酥类品种及配方

（1）杏仁酥

配方：面50斤，糖25斤，猪油（花生油）25斤，蛋5斤，泡打0.5斤，苏打0.5斤，杏仁3斤。

成型要求：每5斤面团下成60个小剂，每剂高2厘米、直径4厘米，在剂中心用指戳一小洞，深约为坯料厚度的4/5，然后在洞内放一粒杏仁，烘烤温度100～150℃，成品为淡金黄色。

（2）黄油杏仁酥

配方：面500克，黄油275克，糖250克，蛋100克，杏仁30粒。

要求：将调制好的油酥面团下成30个小剂，搓成圆球，在中间按一坑，放入杏仁入炉100～150℃烘烤，时间约15分钟。

（3）椒盐桃酥

配方：中筋粉25千克，糖粉12.5千克，猪油12.5千克，蛋3千克，盐200克，苏打120克，铵125克。

工艺：蛋、糖、铵、苏打、盐先搅拌5分钟，投入猪油再拌5分钟后，再投入面拌，均匀成面团即止。面团擀成1～1.5厘米厚的面片，用金属圈扣模（或切成长方形），炉温130～160℃烘烤，时间约8分钟，成品为谷黄色，表面有鸡爪裂纹，甜咸适口。

（4）桃仁酥

配方：面31千克，糖12.5千克，饴糖5千克，油4千克，核桃仁1千克，苏打300克，铵150克，水7.5千克。

工艺要求：下成厚0.8厘米、直径4厘米的圆剂，中间按上核桃仁，190℃烘烤，时间约9分钟，成品有自然裂纹。

三、包酥类工艺制作

包酥工艺是中点制作最具代表性的工艺之一，其主要开酥方法有小包酥和大包酥两种。

1. 小包酥的工艺制作

先将水油皮面调制好饧发待用。用抄拌法调制酥面，将两种面下成等量小剂，先把水油皮面擀成薄片，包上酥剂收好剂口，沾少许面粉后将剂口朝下，用槌擀成椭圆形，从一头卷起后再擀开（另一种方法是两头向中间叠起再擀开，一般最少重复两次），包入馅料做成所需的形状即成。水油皮面配方比例：面100%，水45%，油10%～30%，糖10%。酥配方比例：面100%，油40%～50%。

2. 大包酥的工艺制作

将皮面擀开至包入酥时即可，将酥包入后留一气口，待擀制将空气完全排出时封口，再擀成方形薄皮，从一边卷起成圆柱。达到需要的粗细时，用刀顺着圆柱边划下再卷另一根，然后将圆柱切成等量、等长的小剂，刀口朝上将小剂向下按扁，擀成薄片包入馅料，做成所需的形状。

3. 案例

（1）拔兰酥（北京凤尾酥）

皮：面3.7斤，油0.5斤，糖0.5斤，水1.75斤。

酥：面4.5斤，油2.2斤。

馅：面3.5斤，糖2.7斤，油2斤，肥3.5钱，苏打5钱，香兰素少许（加盐8克可做成甜咸味；馅料换成豆沙即成南方凤尾酥、玉兰酥）。

工艺：用小包酥、大包酥方法开酥均可。包上馅料后卷成小圆棍，竖着在棍坯当中切一刀（约为棍长的1/2或2/3），要切透，然后把坯料顺刀口向外翻开，刷上蛋黄，炉温180℃，时间约12分钟。

（2）元宝酥

皮面：面粉3.7斤，油0.5斤，糖0.5斤，水1.7斤。

酥面：面3斤，油脂1.5斤。

馅料：豆沙、枣泥或果酱等适量。

工艺：采用小包酥方法开酥。包入馅料后轻搓成圆柱形（长约4厘米，粗约1.5厘米），两手拇指各在坯料两端约1/3处，轻按扁后，从两端底部托起，向中心挤成元宝形，表面刷蛋黄，180℃烘烤约10分钟。

（3）菊花酥

皮料：面1.8斤，油0.25斤，糖0.25斤，水0.8斤。

酥面：面2.3斤，油1.1斤。

馅料：枣泥，豆沙两种。

工艺：采用小包酥方法开酥。包入馅料后搓圆，剂口朝下按扁成圆饼，用刀沿边缘竖切一圈，每刀长约1.5厘米，间隔1厘米。然后将切开的小瓣向上翻转90°（相同方向翻转），手指轻捏扁呈菊花状，饼心刷蛋黄，180℃烘烤约8分钟。

（4）蝴蝶酥

皮料：精粉19千克，猪油6千克，糖1千克，水5～5.5千克。

馅料：粉7.5千克，猪油2千克，糖8.5千克，蜜6千克，糖桂花500克。

工艺：

①制皮：水溶化糖，加猪油搅拌均匀后，加入面粉揉搓至均匀滋润、不粘手为妥。

②拌馅：蜂蜜与猪油、糖拌匀后，再加糖桂花、面粉拌匀即可。

③包馅：用17.5克皮面包入27.5克馅心，封口严实待用，按24只/每千克取量。

④成型：将包馅后的半成品擀成直径10厘米的薄圆饼，用刀平行切三刀，分成等宽的面条，将较大的分割面朝上，四条面的两侧中点刷水，用筷子夹紧，使四条面紧紧粘连，呈皮馅分明的蝴蝶状。

⑤烘烤：炉温230℃，皮乳白色，馅棕红色或麦黄色，外形如展翅蝴蝶，底呈金黄色。

（5）蛋黄酥

配方：富强粉10斤，蛋黄3斤，大油5斤，白糖4斤，苏1两，水、香精适量。

工艺：将大油化开，加入蛋黄、糖、苏打、香精、水等搅拌乳化，加入面粉后用抄拌法拌匀即可，切忌多揉，下成小剂（参见桃酥制作），180℃烘烤。

四、传统地方月饼工艺

1. 苏式月饼

（1）皮料配方

①荤皮。

皮料：精粉36斤，熟猪油12.4斤，米稀4斤，80℃热水14斤。

馅酥：面20斤，猪油507斤。

②素皮。

皮料：精粉32斤，麻油10.4斤，米稀4斤，80℃热水12斤。

馅酥：面17斤，麻油7.76斤。

工艺要求：按小包酥或大包酥方法开酥，皮与酥比例5:6，包入馅心后按成圆饼（每斤四头、八头、十二头），剂口贴方纸，面中央扎一小孔，盖上红戳，用中上火烘烤（200～230℃），时间约5～6分钟。饼面起鼓外凸，饼边呈黄白色即熟，黄绿色、不起酥皮则不熟。在炉温控制上需要注意的是：炉温低易跑馅，温度高则易焦。

（2）苏式馅料配方

①清水玫瑰：熟面10斤，绵白糖22斤，猪油8.5斤，糖渍油丁10斤，核桃仁3斤，松子仁3斤，瓜子仁2斤，糖桔皮1斤，黄丁1斤，玫瑰花2斤。

②水晶百果：熟面10斤，糖22斤，猪油8.5斤，糖渍油丁10斤，核桃仁5斤，瓜子仁2斤，松子仁2斤，糖桔皮1斤，黄丁1斤，黄桂花1斤。

③甜腿百果：熟面10斤，糖22斤，猪油8.5斤，熟火腿2斤，核桃仁3斤，瓜子仁1斤，松子仁2斤，糖桔皮1斤，黄丁1斤，黄桂花2斤。

④黑芝麻盐（素）：熟面3.5斤，糖24斤，麻油13斤，黑芝麻屑10斤，核桃仁5斤，松子仁3斤，瓜子仁2.5斤，糖桔皮1斤，黄丁1斤，黄桂花2斤，盐0.5斤。

⑤黑芝麻盐（荤）：熟面3斤，糖22斤，猪油8.3斤，糖渍油丁10斤，黑芝麻屑8斤，核桃仁3斤，松子仁2斤，瓜子仁2斤，糖桔皮1斤，黄丁1斤，黄桂花2斤，盐0.5斤。

⑥松子枣泥：糖32斤，猪油7斤，糖渍油丁1.5斤，黑枣6斤，松子仁4斤，瓜子仁2斤，黄橘皮1斤，黄丁1斤，黄桂花1斤。

⑦清水细沙：糖渍油丁5斤，制成豆沙57斤，糖桔皮1斤，黄丁1斤，黄桂花2斤。

⑧猪油夹沙：糖渍油丁16斤，豆沙45斤，黄丁2斤，黄桂花1斤，玫瑰花1斤。

2. 广式月饼

（1）皮料配方

①面25斤，浆20.5斤，油6斤，枧水0.45斤，糠浆（糖:水:柠檬酸配方比=50:18.5:0.04）。

②皮面：面25斤，油5.5斤，浆（糖10斤，水4斤，饴糖2斤）。

③低筋面：1000克（高筋20%，低筋80%），浆700～8000克，枧水12克，油250克。

④面7斤，油1.6斤，浆4.8斤，浆（糖100斤，水40斤，柠檬酸1两，盐1两）。

⑤面 50 斤，浆 40 ~ 42 斤，油 12 斤，枧水 0.8 ~ 0.9 斤，浆料配方（糖 100 斤，水 35 ~ 40 斤，柠檬酸 25 ~ 30 克）。

⑥佳和：高筋粉 50 克，低筋粉 300 克，浆 350 克，枧水 8 克，油 110 克（上火 220℃，下火 190℃，时间约 25 分钟。）浆料：水 25 kg，糖 55 kg，菠萝 1 kg，柠檬 1 kg，柠檬酸 60g。

（2）佳和工艺

浆料熬制 3.5 小时，熬 1.5 小时下水果。浆料存放 25 天后使用。刷面蛋液：3 只蛋黄 1 只蛋清搅拌均匀后过滤，用薄羊毛刷刷制品表面。

（3）烘烤

上火 230℃，下火 140℃，烤至皮面定型，出炉（如腰身缩则不能出炉，须腰身垂直成一条线）晾十分钟刷第一遍蛋液，刷匀即可。进炉前刷第二遍蛋液，上下火一样，烤至所需颜色，出炉后刷亮光剂（油脂加蜂蜜）。

3. 台式月饼

面粉 10 斤，液态奶油 5 斤，蛋 3 斤，奶粉 1 斤，芝士粉 9 两，砂糖 4 斤，盐 1 两。

（1）月饼原料制作工艺

①糖浆制作：水烧开后下糖，搅拌至糖溶化、水沸腾 5 分钟后，再将柠檬酸用少许水化开加入，待再次煮沸后改用慢火熬制半小时（水份蒸发 40% 左右）即成月饼浆，储放 15 ~ 20 天后才能用。

②枧水制作：碱 12.5 斤，苏打 0.48 斤，开水 50 斤溶解冷却即可使用。

③皮面制作。

制法一：面粉倒在面案上扒窝成面池；糖浆、枧水充分搅拌后再加入植物油混匀，然后倒入面池中，由内至外徐徐加入面粉，揉抄成细腻发暄的软性面团。面团须在 1 小时内成型完毕，否则将会起面筋。

制法二：糖浆、饴糖放入盆内搅拌均匀，再把油倒入搅匀，待油不上浮、浆不沉淀时，倒入 1/3 面粉，搅拌匀再加入剩余的面粉（分次加入），拌匀揉光，调成细致而有劲的面团即可。

制法三：浆、油、枧水混匀后倒入面粉，抄拌匀即止，不能揉，防止起面筋。

④制馅：按不同品种配制。以五仁馅为例，先将小料加入水中化开，然后加入糖、油充分混匀，再加入烤熟的五仁料、熟面等抄拌均匀后分成等量小剂。

⑤成型：除馅心略有不同外，各地皮馅比例也存在不同，广式皮馅比：1∶6 ~ 1∶4，沪式：1∶1.6 ~ 1.8，滇式：1∶1.2，京式：1∶1.45，东北：1∶0.88。

成型按每千克（头）取量下剂，先将饼皮压成扁薄片，包馅后剂口朝下装入模内，用手轻轻压实，木模敲击台板磕出（铜模须先加热装模，烤后脱模）。

⑥烘烤：生坯表面刷一层水，炉温 150 ~ 160℃进炉烘焙 5 分钟左右，饼面呈微黄色后取出刷蛋黄液，再烤 15 分钟左右，饼面金黄、边缘呈象牙色即可出炉。若炉温定 200℃，烘焙时间约 13 分钟；250℃时，时间约 10 分钟。

（2）案例

①莲蓉月饼。

饼皮：2.5 斤，莲蓉 13 斤，刷面蛋少许。

红莲蓉：莲子 50 斤，糖 75 斤，油 15 斤，碱水 2.5～3 斤，猪油 12.5 斤。

白莲蓉：莲子 15 斤，糖 45 斤，板油 3 斤，花生油 4.5 斤，碱水 1 斤。

②玫瑰豆沙月饼。

饼皮 10 千克，玫瑰豆沙 43 千克，刷面蛋 6.5 千克。

豆沙馅：红豆 25 千克，砂糖 35 千克，花生油 12.75 千克，糖玫瑰 1.75 千克，碱水 0.25 千克。

③五仁甜肉月饼。

饼皮 10 千克，五仁甜肉馅 42.4 千克，刷面蛋 1.5 千克。

五仁甜肉馅：糖渍肥肉 15 千克，砂糖 2.5 千克，杏仁 2.5 千克，瓜子仁 2.5 千克，核桃仁 2 千克，榄仁 4 千克，糖冬瓜 2.5 千克，芝麻 2 千克，糖橘饼 1 千克，糖玫瑰 1 千克，花生油 1 千克，熟糯米粉 4 千克，汾酒 0.4 千克，水 2 千克。

④蛋黄莲蓉月饼。

饼皮 12.5 千克，蛋黄莲蓉馅 66.5 千克，刷面蛋 1.75 千克。

蛋黄莲蓉馅：莲蓉 60.5 千克，咸蛋黄 400 只。

⑤广东五仁月饼。

饼皮 10 千克，五仁馅 30 千克，刷面蛋 1.5 千克。

五仁馅：糖 6.5 千克，熟米粉 3 千克，桃仁 7 千克，麻仁 2 千克，杏仁 1 千克，瓜条 5 千克，青梅 1 千克，瓜子仁 500 克，花生仁 1 千克，花生油 2.5 千克，饴糖 1.5 千克，玫瑰酒 250 克，玫瑰花 500 克。

五、麻花制作工艺

1. 天津大麻花

①配方：酵面 1 斤，面粉 5 斤，糖 1 斤，油 4 两，泡打 2 钱，苏 2 钱，碱水 2 钱，水 1.3 斤，酥面（面 1 斤，油 3 两，开水 2.5 两，苏打少许）。

②工艺：将面粉、糖、酵面放入盆内，碱用温水溶化，和成光滑的面团，表面刷油（防干皮）待用；开水、油、面粉冲烫成酥面冷却搓条待用。

将主面团分成小剂搓成长条（长约 20 厘米，粗约 0.5 厘米），取 4 根粘芝麻（芝麻用糖稀浸湿），另取 5～8 根不沾芝麻（成坯 5～13 条/每根麻花），两种条交错排列，中心放一根酥条，双手反拧上劲成麻花坯，接口沾水拧实，油温 160℃，双手平放入锅，多滑动几次防止粘底，里外炸透至红黄相间即可。

2. 鸡蛋麻花

①配方：面 60 斤，糖 17 斤，蛋 10 斤，铵 1 斤，水 18 斤，炸油 23 斤。

②工艺：将原料调制成光滑稍硬的面团，稍饧片刻擀成 1 厘米厚的面片，再切成 1 厘米

宽、5 厘米长的小条，刷上油防干皮，然后逐根搓成粗细均匀统一的细长条，两端相反方向拧劲，然后合拢上劲后，条头从环头穿出即成生坯，油温 180℃炸成金黄色。

3. 小麻花

①配方：面 10 斤，糖 2 斤，油 0.5 斤，蛋 1 斤，铵 5 钱，水 3.2 斤（夏天减 0.9 斤），苏打 5 钱，甜蜜素少许。

②工艺：参照鸡蛋麻花制作，可用花槌制条，炸后套糖、粘砂糖，也可用多种颜色调面，做成不同特色的小麻花。

4. 酥麻花

配方：面 4 斤，水 0.5 斤，糖 1 斤，蛋 1 斤，猪油 0.4 斤，酵母 0.5 斤（咸味：糖 0.2～0.4 斤，盐 40 克）。

六、其他几种中式点心案例

1. 江米条

配方：糯米粉 5 斤，糖 3.5 斤，糖稀 1 斤，水 6 斤。

工艺：先取 4.5 斤水烧开，加入 3.5 斤糯米粉、稀烫熟拌匀待用。将剩下的糯米粉放入熟面中揉匀，擀成 0.3 厘米厚的薄片，切成 3 厘米长，0.3 厘米宽的细条，油炸成金黄色。熬浆：1.5 斤水和 3.5 斤糖熬成拔丝的糖浆，浇在炸好的制品上，翻拌均匀（也可撒砂糖装饰此时），凉透即可（此配方也可做成细细的江米条，套糖成型如萨其马等品种）。

2. 开口笑

配方：面 2 斤，蛋 3 个，稀 2 两，油 2 两，水 3.5 两，小苏打 1 钱，铵 1 钱，糖 0.5 斤。

工艺：面揉至三光稍饧，擀成 1 厘米厚，切成 1 厘米见方的小块，芝麻用稀浸透后放入筛中，再倒入生坯滚圆并沾满芝麻，油炸成金黄色。

3. 朝鲜蜜三刀（蜜食）

皮料：面 5 斤，油 2.5 两，水 2.3 斤。

上料（混酥）：面 15 斤，糖稀 8.5 斤，水 1.5 斤，油 2.2 斤，小苏打 2 钱，铵 8 钱。

挂浆料：糖 12.5 斤，糖稀 1 斤，蜂蜜 5 两，水 5 斤。

工艺：将皮料揉成软硬适中的“三光”面团，稍饧待用；将混酥配方的油、稀、水及小料混匀后倒入面池中，抄拌均匀即可，不要揉制以免起面筋；将松弛好的皮面擀开，将混酥盖在上面，稍擀实后边缘捏牢，再将面擦上糖稀铺满芝麻后，再擀实成 0.5 厘米厚的大方片，扫除多余的芝麻，用尺量切成 1 寸×1.7 寸的小块（前三刀为虚刀，不切破面，后一刀实切）。

油温 180℃油炸，酥面炸成枣红色、皮乳黄色捞出稍控油，趁热喝浆，待坯料沉至与浆面水平，底皮透明时迅速将制品捞出摆盘，喝浆过久易溶烂在浆中。

喝浆和油炸由两个人分别操作。糖浆熬至 105℃时，加糖稀、蜂蜜再熬至 105℃，停火凉至 70～80℃喝浆。

4. 炸排

配方：普通粉5斤，盐1.5两，胡椒粉1两，糖5.5两，水约2.4斤，芝麻适量。

工艺：将原料揉成软硬适中、光滑的面团，饧约30分钟，用刀切成小份，擀成薄片，叠成宽约1.5厘米的“日”字形（表面刷油后撒干面，共叠三层），切成5～6厘米长的小剂，两头各留约1厘米处竖划一刀上下切透，顺刀缝两头一正一反对掏即扭成排叉坯，油温180℃炸成金黄色。

5. 空心糯米麻团

配方：糯米粉1斤，糖2两，泡打粉10克，低筋粉20克，豆沙1斤，芝麻3两，温水适量。

工艺：面粉、糯米粉、泡打粉等干性原料混匀，糖倒入温水中化开后，加入干性原料中揉成软硬适中的糯米面团，搓成长条后下成约50克/每只小剂，包入约10克豆沙封好口，表面粘满芝麻即成生坯。

油温约六、七成热时，将生坯沿边下入锅内并不断搅动防止粘底，注意控制好油温。如果油温上升应离火或加生油降温，待制品氽至外壳发硬时，停火焖几分钟后，再改大火氽制，使制品体积增大约2～3倍，外壳金黄即可捞出控油装盘。

6. 萨其马

①京式：精粉15.5千克，蛋7千克，炸油10千克，浆（白砂糖10.5千克，饴糖13千克，蜜3千克），青梅0.75千克，瓜子仁0.15千克，金糕1千克，葡萄干0.5千克，糖桂花0.5千克，芝麻2.5千克，朴面2千克。

②川式：面17千克，糖9.5千克，米稀9.5千克，蛋13千克，油12千克。

③沪式：面15.5千克，淀粉1.5千克（朴面），蛋6.75千克，泡打0.225千克，芝麻0.25千克，花生油11千克，砂糖13.75千克，饴糖10千克。

工艺（以京式为例）：

①调面团：蛋液打发起泡后加入面粉，（化学料用少量清水化开此时加入）搅拌均匀调成软硬适中的筋性面团，分成每块3斤左右饧30分钟。

②切条：压成0.2厘米厚的面片，然后切成10厘米×0.2厘米的面条，筛去朴面进行油炸。

③油炸：油温120～160℃，炸至淡黄色捞出控油。

④熬糖：糖水比例为10:4，水烧开时加糖，不停搅拌至糖融化以防止焦底，熬至114～116℃时加入淀粉糖浆、糖桂花，再熬至114～116℃（能拔出丝来）时停火，准备套糖（挂浆）。

⑤成型：青梅切片，葡萄干、青红丝洗净待用。把木框放在台板上，框内刷油后垫上一层芝麻，将制品均匀地拌上一层糖浆后倒在框内刮平，表面撒上果料压平（不宜过紧），厚底约3.5厘米，然后切成2.5厘米×5厘米的长方形，也可以切成其他形状（京式为4.5厘米×4.5厘米，川式为5厘米×5厘米，沪式为6.7厘米×6.7厘米）。可按每斤成品12～20块取量（各地不一），冷却后包装，有地地区用玻璃纸或糯米纸包装。

质量要求：大小厚薄要一致，刀口不偏条子粗细均匀，成品呈正方形或长方形，表面要平整，不缺边，不掉角不散垮，色泽金黄。制品表面略有光泽，小料分布均匀色泽鲜艳。制品组织蓬松，油润细腻，糖不砂不化，内外清洁无杂质，口感有脂香、蛋香味。

7. 河西炸糕

①配方：面粉 10 斤，水 16 斤，发面 50 克，大油 30 克，糖 250 克，矾、碱少许。

②工艺：水烧开后加入矾，倒入面粉搅匀烫透，摊开晾凉后将碱、大油及发面加入揉匀成团，下成约 20 克一个的小剂，按扁包上馅后，按成中间厚周围薄的坯料进锅炸成枣红色。

第六节　中式面点常用食品添加剂

在制作面点过程中，添加剂是各种风味和造型面点必不可少的用料之一，食品添加剂能改善面点的加工性能、质地、色泽和风味。

一、生物蓬松剂

1. 酵母

酵母是工厂化生产纯菌提纯，不含或含少量杂菌，发酵力强时间短，不会产生酸味，所以不须加碱中和，是首选的发酵原料。

酵母有液体鲜酵母（酵水）、压榨鲜酵母、活性干酵母三种。液体酵母含水 90%，效力强但易酸败变质。压榨鲜酵母含水 75%，效力强也易变质，须冷藏。活性干酵母（即发酵母）是由鲜酵母脱水干燥处理面成，约含 10% 的水分，不易变质更容易保存，但发酵力差。

2. 面肥（老面、面种、糟头）

其含酵母，同时也含有较多的醋酸等杂菌，在面团发酵过程中，杂菌繁殖产生酸味须加碱中和。

二、化学蓬松剂

1. 发粉

①碳酸氢钠：（食粉、苏打、老面）在热空气中缓缓分解出二氧化碳气体，使制品膨胀松软。（凉水溶解。）

②碳酸氢氨：（氨粉、大起子、臭粉、食用化肥）水温 35℃以上产生氨气（挥发）和二氧化碳气体。（凉水溶解，禁用温热水。）

③泡打粉：（发粉、发酵粉、焙粉、灸粉）是由碱剂（苏打）、酸剂、添加剂配合而成的复合蓬松剂，须加入干面粉中拌匀。

2. 碱矾盐

三种配合加在温水中溶解而产生化学反应，使制品蓬松。

三、水

调节面团稠稀，便于淀粉膨胀糊化，促进面筋生成，促进酶对蛋白质、淀粉的水解，生成利于人体吸收的多种氨基酸和单糖；溶解原料传热介质；制品含水可使其柔软湿润。

四、盐

①调味，用于制馅。

②增强面团的筋力。俗话说："碱是骨头盐是筋。"盐能促进面筋吸水，增强弹性与强度、质地紧密，使面团延升、膨胀时不易断裂。

③改善色泽。面团加入盐后，组织会变得更细密，光线照射制品时暗影小，显得颜色白而有光泽。

④调节发酵速度。发酵面加盐比例约占面粉的0.3%以下，盐能提高面团的保气能力，从而促进酵母生长，强快发酵速度。如果用量多，盐的渗透力就会加强，又会抑制酵母生长，使发酵速度变慢。

五、调节剂

①碱：与酸性中和，改变酸性。

②白醋、矾：与碱性中和，改变碱性。

③塔塔粉：与酸碱中和。

六、防腐剂

①丙酸钙：广泛用于点心的制作。

②山梨酸钾：主要用于肉类制品。

③苹果酸：用于点心制品、饮料、糖浆的制作。

④柠檬酸：用于点心制品、饮料、糖浆的制作。

七、面团改良剂

面团改良剂又称面包改良剂，主要在面包面团的调制时使用，以增强面团的搅拌耐力，加快面团成熟，改善制品的组织结构。其包含氧化剂（于氧化钠用于面包类），还原剂（焦亚硫酸钠用于月饼类，起减弱面筋作用），乳化剂（利于水油乳化），酶，无机盐等成分。

八、乳化剂

乳化剂属于表面活性剂，一般具有不同程度的发泡和乳化双重功能。其作为发泡剂使用时，能维持泡沫体系结构稳定，使制品获得一个致密的疏松结构；其作为乳化剂使用时，则能维持水油分散体系（即乳液）的稳定，使制品组织均匀细腻。

九、香精、香料

香精、香料分为脂溶性和水溶性两种性质，按来源分为天然和人工合成两类。天然香精对身体无害，合成的香精用量不宜超过原料总量的0.15%～0.23%。

除奶油、巧克力、乳品、蛋品等自然风味外，西点制作还加某些香精、香料来增加风味，但用量不宜过多，否则会掩盖或损害原来的天然风味。

水溶性香精容易挥发，耐热性低于脂溶性香精，须在冷却或加热前加入。西点用得最多的是橘子、柠檬等果味香精，以及香草、奶油巧克力等香料，有时还用烹调香料加茴香、豆蔻、胡椒等。

食品中直接使用的合成香精仅有香兰素，也是用得最多的香剂，常与奶油、巧克力配合使用。而奶油香精需要注意的是，不要和玫瑰香料混合使用，否则会产生胶臭味。

中点用的香料则较为广泛，果香、花香以及各种花酱类用途非常普及。

目前中西点常用的香料有：香草、可可、柠檬、薄荷、椰子、杏、桃、菠萝、香蕉、杨梅、苹果、橘子、奶油、玫瑰、桂花、山楂、草莓等，可根据需要进行选购。

除上述原料外，生产还用酱油、各类酒、味精、糖浆、可可粉、吉士粉、花生、芝麻等果仁类辅料。

十、色素

色素分天然和人工合成两大类。合成色素较天然色素稳定，着色力强，调色容易，价格低。西点用量较多的是色素是胭脂红和柠檬黄，然而合成色素大多对人体有害。我国规定，目前只准使用胭脂红、柠檬黄、亮蓝、靛蓝四种人工化成色素，使用量不许超过原料总量的万分之一，故提倡天然色素。

1. 色素配伍能够产生的颜色

胭脂红＋靛蓝＝紫红

靛蓝＋柠檬黄＝果绿

胭脂红＋柠檬黄＝橘黄

柠檬黄＋苋菜红＝蛋黄

2. 制作天然色素

①菠菜绿：菠菜叶洗净后捣烂，加少许石灰水澄清，倒掉清水即可，特点是色泽青绿，味清香。

②苋菜红：苋菜捣汁和面即可，多用于中点染色。

③南瓜黄：南瓜去皮蒸烂掺入面粉揉制，即可得到橙黄或黄色面团。

④微生物：红曲、栀子黄。

⑤可可、咖啡：可利用本色。

十一、增稠剂

①增稠剂一般性于高分子物质，黏度高且能凝胶。

冻粉：琼脂，是海藻石花菜萃出物。（果冻类制品。）

明胶：又称骨胶，动物骨头、皮熬制脱水制成。

果胶：各类水果汁加热浓缩而成。（制果冻、镜面胶等。）

淀粉：地瓜、土豆、玉米、小麦、绿豆等。

目前，上述原料所制成的馅料、装饰料产品已面市，如各类风味、色泽的果沾，上光果胶等。

②糖浆的熬制工艺。糖浆是白砂糖或绵白糖加适量的水、饴糖、蜂蜜等经过加热熬成的黏性液体。按原料比例、温度不同，所加工出来的糖浆可分为亮浆、砂浆、沾浆和糖稀四种。

亮浆：也称明浆或需水浆（糖 500 g 加水 150～200 g），原料加热到 110℃时（用手拔丝可拉至 4 cm 左右），加入葡萄糖浆（可用饴糖代替，也可加适量柠檬酸及各类果酸）150 g 左右，再加热至 110℃即可。

合格的亮浆涂在制品上光明透亮，不黏手、不翻砂、不脱落，熬制的火候要适当。浆老涂层则厚，起疙瘩，入口硬，色泽深暗没有光泽；浆轻可使制品喝浆多，易碎，外观不亮且黏手。

砂浆：又称翻浆、暗浆。500 g 糖和 150 g 水熬至 110℃起白霜即可。其沾到制品上能翻砂，色泽洁白不透明，不散不碎，表面呈白色细粒状。熬制砂浆要注意好火候，浆老了翻砂早且不均匀，制品表面粗糙变硬、色暗；熬轻了则不翻砂，浆易浸入制品内，色灰质软，口感不利，不易保管。

沾浆：制法同亮浆，火候比亮浆稍轻一些，在套糖制品中使用。

稀浆：制法同亮浆，但加水量为 250 g，加葡萄糖浆 500 g。火候比沾浆要轻些，比砂浆老，熬至起胶即可。其便于制品喝透糖浆，滋味润美。其在沙琪玛、羊角蜜等加工蛋糕类制品中可代替蜂蜜使用（糖油）。

③饴糖的制作。饴糖又称糖稀、米稀，是由淀粉经过酶水解制成，其主要成分是麦芽糖和糊精，色泽淡黄而透明，呈浓厚黏稠的浆状，甜味较淡。饴糖可代替部分糖使用，主要作用是增加制品的色泽、香味和抗结晶。

配方：糖 100 g，水 2000 g，白醋 20 g。

工艺：水煮开后将糖放入搅拌至溶化，再次沸腾后约五分钟下白醋，沸火熬至起胶离火，放置数日发酵后即得成品。

此配方制作的产品质量不及原始糖稀，但在原料缺少的情况下可以代替使用。

糖稀有两种，一种是米稀，也称白稀；另一种是红稀，即地瓜稀，质量不及米稀。

各类西点都有一定的配方，但西点的配方也不是一成不变的，而是根据条件和需要在一定范围内进行变化，但这种变化并不是随意的，须遵循一定的配方平衡原则。

配方平衡是对西点制作具有重要的指导意义，它是质量分析、配方调整以及新配方设计的依据。

配方平衡原则建立在原料功能作用的基础上，原料功能可分为以下几组：

干性原料：面粉、奶粉、泡打粉、可可粉等。

湿性原料：蛋类、牛奶、水等。

强性原料：面粉、蛋、牛奶。

弱性原料：糖、油脂、泡打粉。

配方平衡原则的基础是，在一个合理的配方中应该满足干性原料与湿性原料之间的平衡，强性原料与弱性原料之间的平衡。

④干湿平衡。蛋糕液体的主要来源是蛋液，蛋液与面粉的基本比例是1:1。由于海绵类蛋糕主要表现是泡沫体系，而气泡可以增加浆料的硬度，所以海绵蛋糕在基本比例的基础上，还可以增加较多的蛋液。

而油脂蛋糕主要表现是乳化体系，水太多不利于油水乳化且浆料过稀，故蛋液加入量一般不超过面粉量。各类主要液体基本量比例如下（对面粉百分比）：

海绵蛋糕：加蛋量100%～200%或更多（相当于加水量的75%～150%或更多）。

油脂蛋糕：加水量75%或蛋液量100%。

此外，干湿平衡的调整还应注意以下几点：

一是制作低档蛋糕时，蛋液减少量可用水或牛奶来补充液体量，但兑水量不宜超过面粉量。

二是根据油糖对吸水作用的影响，当配方中的油、糖增加时加水量则相对减少。一般每加1%的油脂，应降低1%的加水量。另外配方中如增加液体如蛋液、糖浆、果汁等，加水量也应相应减少。

三是配方中的总液体量大于用糖量时有利于糖的溶解。

四是由于各种液体的含水量不同，故它们之间的换算不是等量关系，其中蛋液含水量约75%，牛奶含水量约87.5%。

五是在制作可可类蛋糕时，加入量不低于面粉量的4%，由于可可粉比面粉具有更强的吸水性，去掉等量的面粉时应增加等量的牛奶或水来调节干性平衡。如配方中面粉为1000 g，加可可粉40 g，调整后面粉应为960 g，牛奶40 g，泡打2 g，其他原料不变。

⑤强弱平衡。

强弱平衡主要考虑是油脂和糖对面粉的平衡。

油脂蛋糕的油脂越多，起酥性越好，但油脂量一般不超过面粉量，否则会酥散不成型。非酥性制品如海绵蛋糕，油脂量较少，否则会影响气泡结构的稳定性，以及制品的弹性。在不影响品质的前提下，根据甜味需要可适当调节糖用量。

各类主要制品的油脂和糖用量基本比例如下（面粉为100%）：

一是海绵蛋糕：糖80%～110%，油脂0%。二是奶油海绵蛋糕：糖80%～110%，油脂10%～50%。三是油脂蛋糕：糖25%～50%，油脂40%～70%。

调节强弱平衡的基本规律是：当配方中增加强性原料时，应相对增加弱性原料来平衡，反之亦然。例如，油脂蛋糕中的油脂增加，在面、糖不变的情况下，相应增加蛋量平衡，而蛋量增加，糖量也要适当增加。可可粉和巧克力都含有一定量的可可脂，而可可脂起酥性约为固体油脂的一半，因此根据可可粉、巧克力的加入量可适当减少配方中的油脂量。

⑥泡打粉的比例。泡打粉是一种化学膨松剂，可协助或部分代替蛋的发泡或油脂的酥松作用，因此在下述情况下应补充泡打粉：

1）蛋糕配方中的蛋量减少，油脂蛋糕中的油脂或糖量减少，以及牛奶加入时都应补充泡打粉。

2）一般而言，蛋粉比超过150%时可不加泡打粉。中高档蛋糕配方泡打粉用量约为面粉量的0.5%～1.5%；较低档蛋糕（蛋量低于面粉量）的泡打量约为面粉量的2%～4%，以上原则也适用于油脂较多的酥性制品如油脂蛋糕。油脂减少越多，泡打增加越多。

3）牛奶具有使制品收缩的作用，需要用具有相反作用的糖或泡打来平衡。

⑦高比蛋糕平衡。高比蛋糕即高糖、高液蛋糕，配方中的糖量和总液体量往往超过面粉量，甚至可高达面粉量的120%～140%（糖量）和140%～160%（液体量）。在高比蛋糕配方中，太多的糖会加大对制品结构的散开作用。可添加有收缩作用的牛奶来平衡。此外，针对过多的液体，应采用吸水性强的高比面粉和乳化性强的高比油脂。

⑧配方失衡对制品质量产生的影响。

1）液体太多会使蛋糕最终呈“×”形，形成“湿带”，制品体积缩小甚至部分糕体随之坍塌。液体量不足则会使制品紧缩，内部粗糙、质地发干。

2）糖和泡打过多，会使蛋糕结构体积变弱，造成顶部塌陷，导致呈“M”形。糖加多口感太甜且发黏，泡打多制品底部发黑。糖和泡打不足会使糕体质地紧缩、不疏松，顶部突起太高，甚至破裂。

3）油脂太多也能弱化制品结构、顶部下陷，糕心油亮且口感油腻。油脂不足则糕体发紧、顶部突起甚至裂开。

第四部分

中国药膳文化与营养配餐技能

第十四章　中国药膳文化概述

纵观中华五千年文明史，不难发现：食物在人类社会的生存与繁衍过程中起着极其重要的作用。《汉书·郦食其传》中曾经提到“国以民为本，民以食为天”，很显然我们的祖先很早就对食物有了深刻的理解和认识。而药膳则成为同一时代的产物，更是传递健康养生、膳食理念的重要载体，深得历代医家的高度关注。

药膳是中医学的一个重要组成部分，是中华民族历经数千年不断探索、积累而逐渐形成的独具特色的一门临床实用学科，是中华民族祖先遗留下来宝贵的文化遗产。药膳是中医学的一个重要组成部分。简单来说，就是把药材食材融合，发挥保健功能，强身健体，防病于未然。药膳是我们中国的传统医学文化瑰宝。它根植于中华优秀传统文化，几千年来源远流长。药膳为中华民族奠定了“药食同源”的保健基础，具有预防和治疗作用，从古至今，药膳一直护佑着人类健康繁衍。

第一节　药膳的概念

药膳是在中医理论指导下，讲不同药物与食物进行合理组方配伍，采用传统与现代工艺技术加工制作，具有独特的色、香、味、形、效，且有保健、防病、治病等作用的特殊膳食。它既能果腹，满足人们对美食的需求，又能发挥保持人体健康、调节生理功能、增强机体素质、预防疾病发生、辅助疾病治疗和促进机体康复等重要作用。

第二节　药膳发展简史

中医药的发展经历了漫长的历史时期，大致可分为起源阶段、理论奠基阶段、发展阶段等几个重要阶段。

一、药膳的起源阶段——远古时期

中医药膳源于远古时期药食同源、医食同源的认识。这说明在中医学起源时，已伴随着药膳的萌芽，这一时期应在殷商之前。

“民以食为天”这是一句古语，是指人类为了生存、繁衍后代，就必须“填饱肚子”，以维持身体新陈代谢的需要。原始人最重要的一件事就是觅食。当时的食物完全依赖于大自然赐予。吃的食物种类很多，常常不可避免的误食不合适的食物，而引起不良反应。《韩非子·五蠹》说过：“上古之世……民食果瓜蚌蛤，腥臊恶臭，而伤害腹胃，民多疾病。”《淮南子－修务训》也说：“古者民。茹草饮水，采树木之实，食蠃蛖之肉，时多疾病毒伤之害。”说明了远古时期的先民，确实曾受到有害饮食所致疾病的折磨和困扰。

经过长期的生活实践，人们逐渐认识到哪些食物有益可以进食，哪些有害而不宜食用。《淮南子·修务训》说：“神农……尝百草之滋味，水泉之甘苦，令民知所避就，当此之时，一日而遇七十毒”，生动地说明了先民在寻找食物过程中，避开有毒的，摄取无毒食物的情况。后来，原始人利用自然野火到人工制造火（燧人钻木取火），由于“火上燔肉，石上燔谷”，使人获得更丰富的营养，使食品更符合卫生要求，提高了人体素质和增强了抗病能力，火在人类进化过程中意义更为重大。

以上人们对食物的选择和加工以及保证身体健康的一些措施，都是生活中不自觉的行动，根本没有食疗药膳的概念，所以也称为蒙昧时期。

二、药膳的理论奠基阶段——先秦时期

自夏朝至春秋战国时期，药膳已经形成了基本的理论概貌。

中医学素有“药食同源”和“医食同源”之说，中药与食物是同根同源，同步发展的。人们是在饮食烹调技术不断提高过程中已开始发现适当的饮食对身体健康，治疗疾病的意义，此时已出现多种烹调方法。

从甲骨文记载看，有禾、麦、黍、稷、稻等多种粮食作物，并有“其酒”的字样，这个时期已能大量酿酒。酒是饮料并具有明显的医疗作用，后人认为它有“邪气时至，服之万全”的作用。由于它是有机溶剂，能溶解出更多的有效成分，所以做成药酒，后来又发展成麻醉剂。在食疗烹调中也经常用酒。

周代，人们对饮食已经相当讲究。尤其在统治阶级中已经建立与饮食有关的制度与官职。《周礼·天官》所载的四种医中，食医居于疾医、疮医、兽医之首。食医的职责是“掌和王之六食、六欲、六膳、百馐、百酱、八珍之齐。”可见当时已经明确了饮食与健康的密切关系。春秋末期的教育家孔子，对饮食卫生提出具体要求，如《论语·乡党》中有：“食不厌精，脍不厌细，食饐而餲鱼馁而肉败不食，色恶不食”等提法，都是从保健的目的出发的。通过讲究饮食，以防止疾病的发生，说明保健食疗的目的是明确而自觉的心理和行为。此时食疗药膳的早期发展，已经进入到萌芽阶段。

经过长期实践所积累的经验，食疗药膳的知识逐渐向理论阶段过渡。到了战国时期，终于有了有关食疗的理论，标志着食疗的飞跃发展，具体体现在《黄帝内经》的有关章节。书中提出了系统的食疗学理论，对我国的食养、食疗和药膳的实践产生了深远的影响。

这一时期有关食疗药膳专著面世，据《汉书·艺文志》、梁代《七录》记载有《神农黄帝食禁》《黄帝杂饮食忌》《食方》《食经》《太官食经》《太官食法》等，可见这一时期的食疗与药膳已得到相当重视，可惜这些专著都已遗失。

汉代以前的食疗，是理论奠基期，对于食疗药膳学的发展，具有重要影响与指导作用。

三、药膳的发展阶段——汉代至清代

从汉唐直至明清，药膳处于不间断而又缓慢的发展时期。

魏晋以来，食疗在一些医药著作中有充分反映。东晋著名医家葛洪著有《肘后备急方》，载有很多食疗方剂，如生梨汁治嗽；蜜水送炙鳖甲散催乳；小豆与白鸡炖汁、青雄鸭煮汁治疗水肿病；小豆汁治疗腹水；用豆豉与酒治疗脚气病等。他还进一步指出“欲预防不必待时，便也酒煮豉服之”，把食疗应用到预防疾病方面。

南北朝时期，陶弘景著有《本草经集注》，记载大量的药用食物，诸如蟹、鱼、猪、麦、枣、豆、海藻、昆布、苦瓜、葱、姜等食物达百多种。并较深入地提出食物的禁忌和食品卫生。

唐代药王孙思邈所著的《备急千金要方》标志着食疗学已经成为独立的学科。书中除集中叙述五脏喜恶宜忌，食物气味、归经以外，还着重论述食疗在医药中的地位，指出其重要性。书中列述了可供药用食物共161种，其中果实类29种、菜蔬类50种、谷米类27种、鸟兽类40种，详述每种食物的性味、毒性、治疗作用、归经、宜忌、服法等。

北宋对医学的发展颇为重视，采取了一些积极的措施，如成立整理医著的“校正医书局”，药学机构“太平惠民和剂局”等。北宋官员修的几部大型方书中，食疗学作为一门独立专科，得到了足够的重视。如《太平圣惠方》《圣济总录》两部书中，都专设“食治门”，即食疗学的专篇，载方160首，大约用来治疗28种病证，包括中风、骨蒸痨、三消、霍乱、耳聋、五淋、脾胃虚弱、痢疾等。

元代的饮膳太医忽思慧所著的《饮膳正要》，是我国最早的一部营养学专著。它超越了药膳食疗的旧概念，从营养的观点出发，强调正常人加强饮食卫生，营养调摄以预防疾病。《饮膳正要》是中医食疗药膳学发展史上的一个里程碑，它不仅标志着中国食疗药膳的成熟和高度发展水平，同时它还有两个突出的特点，一是主要反映北方地区的饮食习惯，比较符合北方居民的需要；二是民族特色十分突出，为了当时统治阶级蒙古贵族的需要，书中收入很多民族食物，如果品中的八檐仁、必思答，料物有马思荅吉、哈昔泥、回回青等。它基本上反映了当时我国食疗药膳整体水平。此外，吴瑞的《日用本草》，娄居中的《食治通说》，郑樵的《食鉴》等，都从不同侧面论述了食疗与药膳，并提高到相当的高度来对待。

明清时期是中医食疗药膳进入更加全面发展的阶段，几乎所有的本草著作都注意到中药与食疗学的密切关系。如明代伟大的医药学家李时珍的《本草纲目》，书中除数以百计的可供药用食物外，还有相当多的食疗药膳方，其中卷三、卷四“百病主治药”中，对一百几十种病证的治疗，提供了数百个药膳食疗方，诸如用酒煮食乌鸡治风虚；用蘹香（茴香）、赤小豆、豆制品等十多种食物和猪脂为丸治疗劳倦；各种米粥治脾胃症等都是典型药膳。

明清时期对待多疾病及年老者的食疗药膳尤为重视。其中较有名的高濂的《遵生八笺》，记载的适合老年人的饮食极为详尽，如粥类38种，汤类共32种。清代曹慈山的《老老恒言》尤其注意老年应用药膳防病养生，对老年人食粥论述最详，提出“粥能益人，老年尤宜”，并将药粥分为三品，上品“气味轻清，香美适口”，中品“少逊”，下品“重浊”，主张“老年有竞日食粥，不计顿，饥即食，亦能体强健，享大寿”。明代时期食疗药膳著作达30种以上，其中有重点论述本草的，如沈李龙《食物本草会纂》、卢和《食物本草》、宁原《食鉴本草》、李时珍《食物本草》等；还有从饮食调理、药膳制作的观点出发撰成的食谱营养学专著，其中较为著名的如贾铭《饮食须知》，宋公玉《饮食书》、袁枚《随园食单》、王孟英的《随息居饮食谱》等。有的至今在临证中仍有较大的实用价值，是中医宝贵遗产中的珍品。

在此阶段的食疗学还有一个突出特点，就是提倡素食的思想得到进一步发展，受到重视。《内经》中载有：“膏梁之变，足生大疔”，人们早已注意到偏嗜偏食，尤其是高脂的危害。过食油腻已经引起医家们的注意和关注，因而明清时期强调素食的著作相应增多。如卢和的《食物本草》指出：“五谷乃天生养人之物”，“诸菜皆地产阴物，所以养阴，固宜食之……蔬有疏通之义焉，食之，则肠胃宜畅无壅滞之患。”这些思想不仅使食疗学、营养学思想得到深化，也大大推进了养生学的发展。

纵观几千年的药膳发展进程，从药膳食疗的理论奠基，到药膳食物的广泛应用，食用理论的不断发展，使药膳发展成为了一门相对成熟且独立的中医分支学科。

第十五章　药膳的制作

第一节　药膳配伍的原则

药膳配伍，是在中医基础理论与药膳学理论的指导下，采用两种以上的药物和食物配合应用，发挥相互协同作用。适当的配伍，可调整药物或食物的性味功能，以增强药物的疗效。药膳配方，不是简单的几种药物或食物相加，而是按照一定原则进行配方的。一般按主（君）、辅（臣）、佐、使要求进行配伍。其主药是针对主病、主症起主要作用，解决主要矛盾；辅药是配合主药加强疗效，起协同作用；佐药是协助主药治疗兼证或缓解、消除主药的烈性、毒性的药物，此外还有“反佐”的作用；使药，即引经药或调和药性或赋形用的药物。正如《素问·至真要大论》所言：“主病之谓君，佐君之谓臣，应臣之谓使。”药膳组方中的主药或主食、辅药或辅食，可能是一味、两味或多味，无数量限制，但总以药味少而精、疗效高、安全为宜。

药膳配伍虽有定法，但不是一成不变，根据阴阳偏盛偏衰、病性的变化、体质的强弱、年龄以及风俗习惯的不同，可以灵活加减范围。药量加减变化、配比互换、主辅药的位置改变可使方剂的性能受到影响，其所主治的症候也有所区别。

第二节　药膳配伍的具体方法

一、“七情”学说

药物或食物都有各自的性能，它们配合使用时，会产生各种变化。前人在总结配伍关系时，提出了药物或食物的“七情”学说。在“七情”中，除“单行”是单味药物或食物以外，其他六个都是谈配伍关系的。具体“七情”为：

①单行：单一物料（药物或食物）的独立使用，如独参汤。

②相须：功能相似的物料配合使用，以互相增强作用，如山药与母鸡配伍使用，明显增强补益强壮作用。

③相使：两种以上物料同用，以一种物料为主，其余为辅，如黄芪炖鲤鱼，黄芪益气可增强鲤鱼利水消肿之功，两者起协同作用。

④相恶：两种物料配伍使用，一种物料能减低另一种物料的副作用，如食用螃蟹常取用

生姜，以减轻螃蟹的寒性。

⑤相畏：两种物料配伍使用时，一种物料能降低另一种物料的作用，甚者相互抵消，如人参恶萝卜，因萝卜耗气，能降低人参补气作用。

⑥相反：指两种物料配伍时，能产生毒性反应或副作用。

⑦相杀：两种药物或食物配伍时，一种药物或食物能减轻或消除另一种药物或食物的毒性或副作用。

在药膳配伍时，“七情”中的相须、相使、相恶、相杀，应加以运用；而相畏、相反则属配伍禁忌。但有时也运用相畏原理以调节。

依据配伍“七情”精神，在保健食品配制方面有所发展，如下几例：

①升降并举：升浮性质食物与沉降性质的食物并用，以防止升降过偏之弊，如葱豉汤中加食盐，以防止葱豉过于辛温发散之性。

②散收同用：补益类食物常调以发散性食物，以防止滋腻之性，如芫爆里脊中的芫荽，可防止猪肉滋腻碍胃之性。

③寒热并调：寒冷性质食物与温热性食物并用，以防止寒、热过偏之弊，如炒苦瓜佐以少量辛热的辣椒，可防止苦瓜苦寒过偏之性。

④功补兼施：泻实祛邪性质食物和补虚扶正性质的食物并用，以防止攻邪而伤正之偏。如薏苡粥中添加红枣，即可防止薏苡仁清热利湿过偏之性。其他尚有表里兼顾，动静相调等配伍方法。

二、配伍禁忌

配伍禁忌是指两种药物或食物配伍时，可降低药物或食物的保健强身与医疗效果，甚至对于人体产生有害的影响。主要有“七情”中的相畏和相反两个方面。在本草学中有“十八反”“十九畏”之说，概括了本草中的配伍禁忌，在药膳配伍时应加注意。

其他有关配伍禁忌的内容在历代相关文献中多有论述。例如，猪肉反乌梅、桔梗；猪肉恶葱；羊肉忌南瓜；鳖肉忌苋菜；鸡蛋、螃蟹忌柿、荆芥；茯苓忌醋；葱忌蜂蜜；人参恶黑豆，忌山楂、萝卜、茶叶等。此外，胡萝卜、黄瓜等含有分解维生素 C 的物质，不宜与白萝卜、旱芹等富含维生素 C 的食物配伍；牛奶等含钙丰富的食物不宜与菠菜、紫草等含草酸较多的食物配伍使用。

第三节　药膳制作的基本技能

一、药膳原料的前期加工目的

药膳在选料和制作上有独特的要求。药膳食品在烹调制作前，都必须依法对所用的药物和食物进行炮制，使其符合食品卫生的要求，更重要的是符合防病治病与药膳烹调工艺的需要，制备出疗效好以及色、香、味、形俱佳的膳食。炮制的目的有以下 7 点。

①降低或消除药物毒性或副作用：为了保证药膳应用的安全，必须在烹调制作前对具有毒性或副作用的药物进行炮制处理，以降低或消除毒性或副作用。如半夏生服能使人呕吐、咽喉肿痛，失声等，经炮制后可减轻这些毒性反应。

②除去杂质和异物，保证药膳食品纯净：药物与食物常常带有一定量的泥沙、杂质、皮筋和毛桩等非食用部分。因此在烹调前，原料需要通过严格的分拣、清洗，达到一定的净度。

③矫臭矫味，增强药膳食品的鲜味：某些药物或食物有特殊的不良气味，不易为人们所接受。如羊肉的膻味、紫河车的血腥臭味、狗肾的腥味、鲜竹笋的苦涩味等，经炮制处理后，就可以消除不良气味。

④分析药物和食物的不同部位，以便分别地发挥各自的作用：有些药物食物因所用的部位不同，其效用各异。如莲子有补脾止泻、益肾固精的作用；莲心则清心经之热邪；莲房用于止血、去湿，故应区别使用。

⑤提高药物和食物的效用：如茯苓经乳制后可增强滋补和生血作用。香附醋制后有助于引药入肝，更有利于治疗肝经疾病。如“天麻鱼头”中的天麻，经川芎、茯苓、米泔水炮制后，再放入米饭中蒸，可增强天麻的疗效。去皮的雪梨，用白矾水浸泡后，不仅能防止变色，还能增强祛痰作用。

⑥转变药物和食物的性能，使之有选择地发挥作用：不同的药物食物有不同的性味，为了应用的需要，通过炮制可转变药物和食物的性能。如生地性寒，味甘苦，具有清热凉血、养阴生津之功，而经炮制成为熟地，其性温，专施补血滋阴之效；又如花生，其生者性平，炒熟后则性温。

⑦保证药膳食品的质量，利于工业化生产：为了避免某些含挥发成分的药物受热后有效成分的损失，满足机械化生产的需要，将某些药物和食物采用现代科学技术，对有效成分进行提取、分离制成一定的剂型，以保证药膳食品质量稳定，用量准确，同时有利于工业化生产。例如，将十全大补汤中的当归、白术、肉桂用蒸馏法制成芳香水，金银花制取双花露，冬虫夏草提汁等。

二、药膳原料前期加工的处理方法

常用的处理方法有净选、浸润、切制、炮炙四种。

1. 净选

净选选取药物和食物的应用部分，除去杂质和非药用部分，以适应药膳食品的要求。根据药物、食物的不同情况，常选用下列方法处理。

①挑选或筛选：拣除或筛去药物中的泥沙、杂质，除去虫蛀、霉变品等。

②刮：剥去表面的粗皮和附着的杂物，如杜仲、肉桂刮去粗皮；鱼刮去鱼鳞等。

③火燎：将药物或食物在火焰上短时烧燎，使药物、食物表面绒毛迅速焦化，而药物与食物内部不受影响，再刮除焦化的绒毛或须根，如狗脊、鹿茸火燎后刮去茸毛，鸡鸭等禽体烧掉细毛等。

④去壳：为了药物、食物用量准确，常在临用时砸破去壳，以净仁投料使用，如白果、核桃、板栗、花生、松子等去壳取仁；乌梅、诃子去核取肉；动物去蹄、壳、爪掌等。

⑤碾：是碾去药外表非药用部分，或将药物、食物干燥后碾成粗粒细粉，如枣蒺藜、苍耳子炒碾去刺；又如淮山药碾成细粉等。

2. 浸润

浸润是药物、食物炮制最常用的水制法。由于许多有效成分大都能溶于水，若水制处理不当，很易造成药物、食物的有效成分损失。因此，凡是需水制处理的，都应根据动、植物品种的不同性质特点，分别给予处理。当泡则泡，当快洗的就不应久洗，以保证药膳食品质。经常运用的水制法有洗、泡、润、漂、焯等。

①洗：用清水或温水除去药物、食物表面附着的泥土、农药或其他不洁之物。绝大多数都要经过本法处理后，再经其他炮制处理，切制成所需要的规格。

②泡：将质地较坚硬的药物、食物在水中浸泡一定时间，使其吸入适量水分，达到软化目的。泡的时间长短应视药物、食物的大小，质地，季节，温度而定。一般质坚体粗大者宜久泡，体细小者宜少泡。春冬气温低时应久泡，夏秋气温高时宜短泡。总之，用水泡药物、食物过程中，必须注意泡的时间不宜太长，避免药物、食物在泡的过程中，有效成分流失而降低效能。

③润：对不宜用水浸泡的药物、食物，采用水润使之软化的一种方法。无论是淋润、伏润还是露润，都是使液体辅料水分徐徐渗入药物、食物组织的内部。以达到既软化药物、食物又不影响质量的目的。润的具体方法有：

水润：如清水润燕窝、冬虫夏草、贝母；温水润发蘑菇、银耳等。

奶汁润：将药物、食物用奶汁（牛羊乳）浸润的方法，如用牛乳润茯苓、人参等。

米泔水润：将药物、食物用米泔水浸润。其目的是去燥性而和中，如米泔水浸润苍术、天麻等。

药汁润：药汁浸润是药物和食物结合制膳的方法之一，如以山楂汁浸润牛肉制成山楂牛肉干，吴萸汁浸润黄连等。

米汤浸润：将药物、食物采用米汤浸润，如米汤浸润天冬、茯苓等。

碱水润：采用饱和石灰水或5%碳酸钠溶液浸泡，如碱水发鱿鱼等。

④漂：某些有毒性或异味药物、食物，采用水漂使在水中停留较长的时间，或加其他辅料以减低毒性，如半夏等。处理时间长短应根据药物、食物的性质及季节气候的不同，决定漂的时间和换水次数。冬、春每日换水一次，夏、秋每日换水2~3次。一般漂3~10天即可。此外有些药物、食物为了便于保存而用盐浸渍，因而使药物、食物中含在大量的盐分，故在使用前需将盐分漂去，如盐肉苁蓉。有的应漂去血腥臭，如紫河车等。有的应漂去苦涩味，如鲜竹笋等。

⑤焯：将药物、食物置沸水口微煮，以能搓去外皮为度，如杏仁、扁豆去皮等。用该法氽去血水，其目的是使食品味鲜汤白，如焯去鸡、鸭、肉、类血水等。用葱、料酒、生姜同食煮沸，约10~15分钟以除去腥、腻臭味。用柏木块、蛋壳或麦草等适量，同牛、羊肉煮沸

约（10～15 分钟），除去膻腥臭味等。

3. 切制

切制是将净选软化后的药物、食物根据其质地不同、食用要求等情况，切制成一定规格的片、块、丁、节、丝等形状，或按需要制成特定的形状，供药膳菜肴制作备用。

4. 炮炙

炮炙药物、食物经过净选、浸润、切制后根据需要的不同，依法进行处理的过程。按照加热温度和辅料的不同可分为炒制、煮制、蒸制、炙制。

（1）炒制

炒制是将药物、食物置锅内加热，不断的翻动。一般有下列几种方法。

①清炒法：本法不加辅料，根据需要炒黄、炒香、炒焦等，通过炒的时间和火候加以控制方式。

一是炒黄：将药物、食物放入锅内用文火加热，不断翻动，炒制香脆，表面呈淡黄色或比原色少身。其目的使之质地松脆，便于粉碎和煎出药性，并可矫正不良气味。如炒鸡内金，以文火炒制酥泡卷曲，有腥气溢出为止。

二是炒香：将药物、食物放入锅内，用文火炒制有爆裂声和有香气为度，如炒芝麻、花生、黄豆等。

三是炒焦：将药物、食物放入锅内，用中火翻炒至黑存性为度，如炒糊米、焦山楂等。

②麸炒法：先将锅加热，倒入麦麸，不断翻炒至微冒烟，加入药物或食物急速翻动，炒至表面显微黄色或较原色稍深为度。取出筛去麦麸，冷却后收存。采用此法可减少药物、食物中的油脂，或过燥烈的性味，以避免引起呕吐，增强健脾益胃的作用，如炒川芎、白术等。

③米炒法：将大米或糯米与药物、食物置入锅内同炒，使全部药物、食物受热均匀，以米炒至黄色为度。其目的使增强健脾和胃的作用，如米炒党参。

④盐或砂炒法：先将经过油制河沙或粗盐，倾入锅内炒烫。再将加入的药物、食物炒，表面鼓起酥泡为度，筛去砂或盐。其目的是使骨质、甲壳、蹄筋、干肉皮或质地坚硬的药物或食物经过砂或盐炒，除去腥气或使药物、食物酥松，易于烹调，如盐酥蹄筋，砂酥鱼皮等。

（2）煮制

煮制是按药物、食物的不同性质和炮制要求，将其与辅料于锅中加水共煮，煮至水浸透心或反复煮制等。煮制的目的是消除毒性或刺激性和涩味，减少其副作用。

（3）蒸制

蒸制是将药物、食物置于适当容器中，蒸至透心或规定的要求。

（4）炙制

炙制是将药物、食物和液体辅料共同加热，使辅料进入药物、食物内部的制作方法。

①蜜炙法：将炼蜜与药物拌合，加热炒至不粘手，一般呈黄色带光泽为度，如蜜炙甘草、炙黄芪等。

②酒炙法：根据药物、食物的不同情况，按比例取食用白酒或黄酒，加入适量的清水，将药物、食物拌匀稍焖，待酒被吸尽时，倒入锅内徐徐加热，用文火炒至变色为度，如酒炒

白芍。

③盐炙法：将实验用适量清水溶解澄清，把药物或食物拌匀稍焖，待盐水被吸尽，凉至微干，炒至微黑为度。该法也可先将药物炒至一定程度时，再喷淋盐水炒干，如盐炒杜仲。

④油炙：食用植物油放入锅内加热，加入药物或食物炒至酥脆为度，其目的是易于打碎烹调，增强其功能，如油炸肉皮。炙前应注意检查原料是否干燥，如受潮应烘干，否则不易炸透；投料时油温不宜过高；油炸时火不宜过旺，并不断翻动，受热均匀。

⑤药汁炙：根据药物或食物的不同要求，用药物（辅料）熬汁或用酒、醋等液体辅料，将药物或食物浸透后，再按具体要求分别用炒、蒸、煮、漂等方法炮制。药汁炙可以改变药物或食物性能，增强疗效或保持药膳肴的美观，如药汁炙黄精。

⑥醋炙：如延胡索经醋炙后，能使其有效成分生物碱形成盐，而且易溶于水，因此可加强活血、理气、镇痛的作用。

第十六章　药膳的制作与烹调

第一节　药膳制作与烹调的特点

药膳食品是一种以药物和食物相结合而制的，具有滋补强身，调理人体生理功能，达到健康长寿目的的特殊食品。因而它的烹调制作，也具有自己的特点与风格。药膳的烹调制作，除以饮食烹调应具备的色、香、味、形之外，还应特别注意保持和发挥药膳中药物的有效成分和食物中的营养成分在治病强身方面的独特效能，收到“食助药力，药助食威”的效果。

根据药、食同源的理论，药物和食物都具有寒、热、温、凉的四气和酸、苦、甘、辛、咸五味的特点。在研究药膳烹调方法时，必须考虑到“四气”是辨证施膳的依据，“五味”又对人体脏腑功能具有独到的功效。在考虑到药膳的功效前提下，同时也要兼顾到味觉和可口。如补脾胃、益肺肾的“淮药芝麻酥”就是以甜咸味适宜，再佐以芝麻既补脾胃，又增添香味。

①药膳的形式：药膳主要以“汤”为传统膳型，药膳是从药物的“汤剂”演变而来的。通过煎煮可以使药物、食物的有效成分溶于汤中，发挥其应有的功效，如雪花鸡汤、八宝鸡汤、十全大补汤、双鞭壮阳汤等。

②药膳的加工方法：药膳是以传统烹饪技艺为手段，使药与食物在合理时间受热过程中，使其中的有效成分最大限度的溶解出来，以增强其功效。滋补类药与食物多属甘、温、平类，以宜较长时间的煎煮。

③药膳的调味：药膳应保持原料本身具有的鲜美味道，而不宜用调味品来改变或降低原有的鲜味，这是从性味与功效的一致性为出发点。

总之，药膳烹调的特点，是以药物和食的原汁、原味为主，适当的佐以辅料，做到色、香、味、形、效的目的，诱发人们的食欲，使药膳的固有功效得以发挥。

第二节　药膳烹调制作的具体要求

药膳是既能治病强身，又能饱腹充饥的新型大众化食品。因此，要做好药膳的烹调制作，要求做到以下 4 点。

①从事药膳烹调制作专业人才：必须是掌握中医药理论知识与精于烹调技术的新型专业人才。

②药膳烹调制作配伍炮制：必须在药膳制作师配制合格的药物、食物的基础上，按照规定的制作工艺进行烹调制作，以保证药膳的质量要求，且色、香、味、形俱全，以达应的有功效，否则由于粗制滥造而削弱甚至丧失了药膳的意义。

③药膳烹调制作：必须注意清洁卫生工作。在烹调过程中，应做到清洁卫生，符合食品卫生法要求。药膳是为人民群众健康长寿服务的，如忽视这项工作，甚至还会适得其反。清洁卫生工作好坏，直接涉及药膳的质量与功效。

④药膳烹调制作的物尽其用：提倡节约的原则，做到既保证药膳质量，又充分利用原材料，做到物尽其用。

第三节　药膳与食物结合的方法

药膳的具体制作方法，包括药、食共烹，药、食分制再结合的两种方式。

①药、食共烹：此法是将药物和食物同时在锅内进行烹制，这是属于“食疗”的沿用的传统习惯制法。其优点是制作工艺比较简便，药、食同制能使药物和食物中的有效成分直接地进行复杂的化学反应，相互发生作用以达到“食借药力，药助食威”的目的。并且其可使一些脂溶性的有效成分煎出。

②药、食分制与组合：本法是指在药膳烹调制作的过程中，先将药物和食物分别采用不同的方式进行提取和烹调，然后按规定的要求组合在一起制成药膳。本法适用于药膳中含有不适气味、难看的色泽和形态的药物。

第四节　药膳的成型与调味

药膳除了药用功效外，同时又作食用，是一种特殊的食品。因此在药膳的烹调过程中，成型与调味是其必不可少的工序。药膳的功效再好，但无好的色、香、味、形来诱发用膳者的食欲，就不能发挥应有的作用，这充分说明食与欲的关系的重要性。

1. 药膳的成型

一般分为三个阶段：即烹调前的基本形状，烹调中的加工形状，烹调后的形状。

①烹调前的基本形状：在药膳原料未进行烹调之前，就要首先构思这个药膳的雏形。初加工时采用的工艺要为此奠定基础，尤其是刀法工艺的讲究最为重要。

②烹调中的加工形状：烹调时应考虑到药膳制成后形状、并有意识的向这一形状过渡。

③烹调后的形状：在烹调完毕一个药膳之后，上席前还须进行整形，这是在前两项加工形状的基础上，再进行辅助整形。其主要包括装盘、勾汁、上色、亮油、定型。

2. 药膳的调味

调味分三个阶段，即初加工时药食本身的鲜味，加工中除去腥膻味和成型后辅助调味。

在初加工时，要保证药物的洁净和食物的新鲜，对不新鲜的药食禁用。这是保证药膳味美的关键。在药膳烹调中，对牛羊肉等有腥膻味的肉类，要加一些必要的调料，如姜、葱、花椒、胡椒粉等，以祛腥膻味。炒菜中的丝、丁、片、条在烹调中，也须加适当调味料。药膳成型之后，还需进行必要的调味，这是因为药膳制作时，往往不能把调料加入同烹，以免减弱药膳的功效。

第五节　药膳的烹调方法

药膳的烹调方法，是由药膳的特点而决定的。药膳的烹调方法，主要有炖、煨、焖、蒸、煮、熬、炒、卤、炸、烧、粥、药膳饮料等类型。

①炖：炖法是将药物和食物同时下锅注入清水，放入调料置武火上烧沸，撇去浮沫，再置文火上炖至熟烂的烹制方法。

②煨：药膳的煨法是指用文火或余热对药物和食物进行较长时间的烹制方法。

③焖：焖是先将药物和食物用油炝加工后，改用文火添汁焖至酥烂的烹制方法。

④蒸：药膳的蒸法是利用水蒸气加热烹制药膳的方法，其特点是温度高，可超过100℃，加热及时，利于保持开头的形状的完善。此法不仅用于药膳烹调，而且用于药膳的炮制、消毒灭菌等。

⑤煮：药膳的煮法，是将药物和食物一起放在多量的汤汁或清水中，先用武火煮沸，再用文火煮熟。

⑥熬：药膳的熬法，是将药物和食物经初加工炮制后，放入锅中，加入清水，用武火烧沸后改用文火熬至汁稠熟烂的烹制方法。

⑦炒：药膳的炒法，多采用先将药物提取成一定比例的药液，然后加入食物一起炒制。

⑧卤：药膳的卤法，是将经过初加工后的食物，先按一定的方式与药物相结合后，再放入卤汁中，用中火逐步加热烹制，使其渗透卤汁，直至成熟。本法所制药膳特点味厚气香。

⑨炸：药膳的炸法，是武火多油的烹调方法，一般用油量比要炸的原料多几倍。

⑩烧：药膳的烧法，一般是先将食物经过煸、煎、炸的处理后，进行调味调色，然后加入药物和汤或清水，用武火烧开，文火焖透，烧至汤汁稠浓的一种烹制方法。

⑪粥：药粥也是药膳的一个重要组成部分，《本草纲目》中就记载着常用的药粥五十余种，《粥谱》中则有二百多种。这些药粥都是按照药膳谱的要求，选用一定的中药材和米谷之物共同煮制而成的。对于疾病初愈，身体衰弱者是很好的调养剂，有的还能治疗或辅助治疗某些疾病。药粥的特点是吸收快，不伤脾胃，制法简易、服食方便，老少皆宜，长期服用使人滋补强壮，疗病抗衰，延年益寿。

⑫药膳饮料：药膳中的饮料，是以水或酒、糖等为原料制作成的含有药物有效成分和具有某种效用的液态食品。其中以水作溶剂的叫保健饮料，以酒作溶剂的叫药酒。

保健饮料是以药物、水、糖为原料制作的水溶剂。它具有一定的保健治疗作用，同时又有退热解暑，清心润燥的作用，如银花甘露、五神汤等。

药酒是将药物用白酒浸制而成的澄清液体制剂，主要使药物之性借酒之力遍布到身体的各个部位，多用于风湿痹痛以及气滞血瘀之症。

药膳的传承与发展确实是中国传统养生文化不可或缺的重要组成部分，药膳确实为中国传统的医疗养生保健事业和在“治未病”方面做出了举世瞩目的巨大贡献。药膳如何才能得到长足的发展，作为集“治未病、调理机体、养生保健、强身益寿”等多方面功能于一身的重要行业，怎样更好地服务民生、造福百姓，成了我们当前必须面对和关注的课题。

药膳在不断传承与演变过程中，已逐渐发展成为当今预防医学科学的重要组成部分，终将为人类的健康发挥积极而深远的作用和影响。

第十七章　中国居民平衡膳食指南

第一节　膳食结构

膳食结构是指膳食中各类食物的种类、数量及其在膳食中所占的比例。自然界中没有任何一种食物含有人体所需的全部营养素，各类食物所含的营养素的种类、数量和性质也有很大差别，因此维持人体的健康就必须把不同的食物搭配起来食用，合理地安排膳食的构成。合理的膳食结构应该达到如下要求：营养素的种类齐全、数量充足、比例适宜、有利于人体的消化吸收、不含对人体有害的物质、符合食品卫生标准等。

一、世界上四大代表性的膳食结构

膳食结构的形成与生产力发展水平和文化、科学知识水平以及自然环境条件等多方面的因素有关，会随着以上因素的变化而改变，因此可以通过适当的干预措施以促使其向有利于健康的方向发展。同时，一个国家、民族或人群的膳食结构又具有一定的稳定性，不会迅速发生重大改变。

根据膳食中动物性食物和植物性食物所占的比重，以及能量、蛋白质、脂肪和碳水化合物的摄入量作为划分膳食结构的标准，可将世界不同地区的膳食结构分为以下四种类型。

1. 动植物食物平衡的膳食结构

该类型以日本为代表。膳食所提供的能量既能够满足人体需要，又不致过剩，蛋白质、脂肪和碳水化合物的供能比例合理。动物性食物与植物性食物比例比较适当，来自于植物性食物的膳食纤维和来自于动物性食物的营养素如铁、钙等均比较充足，同时动物脂肪适量，有利于避免营养缺乏和营养过剩。此类膳食结构已经成为世界各国调整膳食结构的参考。

2. 以植物性食物为主的膳食结构

大多数发展中国家属此类型，如印度、巴基斯坦等。该类型膳食构成以植物性食物为主，动物性食物为辅，能量基本可满足人体需要，但蛋白质、脂肪摄入量均低，来自于动物性食物的营养素如铁、钙、维生素 A 摄入不足。营养缺乏性疾病是这些国家人群的主要营养问题，但因膳食纤维充足、动物性脂肪较低，有利于冠心病和高脂血症的预防。

3. 以动物性食物为主的膳食结构

该类型是多数欧美发达国家的典型膳食结构。其膳食构成以动物性食物为主，以高能量、高脂肪、高蛋白质、低纤维为主要特点，粮谷类食物消费量小。营养过剩是此类膳食结构的主要问题。

4. 地中海膳食结构

该膳食结构以地中海命名是因为该膳食结构的特点是居住在地中海地区的居民所特有的。该膳食结构的主要特点是富含植物性食物，鱼、禽、蛋、奶、畜各类动物性食物比例恰当。食物的加工程度低、新鲜度较高，食用油以橄榄油为主，饱和脂肪所占比例较低。该地区居民心脑血管疾病发生率很低。

二、中国居民的膳食结构

1. 我国传统的膳食结构

我国传统的膳食结构特点为以谷类为主。高碳水化合物、高膳食纤维、低动物脂肪，基本属于植物性食物为主的膳食结构。

2. 我国膳食结构的变化

随着我国国民经济的发展，近年来我国城乡居民的膳食状况明显改善，儿童青少年平均身高增加，营养不良患病率下降。但在贫困农村，仍存在着营养不足的问题。同时，我国居民膳食结构及生活方式也发生了重要变化，与之相关的慢性非传染性疾病，如肥胖、高血压、糖尿病、血脂异常等患病率增加，已成为威胁国民健康的突出问题。与传统的膳食结构相比，我国居民平均每日谷类食物的供能比重降低，动物性食物的供能比重上升；来源于谷类的蛋白质比例下降，来源于动物性食物的蛋白质比例上升；膳食脂肪提供的能量显著增加。

营养摄入是否科学，营养状况是否合理，直接影响到了人民群众的健康。通过制定和实施合理的营养政策，科学的调整食物结构，指导和教育人民群众采用平衡膳食，形成科学的饮食习惯，就能够达到合理营养，促进健康的目的。

第二节　中国居民膳食指南和平衡膳食宝塔

一、膳食指南的概念

膳食指南是依据营养学的原则，结合本国的实际情况制定的指导大众科学饮食、合理营养的指导性文件。制定膳食指南的目的是引导大众采用平衡膳食的饮食行为，优化食物结构，减少营养相关疾病的发病风险，提高全民的健康水平。膳食指南是合理膳食的基本规范、食谱设计的总原则、营养配餐的基本依据之一。

膳食指南通常是由专门的营养科研机构根据大量研究数据、临床观察与流行病学调查等综合结果提出，再由政府部门颁布，因而科学性和权威性兼备。其文字通俗易懂，道理浅显明确，能很好地被广大民众理解与接受，因此在预防由于膳食结构失衡所致的营养缺乏病和多种慢性病方面发挥着重要的作用。

二、中国居民膳食指南的发展

我国于1989年首次发布了我国居民膳食指南，之后结合中国居民膳食和营养摄入情况，营养素需求和营养理论的知识更新，于1997年和2007年对《中国居民膳食指南》进行了两次修订。

对于此次新版指南的修订意义，一是提高可操作性和实用性。将10条推荐精简至6条，文字简练、清晰，容易记忆，同时提供更多的可视化图形及图表、食谱，便于百姓理解、接受和使用。二是注重饮食文化传承发扬。在新指南中专门提出弘扬尊重劳动，珍惜粮食，杜绝浪费的传统美德，强调个人、家庭、社会、文化对膳食和健康的综合影响作用，建议在传承民族传统饮食文化的同时，开启饮食新理念，着力解决公共营养和健康的现实问题，并鼓励社会提供良好的支持环境。三是兼顾科学性和科普性。《中国居民膳食指南（2016）》中包括大量的科学证据和理论分析，对从事营养与健康的科教专业人员是很好的参考工具。为方便大众理解使用，这次特别编撰科普读本，用百姓易于理解的语言讲百姓关心的常识，结合与百姓生活密切相关的饮食营养问题，以图文并茂的形式、通俗易懂的表达，对核心推荐内容进行科学讲解。

我国居民健康状况和营养水平得到不断改善，人均预期寿命逐年增长。2015年发布的《中国居民营养与慢性病状况报告》显示，虽然我国居民膳食能量供给充足，体格发育与营养状况总体改善，但居民膳食结构仍存在不合理现象，豆类、奶类消费量依然偏低，脂肪摄入量过多，部分地区营养不良的问题还依然存在，超重肥胖问题凸显，与膳食营养相关的慢性病对我国居民健康的威胁日益严重。总体来看，近十年来，我国居民的膳食营养结构及疾病谱都发生了新的较大变化。

在2016年，我国推出了中国居民膳食宝塔（2016）、中国居民平衡膳食餐盘（2016）和儿童平衡膳食算盘三个可视化图形，指导大众在日常生活中进行具体实践。为方便百姓应用，这次还特别推出了《中国居民膳食指南（2016）》科普版，帮助百姓做出有益健康的饮食选择和行为改变。《指南》针对2岁以上的所有健康人群提出6条核心推荐，分别为：食物多样，谷类为主；吃动平衡，健康体重；多吃蔬果、奶类、大豆；适量吃鱼、禽、蛋、瘦肉；少盐少油，控糖限酒；杜绝浪费，兴新食尚。2022年经过近3年的努力，中国营养学会修订完成了《中国居民膳食指南（2022）》。膳食指南是健康教育和公共政策的基础性文件，是国家推动食物合理消费、提升国民科学素质、实施健康中国－合理膳食行动的重要措施。

三、中国居民膳食指南

中国居民膳食指南见二维码。

四、中国居民平衡膳食宝塔的应用

（1）确定适合自己的能量水平

膳食宝塔中建议的每人每日各类食物适宜摄入量范围适用于一般健康成人，在实际应用时要根据个人年龄、性别、身高、体重、劳动强度、季节等情况适当调整。从事轻体力劳动的成年男子如办公室职员等，可参照2400 kcal（1 kcal =4. 186 J）膳食来安排自己的进食量；从事中等强度体力劳动者如钳工、卡车司机和一般农田劳动者可参照2000 kcal膳食进行安排；不参加劳动的老年人可参照1800 kcal膳食来安排。女性一般比男性的食量小，因为女性体重较轻及身体构成与男性不同。女性需要的能量往往比从事同等劳动的男性低200 kcal或更多些。一般说来人们的进食量可自动调节，当一个人的食欲得到满足时，他对能量的需要也就会得到满足。

（2）根据自己的能量水平确定食物需要

膳食宝塔建议的每人每日各类食物适宜摄入量范围适用于一般健康成年人，要根据自身的需要进行选择。

（3）食物同类互换，调配丰富多彩的膳食

应用膳食宝塔可把营养与美味结合起来，按照同类互换、多种多样的原则调配一日三餐。

（4）要因地制宜充分利用当地资源

我国幅员辽阔，各地的饮食习惯及物产不尽相同，只有因地制宜充分利用当地资源才能有效地应用膳食宝塔。

（5）要养成习惯，长期坚持

膳食对健康的影响是长期的结果。应用于平衡膳食宝塔需要自幼养成习惯，并坚持不懈，才能充分体现其对健康的重大促进作用。

《中国居民平衡膳食宝塔》建议的各类食物摄入量是一个平均值和比例。每日膳食中应当包含宝塔中的各类食物，各类食物的比例也应基本与膳食宝塔一致。日常生活无须每天都样样照着“宝塔”推荐量吃。例如烧鱼比较麻烦就不一定每天都吃50 g鱼，可以改成每周吃2～3次鱼、每次150～200 g较为切实可行。实际上平日喜吃鱼的多吃些鱼、愿吃鸡的多吃些鸡都无妨碍，重要的是一定经常遵循宝塔各层各类食物的大体比例。

第十八章　营养配餐

平衡膳食、合理营养是健康饮食的核心。合理的营养可保证人体正常的生理功能，促进健康和生长发育，提高机体的抵抗力和免疫力，有利于某些疾病的预防和治疗。

营养配餐就是按人们身体的需要，根据食物中各种营养物质的含量，设计一天、一周或一个月的食谱，使人们摄入的蛋白质、脂肪、碳水化合物、维生素和矿物质等营养素比例合理，即达到平衡膳食。营养配餐和食谱的制定应遵循平衡膳食的原则，根据食物的营养特点和我国人民的饮食习惯及相应人群的生理特点，进行食物的合理选择和科学搭配，满足人们的生长发育和健康的需要。营养配餐是实现平衡膳食的一种措施。

营养配餐的意义在于：营养配餐可将各类人群的膳食营养素参考摄入量具体落实到用膳者的每日膳食中，使他们能按需要摄入足够的能量和各种营养素，同时又防止营养素或能量的过高摄入；可根据群体对各种营养素的需要，结合当地食物的品种、生产季节、经济条件和厨房烹调水平，合理选择各类食物，达到平衡膳食；通过编制营养食谱，可指导餐饮管理人员有计划的管理餐饮食物，有利于成本核算。

第一节　制定营养食谱的方法

营养食谱与普通食谱最大的区别在于其是在膳食平衡理论和膳食营养素参考摄入量的指导下，对食谱作出“量化”的制定。其中心目的是把膳食营养素参考摄入量和中国居民膳食指南的基本原则与要求具体落实到一日三餐中。一个合理的营养食谱，对正常人而言，可以保证其营养均衡；对营养性疾病患者而言，可作为治疗或辅助治疗的重要措施之一；对膳食管理者和制备者而言，是实施膳食营养工作的具体体现。

制定营养食谱的总原则是根据用餐者的具体情况，遵循食物多样化的原则，满足平衡膳食及合理营养的需求，尽可能照顾用餐者的饮食习惯和经济能力，具有较强的可实施性，达到促进身体健康的目的。

一、制定营养食谱的理论依据

1. 中国居民膳食指南和平衡膳食宝塔

膳食指南是食物合理选择与搭配的建议，是根据有关营养学理论制定的饮食指导原则，其目的在于改善、优化饮食结构，倡导平衡膳食，减少与膳食有关的疾病。膳食宝塔是根据膳食指南、结合国情而设计的一种宝塔式的膳食方案。它把平衡膳食的原则转化成各类食物的重量，并以直观的形式表现出来，便于群众理解和在日常生活中实行。也就是说，膳食指南是一种理论原则，而平衡膳食宝塔则是量化和形象的膳食模式。

膳食指南和膳食宝塔是制定食谱的原则和理论依据。

2. 膳食营养素参考摄入量

由于年龄、性别、生理及劳动强度的不同，对各种营养素的需要量有所不同。一个人如果某种营养素长期摄入不足，就可能发生相应的营养缺乏病；但如果长期过多摄入某种营养素，又可能出现相应的毒副作用。因此，必须科学合理地安排每日的膳食，做到营养素的种类齐全、数量适宜、比例合理，达到增进健康、预防疾病的目的。

一日膳食中的营养素种类、数量是否适宜，是以膳食营养素参考摄入量（DRIs）为依据的。但实际上，不一定完全达到DRIs的标准，每日所摄入的能量和其他营养素在需要量的±10%以内均符合标准。

3. 膳食平衡理论

营养问题的核心是膳食平衡，即在膳食性、味平衡的基础上确定合理的能量和各类营养素需要量，据此进行科学的烹饪和调配，使食谱既美味可口又能达到膳食供给量标准。

膳食平衡理论包括：能量的来源及其比例平衡；蛋白质的来源及其比例平衡；脂肪的来源及其比例平衡；碳水化合物的来源及其比例平衡；饥与饱的平衡；食物搭配的四大平衡（即主副食平衡、酸碱平衡、荤素平衡、杂精平衡）；食物冷与热的平衡、干与稀的平衡；食物寒、热、温、凉四性的平衡。

①膳食中三种宏量营养素需要保持一定的比例：膳食中蛋白质、脂肪和碳水化合物除可提供人体所必需的能量外，还各具特殊的生理功能。因此在膳食中，这三种产能营养素必须保持一定的比例，才能保证膳食平衡。

②膳食中优质蛋白质与一般蛋白质保持一定的比例：在膳食结构中要注意将动物性蛋白质、一般植物性蛋白质和大豆蛋白质进行适当的搭配，并保证优质蛋白质占蛋白质总供给量的1/3以上。

③饱和脂肪酸、单不饱和脂肪酸和多不饱和脂肪酸之间的平衡：饱和脂肪酸可使血胆固醇升高，不饱和脂肪酸特别是必需脂肪酸以及鱼贝类中的二十碳五烯酸（EPA）和二十二碳六烯酸（DHA）则具有多种有益的生理功能。因此必须保证食物中多不饱和脂肪酸的比例。

④酸性食物与碱性食物：人体内各种体液必须具有适宜的酸碱度（正常人血液的pH值在7.35~7.45），这是维持正常生理活动的重要条件之一。除组织细胞在代谢过程中不断产生酸性和碱性物质外，还有一定数量的酸性和碱性物质可随食物进入体内，影响机体的酸碱平衡。酸性食物与呈碱性食物适当搭配，有助于维持体内酸碱平衡。

食品的酸碱性与其本身的pH值无关（味道是酸的食品不一定是酸性食品），主要是以食物在人体内经过消化、吸收、代谢后的终产物界定的。含钾、钠、钙、镁等矿物质较多的食物，在体内的最终代谢产物常呈碱性，称为碱性食物，如蔬菜、水果、乳类、大豆和菌类食物等。含硫、磷、氯等矿物质较多的食物，在体内的最终代谢产物常呈酸性，称为酸性食物，如肉、蛋、鱼等动物食品及豆类。配餐过程中，应根据食物的酸碱性，合理调配食物的酸碱平衡。

⑤钙、磷比例：营养配餐过程中，需要考虑钙磷两种元素的比例。如果配比不适当，如磷多钙少，则混合食物中的钙就会以磷酸钙盐沉淀的形式排出体外，从而影响食物中钙的吸收。膳食中的钙磷比，成年人一般为1:1～1:1.5；婴儿的钙磷比与母乳相近，为1.5～2:1；青少年膳食的钙磷比应达到1:1；儿童和高龄老人膳食的钙磷比应达到1.5:1。

⑥钾、钠比例：健康人体液的钾、钠比约为3:1。钠是细胞外液的主要阳离子，它们对细胞内外酸碱平衡及保持细胞渗透压起着重要作用。钾广泛存在于天然食物中，如韭菜、芹菜、油菜、菜花、菠菜、土豆、蘑菇、榨菜、新鲜水果（特别是香蕉）中含有丰富的钾。钠主要来源于食盐的摄入。我国多数地区食盐摄入量较多，食盐摄入量与高血压的发病率呈正相关，因此膳食中要控制食盐的摄入量，考虑膳食中的钾、钠平衡。为肾病病人配餐时，更要准确计算膳食中的钾钠比。

4. 食物成分表

了解和掌握食物营养成分的信息是营养配餐工作不可缺少的。有了较精确的食物成分数据，就能更好地开展营养配餐工作。各种食物的营养素含量常因品种、土壤气候、成熟度和加工处理等因素的影响而有较大的差异。许多国家针对本国食物的特点，研制了各自的食物成分表，作为评定食物营养素价值的依据。

《食物成分表》实例见表18－1所示，表中的“地区”栏内的名称，主要是指采集食物样品的地区，即食物产地。“食部”栏内所列数字是可食部分的比例，即按照当地的烹调和饮食习惯，把从市场上购买的样品（简称市品）去掉不可食部分之后，所剩余的可食部分所占的比例，简称“食部”。列出可食部比例是为了便于计算市品每百克的营养素含量。市品的可食部不是固定不变的，它会因为食物的运输、贮藏和加工处理不同而有改变。因此当食物的实际可食部分与表中食部栏内所列数字有较大出入时，可以自己实际测量得可食部重量为准。表中所列的能量及其他营养成分均为食物每100 g可食部分中的营养素含量。

表18－1 食物成分表

干豆类及其制品							
食物名称	地区	食部/%	能量/kcal	蛋白质/g	脂肪/g	碳水化合物/g	膳食纤维/g
扁豆	甘肃	100	326	25.3	0.4	55.4	6.5
禽肉类及其制品							
食物名称	地区	食部/%	能量/kcal	蛋白质/g	脂肪/g	碳水化合物/g	膳食纤维/g
鹌鹑	—	58	110	20.2	3.1	0.2	—

注 1 kcal＝4.186 kJ。

二、制定营养食谱的方法

营养食谱是将一定时期内（一日、一周或一月）的膳食作出科学合理的计划安排，即制定出各种食物的定量搭配、烹调加工等具体实施方案。营养食谱的编制是合理营养、平衡膳食的一项重要措施，也是营养师必备的基本技能之一。营养食谱的编制方法有营养素计算法和食物交换份法两种。下面以营养素计算法为例来说明营养食谱的制定方法。

1. 营养食谱的编制原则

根据营养配餐的上述理论依据，营养食谱的编制可遵循以下原则。

（1）保证营养平衡

①按照《中国居民膳食指南》的要求，膳食应满足人体需要的能量、蛋白质、脂肪，以及各种矿物质和维生素。膳食不仅品种要多样，而且数量要充足，膳食既要能满足就餐者需要又要防止过量。

②各营养素之间的比例要适宜。膳食中能量来源及其在各餐中的分配比例要合理。要保证膳食蛋白质中优质蛋白质占适宜的比例。要以植物油作为油脂的主要来源，同时还要保证碳水化合物的摄入。各矿物质之间也要配比适当。

③食物的搭配要合理。注意主食与副食、杂粮与精粮、荤与素等食物的平衡搭配。

④膳食制度要合理。一般应该定时定量进餐，成人一日三餐，儿童三餐以外再加一次点心，老人也可在三餐之外加点心。

（2）注意饮食习惯和饭菜口味

在可能的情况下，既要膳食多样化，又要照顾就餐者的膳食习惯。注重烹调方法，做到色香味美、质地宜人、形状优雅。

（3）考虑季节和市场供应情况

原料主要是熟悉市场可供选择的，并了解其营养特点。

（4）兼顾经济条件

食谱既要符合营养要求，又要使进餐者在经济上有承受能力，才会有实际意义。

2. 营养食谱制定的步骤

（1）确定能量和营养素目标

制定食谱时首先应确定能量需要量。在此基础上，确定宏量营养素的比例和需要量。在食谱制定的计算过程中，一般不考虑微量营养素，在选择食物品种时可以根据食谱应用个体的需要，选择富含某种微量营养素的食物。

（2）选择食物

根据各类食物的营养学特点，可以先确定富含碳水化合物、低脂、低蛋白的谷类的需要量，然后确定以提供蛋白质为主的肉类、蛋类、奶类及其制品、大豆及其制品等食物的需要量，最后确定以提供脂肪为主油脂类食物的需要量。蔬菜、水果的需要量根据荤素搭配、微量营养素需要及个体饮食喜好等因素来确定。

（3）计算和调整

食谱内容确定后，需要计算该食谱中能量和宏量营养素的供给量。不同状态下的个体对矿物质和维生素的需求不同，因此必要时还应计算特定微量营养素的供给量，如钠、维生素A、维生素D等。

根据营养素需要量与实际供给量之间的差距，对食谱进行调整，以使其尽量接近能量和营养素目标。调整食谱时应考虑以下因素：食物的重量；食物的种类；加工、烹饪方法；地域、季节、宗教、经济等因素。

（4）评价食谱

食谱计算和调整后，要从以下几方面进行评价：

①食谱实际供给量与目标需要量进行比较：在计算食谱时不要求供给量与需要量完全吻合，一般认为能量和营养素的供给量在需要量的 ±10% 范围内即为合格。如超出此范围，则需要对食谱进行重新调整。

②食谱内容与中国居民平衡膳食宝塔进行比较：主要评价食物的种类是否齐全、膳食结构是否合理。评价时需要先将食谱中的所有食物进行分类、合计。

③能量来源的评价：即宏量营养素的供能比例是否恰当。

④蛋白质评价：主要评价优质蛋白质的比例、优质蛋白质中动物性蛋白质与大豆蛋白质的比例。

⑤脂类的评价：主要评价饱和脂肪酸、单不饱和脂肪酸与多不饱和脂肪酸的比例，$n-3$ 与 $n-6$ 脂肪酸的比例，对高胆固醇血症、动脉粥样硬化等病人还需要评价胆固醇的供给量。

⑥微量营养素的评价：对微量营养素有特殊需求时，还应对相应的矿物质和维生素供给量和来源进行评价，如对高血压病人应评价食谱中钠、钾的供给量，对缺铁性贫血病人应评价食谱中铁的供给量及其来源。

⑦餐制的评价：主要评价餐次制定是否合理、各餐的供能比例是否合理。

对食谱进行评价后，针对不足之处可能仍需做进一步的微调，之后即可交付使用。一份营养配餐的一日食谱应包括就餐时间、餐次、食物名称、原料名称、原料用量、能量与宏量营养素供给量及比例、特定微量营养素供给量等基本内容。

3. 营养食谱制定的方法

（1）确定每日能量需要量

①查表法：应用中国居民膳食能量推荐摄入量（RNI），根据就餐对象的年龄、性别、体力劳动水平查询其能量供给量。体重正常者可采用此法，比较便捷。见表 18－2。

表 18－2　中国成人膳食能量推荐摄入量

年龄/岁	劳动强度	RNI（kcal/天）	
		男	女
18～	轻体力活动	2400	2100
	中体力活动	2700	2300
	重体力活动	3200	2700
50～	轻体力活动	2300	1900
	中体力活动	2600	2000
	重体力活动	3100	2200

续表

年龄/岁	劳动强度	RNI（kcal/天）	
		男	女
60 ~	[illegible]	1900	1800
	中体力活动	2200	2000
70 ~	轻体力活动	1900	1800
	中体力活动	2100	1900
80 ~		1900	1700

注 孕妇、乳母在相应劳动强度的正常女性能量需要量的基础上分别增加200 kcal、500 kcal。

②计算法：根据成人每天单位体重能量供给量参考值，由其标准体重计算每日能量需要量。见表18－3。

表18－3 不同体力活动水平人群的每日能量供给量（kcal/kg标准体重）

体型	体力活动量			
	极轻体力劳动	轻体力劳动	中体力劳动	重体力劳动
消瘦	30	35	40	40 ~ 45
正常	20 ~ 25	30	35	40
肥胖	15 ~ 20	20 ~ 25	30	30

具体方法为：

第一步：根据就餐对象的身高，计算其标准体重。公式为：标准体重（kg）＝身高（cm）－105。

第二步：计算其体质指数（BMI），判断其体型。体质指数（BMI）＝实际体重（kg）/身高的平方（m^2）。中国成人的体质指数在18.5 ~ 23.9之间为正常，＜18.5为消瘦，≥24属超重，≥28属肥胖。

第三步：了解就餐对象体力活动情况，根据不同体力劳动水平确定其每单位标准体重的能量需要量，进而确定其一日能量供给量。全日能量供给量（kcal）＝标准体重（kg）×单位标准体重能量需要量（kcal/kg）

例1：某就餐者40岁，身高172 cm，体重68 kg，从事中等体力劳动，求其每日能量需要量。

该就餐者标准体重＝172 cm－105＝67 kg。

体质指数＝68 kg/（1.72m×1.72m）＝23.0，体重正常。

查表知正常体重、中等体力活动者每日能量供给为35kcal/kg，则其每日总能量需要量＝67 kg×35（kcal/kg）＝2345 kcal。

（2）确定三大产能营养素的摄入量

①三大产能营养素的生热系数为：蛋白质4 kcal/g，脂肪9 kcal/g，碳水化合物4 kcal/g。

②按照 WHO 推荐的正常成人每日膳食中三大产能营养素的供能比为：蛋白质 10% ~ 15%，脂肪 20% ~30%，碳水化合物 55% ~65%。

例 2：由例 1 计算结果可知，该就餐者每日的能量需要量为 2345 kcal，设定其中蛋白质的供能比为 15%，脂肪为 25%，试计算其每日所需蛋白质、脂肪、碳水化合物的量。

由题可知，每日由蛋白质提供的能量为 2345 kcal × 15% = 352 kcal；由脂肪提供的能量为 2345 × 25% = 586 kcal；由碳水化合物提供的能量为 2345 × 60% = 1407 kcal。

根据三大产能营养素的生热系数，该就餐者每日蛋白质需要量为 352 ÷ 4 = 87.9 g，脂肪为 586 ÷ 9 = 65.1 g，碳水化合物为 1407 ÷ 4 = 351.8 g。

（3）配制一日食谱

在确定了就餐者三大营养素的需要量后，根据其膳食习惯及经济条件，选择各种食物，制定营养均衡的食谱。根据中国居民平衡膳食指南，将可供选择的食物分为五大类：

第一类：谷薯类，包括米、面、杂粮、马铃薯、甘薯、木薯等，主要提供碳水化合物、蛋白质、膳食纤维和 B 族维生素。

第二类：动物性食物，包括肉、禽、蛋、奶等，主要提供蛋白质、脂肪、矿物质、维生素 A、维生素 D 和 B 族维生素。

第三类：豆类和坚果，包括大豆、其他干豆及花生、核桃、杏仁等坚果类，主要提供蛋白质、脂肪、膳食纤维、矿物质、维生素 E 和 B 族维生素。

第四类：蔬菜、水果和菌藻类，提供膳食纤维、矿物质、维生素 C、胡萝卜素、维生素 K、叶酸及有益健康的植物化学物质。

第五类：纯能量食物，包括植物油、淀粉、食用糖和酒类，主要提供能量。动植物油脂还可提供维生素 E 和必需脂肪酸。

每类食物每日摄入量见膳食宝塔。根据我国大众的膳食习惯，采用先主食，后副食的设计顺序，具体步骤如下。

例 3：某男，35 岁，身高 175 cm，体重 70 kg，中等体力劳动，喜食面食。请参照食物成分表为其配制一日食谱，写出主要主副食的计算具体过程（蛋白质供能占 15%，脂肪供能占 30%）。

①根据 BMI、年龄、性别、体力劳动水平及身体健康状况，确定其能量需要量。

经计算，该男子 BMI = 22.8，为正常体型，因其为中等体力劳动，确定其能量供给量为 40 kcal/kg，计算其一日能量需求量为 40 × 70 = 2800 kcal（也可用直接查表法求得）。

②根据蛋白质、脂肪的供能比，计算蛋白质、脂肪、碳水化合物的一日供给量。

一日蛋白质供给量：2800 kcal × 15% ÷ 4 = 105 g

一日脂肪供给量：2800 kcal × 30% ÷ 9 = 93.3 g

一日碳水化合物供给量：2800 kcal × 55% ÷ 4 = 385 g

③确定全天主食需要量。主食由粮谷类提供，因其喜面食，故主食以面粉为主，大米为辅，确定面粉与大米的比例为 80:20。查阅食物成分表，每 100 g 小麦粉（特二粉）含碳水合物 74.3 g，100 g 大米（标一）含碳水合物 76.8 g，则：

所需面粉数量 =385 ×80% ÷74.3% =414.5 g

所需大米数量 =385 ×20% ÷76.8% =100.3 g

④确定全天所需副食的种类、数量。

第一步，计算主食中已提供的蛋白质数量。查阅食物成分表，100 g 小麦粉（特二粉）含蛋白质 10.4 g，100 g 大米（标一）含蛋白质 7.7 g，则：

主食已提供的蛋白质数量 =414.5 ×10.4% +100.3 ×7.7% =50.8 g

第二步：计算应由副食提供的蛋白质数量。

副食应提供的蛋白质数量 =105 −50.8 =54.2 g

第三步：设定副食中蛋白质的 3/4（或 2/3）由动物性食物供给，1/4（或 1/3）由豆制品供给，求出各自的蛋白质供给量：

由动物性食物应提供的蛋白质数量 =54.2 ×3/4 =40.6 g

由豆制品应提供蛋白质数量 =54.2 ×1/4 =13.6 g

第四步：根据饮食习惯，确定 2 ~3 种常用的高蛋白食物品种和数量，后确定其他高蛋白副食品种的数量和种类。

如该男性常用食物中，有鸡蛋 1 个（约 60 g），牛奶一杯（约 250ml），设定剩余的蛋白质量由猪肉（里脊）和北豆腐补充。查阅食物成分表，100 g 鸡蛋含蛋白质 12.8 g，100 g 牛奶含蛋白质 3.0 g，100 g 猪里脊肉含蛋白质 20.2 g，100 g 北豆腐含蛋白质 12.2 g，则所需猪肉（里脊）数量：

猪肉（里脊）数量 =（应由动物性食物提供的蛋白质数量 −60 g 鸡蛋中的蛋白质数量 −250ml 牛奶中的蛋白质数量）÷每克里脊中的蛋白质含量 =（40.6 −60 ×12.8% −250 ×3.0%）÷20.2% =125.8 g

豆腐（北）=应由豆制品应提供蛋白质数量 ÷每克北豆腐中的蛋白质含量 =13.6 ÷12.2% =111.5 g

⑤确定烹调用油量。

查阅食物成分表知，每 100 g 鸡蛋含脂肪 11.1 g，100 g 牛奶含脂肪 3.2 g，100 g 猪里脊肉中含脂肪 7.9 g，100 g 北豆腐中含脂肪 4.8 g，100 g 大米（标一）含脂肪 0.6 g，100 g 小麦粉（特二粉）含脂肪 1.1 g，则所需要的烹调用油量：

烹调用油量 =脂肪总量 −125.8 g 里脊肉提供的脂肪数量 −60 g 鸡蛋提供的脂肪数量 −250ml 牛奶提供的脂肪数量 −111.5 g 北豆腐提供的脂肪数量 −414.5 g 小麦面粉提供的脂肪数量 −100.3 g 大米提供的脂肪数量 =93.3 −125.8 ×7.9% −60 ×11.1% −250 ×3.2% −111.5 ×4.8% −414.5 ×1.1% −100.3 ×0.6% =58.2 g

⑥根据膳食指南及平衡膳食宝塔合理配备蔬菜、水果。

⑦根据已确定的主副食数量，在相应类别的食物中选择不同的食物组成一日食谱，并按比例分配到三餐中，如表 18 −4 所示。

表 18 −4　该成年男子一日食谱举例

餐次	食物名称	原料名称	食物重量/g
早餐	大米稀饭	大米（标一）	70
	馒头	面粉（特二粉）	100

续表

餐次	食物名称	原料名称	食物重量/g
早餐	卤鸡蛋	鸡蛋	60
	牛奶	牛奶	250
	凉调黄瓜丁	黄瓜	75
	橄榄油	—	8
中餐	面条	面粉（特二粉）	200
	西芹炒肉片	西芹	150
		猪里脊	126
	蒜蓉油菜	油菜	150
	花生油	—	25
晚餐	大米稀饭	大米（标一）	30
	馒头	面粉（特二粉）	114
	白菜豆腐	白菜	100
		北豆腐	112
	凉拌西兰花	西兰花	100
	花生油	—	20
	橄榄油	—	5

（4）注意事项

①若要编制一餐食谱，可利用早、中、晚三餐能量比为30%、40%、30%计算一餐能量供给量，余下步骤同一日食谱编制。

②若要编制集体食谱，则可用该群体的平均能量编制一人的食谱，后再将每种食物的重量与人数相乘。

第二节　食物交换份法

食物交换份法是一种较为粗略的食谱编制方法，通常适用于对已有的食谱进行变换，如设计一周或者数周的食谱，其特点是简单、迅速、实用，可避免摄入食物过分固定化，基本保持原营养摄入的平衡，使饮食和生活更加丰富多彩。

用食物交换份制定食谱较使用食物成分表简单、方便、快速，且容易被掌握。其基本原理是在每一类食品中选择一种食用最为广泛的食物，按该食物的习惯用量设定为1份，并粗略计算1份该食物所含能量及蛋白质、脂肪、碳水化合物的含量。然后以此含量作为参照，计算出这类食品中每种其他常用食物能够提供此含量能量/产能营养素时的摄入量水平（根据食物成分表计算），即等值营养成分的使用量。依此类推，计算出每一类食品中的等值营养成分使用量。将所有数据归类列表后，即可在制定食谱时方便地选择。同类食物在一定重量内所含的蛋白质、脂肪、碳水化合物和能量相近，不同类食物间所提供的能量相同。

由于每个交换份的同类食品中的蛋白质、脂肪、碳水化合物等营养素的含量相近，因此，在制订食谱时同类的各种食物可以相互交换。但交换时必须注意同类别、等能量交换，即以粮换粮、以豆换豆、以菜换菜、以鱼禽畜肉换相应的鱼禽畜肉等。若跨组进行交换，虽然能量是相等的，但由于不同组别食物中其他营养素的差别很大，将会严重影响膳食的总体平衡。

一、食物交换份法的食物分类

食物交换份法将常用食物分为五类，列出各类食物每个交换份的质量及能量，以及所含主要营养素的量（见表 18－5～表 18－11），然后按类列出各类食物每个交换份的质量，供编制食谱所用。

根据所含类似营养素的量，把常用食物归为 5 类：

①谷薯类：含有丰富的碳水化合物。

②蔬菜、水果类：含有丰富的维生素、矿物质和膳食纤维。

③肉、鱼、蛋、奶类：含有丰富的优质蛋白质。

④豆类：含有丰富的优质蛋白质。

⑤纯能量食物：如油脂、纯糖、坚果类食物。

表 18－5　谷薯类交换表

食物名称	质量/g	食物名称	质量/g
大米、小米、糯米	25	油条	22
面粉、玉米面、高粱面、荞麦面	25	面包	28
挂面、龙须面、通心粉、燕麦片	25	饼干	20
米饭	籼米 75，粳米 55	藕粉	25
米粥	187	山药	125
馒头	40	土豆	125
花卷	40	荸荠	150
烙饼	35	红薯（生）	190
烧饼	30	鲜玉米	350

注　每份谷薯类食品可提供能量 90 kcal，蛋白质 2 g，碳水化合物 20 g。根茎类一律以净食部计算。

表 18－6　蔬菜类食物交换表

食物	质量/g	食物	质量/g
大白菜、圆白菜、菠菜、油菜	500	白萝卜、青椒、冬笋	400
韭菜、茴菜、茼蒿	500	南瓜、菜花、金瓜	350
芹菜、甘蓝、莴笋	500	鲜豇豆、扁豆、洋葱、蒜苗	250
西葫芦、番茄、冬瓜、苦瓜	500	胡萝卜	200

续表

食物	质量/g	食物	质量/g
黄瓜、茄子、丝瓜	500	山药、藕、凉薯	150
芥蓝、瓢菜、塌塌菜	500	慈姑、芋头	100
芥菜、龙须菜	500	毛豆、鲜豌豆	70
绿豆芽、鲜蘑、水浸海带	500	百合	50

注　每份蔬菜类食物可提供能量 80 kcal，蛋白质 5 g，碳水化合物 17 g。每份蔬菜一律以净食部计算。

表 18－7　肉蛋类交换表

食物	质量/g	食物	质量/g
肥瘦猪肉	20	鸡蛋粉	15
熟火腿、香肠	25	鸡蛋、鸭蛋、松花蛋、鹌鹑蛋	60
叉烧肉、午餐肉	35	鸡蛋清	150
酱牛肉、酱鸭、猪肉肠	35	带鱼、草鱼、鲤鱼、甲鱼	80
瘦猪肉、牛肉、羊肉	50	比目鱼、大黄鱼、鳝鱼	80
带骨排骨	70	黑鲢鱼、鲫鱼	80
鸭肉、鸡肉	50	对虾、青虾、鲜贝	80
鹅肉	50	蟹肉、水浸鱿鱼	100
兔肉	100	水浸海参	350

注　每份肉蛋类食品提供能量 90 kcal，蛋白质 9 g，脂肪 6 g。除蛋类为市品重量，其余一律以净食部计算。

表 18－8　奶类交换表

食物	质量/g	食物	质量/g
全脂奶粉	20	鲜牛奶	160
脱脂奶粉	25	羊奶	160
奶酪	5	无糖酸奶	160

注　每份奶类可提供能量 90 kcal，蛋白质 5 g，脂肪 5 g，碳水化合物 6 g。

表 18－9　大豆类交换表

食物	质量/g	食物	质量/g
腐竹	20	北豆腐	100
大豆、大豆粉	25	南豆腐	150
豆腐丝、豆腐干	50	豆浆（1 份黄豆 8 份水）	400
油豆腐	30		

注　每份大豆类可提供能量 90 kcal，蛋白质 9 g，脂肪 4 g，碳水化合物 4 g。

表 18－10　水果类交换表

食物	质量/g	食物	质量/g
柿子、香蕉、荔枝	150	李子、杏、葡萄	200
梨、桃、苹果、橘子	200	草莓	300
橙子、柚子、猕猴桃	200	西瓜	500

注　每份水果类可提供能量 90 kcal，蛋白质 1 g，碳水化合物 21 g。每份水果一律以市品质量计算。

表 18－11　油脂类交换表

食物	质量/g	食物	质量/g
花生油、菜籽油、豆油	9	核桃、杏仁、花生米	15
玉米油、红花油、葵花子油	9	葵花子	25
猪油、牛油、羊油、黄油	9	西瓜子	40

注　每份油脂类可提供能量 80 kcal，脂肪 10 g。

二、食物交换份法的应用

食物交换份法主要用于编制一日食谱或一周食谱，但精确度不如营养素计算法。如某儿童每天所需能量为 1800 kcal，从表 18－12 中可知 1800 kcal 需要 21 个交换份，其中主食 11 份、蔬菜类 1 份、水果类 1 份、鱼肉蛋豆类 4 份、乳类 2 份、油脂 2 份。具体到每类食物中，则应吃谷类 300 g、菜类 500 g、水果类 300 g、鱼肉类 150 g、乳类 220 g、油脂 18 g。可根据膳食指南和平衡膳食宝塔的配餐原则，将各类食物具体分配到每餐当中，见表 18－13。周一食谱为采用营养素计算法编制的一日食谱，周二的为利用同类互换的方式制定的另一日食谱，同理可获得一周食谱。

表 18－12　用食物交换份法配制一周食谱

能量		谷薯类		蔬菜类		水果类		鱼肉蛋豆类		乳类		油脂类	
kcal	交换份	份	约重/g	份	约重/g	份	约重/g	份	约重/g	份	约重/g	份	约重
1600	18.5	9	225	1	500	1	300	4	200	2	220	1.5	1.5 汤匙
1800	21	11	275	1	500	1	300	4	200	2	220	2	2 汤匙
2000	23.5	13	325	1	500	1	300	4.5	225	2	220	2	2 汤匙
2200	24.5	14	350	1	500	1	300	4.5	225	2	220	2	2 汤匙
2400	27	15	375	1	500	1	300	5	250	3	330	2	2 汤匙
2600	29	16	400	1.5	750	1	300	5	250	3	330	2.5	2.5 汤匙

表 18－13　用食物交换份法配制一周食谱

周一食谱				周二食谱			
餐次	食物名称	原料、用量（交换份）	能量/kcal	餐次	食物名称	原料、用量（交换份）	能量/kcal
早餐	鸡蛋面条	切面 90 g（3 份）	270	早餐	馒头	馒头 120 g（3 份）	270
		鸡蛋 55 g（1 份）	80		酱牛肉	瘦牛肉 50 g（1 份）	80
	热牛奶	牛奶 200ml（2 份）	180		豆腐脑	豆腐脑 400 g（2 份）	180
	苹果	苹果 200 g（1 份）	90		鲜枣	鲜枣 100 g（1 份）	90
午餐	红豆米饭	红豆 25 g（1 份）	90	午餐	金银米饭	玉米 25 g（1 份）	90
		大米 50 g（2 份）	180			大米 50 g（2 份）	180
	鸡肉炖豆腐	鸡肉 25 g（1/2 份）	45		虾仁炒鸡蛋	虾仁 50 g（1/2 份）	45
		豆腐 100 g（1/2 份）	40			鸡蛋 27 g（1/2 份）	40
	熘肝尖	猪肝 25 g（1 份）	80		红烧排骨	猪排骨 25 g（1 份）	80
	炒笋尖	青笋尖 250 g（1 份）	80		凉拌西兰花	西兰花 250 g（1 份）	80
	食用油	花生油 9 g（1 份）	80		食用油	花生油 9 g（1 份）	80
加餐	苹果	苹果 100 g（1/2 份）	45	加餐	桃	桃 100 g（1/2 份）	45
	核桃仁	核桃仁 6 g（1/2 份）	40		杏仁	杏仁 6 g（1/2 份）	40
晚餐	三鲜包子	面粉 75 g（2.5 份）	225	晚餐	鸡肉卷饼	面粉 75 g（2.5 份）	225
		韭菜 250 g（1/2 份）	40			黄瓜 125 g（1/4 份）	20
		河虾 50 g（1/2 份）	45			葱 50 g（1/4 份）	20
	西红柿青菜汤	瘦猪肉 13 g（1/2 份）	45			鸡肉 75 g（1 份）	80
		西红柿 125 g（1/4 份）	20		山药小米粥	山药 30 g（1/4 份）	22.5
	醋熘土豆丝	青菜 125 g（1/4 份）	20			小米 6 g（1/4 份）	22.5
	食用油	土豆 63 g（1/2 份）	45		凉拌菠菜	菠菜 250 g（1/2 份）	40
		花生油 5 g（1/2 份）	90		食用油	花生油 5 g（1/2 份）	90
加餐	酸牛奶	酸奶 100ml（1 份）	90	加餐		酸奶 100ml（1 份）	90
合计	21 份		1800	合计		21 份	1800

第三节　营养食谱的调整

根据我国居民膳食指南、平衡膳食宝塔膳以及膳食平衡理论，结合膳食管理的整体要求，在膳食调配过程中，遵循营养平衡、饭菜可口、食物多样、定量适宜和经济合理的原则。

一、保证营养平衡

膳食调整首先要保证营养平衡，提供符合营养要求的平衡食谱。主要包括以下 4 点。

1. 食物种类多样化，保证人体能量和营养需求

合理的膳食应满足人体所需的各种营养素，如碳水化合物、脂类、蛋白质、各种矿物质和维生素等，这就要求膳食结构中食物的种类要多样、数量要充足。要求膳食所提供的营养素符合或基本符合《中国居民膳食营养参考摄入量（DRIs)》标准，允许的浮动范围在参考摄入量标准规定的 ±10% 以内。

表 18－14～表 18－19 为部分营养素含量丰富的食物，可作为设计和调整食谱的参考。

表 18－14　脂肪含量丰富的食物（g/100 g）

食物名称	脂肪	食物名称	脂肪
核桃	65.6	松仁	58.5
葵花籽仁	52.8	花生	51.9
芝麻	48.0	猪肉（里脊）	10.5
猪肉（后臀尖）	30.8	牛肉（均值）	4.2
羊肉（均值）	14.1	黄豆	19.0
豆腐（北）	4.6	腐竹	26.2
鸡	9.4	鹅	19.9
鸭	19.7	鸽	14.2
鸡心	11.8	鸡肝	4.8
鸭肝	7.5	鸭皮	50.2
鸡蛋	13.0	鹅蛋	15.6
鹌鹑蛋	11.1	鸭蛋黄	33.8
鲤鱼	4.1	鲑鱼	7.8

表 18－15　蛋白质含量丰富的食物（g/100 g）

食物名称	蛋白质	食物名称	蛋白质
牛奶	3.0	猪肝	22.7
酸奶	3.1	鸡蛋	13.3
猪肉（瘦）	21.3	牛肉（瘦）	19.8
鸡肉	19.1	鸭肉	17.3
黄鱼	20.2	带鱼	21.2
鲤鱼	18.2	鲢鱼	17.4
虾	16.5	黄豆	35.6
豆腐	11.0	红小豆	20.1
绿豆	20.6	香菇	20.1

表 18－16 富含胡萝卜素的食物（μg/100 g）

食物名称	胡萝卜素	食物名称	胡萝卜素
豆瓣菜	9550	刺梨	2900
西兰花	7210	芒果	2080
冬寒菜	6950	哈密瓜	920
羽衣甘蓝	4368	柑橘	890
胡萝卜	4107	木瓜	870
芥蓝	3450	西瓜	450
芹菜叶	2930	杏	450
荠菜	2590	樱桃	440
茴香	2410	橙子	160
沙棘	3840		

表 18－17 部分含钙丰富的食物（mg/100 g）

食物名称	钙	食物名称	钙
虾皮	1037	牛乳	161
水发海参	236	芝麻酱	1394
木耳	295	豆腐干	179
香菇	172	黑芝麻	814
海带（鲜）	445	紫菜	445

表 18－18 常见食物的铁含量（mg/100 g）

食物名称	铁	食物名称	铁
鸭血	30.5	鸡血	25.0
猪血	8.7	鸭肝	23.1
猪肝	22.6	鸡肝	12.0
蛏	33.6	河蚌	26.6
蛤蜊	10.9	牛肉干	15.6
羊肉（瘦）	3.9	猪肉（瘦）	3.0
紫菜（干）	54.9	蘑菇（干）	51.3

表 18－19 富含维生素 C 的食物（mg/100 g）

食物名称	维生素 C	食物名称	维生素 C
刺梨	2585	酸枣	900
甜椒	130	鲜枣	243
沙棘	204	猕猴桃	62

续表

食物名称	维生素 C	食物名称	维生素 C
小白菜	64	红果	53
羽衣甘蓝	63	桂圆	43
黑醋栗（黑加仑）	181	油菜苔	65
荔枝	41	苦瓜	56

2. 膳食中三大产能营养素的比例适当

膳食中的碳水化合物、脂类和蛋白质是提供能量的营养物质，且各具有不同的生理功能。在供给能量方面三者在一定程定上可以相互代替，但在生理功能方面却不能相互取代。尤其是蛋白质，其构成机体组织与调节机体生理功能的作用是其他任何营养物质所不具备的。因此，膳食中的三大产能营养素应保持适当的比例，以符合人体的生理需求。中国居民膳食指南推荐的三大产能营养素的供能比例分别为：碳水化合物 55% ~65%，脂类 20% ~30%，蛋白质 10% ~15%。

粮谷类是我国传统膳食结构的特征。随着居民生活水平的提高，目前膳食中的粮谷类的比重下降，但其摄入量仍占各类食物的首位。而以动物性食物为主的膳食结构，不仅不适应中国国情，也是不科学的，长期高动物性膳食会造成糖尿病、心脑血管疾病的发病率升高。

3. 蛋白质和脂类的来源合理

人体需要的蛋白质和脂类，在数量上和质量上均应符合人体的需要。我国膳食以植物性食物为主，为了保证蛋白质质量，动物性食物和大豆制品提供的蛋白质应占蛋白质摄入总量的 1/3 以上。

膳食中脂类主要来源于动植物油脂中，动物脂肪中相对含饱和脂肪酸较多，不饱和脂肪酸较少；植物油中含不饱和脂肪酸较多。为了保证每日膳食中不饱和脂肪酸的供给量，必须有 1/2 的油脂来源于植物油，这样才能使摄入的饱和脂肪酸与单不饱和脂肪酸、多不饱和脂肪酸间的比例达到平衡。

4. 三餐能量分配合理

三餐食物分配的比例，一般应以午餐为主，早、晚餐分配比例可以相似，或晚餐略高于早餐。通常午餐应占全天总能量的 40%，早、晚餐各占 30%；或者早餐占 25% ~30%，晚餐占 30 ~35%。

对上午工作时间较长的人，或发育阶段的青少年，可于早、中餐之间加餐，作为课间餐；对晚上继续工作或学习 3 ~4 小时以上者，或者工作后睡眠时间距晚餐后 5 ~6 小时者，可在晚饭后加餐，作为宵夜。课间餐和夜宵的能量分配约占全日总能量的 10% ~15% 为宜。

二、注意饭菜的适口性

饭菜的适口性是膳食调配的重要原则。因为就餐者对食物的直接感受首先是适口性，然后才能体现营养效能，只有首先引起食欲，让就餐者喜爱有营养的饭菜，并且能吃进足够的量，才有可能发挥预期的营养效能。

1. 讲究色、香、味

饭菜是否可口，很大程度上取决于其感官性状，表现在色、香、味、形、器和触觉等方面。形象与颜色是饭菜对就餐者的视觉刺激，是首先进入感觉的信息。饭菜美好的外形，鲜明丰富的色彩，加上器皿的和谐，可以先声夺人，使人们在进食前就预感到饭菜的美味，诱导食欲的产生；香气刺激嗅觉，紧随着形象与颜色而来。有些时候，香气先于菜肴的形、色出现。味道和触觉是饭菜的滋味和口感，是更为直接的感官刺激，滋味和口感美好，可使食欲大增，消化能力提高；反之，饭菜的滋味和口感差，会导致食欲下降，进食情绪差，甚至难以接受。滋味、口感美好，可以弥补其他感官性状的不足。

2. 博采众长、口味多样

中国饭菜的烹调以用料考究、配料严谨、刀功精细、风味独特、善控火候、技法多变而见长。各种菜系、菜式的调味基调，都离不开清鲜和浓香两种，千菜百味都从这个基调演变而来。因此地方菜系既有个性，又有共性。要做到饭菜适口，既要发扬传统饭菜的优点和地方菜系的特色，又要学习新的加工技法，选择用经济实惠、美味可口、富有营养的其他饭菜，不断丰富饭菜的品种与风味。这样不仅可以增进就餐者的口味，丰富食物来源，而且可增加营养成分的摄取。当前交流的频繁使就餐者可能来自全国各地，因此只有做到博采众长、口味多样，才能适应就餐人员的需要。

3. 因人因时，辨证施膳

要做到饭菜适口，不仅应讲究饭菜的色、香、味，注意博采众长、增加花色品种，而且要审时度势，因人因时调剂饭菜的口味。因为人员和环境的不同，季节时令的改变，都会影响就餐人员的口味要求。

此外，就餐人员的职业、年龄、性别、籍贯以及主要经历和生活习惯，都不同程度的影响着他们的口味。但对于饮食口味习惯比较定型的成年人来说，也不应一味满足其偏好，要注意适当控制，引导向多口味发展。

三、注重食物的多样化

食物多样化是膳食调配的重要原则，也是实现合理营养的前提和饭菜适口的基础。在膳食调配过程中体现食物多样化，就需要选用多种食物，并合理的搭配，这样才能向就餐者提供花色品种多样、营养平衡的膳食。

1. 营养平衡

营养学将食物分成五大类，其中粮谷类、肉类、蔬菜类和水果类食物是每日膳食必不可少的。从健康的观点出发，动物性食物不宜过多，因此将大豆及其制品单列为一类，以补充优质蛋白及其他营养素的不足，故大豆的营养特点是其他食物所难以替代的，作为必选食物。糖及酒类，只作为调料和饮料，不宜使用过多。这五类食物中，每类包含有若干种不同的食物，在营养和口味上又各具特色，所以必须广泛选用。

2. 酸碱平衡

食物除营养特征外还可根据在体内代谢的酸碱性划分酸性食物和碱性食物。食物被消化吸收后，体内代谢产物呈酸性时，称之为酸性食物；代谢产物呈碱性时，称之为碱性食物。摄入酸性食物或碱性食物过多，都会影响酸碱平衡，当超过人体酸碱调节的能力时，会造成代谢紊乱。因此，在选择食物时应注意酸性食物与碱性食物的合理搭配。

3. 食物的性味调和

按照中医营养学理论，食物有温、热、寒、凉四性之分，甘、酸、苦、辛、咸五味之别。凡属寒性或凉性的食物，食后能起到清热、泻火和解毒作用，在炎暑、温热季节或遇到热症的情况可选用。凡属热性或温性的食物，食后能起到温中、补虚、除寒的作用，在严寒季节或遇到寒症的情况可选用。对就餐人员而言，很难做到因时因人而异地选配不同性、味的食物，但只要能多样化地选择食物，合理烹制，一般不会出现食性、食味不合的现象，而且也符合现代营养学的能量与营养素平衡的原则。

综合营养平衡、酸碱平衡与性味调和的理论，根据调制饭菜品的需要，每膳食中选用的食物品种应包括 5 大类食物，种类在 20 种以上。对于每餐膳食，也应该多品种的选用食物。

四、食物搭配科学合理

1. 不同食物之间的合理搭配

配餐时要注意大米与面粉、细粮与粗杂粮、谷类与薯类的搭配。南方产稻米地区，要搭配 10% ~30% 的面粉或大米以外的其他粮食；北方小麦产地，要搭配不少于 10% 的大米、玉米、小米、高粱米，以及红豆、绿豆等杂粮。二米饭、红豆饭、双色饭、双色糕、金银花卷、小豆粥、腊八粥等都是搭配合理的主食。有条件的地区还可以选用甘薯、马铃薯，以兼补谷类粮食蔬菜在营养成分方面的不足。

首先，副食要注意荤素搭配。每份菜应兼有动物性食物与植物性食物，由荤菜和素菜两部分配成。动物性食物不仅限于肉类、禽类、蛋类，还应尽可能采用鱼、虾、贝等海产品。新鲜蔬菜应首选绿叶蔬菜，豆荚菜、根茎菜、瓜果菜等，根据不同的上市季节搭配选用。豆制品种类多，应尽量做到每天有两种以上的豆制品。菌菇类与藻类具有其他食物不具备的营养功能，也应注意选用。其次，要根据不同的食物性质（营养、口味、软硬、外形）确定搭配形式与制作方法。热菜与凉菜、熟食与生食、荤与素、干与稀、菜与汤、爆炒与红焖、干炸与清蒸、滑熘与烧烤等，都要合理搭配，以适应不同性质的食物之间品种与口味的调剂。

2. 掌握食物适量原则

现代营养学研究工作表明，进食过量不仅会引起肥胖，还会使人体各项机能过早衰退。现代的慢性病都与饮食过量、营养不平衡所造成的代谢失调有关。在我国，温饱问题已得到基本解决，但对饮食过量、营养过剩却缺乏应有的警惕。

多食无味，过食则“倒胃”“伤胃”。注意控制饮食，对维护身体健康，防止浪费，降低饭菜成本也有重要意义。正常成人应根据自身的能量需要量，在膳食宝塔中选择每类食物的摄入量，作为日常饮食的参考。

五、讲求经济效益

饮食消费与经济发展水平紧密相关，满足营养需求与经济投入也紧密相关。因此，调配膳食需要考虑现实经济状况，追求营养与经济的较高效益。

食物的价格与营养价值之间没有直接联系。食物的价格，主要由生产过程中投入的劳动量来决定，同时也受市场供求情况的影响；而食物本身的营养价值对价格的影响较小。对食品工业来说，由于对食品进行营养强化，因此加工产品比原料的营养价值有所提高，从而使消费付出较高的代价。但工业化的食品生产并未把营养放在第一位，而是首先考虑感官性能的改善、食用方便、产品新颖、包装考究和经济效益等方面，并靠广告宣传来取得消费者的信赖。此外，传统观念、社会风尚、地区与民族习俗等，也都影响食物的价格。因此，应该从食物的营养价值出发，兼顾口味与习惯，做出科学、经济的食物选择。

反映食物价格与营养两者间的关系的指标，常用“物价－营养指数”来表示。“物价－营养指数”是指单位金额可以购得的单位重量食物中营养素的量。我们日常从市场采购来的食物，并不都是可以食用的，如动物性食物的骨、毛皮，植物的皮、根、核等。这些不可食用的部分也成为食物价格的一部分，直接影响食物的经济效益和营养价值。如鸡肉的蛋白质含量为19.3%，超过肥瘦猪肉（13.2%）和牛肉（18.1%），但这是指经脱毛去内脏处理的纯鸡肉，实际上整鸡的可食部分只有66%。若鸡肉单价与猪肉或牛肉持平，那么单位价格的牛肉能够提供的蛋白质数量要比鸡肉多。因此，在考虑食物的营养价值时，必须参考其物价－营养指数，并作为选择食物的重要因素。

动物性食物提供优质的蛋白质以及多种矿物质和维生素，因此，选择动物性食物应首先考虑蛋白质、矿物质和维生素的“物价－营养指数”。

综合比较几种动物食物的“物价－营养指数”，牛乳和鸡蛋白比较高，其次为排骨、牛肉、瘦猪肉以及鱼类。整鸡由于可食部分低，价格也较高，因此“物价－营养指数”相对较低。

蔬菜主要提供矿物质、维生素C与胡萝卜素。因此，选择各种蔬菜时应首先考虑该食物中矿物质、维生素C与胡萝卜素的“物价－营养指数”。综合比较常用蔬菜的“物价－营养指数”，以叶菜类最高，其中尤以小白菜、油菜、芹菜、菠菜、韭菜、空心菜等叶菜更为突出。根茎和瓜果类蔬菜中，除胡萝卜、白萝卜、番茄、柿子椒外，其他种类的物价－营养指数一般都不高。如冬笋，由于可食部分比例低且价格较高，营养成分也不很丰富，所以物价－营养指数明显低于其他蔬菜。

选择廉价而又丰富的食物，除考虑“物价－营养指数”外，还要善于利用食物的产地差价、批零差价、季节差价和成品差价，来降低餐饮成本。在膳食调配过程中，应首先从保证营养合理的原则出发，兼顾饭菜适口、食物多样与适量原则，并讲求经济效益，使价格与就餐人员的消费水平相适应，为就餐人员的经济能力所能承受。

第四节　制定宴会营养食谱

宴会是宾馆、酒店经常性的业务工作。通常情况下宴会的就餐标准较高，菜点品种偏多，普遍存在能量超标、蛋白质摄入过量、主食不足、酸碱不平衡的情况。酒店营养师应运用酒店宴会和营养的相关知识，设计出新的食谱或对原有的食谱进行改进，使其既能够满足客人需要，又能够保持营养均衡、能量供给合适。

一、宴会的相关知识

1. 宴会的种类、特点

宴会的种类很多，按宴请的菜式划分，有中餐宴会和西餐宴会；按宴请的规模划分，有大型宴会、中型宴会和小型宴会；按宴请的形式划分有正式宴会、便宴和家宴等；按宴请的目的划分有国宴、婚宴、生日（寿）宴、商务宴会、庆典宴会、迎送宴会、纪念宴会、家庭宴会等。每种宴会都有高、中、低之别。现将常见的宴会按以下几种形式进行划分。

（1）按宴会的菜式划分

①中餐宴会：中餐宴会是食用中国菜肴，使用中式盛装器皿，采用中式服务的宴会。一般宴会礼遇规格高，接待气氛隆重，多用于重要的宴请和招待外国友人。

中餐宴会根据消费标准可分为高档宴席、中档宴席和一般宴席。高档宴席以山珍海味为主；中档宴席以较高档次的菜肴为主，如鲍鱼席、参肚席、猴头席等；一般宴席指方便聚餐，又称便宴，一般以海参为主菜，包括鸡、鱼、虾、蟹、鸭、时蔬、甜菜、食品等。有的可根据人数，设有点菜，经济实惠，灵活自由组合菜式。

②西餐宴会：西餐宴会是一种按西方国家宴请形式举办的一种宴会。其特点是：配有西餐器皿，按西式摆台和西餐礼仪进行服务；席间喜欢放轻音乐，西餐宴会根据菜式和服务方式有别，又分为法式宴会、俄式宴会、美式宴会和日式宴会等。

（2）按宴会的规模划分

酒店业认为凡属15桌以上宴会为大型宴会。大型宴会人数较多，要有主持人讲话，气氛也较为热烈。将10~15桌以内的宴会称为中型宴会。10桌以内的称为小型宴会。

（3）按宴会的形式划分

①正式宴会：正式宴会是指十分讲究礼节次序而且气氛隆重的正式场合举行的大型宴会。正式宴会有挂国旗和不挂国旗之分。有的安排席间奏乐，宾主都按身份排位就座。有的在请柬上注明客人对服务的要求。外国人对宴会服饰比较讲究，常通过服饰规定来体现宴会的隆重程度。

②便宴：便宴是朋友小聚、社交活动、商务活动的一种，通常比较随意，不过分强调礼节，标准略高于便餐和工作餐，一般宜用于日常友好交往。

便宴的特点是形式简便，不拘规格，就餐标准不高，没有高档的海鲜和工艺造型菜，多选择可口的饭菜，注重小吃和主食的安排。因餐后还要继续工作或有其他活动，通常不用烈性酒，只饮用一些饮料，体现随意放松的气氛。

③冷餐会：冷餐会与其他宴会相比举办地点比较随意，举办时间一般在中午 12 点到下午 2 点或下午 5 ~ 7 点左右，菜肴以冷食为主。冷餐会的规格据宾主双方的身份，可高可低。根据来宾人数规模可大可小。

这种宴请形式常用于国庆招待会，对外国友人、专家招待会，庆祝各种节日，各种开幕、闭幕典礼，国内外大型学术研讨会，欢迎代表团访问等。我国举行的大型冷餐招待会，通常还喜欢用大型圆桌，宴请人数较多的宾客。主宾席排座位，其余各席不定位。食品、酒品放在圆桌上，冷餐会宣布开始后，自动进餐。

冷餐会一般参加人员较多，适宜露天场所，场面比较宏大，冷菜、冷点、甜品、水果品种较多，一般只备软饮料，不需要许多下酒的菜。冷餐会的宴会特点是各取所需，注重点缀和渲染优雅、平和、随意的气氛。

④酒会：酒会是冷餐会的一种形式，始于欧美，流行于全世界。酒会举行的时间较为灵活，中午、下午、晚上均可。酒会有时在下午 3 ~ 4 点举行，可作为晚上举行大型中西餐宴会、婚宴、国宴的前奏活动，也可用于举办记者招待会、新闻发布会、签字仪式等活动。宴会自由活泼，便于走动，广泛接触交谈沟通。提供招待品以酒水为主，略备三明治、炸薯片（条）、小牛烧。

酒会菜单根据确定的鸡尾酒菜单作准备，价格根据质量确定，高标准的鸡尾酒会可用如手推车为客人服务切割猪排、牛排、火腿等。也可适当地备些特色菜等。酒水饮料由酒吧统一供应，音乐一般采用轻音乐、背景音乐。花卉根据主办单位的要求和餐厅的实际情况选用。

酒会的宴会特点是以社交为目的，参加的人员通常已用过餐，因此酒会更重视色彩和谐及气氛渲染。酒会菜单所提供的食物营养素比较全面，沙拉等维生素损失小，但可能存在煎炸食品略多，甜品略多的问题。

⑤茶话会：茶话会属于座谈形式，是一般单位、社团在节假日举行的一种喝茶配以小点心、水果、干果类。茶话会是以关心为主的欢聚宴会形式，形式非常简便，一般在下午四点左右，对茶叶的选择很有讲究，一般用陶瓷器皿。招待老干部、重大节日庆祝都用茶话会形式，既简朴又高雅。

（4）按宴会的主题划分

为了明确宴请目的，整个宴会都围绕宴请的主题进行，这类宴会称为主题（专题）宴会。其划分有以下 6 种。

①国宴：国宴是国家元首或政府首脑为国家庆典或为外国元首以及政府首脑来访而举办的正式欢迎宴会，是一种规格最高、最隆重的宴会。

②婚宴：婚宴是新人在举行婚礼时，为宴请前来祝贺的亲朋好友而举办的喜庆宴会。根据中华民族的习俗，红色示意喜庆和吉祥，在餐厅布置、台面、餐巾的选用上，多体现红色。主桌要设计得更美，并安排在显赫的位置；桌与桌之间的通道要顺畅。

婚宴大多就餐标准较高，要求菜点色彩绚丽，菜点名称喜庆吉利，冷菜、热菜、面点、汤羹、果盘、蛋糕等一应俱全。通常由于品种多、数量大，会造成一些浪费。营养方面可能存在动物性食物原料较多，蔬菜较少，蛋白质、脂肪供应量偏多而膳食纤维偏少的问题。

③家庭宴会：家庭宴会是以家庭成员为主的宴会，可分为生日宴会、团圆宴会、满月宴等。为老年人祝寿的菜肴应以松软为主，在菜的制备方法上以扒、炖、焖、软熘、烩为主。为小朋友过生日要设置适合儿童饮食的菜品。在寿宴中要突出祝人长寿之意。因为西方饮食文化的传入，一般生日宴还有生日蛋糕，实为中西合璧的形式。

家庭宴会的就餐标准比较随意，菜点安排针对性强，气氛随意放松。其营养特点是注重安排主食，膳食纤维比较丰富，但可能存在能量偏高、素菜品种偏少的问题。

④商务宴会：商务宴会是指以建立友谊、相互信任、联络感情而举办的洽谈商务的宴请而举行的宴会。商务宴请要注意在预定时要了解主办方宴请的目的和消费的标准；主菜要突出宴请者的目的，体现其诚意和实力；在宴会服务程序上，严格按服务流程去操作。菜式安排上，对高级的商务宴会要选择高档菜式，如海珍品、燕、鲍、翅等。对中等宴会也应选择鲍鱼、鱼肚和海参为食材的菜肴作大菜或兼而有之。

⑤迎送宴会：迎送宴适合喜欢选用雅间房内，想促膝叙旧或认识新领导、新朋友。时间由客人自己做主，不能给客人限定时间。主人为显示自己好客，常会用当地名菜配名酒来招待多年未见的老朋友。点菜时，营养师要逐一介绍，对特殊名菜、名酒要仔细介绍，使主人感到自己有诚意，客人感到亲切。

⑥庆典宴会：庆典宴会是指企事业单位为庆祝典礼活动而举办的各种宴会，如开业庆典、开工庆典、庆功宴会，科研成果成功庆典宴会。宴会要突出庆贺的主题，在开席前主办方要作简短的庆典贺词，在开餐时要相互祝酒。这类宴会规模大，人气旺，气氛热烈。宴会前的服务要准备充分，宴会中的服务以简洁明快为主。

2. 宴会菜肴设计的一般要求

宴会菜肴的设计是一项技术性、寓意性、美感与创造性为一体的高难度作业，是直接影响宴会销售的一项重要工作。宴会设计也有着严格的工作程序和方法。宴会菜肴的设计是在了解客人需求的基础上加以分析，结合本餐厅的具体情况，设计出适合客人要求的一套宴会菜肴的过程。

（1）要了解市场和分析客人需求特点

①首先要了解市场当今有哪些宴会菜肴。

②在不同类型的宴会中，客人对每类宴会中哪些菜肴最感兴趣。

③各种不同类型的消费对象是谁？各种消费需求特点是什么？

上述这三方面的需求个性和特点的信息主要靠平时营养师工作日志中记载的客人消费后的感受菜品质量的好和差。还要收集不同季节对不同宴会的信息反馈。现在社会上的酒店宴会的消费对象主要有：一种是商务往来的宴会消费，这类消费注重礼仪、档次、气派和名气。另一种是喜庆活动的各种宴会，这类宴会注重经济实在。

在设计宴会菜肴时，必须了解以上情况后根据客人预订的实际要求和愿望，区别对待。营养师在信息收集工作中要承担义不容辞的责任和相应的工作。

（2）把握宴会厅特色和突出宴会主题

在宴会菜肴设计中，还应兼顾本宴会厅特色和突出宴会的主题，才能最终实现宴请的目的。

①把握宴会厅的特色：一个酒店宴会厅的特色应包括消费档次、菜肴特色、宴会厅的服务方式等。如有的宴会厅提供高档次的宴会菜肴，餐具为金、银所制，服务按高级宴会的服务流程要求去做，这个宴会厅便是以高档次为特色。有的宴会厅专门经营传统的菜肴并配有相应的服务方式。

②突出宴会的主题：客人来就餐时宴请的目的各不相同，有的是招待商务上的业务往来，有的是答谢客户，有的是开业庆典，有的是生日庆祝等。宴会菜肴设计就可根据每种宴会的宴请目的不同，在菜点组合上大不相同。一般用主菜来突出宴请的目的，突出宴会的主题。

二、宴会营养菜肴设计

宴会营养食谱的设计要以客人的就餐标准为依据，以科学合理的营养搭配为主要目标，通过丰富的菜点品种、适宜的口味、合理的营养供给和多样的烹饪技法，最大限度地满足，不同职业、不同年龄、不同身体状况、不同性别、不同消费水平客人的需求。

1. 宴会营养食谱的制定方法

在了解宴会就餐人数以及就餐者的性别、年龄、工作性质、体力活动情况、健康状况的基础上，计算就餐者的能量需要量，进而通过营养素计算法或食物交换份法大致确定其一日的各类食物需要量，根据餐次比（中餐占全天总能量的40%，晚餐占30%），确定一餐的能量及主副食的种类和数量。

宴会能量和营养素的核定，是设计宴会菜单的工作重点，要依据宴会的时间、参加宴会人员的构成等因素进行准确的计算。

2. 宴会营养食谱的分析与调整

首先要对食谱进行分析，可凭经验主管分析，也可利用营养计算软件进行准确的分析。然后根据分析结果，调整食谱，直至符合平衡膳食的要求。

虽然因多年的习惯，有些菜单已形成定式，但菜肴的搭配、能量及各类营养素的供给仍不尽合理。酒店营养师应对其主、配料进行调整，努力使宴会食物搭配趋于平衡。

3. 宴会菜肴的荤素合理搭配

无论是中式宴会，还是西式宴会，大部分菜肴以动物原料为主。从营养学角度看，动物性原料是属高蛋白、高脂肪的食品。传统中式宴会讲究荤菜和山珍海味，不太注重素菜；注重菜点的调味和美观，忽略了菜肴的营养搭配，应运用现代营养学知识对传统中式宴会进行改进，做到宴会菜肴荤素合理搭配。比如鸭翅席，冷菜采用“一大带六或一大带八”即一个大彩色拼盘带六个或八个单碟的素拼盘。上烤鸭时，带四个素菜小炒，这样不仅有效地刺激客人的胃口，增强其食欲，而且保证了其营养成分的均衡摄入。

在宴会菜肴设计时，可适当掌握荤素菜的比例。素菜多了会使人感到素淡无味，冲淡宴会的气氛；荤菜多了又会使人觉得腻口。宴会菜肴分冷菜、热菜，通常情况冷菜的荤素搭配按5:5或6:4的比例，热菜是3/10～4/10的素菜，7/10～8/10的荤菜。但这个比例不是固定不变的。

4. 宴会营养菜单调整举例

（1）便宴菜单分析调整举例

便宴菜单分析调整举例见表18－20。

表18－20 便宴菜单分析举例

种类	菜品
冷菜	夫妻肺片、红油鸡片、白切猪肉、麻辣肚丝、糖醋彩卷、鱼香腰片
热菜	干烧鲤鱼、香菇鸡丝、红烧肘子、烧元宝肉、清炒虾仁、烧二冬、回锅肉、番茄菜花
汤菜	紫菜蛋花汤
主食	大米饭、鲜肉包、荷叶饼、南瓜饼
菜单分析：此菜单食物品种较为丰富，注重主食和小吃的安排，但脂肪含量、蛋白质含量偏高，膳食纤维偏少，水果、粗粮供应不足。	

菜单调整：通过分析，菜单应做如下调整。

①夫妻肺片调整为五香牛肉，红油鸡片改为姜汁扁豆，干烧鲤鱼改为清蒸鲫鱼，烧元宝肉改为青菜豆腐，红烧肘子改为糖醋里脊，回锅肉改为蒜薹肉丝。

②鱼香腰片调整为十香菜拌黄瓜，清炒虾仁改为瓜仁炒虾仁，调整的目的是为增加膳食纤维的供给量。

③鲜肉包可调整为雪菜包，南瓜饼可改为南瓜糯米羹。

通过以上调整可降低菜单中的脂肪含量，同时增加了大豆蛋白质的供给量，改善了蛋白质的结构。调整后的菜单如表18－21所示。

表18－21 调整后的便宴菜单

种类	菜品
冷菜	五香牛肉、姜汁扁豆、白切猪肉、麻辣肚丝、糖醋彩卷、十香菜拌黄瓜
热菜	清蒸鲫鱼、香菇鸡丝、糖醋里脊、青菜豆腐、瓜仁炒虾仁、烧二冬、蒜薹肉丝、番茄菜花
汤菜	紫菜蛋花汤
主食	大米饭、雪菜包、荷叶饼、南瓜糯米羹

（2）高档宴会菜单分析调整举例

高档宴会菜单分析调整举例见表18－22。

表18－22 高档宴会菜单分析举例

种类		菜品
冷菜	四双拼	火腿拼芦荟、白鸡拼烤鸭、美鲍拼胗肝、卤肚拼扎蹄
热菜	四热荤	油爆响螺片、干煎明虾碌、大地鹌鹑脯、蒜子扣瑶柱
	六大菜	蟹黄烧鱼翅、蚝油网鲍片、明炉烤乳猪、鳖肚炖元鱼、江南百花鸡、云腿科甲鳜
汤菜	甜汤	冰糖炖燕窝

续表

种类		菜品
面点	咸食	鸿图伊府面
	四美点	莲蓉甘露饮酥、海南椰丝盏、鸡蓉鲜虾角、鱼蓉蒸烧卖
水果	四时果	香蕉、木瓜、荔枝、杨桃
菜单分析：此菜单所提供的食物品种丰富，以各种名贵珍品为主。成菜色泽鲜亮，造型别致，因此档次极高。但此菜单中动物性原料居多，蔬菜供应量过少，且多数菜肴的烹调方法用油量过多，极易造成油脂及动物性食物摄入过多。		

菜单调整：通过分析，根据平衡膳食的原则，菜单应做如下调整（表8－23）。

白鸡拼烤鸭改为白鸡拼龙豆，美鲍拼膨肝改为美鲍拼鲜蘑，卤肚拼扎蹄改为凉瓜拼扎蹄，干煎明虾碌改为菜远明虾碌，蚝油网鲍片改为竹荪扒鲍片，鳖肚炖元鱼改为淮山炖元鱼，江南百花鸡改为江南玉树鸡，云腿科甲鳜改为西芹桂鱼球，大地鹌鹑脯改为水蛋滑豆腐。

表18－23　调整后的高档宴会菜单

种类		菜品
冷菜	四双拼	火腿拼芦荟、白鸡拼龙豆、美鲍拼鲜蘑、凉瓜拼扎蹄
热菜	四热荤	油爆响螺片、菜远明虾碌、水蛋滑豆腐、蒜子扣瑶柱
	六大菜	蟹黄烧鱼翅、竹荪扒鲍片、明炉烤乳猪、淮山炖元鱼、江南玉树鸡、西芹桂鱼球
汤菜	甜汤	冰糖炖燕窝
面点	咸食	鸿图伊府面
	四美点	莲蓉甘露饮酥、海南椰丝盏、鸡蓉鲜虾角、鱼蓉蒸烧卖
水果	四时果	香蕉、木瓜、荔枝、杨桃

通过调整，减少了动物性食物的供给量，增加了植物性食物的供给量，膳食结构基本趋于平衡。

5. 注意事项

①设计和调整菜单要征得宴会主人的同意。

②设计和调整后的菜单如影响到就餐标准，不管是超标还是低于就餐标准，均应告知宴会主人。

③修改和调整的菜单要及时通知餐厅、厨房等相关部门。

6. 宴会食谱举例

①3000元/桌，8～10人用餐。

餐前小吃：水果、干果碟系列。

餐前开胃养生汤：素佛跳墙。

冷菜：老醋蜇头、糟香卤鸭舌丁、香鱼拌苦菊、酱香牛肉、生拌黄瓜花、小拌木耳。

热菜：清蒸鲜鲈鱼、谭府浓汤四宝（辽参、鲍鱼、鱼肚、虾球）、飘香石锅鸡、发财猪手、柚子小河虾、金汁瑶柱烧豆腐、小炒菊花菌、鲜扒青芥花枝片。

主食：五谷丰登、原味贴饼子、清汤面条。

②5000 元/桌，8～10 人用餐。

餐前：水果、干果碟。

餐前养生汤：松茸炖羊肚菌。

凉菜：三文鱼刺身船、北京味道、老汤酱肘花、杭式酱板鸭、长寿果拌蜇头、生拌黄瓜花、榄油干酪拌穿心莲。

热菜：招财进宝鱼（多宝鱼）、谭府贡米辽参、玉米汁菊花豆腐、两吃吃基围虾、食神馋嘴蛙、芥兰松茸炒牛肉、粤式珍宝蟹、特色酱香茄子、红烧甲鱼、清炒丝瓜尖。

主食：京韵甜点拼、美味鲜蒸饺。

③8000 元/桌，10 人用餐。

餐前：水果、干果。

养生汤：羊肚菌炖竹笙。

精美六凉菜：刺身双拼（北极贝拼三文鱼）、糟香海带卷、水晶羔羊、脆香丝瓜尖、虾干拌鲜豆瓣、水中醉螺片、脆香一品鸡。

热菜：清蒸老虎斑、谭府小米辽参、真菌炖鲜鲍、苏式盐水小河虾、剁椒蒸鲜鱿、狗肉打边炉、金瓜一品驴方、青芥酒风牛柳粒、莲子百合炒南瓜、松茸炒龙豆、木盆长江豆。

主食：宫廷御点双拼、蟹肉清汤面。

第五部分

西餐饮食

第十九章　西餐文化和现状

第一节　西餐的概念与发展

一、西餐的概念

西餐，一般是指欧美国家的饮食。欧美国家的各个民族，在其自身的发展过程中，形成了独特的饮食习惯和特点，这些习惯和特点，通过饮食方式、菜肴、点心、小吃、饮料、烹饪方法等多方面表现出来。

和以中国为代表的东方饮食相比，两种饮食存在着很大的差异。例如，在饮食方式上西餐采用分餐制，而中餐采用共餐制。西餐的主食以面包和土豆为主，中餐的主食为米饭和用面粉制成的面条、饼子、馒头。西餐菜肴的主要原料以牛肉、羊肉、猪肉和鸡肉为主，而中餐菜希的主要原料以猪肉为主等。

在西餐众多的菜式中，较有代表性的是法、英、美、意、俄等国的菜式。这五种菜式各有其自己的特点，如法国菜的鲜浓香醇、英国菜的清淡爽洁、意大利菜的面食及小牛肉、美国菜的水果风味及创新、俄国菜的肥美味味重等。

二、西餐在中国的发展

西餐传入中国的时间可追溯到 13 世纪。据说意大利旅行家马可·波罗到中国旅行，曾将某些欧洲菜点的制作方法传到中国。但是，西餐真正传入中国是在 1840 年鸦片战争以后。由于清政府的腐败，同西方列强签定了一系列的不平等条约，大量西方人进入中国。这些西方人的进入，使得西方的生活方式及饮食习惯也同时引入了中国。到了清朝的后期，西方人在中国的一些大城市如上海、北京、天津、广州等地已建造了不少饭店和餐馆，经营各式西餐。许多饭店和餐馆的厨师长都由外国人担任。到了二十世纪三四十年代，西餐在中国已有较大的发展，以上海为例，大饭店和西餐馆到处可见，其规模和繁华程度远远超出当时的东京。

十一届三中全会以来实行的对外开放政策，使来中国访问、旅游、做生意的外国客人越来越多。随着旅游饭店的大量兴建，对西餐厨师的需求越来越大。人民生活水平的提高，也同样对西餐提出了质和量的要求。

第二节　西餐的主要代表菜式与特点

一、地中海地区的意大利

意大利菜肴被称为欧洲大陆烹饪之始祖，是意大利悠久历史和文化的结晶。意大利烹饪注重食材本身，在烹调上以炒、煎、烤、炸、烩等方法著称。

意大利传统菜式甚多，尤其是各种面条闻名世界。意大利每人每年消费面条达30千克，在西方各国首屈一指。意大利人在面条制作上有很多发展和创新，各种形状、各种颜色、各种味道的面条有上百种。如把面条制成字母形、贝壳形、实心面条、通心面条等。另外，在面粉中掺入蛋黄、番茄、菠菜，面条就被染成黄、红、绿色，不仅美观，而且富有营养，滋味各异。意大利面条一般以硬小麦为原料，因此面条韧性大，久煮不烂。面条有各种制作方法，搭配使用各种原料，最常用的是肉类、海鲜类、番茄和奶酪等。

意大利人喜爱各种面食，菜肴用鲜番茄、番茄酱、橄榄油和大蒜洋葱做调料较多。意大利南部地区的居民更喜欢用面粉做的菜，如意大利馅饼（Pizza，又译作披萨）、肉馅春卷、炒通心粉、意大利馄饨等。

二、欧洲西部的法国

法国的烹饪在世界上一直享有盛名，是西餐的重要代表。法国菜不仅美味可口，而且菜肴的种类多，烹调方法也有独到之处。欧洲许多一流的大饭店或餐馆所雇佣的大厨大都是法国人。

法国粮食、肉类、奶制品等，不仅能满足本国需要，而且还能出口。此外，法国还出产大量的土豆、蔬菜和水果，所产葡萄制成的香槟、葡萄酒、白兰地和各种名酒，畅销于国内外。法国人喜欢喝浓咖啡、葡萄酒、苹果酒、果汁等。

法国菜的突出特点是选料广泛。法国菜常选用稀有的名贵原料，如松露、鹅肝等。用蜗牛和蛙腿做成的菜，是法国菜中的名菜，许多旅游者甚至专为一饱口福而前往法国。此外，法国菜还选用各种野味，如野鸡、鹌鹑、野鸭、鹿、野兔等。由于选料广泛，品种就能按季节及时更换，因而使食客对菜肴始终保持着新鲜感。

法国菜对蔬菜的烹调也十分讲究，规定每个菜的配菜不能少于两种，且要求烹法多样，如土豆就有几十种做法。法国菜里的名菜，并不是全用名贵原料做的，有些极普通的原料经过精心调制同样成为名菜，例如著名的洋葱汤的主料就是洋葱。法国菜的烹调方法很多，它几乎包括了西菜所有的近20种烹调方法。现代法国菜在口味、色彩、调味等方面都有新的发展。它的口味偏淡，色彩偏重原色、素色，不用不必要的装饰，忌大红大绿，追求高雅的格调，汤、菜讲究原汁原味，不用有损原料色、味、营养的辅料。以普通的蔬菜汤为例，要求将蔬菜全部打碎成细茸状与汤一起煮，这样能使汤的本味纯正，又能增加汤的浓度。又如番茄酱，在西菜中作为一种调料，用得比较多。但在现代法国菜中，番茄酱用得较少，而是用大量新鲜番茄炒制来代替番茄酱，突出菜的原色、原味。法国菜特别注重沙司的制作。沙司实际上是原料的原汁、调料、香料和酒的混合物。原料鲜嫩，沙司味美，菜才能做好。

法国盛产各种酒，于是许多酒被用于烹调。香槟酒、红白葡萄酒、雪利酒、朗姆酒、白兰地等，是做菜常用的酒类。不同的菜点要用不同的酒，有严格规定，而且用量较大。因此无论是菜或点心，闻之香味浓郁，食之醉厚怡人。除了酒类，法国菜里还加入各种香料，以增加香味，如大蒜、欧芹、迷迭香、塔拉根草、百里香、鼠尾草、茴香等。各种香料有独特的香味，放入菜肴之中，便使菜肴形成了独特的风味。

法国菜的菜名中，不少菜往往用地名或人名来命名。如有一道菜叫里昂土豆，这道菜里有洋葱和大蒜，因为里昂地区盛产洋葱和大蒜。又如马赛鱼汤，这道鱼汤是用海鱼做的，因为马赛是个海港城市。有趣的菜名，往往能吸引食客，容易给人留下印象。隆重的宴会或节日，也吃烤乳猪、烤羊马鞍或烤野味，著名的地方菜点有奶油梭鱼、普鲁旺斯鱼汤、斯特拉斯堡的奶油圆蛋糕等。但最有代表性的法国菜点还是举世闻名的焗蜗牛、鹅肝酱、奶酪等。

三、欧洲西部岛国——英国

英国人习惯于在清晨喝杯浓红茶。英国的传统早餐以内容丰富著称。早餐一般有咸肉、烤蘑菇、焗番茄、番茄烩豆、炸薯饼、水果、麦片粥、煎鸡蛋、各种果酱、烤面包片、黄油、牛奶和咖啡茶等。午餐较简单，一般只用一汤、一菜、点心和咖啡或者一份三明治。晚餐则是英国人每日的主餐，一般的家庭都有一道热菜，热菜或是肉，或是鱼，或是鸡，配以各种蔬菜。节假日或宴请客人时，可在热菜外再上一份汤、色拉或甜食。

英国人习惯下午三点左右吃一些茶点，称为下午茶，一般是一杯饮料（咖啡或红茶）加一份点心。英国人平均每人每年耗费茶叶达3000多克。

英国菜的特点是油少、清淡，调料中较少用酒，烹调较简单，一般以清煮、烩、蒸、烤、铁扒、炸等为主。调味品如盐、胡椒粉、醋、色拉油、芥末酱、辣酱油、番茄沙司和各种酸果等，都放在餐桌上，由客人就餐时自己选用。

四、欧洲中部的德国

德国西北部靠近海洋，主要是海洋性气候，东部和东南部属大陆性气候。农牧业发达，机械化程度高。德国的啤酒和品种繁多的肉制品闻名于世。德国的饮食习惯与欧洲其他国家有许多的不同。德国人注重饮食的热量与营养，喜食肉类食品和土豆制品。德式菜肴以丰盛实惠、朴实无华著称。

由于德国人喜食肉类食品，所以德国的肉制品非常丰富，种类繁多，仅香肠一类就有上百种，如著名的法兰克福肠。德式菜中有不少菜肴是用肉制品制作的。德国盛产啤酒，啤酒的消费量居世界之首。因此很多德式菜肴用啤酒调味，风味独特。德式菜典型的代表菜肴主要有柏林酸菜煮猪肉、慕尼黑啤酒烤脆皮猪肘、酸菜炖法兰克福肠、汉堡肉扒等。

五、俄罗斯

俄罗斯很多菜式来自法国、德国或意大利，但有所演变，烹调方式已完全不同，变为地道的俄国菜。由于俄罗斯地处寒带，所以俄国人喜吃热量高、口味重的食物，喝烈性酒。他们喜欢吃各种肉类和香肠，烹调上大都用酸奶油、奶渣、柠檬、辣椒、酸黄瓜、洋葱、黄油、小茴香、香叶等作调味品。俄国菜总的特点是油大、味重，制作较简单。各种肉类、野味要煮得很熟。他们还爱吃腌制过烟熏的沙丁鱼、鲟鱼、马哈鱼。红鱼籽、黑鱼籽、酸蘑菇、柠檬、生洋葱、生番茄、酸黄瓜、酸菜等，都是冷菜中不可缺少的主要原料。点心类用油炸的较多，烩水果也作为点心。代表菜有鱼子酱、红菜汤、罐焖牛肉、基辅炸鸡卷等。

六、美国

因大部分美国人是英国移民的后裔，所以他们的饮食习惯受英国影响很大，但美国烹饪也有自己的特色。因为美国国土大，气候好，食物种类繁多，交通运输方便，冷藏设备优良，厨师、家庭主妇可随意选择食物，同时他们在烹饪食品时很注重营养。美国人的习惯是早餐喜食各种果汁和略带咸味的甜点心。美国人对色拉很感兴趣，色拉原料大多采用水果和新鲜蔬菜，如香蕉、苹果、梨、菠萝、西袖、橘子等，配上芹菜、生菜、土豆等，配上沙拉酱和奶油，口味很别致。美国人对辣味一般不感兴趣。美国人还喜欢菠萝焗火腿、苹果烤鸡等，对铁扒类的菜很喜爱。其他的菜如炸鸡、炸香蕉、炸苹果等也很受欢迎。

点心喜欢冷吃，如蛋糕、冰淇淋、水果、瓜类等。其中许多品种如布丁、苹果派等虽学自英国，但烹饪法略有变更，变得别具风味。美国的烘焙点心，其制作及装饰法闻名于世。美国人的生活特点是比较随便，他们比较喜欢喝啤酒、加冰块的冰水或碳酸饮料。

第二十章　西餐常用原料

第一节　肉类原料

肉类原料是西餐的主要原料。肉的品质（味道、质地及外观）取决于动物的种类及饲养方式。肉类原料在西餐烹调中菜式很多、风味各异。其风味主要受肉的部位、加热方式、烹调温度与烹调时间的交互影响。因此，了解肉类原料的部位及其特性，对专业厨师而言是必须掌握的。以下介绍常见的肉类原料牛肉、小牛肉、猪肉、羊肉、兔肉等。

一、牛肉

牛肉的品种（色泽、外观、脂肪含量与肉的组织）取决于牛的年龄，畜龄越大，肌肉质地会越粗糙，嫩度也有所降低，而牛肉中大理石纹脂肪含量越高，分布越细致均匀，牛肉的风味、含汁性与口感就会越好。在牛肉的分类上，品质由一至八级顺序而下，一般来说前三级是做牛排的原料。一级牛肉质量最高，肉外部和内部都分布脂肪，质地较坚实，肉质细腻，数量有限，价格高；二级牛肉，质量高，肉外部和内部脂肪少于一级，供应量大，价格适中，是西餐业的理想原料；三级牛肉，质量适中，肉外部和内部的脂肪都较少，味道略差，肉质较老，价格较低。

二、小牛肉

小牛肉又称牛仔肉，是指出生后2.5～10个月之间屠宰的牛肉。牛仔肉脂肪少而肉质柔软，在欧洲各国，尤其是法国、意大利，市场需求量十分大。和成年牛肉相比，牛仔肉颜色略淡，呈粉红色或淡玫瑰色。牛出生后2～3个月左右的叫乳牛，这时还没有断乳，富含牛奶风味，肉质细嫩而柔软，是西餐中的上等原料。

小牛肉肉质细嫩、柔软，脂肪少，味道清淡，是一种高蛋白、低脂肪的优质原料，在西餐烹调中应用广泛。小牛除了部分内脏外，其余大部分部位都可以作为烹调原料，特别是小牛喉管两边的膵脏，又称牛核，更被视为西餐烹调中的名贵原料。

三、猪肉

猪肉也是西餐烹调中最常用的原料，尤其是德式菜对猪肉更是偏爱，其他欧美国家也有不少菜肴时用猪肉制作的。

猪肉的色泽、嫩度因部位不同而有较大差别。新鲜猪肉表面有一层微干或微湿的外膜，呈暗灰色，有光泽，切断面稍湿、不黏手，肉汁透明；具有鲜猪肉正常的气味，肉质地紧密却富有弹性，用手指按压凹陷后会立即复原；脂肪呈白色，具有光泽，有时呈肌肉红色，柔软而富于弹性。在西餐烹调过程中，基于安全卫生考虑，猪肉菜点必须全熟，才能供餐。

四、羊肉

羊肉在西餐中的应用仅次于牛肉，羊也有成年羊（重 32 ~36 千克）和羊仔（重 13 ~17 千克）之分。羊仔是指出生后不足一年的羊，一年以上的羊统称为成年羊。羊仔肉颜色较成年羊肉浅，肉质细嫩，是西餐中的上等原料，其中没有食过草的羊称为乳羊，肉质更加。此外，还有一种生长在海滨的羊，吃的是含有盐分的草，称咸草羊，肉质也很好，且没有膻味。

羊的种类很多，其品种类型主要有绵羊、山羊和肉用羊等，其中肉用羊的品质最佳。肉用羊大多是由绵羊培育而成，其体型大、生长发育快、产肉高、肉质细腻，肌间脂肪多，切面呈大理石花纹，其肉用价值高于其他品种。其中较著名的品种有无角多赛特、萨福克、德克赛尔及德国美利奴、夏洛来等肉用绵羊。

澳大利亚、新西兰等国是世界主要的肉用羊生产国，目前我国的市场供应主要以绵羊肉为主，山羊肉因其膻味大，故相对较少。

五、兔肉

兔肉具有特殊的食用价值，是理想的保健、美容、滋补肉食品，深受人们的欢迎，欧洲各国有食兔肉的传统习惯。兔肉与其他肉类相比，具有“三高”“三低”的营养特点，“三高”即蛋白质含量高、矿物质含量高、消化率高；“三低”即脂肪含量低、胆固醇含量低、能量低。

兔有野兔和家兔之分。

1. 野兔

野兔肉色暗红，脂肪较少，肉质较硬，但味道浓厚。生长期短的野兔肉质柔软，特别是 3 ~8 个月，体重 2.5 ~3.5 千克的野兔，味道最为鲜美。

2. 家兔

家兔肉色粉红，肉质柔软，可整只烤制，也可小块焖制。

六、肉制品

西方国家的食品工业比较发达，肉制品的种类较多，主要有腌肉制品和肉肠制品。

1. 腌肉制品

腌肉制品主要有火腿、培根、咸肥膘等。

（1）火腿

火腿是一种在世界范围内流传很广的肉制品，西式火腿可分为无骨火腿和带骨火腿两种类型。无骨火腿选用猪后腿肉或脊肉，可带皮及少量肥膘。一般制作工艺为先把肉用盐水和香料浸泡腌渍入味，然后加水煮制，有的要进行烟熏处理后在煮，这种火腿外形有圆形和方形，应用比较广泛。

带骨火腿一般采用整只带骨的猪后腿加工而成。一般制作工艺为先把整只后腿肉用盐、胡椒粉、硝酸盐等十擦其表面，然后再浸入加有香料的咸卤水中腌渍，最后取出风干、烟熏，再悬挂一段时间使其自熟，就可以形成良好的风味。

世界上著名的火腿品种有法国烟熏火腿（bayonne ham）、苏格兰整只火腿（braden ham）、德国陈制火腿（westphalian ham）、黑森林火腿（black forest ham）、意大利火腿（prama）等。

（2）培根

培根也称咸猪板肉，是西餐中使用广泛的肉制品。按照选用部位分为五花咸肉和外脊咸肉，但以前者为常见。培根的一般制作工艺为把猪肉分割成块（带皮），用盐、硝酸盐、黑胡椒、丁香、香叶、茴香等香料腌渍，然后再经风干、熏制而成。培根一般用于制作肉类、家禽野味类菜肴时的调味配料，由于肥膘多，所以在做烩菜、焖菜时，有改善主料口感的作用。

（3）咸肥膘

咸肥膘采用干腌法腌渍而成，这种腌肉方法是将剃净的猪肥膘间隔 8 ~ 10 厘米切一道深口，再用盐反复搓揉，使盐渗透入内。咸肥膘可供煎食，也可混入或插入缺脂的动物性原料中烧或焖制，以起补充脂肪的作用。

2. 肉肠制品

肉肠制品在西餐中比较普及，其主要品种有腊肠（ured meat）、小泥肠（brat - wurst）、意大利肠（Italian sausage）等。

①腊肠也称火腿肠、半熏腊肠，起源于波兰。腊肠的一般制作工艺为以 70% 的瘦肉和 30% 的肥膘泥混合做馅，用猪大肠制作的肠衣灌制，再经煮制、晾干、熏制而成。

②小泥肠主要产于德国的法兰克福市。小泥肠的一般制作工艺为以鸡肠制成的肠衣灌制绞细的肉馅而成。成品长 12 ~ 13 厘米，直径为 2 ~ 2.5 厘米，是灌肠中最小的一种，味道好，常用于煎、煮、烩等烹调方法。

③意大利肠是肉肠中较大的一种，肉馅中掺有鲜豌豆，一般长 50 厘米左右，直径为 13 ~ 15 厘米，味道鲜美。

第二节　家禽类原料

家禽是西餐中的重要原料，主要品种有鸡、火鸡、鸭、鹅、珍珠鸡、鸽子等。口感的老嫩与它的饲养时间和部位相关，通常饲养的时间长的或禽类经常活动的部位肉质较老。西餐中经常将禽肉分为白色肉类、深色肉类等。白色肉类肉质呈白色，含脂肪及结缔组织较少，烹调时间短，如鸡、火鸡等；深色肉类呈褐色，因为这一部位含脂肪及结缔组织较多，烹调时间较长，如鸭、鹅、鸽子等。

家禽肉常常分为三个等级：A 级、B 级、C 级。这些级别的划分是根据家禽躯体的形状，肌肉和脂肪的含量，皮肤和骨头是否有缺陷等来界定的。A 级禽肉体型健壮，外观完整；B 级禽肉体型不如 A 级健壮，外观可能损坏，C 级禽肉外观不整齐。

一、鸡

鸡的种类较多，主要有雏鸡（poisson）、童子鸡（broiler）、小鸡（capon）、阉鸡（stag）、母鸡（hen）、公鸡（cock）等。雏鸡是指特殊喂养的小鸡，肉质鲜嫩，饲养期为5～6 周，重量在0.9 千克以下；童子鸡饲养期在9～12 周，重量在0.9～1.6 千克之间，肉质细嫩；小鸡饲养期在3～5 个月，重量在1.6～2.3 千克之间，肉质嫩；阉鸡是指阉过的公鸡，肉质细嫩，重量在1.8～2.7 千克之间；公鸡饲养期常常为10 个月以上，重量在1.8～2.7 千克之间。鸡肉菜肴的主要烹调方法为煎、铁扒、烩、焖、煮等。

二、火鸡

火鸡又名土绶鸡，原产北美，是一种体型较大的野生鸡种，后被驯养，是一种高蛋白、低脂肪、低胆固醇的现代理想禽肉，是欧美许多国家“圣诞节”和“感恩节”餐桌上不可缺少的佳肴。火鸡分为雏火鸡（fryer－roaster）、小火鸡（young hen 和 young tom）、嫩火鸡（yearling）、成年火鸡（mature turkey）等。雏火鸡的饲养期在16 周之内，重量常在1.8～4 千克之间；小火鸡的饲养期为5～7 个月，重量为3.6～10 千克之间，肉质嫩；嫩火鸡的饲养时间在15 个月之内，重量为4.5～14 千克，肉质细腻；成年火鸡，饲养期在15 个月以上，重量在14 千克以上，肉质老。火鸡的烹调方法主要为烧烤、煎、煮等。

三、鸭

鸭分为雏鸭（young duck）、童子鸭（ducking）、成年鸭（mature duck）等。雏鸭和童子鸭饲养期短，分别为8 周及16 周以下，肉质细腻；成年鸭饲养期长，为6 个月以上，肉质老。鸭主要用于煎、烤等烹调方法。

四、鹅

鹅分为幼鹅（young goose）与成年鹅（mature Goose）。幼鹅肉质嫩，饲养期短，在6 个月以内；成年鹅肉质老，饲养期长，为6 个月以上。鹅在西餐中的用途还不如鸡广泛，但肥鹅肝却是西餐烹饪中的上等原料。为了得到质量上乘的肥鹅肝，必须预先选择一批小雄鹅，在3～4 个月之间饲以普通饲料，然后用特制的玉米饲料，强制育肥1 个月。其肝脏可重达700～900 克。肥鹅肝中含有大量脂肪，因此在烹调时不要用急火，以免脂肪流失，使鹅肝的质地变干。优质的鹅肝颜色呈乳白色或白色，其中的筋呈淡粉红色；肉质紧，用手指触压后不能恢复原来的形状；肉质细嫩光滑，手触后有一种黏糊糊的感觉。反之，手触不光滑并发干，是质量较差的肥鹅肝。肥鹅肝原则上应立即使用，不得保存。如果制作菜肴剩余一部分肥鹅肝，可将其用于制作肉卷等。如需新鲜保存，应将肥鹅肝放进真空薄膜中，封口后置于冰水中。

五、珍珠鸡

珍珠鸡又名珠鸡，原产于非洲，其羽毛非常漂亮，全身灰黑色，羽毛上有规则地分布着白色圆斑，形状似珍珠，所以得名珍珠鸡。珍珠鸡分为幼鸡（young guinea）与成年鸡（mature guinea）。前者饲养期在6个月以内，肉质嫩；后者饲养期在1年左右，肉质老。珍珠鸡适合于烤、铁扒、煮、焖等烹调方法。

第三节　水产类原料

水产品的种类较多，能提供丰富的维生素、矿物质、多不饱和脂肪酸（某些多不饱和脂肪酸是人体必需的脂肪酸，具有重要的生理作用，人体不能自行合成，只能从鱼类和其他水产品中摄取）、卵磷脂（有健脑的作用）和优质蛋白质。

一、鱼类

1. 鱼类

三文鱼又名细鳞鱼、红点鲑鱼，与大马哈鱼同属硬骨鱼纲鲑科，属鲑鱼的一种，是世界上著名的珍贵鱼种，主要产于美国、加拿大、挪威及英国的河口处等冷水域。三文鱼平时生活在冷水海洋中，成熟后到淡水河中产卵。三文鱼体呈纺锤状，鳞细小，肉呈淡红色，刺少肉多，味美，质地略粗，有较高的营养价值。

2. 鱼子和鱼子酱

鱼子是由新鲜鱼子经盐水腌制而成，浆汁较少，呈颗粒状。鱼子酱是在鱼子的基础上又经发酵制成的，其浆汁较多，呈半流质胶状。鱼子制品有红鱼子酱和黑鱼子酱两种。

（1）红鱼子酱。红鱼子酱（red caviar）是用大马哈鱼（oncorhynchus keta）的卵制成的，方法是在鱼卵中加4%的盐水，用木棍搅动，使衣膜与卵脱离，盐分渗入卵中，腌透后滤出孵衣膜即红鱼子，如再发酵可制成红鱼子酱。

优质的红鱼子酱应是颗粒饱满无破粒，色红晶亮，无汤汁，颗粒松散但附有少量黏液，味咸鲜，含盐率在4%以下。红鱼子酱为名贵冷吃，常作为开胃小吃或装饰冷盘用。

（2）黑鱼子酱。黑鱼子酱（black caviar）是用鲟鱼（sturgeon）的卵制成的，因鲟鱼的产量很少，所以黑鱼子比红鱼子更名贵。黑鱼子的加工方法同红鱼子。

优质的黑鱼子酱颗粒饱满，松散但有少量黏液，黑褐色有光泽，味清香鲜美，略有咸味。常作开胃小吃或装饰冷盘用。

3. 鳕鱼

鳕鱼属于鳕鱼科，又名大头青、大口鱼、大头鱼、明太鱼、水口、阔口鱼、大头腥、石肠鱼。其体型长，稍侧扁，尾部向后渐细，一般长 25 ~ 40 厘米，体重 300 ~ 750 克。头大，口大，体被的细小圆鳞易脱落，侧线明显，头、背及体侧为灰褐色，并具不规则深褐色斑纹，腹面为灰白色。胸络浅黄色，其他各扇均为灰色。

鳕鱼主要分布于北太平洋，属冷水性底层鱼类，每百克鳕鱼肉含蛋白质 16.5 克，脂肪 0.4 克。其肉质白细鲜嫩，清口不腻。世界上不少国家把鳕鱼作为主要食用鱼类之一。除鲜食外，其还加工成各种水产食品，此外鳕鱼肝大而且含油量高，富含维生素 A 和维生素 D，是提取鱼肝油的原料。

4. 金枪鱼

金枪鱼也称鲔鱼、吞拿鱼，它是一种生活在海洋上层水域的鱼类，分布在太平洋、大西洋和印度洋的热带、亚热带和温带广阔水域，属大洋性高度洄游鱼类。从生物学的分类上讲，金枪鱼是指鱼类中的鲭科、箭鱼科和旗鱼科共计约 30 种鱼类。经济价值较大的种类包括蓝鳍金枪鱼、马苏金枪鱼、大眼金枪鱼、黄鳍金枪鱼、长鳍金枪鱼、鲣鱼 6 种。其中蓝鳍金枪鱼、马苏金枪鱼、大眼金枪鱼、黄鳍金枪鱼是生鱼片的原料鱼，长鳍金枪鱼和鲣鱼主要用来做金枪鱼罐头原料，但现在也用长鳍金枪鱼来做生鱼片。

5. 沙丁鱼

沙丁鱼属于鲱科，是一些鲱鱼的统称，身体侧偏，通常为银白色。它是硬骨鱼纲鲱形目鲱科沙丁鱼属、小沙丁鱼属和拟沙丁鱼属的统称，为世界重要的海洋经济鱼类。沙丁鱼具有生长快、繁殖力强的优点，切肉质鲜嫩，脂肪含量高。清蒸、红烧、油煎及腌干蒸食均味美可口。

6. 虹鳟鱼

虹鳟鱼俗称鳟鱼，属鲱形目鲑科，虹鳟鱼又称瀑布鱼、七色鱼，体形呈长纺锤状，吻圆，鳞小而圆，背部和头部苍青色或深灰色，下腹部银白色。体侧、体背和鳍部有分散的小黑点，性成熟的个体体侧中部沿侧线有一条类似彩虹的紫红色彩带（由此而称为虹鳟）延伸至尾鳍基部。虹鳟鱼原产美国、加拿大，是世界重要养殖鱼类之一，也是珍贵冷水性鱼类。虹鳟鱼肉味鲜美，刺少肉多，营养丰富，生长快，易捕捞，饲料利用率高，在国外市场上被列为高档商品鱼。虹鳟鱼适合高密度、集约化养殖，其单位面积产量很高，是发展前景广阔的高产、高效的优质养殖品种。

7. 鳀鱼

鳀鱼为鳀科鱼类，又称为海蜒、离水烂、烂船丁、海河、巴鱼食、乾鱼、抽条、黑背鳁等，其体细长，稍微扁，一般体长 8 ~ 12 厘米，体重 5 ~ 15 克。其口大、下位，吻钝圆，下颌短于上颌，两颌及舌上均有牙。眼大、具脂眼脸。体被薄圆鳞，极易脱落，无侧线。腹部圆。无棱鳞。尾鳍叉形、基部每侧有 2 个大鳞。体背面蓝黑色，体侧有一条银灰色纵带，腹部银白色。背、胸及腹鳍浅灰色；臀鳍及尾鳍浅黄灰色，鳀鱼主要分布于太平洋西部。

因鳀鱼肌肉组织脆弱，离水后极易受损腐烂，鲜销困难，大都加工晒干，用以做汤或凉拌食用具有独特风味。西餐中将鳀鱼加工后浸泡于橄榄油中，常用于沙拉的制作。

二、虾蟹类

虾在生物学上属于甲壳纲，淡水、海水均产，种类较多，主要有褐虾、粉虾和白虾等；螃蟹的种类也很多，主要品种有蓝蟹、红蟹、沙蟹、雪蟹和工蟹。

1. 褐虾

褐虾分布于北半球温带和寒带浅海。分布于北大西洋东岸欧洲各海的常见品种有褐虾，西岸有七次褐虾；北太平洋东岸种数较多，重要品种有加州褐虾、黑尾褐虾和黑斑褐虾。西太平洋北部有脊腹褐虾等品种。

褐虾有重要经济价值。北大西洋东岸（北海海域）欧洲各国的褐虾年产量达4～5万吨，是最重要的小型经济虾类。北美太平洋沿岸的加州褐虾和黑尾褐虾也是经济品种，亚洲东北部沿岸最重要的经济品种，亚洲东北部沿岸最重要的经济品种是脊腹褐虾，在中国和日本北部冷水浅海为常见小虾。

2. 粉虾

粉虾也是重要的水产品，体色为粉红至褐色，尾端和腿稍带黄蓝色。

3. 蓝蟹

蓝蟹得名于其腿部和螯足的蓝色色泽（螯壳呈棕绿色，螯腹为白色）。蓝蟹与亚洲的一些游水蟹品种十分相似，包括产自印度尼西亚和菲律宾的远海梭子蟹和产自中国的大闸蟹。在美国，蓝蟹以活蟹、精选蟹肉及软壳蟹的形式销售。

大量蓝蟹在脱壳期被捕捞。这些蓝蟹被置于养殖柜中，一旦它们脱壳成为“软壳蟹”，就可以高价销售。在去除眼和鳃后，软壳蟹可整只食用。在东海岸地区，软壳蓝蟹是一种季节性美味佳肴，通常油炸后食用。

4. 红螯

红螯在大西洋沿岸产量较高，它有一个奇特的本领，当其一对螯钳去除后放生回海，过一段时间它又可以再生出一对新的螯钳。

三、贝类

1. 蚝

蚝也叫牡蛎，大都是人工养殖的。蚝肉既肥嫩又鲜美，且营养价值高，是海产贝类中独具一格的原料，其贝肉柔软鼓胀有光泽，开合肌略呈透明而有力，剥出的贝肉多褶皱；外观上以蚝壳大而深，相对较重者为佳。

牡蛎既可生食又可熟食，以生食为主。另外还可干制或做罐头，适宜炒、炸、烩，或制汤等烹调方法。

2. 蛤

蛤有硬壳蛤、软壳蛤和海蛤之分。

3. 淡菜

淡菜为蚌类，蚌肉俗称水菜，因曝干时不加食盐，故名淡菜。淡菜壳三角形，长6～10

厘米，足根有丝状茸毛附着于岩石。其产于浙江近海，肉红紫色，味美，为营养食品，也作药用。

4. 其他类

蜗牛肉质鲜美，营养丰富，是法国和意大利传统名菜，现已风靡全球。蜗牛的品种很多，目前食用的主要有法国蜗牛、意大利庭院蜗牛和玛瑙蜗牛三种。法国蜗牛又称苹果蜗牛、葡萄蜗牛，因其多生活在果园中而得名，欧洲中部地区均产。此种蜗牛壳厚重，茶褐色，中有一条白带，肉白色，质量好。意大利庭院蜗牛，生活在庭院或灌木丛中，故名。此种蜗牛壳薄，黄褐色，有斑点，肉有褐色、白色的不等，质量也很好。玛瑙蜗牛，原产非洲，又称非洲蜗牛，目前我国也产。此种蜗牛壳大，黄褐色，有花纹，肉浅褐色，肉质一般。蜗牛大多是鲜品，也有罐头制品。

第四节　蛋奶类原料

一、蛋类

鸡蛋是西餐常用的原料，它既可以作为菜肴，又可以做西点，还可以作为沙司等的配料。鸡蛋由三部分组成：蛋黄、蛋清和蛋壳。在美国，根据蛋清在蛋壳内部体积的比例和蛋黄的坚硬度，将鸡蛋分为特级（AA）、一级（A）、二级（B）和三级（C）。特级鸡蛋的蛋清在蛋壳内的体积最大，其蛋黄也最硬。因此，它适合于汆、煎和煮等烹调方法。一级和二级鸡蛋适合于煮、煎等烹调方法。二级以下的鸡蛋另作其他用途。

鸡蛋是大众喜爱的食品，鲜鸡蛋所含营养丰富而全面，其蛋白质的氨基酸组成与人体组织蛋白质最为接近，因此吸收率相当高，可达99.7%。鲜鸡蛋含的脂肪，主要集中在蛋黄。此外蛋黄还含有卵磷脂、维生素和矿物质等，这些营养素有助于增进神经系统的功能。所以，蛋黄是较好的健脑益智食物，经常食用，可增强记忆，防止老年人记忆力衰退。

二、奶类

1. 牛奶

牛奶也称牛乳，营养价值很高，含有丰富的蛋白质、脂肪及多种维生素和矿物质，经消毒处理的新鲜牛奶有全脂、半脱脂和脱脂三种类型。

新鲜牛奶应为乳白色或略带浅黄，无凝块，无杂质，有乳香味，清新自然，品尝时略带甜味，无酸味。牛奶保存时一般采取冷藏法。如短期储存可放在－2～－1℃的冰柜中冷藏；长期保存时需要放在－18～－10℃的冷库中。

2. 炼乳

炼乳是“浓缩奶”的一种。炼乳是将鲜乳经真空浓缩或其他方法除去大部分的水分，浓缩至原体积25%～40%左右的乳制品。炼乳加工时由于所用的原料和添加的辅料不同，可以分为加糖炼乳（甜炼乳）、淡炼乳、脱脂炼乳、半脱脂炼乳、花色炼乳、强化炼乳和调制炼乳等。

3. 奶油

奶油是从经杀菌的鲜乳中经过加工分离出来的脂肪和其他成分的混合物，在乳品工业中也称稀奶油，奶油是制作黄油的中间产品，含脂率较低，分别有以下几种。

①淡奶油，也称单奶油，乳脂含量为12% ~30%，具有起稠增白的作用，可用于沙司的调味、西点的配料。

②掼奶油，很容易搅拌成泡沫状，含乳脂量为30% ~40%，主要用于裱花装饰。

③厚奶油，也称双奶油，含乳脂量为48% ~50%，这种奶油用途不广，因为成本太高，通常情况下为了增进风味才使用厚奶油。

保管奶油一般采用冷藏法，保存的温度为4 ~6℃。为防止污染，对无包装的奶油应放在干净的容器内，并加上盖。由于奶油营养丰富，水分充足，很易变质，所以要注意及时冷藏，其制品在常温下超过24 小时不应再食用。

4. 黄油

黄油，食品工业中也称“奶油”，国内北方地区称“黄油”，上海等南方地区称“白脱”，香港称“牛油”等，是由鲜奶油经再次杀菌、成熟、压炼而成的高乳脂制品。常温下呈浅乳黄色固体，乳脂含量一般不低于80%，水分含量不高于16%，还含有丰富的维生素A、维生素D和矿物质，营养价值较高。黄油是从奶油中进一步分离出来的脂肪，分为鲜黄油和清黄油两种。鲜黄油含脂率在85%左右，口味香醇，可直接食用。清黄油含脂率在97%左右，比较耐高温，可用于烹调热菜。还可以根据在提炼过程中是否加调味品，分为咸黄油、甜黄油、淡黄油和酸黄油等品种。

黄油含脂肪率高，较奶油容易保存。如果长期贮存应该在 -10℃的冰箱中，短期保存可放在5℃左右的冰箱中冷藏。因黄油易氧化，所以在存放时应注意避免光线直接照射，且应密封保存。

5. 植物黄油

植物黄油为人制造黄油或人造奶油，又称麦淇淋，是由棕榈油或可食用的脂肪添加水、盐、防腐剂、稳定剂和色素加工而成。植物黄油外观均匀一致的淡黄色或白色，有光泽；表面洁净，切面整齐，组织细腻均匀，具有奶油香味，无不良气味。

6. 奶酪

奶酪是以动物奶（主要是牛奶和羊奶）为原料制作的奶制品。优质的奶酪切面均匀致密，呈白色或淡黄色，表面均匀细腻，无损伤，无裂缝和脆硬现象。切片整齐不碎，具有特有的醇香味。

奶酪的种类很多，目前世界上的奶酪有上千种，其中法国国产的种类较多。此外，意大利、荷兰生产的奶酪也很著名。

奶酪应冷藏在2 ~6℃、相对湿度在88% ~90%的冰箱中，存放时最好用纸包好。奶酪的分类方法很多，最常用的方法是按制品的性质分，有以下4 类。

①硬奶酪。这类奶酪大多是呈较大的车轮形，有的品种有“眼”或许多孔，质地硬，味咸，气味香浓，多擦成粉末用于焗菜中。如原装的埃曼塔尔大孔奶酪（emmentaler）有清淡的果仁味，奶酪呈黄色，内部均匀地分布着小孔。此外，硬奶酪还有红波奶酪（edam）、黄波奶酪（gouda）等。

②半硬奶酪。这类奶酪的特性与硬奶酪差不多，质地稍微软一些，大部分品种可直接食用，也可以擦成碎末后用于焗菜和汤菜中，如英国 cheddar、瑞士的 gruyere、荷兰的 gouda 以及我国生产的红腊皮奶酪等。

③软奶酪。这类奶酪一般体积都比硬奶酪小，形状各异，有的品种还具有大理石花纹，质地有半软到软成膏状不等，香味也较重，可以直接食用，也可用于烹饪，制作调味汁等，如法国的 roquefort brie；丹麦的 camenbert 等。

④奶油奶酪。这类奶酪一般呈后奶油状，味道各异，一般都作为拌制调味用，如美国的 cottagenailk 奶酪；德国的 yogurt 奶酪等。

第五节　蔬果类原料

一、蔬菜类

蔬菜种类较多，常常可以按照食用部位将其分为叶菜类、根菜类、茎菜类、瓜菜类、果菜类、豆菜类、花菜类等。

1. 叶菜类

食用部分主要为植物的叶子部位，多用于制作沙拉。

①生菜。生菜又名叶用莴苣，因能生食而得名，是一、二年生菊科植物，原产于地中海沿岸，在我国有悠久的盆栽历史。生菜按叶片的色泽区分有绿生菜、紫生菜两种。如按叶的生长状态区分，有择叶生菜、结球生菜两种。前者叶片散生，后者叶片饱和呈球形。如再细分则结球生菜还有三个类型，一是叶片呈倒卵形，叶片皱缩，质地脆嫩；二是叶缘呈锯齿状的脆叶生菜，后者栽培较普遍；三是叶片厚实、长椭圆形，叶全缘，半结球形的苦叶生菜，这种生菜很少栽培。

②菊苣。菊苣别名法国苦苣、欧洲苣荬、比利时苣荬菜、苞菜，在日本称为“苦白菜”。它是菊科菊苣属中的多年生草本植物，原产于地中海、亚洲中部和北非等地区，意大利，法国、比利时和荷兰栽培较为普遍。

在烹饪中，菊苣主要用于生吃，是西餐中做沙拉的上号时蔬。因此，在挑选时应留意，以外叶洁白有光泽、芽叶厚且饱和紧实者为佳。如果菜叶的前端出现绿色，说明已不太新鲜。菊苣在加热后，苦味会有增强，所以，在清洗时不宜用热水冲洗。在烹调过程中也常常加入少许白糖来缓和菊苣的苦味。菊苣适合很多烹饪方法，如凉拌，煎，烤等。

③西洋菜。西洋菜俗称水田芥，为中空茎的水生植物，长于流水，河流及池塘中，靠匍

匐的地下茎增长并生长于水面上。西洋菜为常绿植物，羽状复叶为绿褐色，带有心形的小叶，小白花会开成圆锥花序，随后结成圆柱形的种菜。

水田芥也富含维生素 C，维生素 A，叶绿素，矿物质，碘等。其有刺激性的辣味和淡淡的苦香，在西餐中主要用来做配菜或切碎制作调味汁等。

④抱子甘蓝。抱子甘蓝又称芽甘蓝，子持甘蓝，属十字花科芸薹甘蓝的一种变种，两年生草木植物，其如植株中心不生叶球，而在茎周叶中心产生小芽球，犹如子附母怀，故称抱子甘蓝。其原产地中海沿岸，19 世纪初逐渐成为欧美国家的重要蔬菜之一。其在英国，德国、法国、等国家种植面积较大，美国、日本等国家和地区也有栽培。近几年抱子甘蓝引入我国。在北京、广州、云南等省市已有种植，但面积并不大。其主要是供应大型饭店和宾馆，百姓的餐桌上还不多见。抱子甘蓝的芽球形状奇特，大者如乒乓球、小者像鹌鹑蛋，玲珑可爱，是名副其实的袖珍蔬菜。

抱子甘蓝以腋芽处形成的小叶球为食用部分，富含各种营养物质。风味似结球甘蓝却也具有自身独特的口味，适合于多种烹调方法，可清炒、素烧、凉拌、做汤料、火锅配菜、泡菜、腌渍等。由于抱子甘蓝叶球抱合紧实，加工时先将小叶球洗净，然后在其基部分小刀切一刀剞成“一”字形，或切两刀剞成“十”字形深度约为小叶球的 1/3，使之在烹调过程中较易成熟并入味，最后放在已加少量盐的沸水中焯熟，捞起后沥去水分，再行烹调或直接浇上喜欢的调料，如黄油、奶油、色拉酱等拌匀，即成小包菜沙拉。其也可以用高汤煮熟直接食用，外观碧绿、形状珍奇、味甜浓郁、味道独特。

2. 根菜类

根菜类食用部分为植物的根部。西餐中常见的原料有胡萝卜、芜菁、红萝卜、白萝卜、辣根、红菜头等，通常生长于土中，烹调时洗净去皮，适合多种烹调方法。

①辣根。辣根又名西洋葵菜、山葵萝卜、马萝卜，为十字花科。辣根属于以肉质根为食的多年生草本植物，作为一种调味品蔬菜，主要以保鲜或加工脱水后出口为主，深受日本及欧洲各国消费者的欢迎。辣根具有特殊辣味，磨碎后干藏，备作煮牛肉及奶油食品的调料，或切片入罐头中调味。中国自古药用，有利尿、兴奋神经之功效。

②芜菁。芜菁为十字花科芸薹种芜菁亚种，能形成肉质根的两年草本植物，别名蔓菁、圆根、盘菜等。其富含水分、糖类、粗蛋白、纤维素、维生素 C 以及其他矿物盐。芜菁起源中心在地中海沿岸等地，由油用亚种演化而来。法国有许多芜菁种植资源，在亚洲也普遍栽培，美洲栽培的芜菁由欧洲引入。芜菁肥大肉质根供食用，柔软、致密，供炒食、煮食或腌渍。

③红菜头。红菜头又名火焰菜，是红色根用甜菜，主要以球形的肉质根供食用，是欧美各国的主要蔬菜之一。红菜头为藜科两年生草本植物，原产于地中海沿岸，有 2000 多年的栽培历史。红菜头生长的第一年形成肉质根。其肉质根形状各异，但以扁圆形最好，外皮和肉质根均为紫色，肉质根横断面有数圈深紫色同心圆环纹，纤维素少，质地柔软，营养丰富。西餐中除做主菜、做汤之外，还用作盆饰陪菜用。

3. 茎菜类

茎菜类的食用部分为植物的茎部。西餐中常见的原料有鳞茎类的洋葱、大蒜、红葱头、葱、蒜苗等；嫩茎类的芦笋、竹笋、西芹等；块茎类的土豆、红薯等。

①红葱头。红葱头是洋葱家族中的一员，长相似蒜头又似洋葱，是增加香气的材料之一。其原产地在巴勒斯坦，后传入欧洲，因此荷兰、法国、英国均为红葱头重要产地。红葱头在亚洲也有栽培，也是中菜烹饪中增加的香气的食材之一，将红葱头切碎用油爆香后，用于烹饪肉类、海鲜等。

②芦笋。芦笋又名石刁柏、龙须菜，是一种多年生的连作蔬菜，一次种植多年受益。芦笋原产于欧洲地中海沿岸以及小亚细亚地区，种植历史已有2000多年。它的口味清爽香郁，肉质细嫩洁白，可生吃凉拌，也可为多种名菜的配料。从营养成分上看，鲜芦笋嫩茎含蛋白质、胡萝卜素、维生素 B_1、烟酸、维生素C，非常适于老年人和幼儿食用。

③西芹。西芹也叫洋芹，是芹菜的一个变种，属于伞形科两年生蔬菜。其根属直根类型，一般根深60厘米以上，须根系分布在30厘米的土层中，叶柄发达，宽可达3厘米以上，质地脆嫩，纤维少，味道清淡，单株较重，约0.5～1.0千克。近年来，随着蔬菜生产的发展，西芹也开始在我国各地引种。

西芹营养丰富，含有丰富的胡萝卜素、维生素 B_1 和矿物质，茎叶中含有挥发性芳香油，能促进食欲。在西餐中可制作沙拉凉拌菜生吃，也可煮炖。同时，西芹还是中草药，具有降血压、镇静、健胃、利尿等功能。

4. 瓜菜类

瓜类菜是以植物的瓠瓜为烹调原料的蔬菜。西餐中常见的品种有南瓜、黄瓜、节瓜、苦瓜等。

①节瓜。节瓜又名毛瓜、笋瓜、印度南瓜、玉瓜、北瓜等，为葫芦科南瓜属中的栽培种，一年生蔓性草本植物。果实适炒食或作馅，种子可加工成干香食品。笋瓜起源于南美洲的玻利维亚、智利及阿根廷等国，已播种到世界各地。节瓜以表面有光泽、富弹性、无色斑者为佳，而且个体越小，肉质越柔软。不论煮、炒、凉拌等均可，即可独立成菜，也可作配菜。

②苦瓜。苦瓜为葫芦科植物苦瓜的果实，又名凉瓜、锦荔子、癞葡萄、癞瓜，是药食两用的食疗佳品。幼嫩果实可供食用，因味苦而得名。其原产于热带，现广泛分布于亚热带、热带及温带地区。我国各地均有栽培，在烹调中从不把苦味渗入别的配料，所以又有君子菜的美称。

苦瓜营养丰富，所含蛋白质、脂肪、碳水化合物等在瓜类蔬菜中较高，特别是维生素C的含量，每百克高达84毫克。苦瓜还含有粗纤维、胡萝卜素、苦瓜甙、磷、铁、氨基酸等；苦瓜还含有较多的脂蛋白，可促进人体免疫系统抵抗癌细胞，经常食用可以增强人体免疫功能。苦瓜的苦味，是由于它含有抗疟疾的奎宁，奎宁能抑制过度兴奋的体温中枢。因此，苦瓜具有清热解毒功效。

苦瓜因其味苦而清香可口，被人们视为难得的食疗佳蔬。我国民间自古就有“苦味能清热”“苦味能健胃”之说。中医认为，苦瓜味苦，性寒冷，能清热泻火。苦瓜的微苦滋味，吃后能刺激人体唾液、胃液分泌，令人食欲大增，清热防暑。因此，夏吃苦瓜最相宜。在西餐中其主要用于作沙拉及配菜。

5. 果菜类

果菜类主要是以植物的浆果为烹调原料的蔬菜。西餐中常见的品种有茄子、番茄、辣椒等。

6. 豆菜类

此类蔬菜为西方人的主食蔬菜之一。食用部分为植物的种子部位。西餐中常见的主要品种有荷兰豆、羊角豆、青豌豆、扁豆、绿豆、黄豆等。

①荷兰豆。荷兰豆又叫豌豆、青荷兰豆、小寒豆、淮豆、麻豆、青小豆、留豆、金豆等，是豆科中以嫩豆粒或嫩豆荚供菜食的蔬菜。中国南方主要以嫩梢、嫩荚和嫩籽作菜用。

②羊角豆。羊角豆属锦葵科秋葵属，一年生草本植物。它原产于西非或中非，埃及人使用它几个世纪后，才传到欧洲、远东和美洲。羊角豆传入美洲后，现在最大的生产地在美国南部。20 世纪初由印度传入我国。羊角豆以嫩荚供食用，果荚长 12 厘米左右，有 4 ~ 6 条棱线，肉质柔软，黏质润滑，其特殊风味，用于炒食、煮食均很可口。叶、芽、花也可食用。

7. 花菜类

花菜类是以植物的花部器官为食用部位的蔬菜。西餐常见的品种有西兰花、朝鲜蓟等。

①西兰花。西兰花又名绿菜花、青花菜，属十字花科芸薹属甘蓝变种，其食用部分为绿色幼嫩花茎和花蕾，营养丰富，含蛋白质、糖、脂肪、维生素、和胡萝卜，营养成分位居同类蔬菜之首，被誉为“蔬菜皇冠”。西兰花口味脆嫩爽口，风味鲜美、清香，在西餐中主要用于制作配菜和沙拉，是蔬菜中的精品。

②朝鲜蓟。朝鲜蓟，别名菊蓟、菜蓟、法国百合、荷花百合，为菊科菜蓟属多年生草本植物。原产地中海沿岸。据报道，早在 2000 多年前罗马人已使用此菜。目前其以法国、意大利、西班牙栽培最多，已成为欧洲许多国家的高档菜蔬。

朝鲜蓟主要食用部位为花蕾的总苞及花托部分。在 6 ~ 7 月间朝鲜蓟枝端产生肥嫩花蕾，一株有 10 ~ 20 个花蕾，以主茎花蕾最大，称“王蕾”，200 ~ 250 克重；侧花蕾次之，50 ~ 80 克重。其肉质鳞片排列紧密，颜色碧绿，口味青鲜；花托较嫩，其味清香。挑选时以花序丰满、花瓣未开，外层花苞紧密且无干枯苞片、有光泽、无虫蛀者为佳。朝鲜蓟在西餐中使用，多用其制作开胃菜、沙拉、酿馅。

8. 食用菌类

①白菌。白菌又称洋蘑菇，是一种人工栽培的蘑菇，它以肉质厚嫩，味道鲜美著称。由于人工培育，所以个体均匀，整齐划一。白菌是西餐中用途最多的一种蘑菇，可独立成菜，如黄油炒鲜蘑、奶油烩鲜蘑，也可佐食肉、鱼类等。西餐中有不少名菜以鲜蘑命名，如鲜蘑里脊、鲜蘑鸡肉丝等。

②黑菌。黑菌是西欧特有的一种蘑菇，又名块菰或松露菌。黑菌有一种特有的香味，与肥鹅肝及鱼子酱并称为世界三大美食原料。主要产于意大利和法国。黑菌可切碎入调味汁提味，也可用于装饰菜肴。

③羊肚菌。羊肚菌也叫草帽菌，一般以春天采集的野生羊肚菌为高级品。用奶油煮羊肚菌和牛仔肉、鸡肉、牛仔核等清淡无味的原料极其匹配。羊肚菌大都是从法国进口，在使用

时，应用水泡开，注意清洗细沙。

二、果品类

果品类原料有丰富的营养价值，斑斓的色彩，在西餐中运用，无论是单独食用或是加入沙拉、甜点、肉类烹调，都受到人们喜爱。在西餐中常见的果品类原料有桃子、李子、樱桃、草莓、蓝莓、柠檬、西瓜、木瓜、菠萝、葡萄、鳄梨、橙子、苹果、橄榄、欧洲李、开心果、西柚、无花果、桑葚、杏子、石榴、椰子、猕猴桃、杨桃、荔枝、哈密瓜、香蕉、芒果、海棠等。

1. 柠檬

柠檬是一种多年生常绿小乔木，属芸香科柑橘属。一年四季开花结果，以春花果为多，春花果在9月中下旬成熟，成纺锤形，橙黄色或青绿色。柠檬果实皮厚，且富含芳香油、维生素C、果酸等，因而被人们所重视，属于典型的保健果品。在西餐中无论冷菜、热菜、汤、点心、饮料等都离不开柠檬调味。

2. 橄榄

橄榄又名白榄、青果，橄榄科。常绿大乔木，高达20米，有胶黏性芳香的树脂。叶互生，奇数羽状复叶，小叶椭圆状卵形，揉之有橄榄气味，圆锥花序，核果椭圆形，熟时黄白色。橄榄原产我国，现在广东、广西及云南西双版纳等地还有小片野生橄榄林，以广东、福建栽培最多。果味涩苦而甘，除鲜食外，可加工成蜜饯。

在西餐中一般将橄榄分为黑橄榄和绿橄榄。前者是盐渍的成熟橄榄果实；后者是盐渍的未成熟的果实。采用盐渍是为了消除橄榄的苦味和涩味，使之味道可口，生津开胃。所以，盐渍橄榄常常用作开胃菜。此外，油橄榄品种，主要用于榨制橄榄油。

3. 桑葚

桑葚，为桑科落叶乔木桑树的成熟果实，桑葚又叫桑果，有紫、红、青等品种，以紫色成熟者为佳，红者次之。桑葚味甜带酸，清香可口，营养丰富，西方人喜欢摘其成熟的鲜果食用，味甜汁多，是人们常食的水果之一。

成熟的桑葚肉质油润，酸甜适口，以个大、肉厚、色紫红、糖分足者为佳。每年4~6月果实成熟时采收，洗净，去杂质，晒干食用。在西餐中，桑葚主要用于西点装饰及压汁使用。

4. 无花果

无花果为桑科无花果属。因花小，藏于花托内，其又名隐花果，为多年生小乔木。叶互生，厚膜质，宽卵形或矩圆形，少有分裂，先端钝，基部心形，边缘波状或有粗齿；上面粗糙，下面生短毛；托叶三角形卵形，早落。夏季开花，花单性，隐藏于倒卵形囊状的总花托内。果实为肉果，倒卵形，在盛夏成熟，外面暗紫色，里面红紫色，质地柔软，味酸甜。无花果原产地于地中海和西南亚；花托生食，味美，制酒或作果干；西餐中主要用于西点调味、装饰。

5. 鳄梨

鳄梨为樟科鳄梨属的一种。原产中美洲，全世界热带和亚热带地区均有种植，但以美国南部、危地马拉、墨西哥及古巴栽培最多。

鳄梨是一种营养价值很高的水果，果肉柔软似乳酪，色黄，风味独特，含多种维生素、丰富的脂肪和蛋白质，钠、钾、镁、钙等含量也高。果仁含油量 8% ~29%，油是一种不干性油，没有刺激性，酸度小，乳化后可以长久保存，可以直接食用。果肉用于制作沙拉等菜肴。

6. 猕猴桃

猕猴桃是猕猴桃科植物，是一种营养价值极高的水果，其可溶性固形物含量为 14% ~20%，含亮氨酸、苯丙氨酸、异亮氨酸、酪氨酸、缬氨酸、丙氨酸等十多种氨基酸，含有丰富的矿物质，每 100 克果肉含钙 27 毫克，磷 26 毫克，铁 1.2 毫克，还含有胡萝卜素和多种维生素，其中维生素 C 的含量达 100 毫克（每百克果肉中）以上，有的品种高达 300 毫克以上，是柑橘的 5 ~10 倍，苹果等水果的 15 ~30 倍，因而在世界上被誉为“水果之王”。

7. 西柚

西柚为香料常绿乔木植物柚的成熟果实，是温带及热带的水果。中国南方广东、广西、福建等省产，有文旦柚、沙田柚、坪山柚、四季抛、大红抛等。泰国有西施柚，马来西亚、中国台湾也有产。柚子红肉的多味酸，皮较薄；白肉多甜，皮较厚。10 ~11 月果实成熟时采摘。在西餐中可供直接食用或制作沙拉。

8. 蓝莓

蓝莓原产和主产于美国，又被称为美国蓝莓。蓝莓果实平均重 0.5 ~2.5 克，最大的重 5 克，果实色泽美丽、悦目，蓝色并被一层白色果粉，果肉细腻，种子极小，可食率为 100%，酸甜适口，且具有香爽宜人的香气，为鲜食佳品。蓝莓果实中除了常规的糖、酸和维生素 C 外，还富含维生素 E、维生素 A、B 族维生素、超氧化物歧化酶（SOD）、熊果苷、蛋白质、花青苷、食用纤维，以及丰富的钾、铁、锌、钙等矿物质元素，主要用于西点装饰或制酱调味。

第六节　淀粉类原料

淀粉类原料为米面类原料或制品。土豆可以单独划分，也可以和类淀粉原料归为一类。

土豆一般按质地口感分为面质、脆质两大类；按照用途分为沙拉土豆、主食配菜土豆。主食配菜土豆可以做成土豆泥、炸土豆条、土豆球、烤土豆丁和块、煮或者蒸土豆块、土豆丸子、土豆面条等。

面粉中含蛋白质、脂肪、碳水化合物和膳食纤维，是制作西点和面包的主要原料，同时也可以用来制作黄油面糊，用以提高沙司和菜肴汤汁的浓度。高筋面粉通常蛋白质含量在 11.5%，蛋白质含量高，因此筋度强，多用来做面包等。中筋面粉蛋白质含量平均在 11% 左右，中筋面粉都用在一些点心和面条的制作。低筋面粉蛋白质含量在 8.5% 左右，因为筋度低，多用来做蛋糕、曲奇饼干等松软酥脆糕点。全麦面粉是小麦粉中包含其外层的麸皮，用来制作全麦面包和全麦的小西饼等。

大米通常用来作为禽、肉类菜肴的配菜，也可以搭配材料制作各式烩饭、制汤以及制作甜点，如米饭布丁。

意大利面条一般是用优质的专用硬粒小麦面粉和鸡蛋等为原料加工制成的面条。其形状各异，色彩丰富、品种繁多。

意大利面条根据质感划分，可以分为干制意大利面条、新鲜意大利面条两类；根据制作的主要原料划分，可以分为普通面粉、米粉等；根据面条的颜色和添加的材料划分，可以分为红色或粉红色（番茄汁、甜菜汁、胡萝卜汁、红甜椒汁）、黄色或淡色（番红花汁、胡萝卜汁）、绿色或浅绿色（菠菜汁、西兰花汁）、灰色或黑色（鱿鱼或墨鱼墨汁）、咖喱色、巧克力色等；根据面条的外观和形状分类，可分为棍状意大利面条、片状意大利面条、管状意大利面条、花饰意大利面条、填馅意大利面条和意大利汤面。

第七节　常用香料调味料

西餐中使用得香料调味品种类非常多，本节重点介绍在西餐中常用的香料调味品。

一、一般调味品

1. 食盐

食盐是在世界上使用最广泛的调味品，其主要成分是氯化钠。此外，其还含有少量的氯化钾、氯化镁、硫酸钙等成分。按其来源可分为海盐、湖盐、井盐和岩盐，其中海盐使用最普遍。海盐因加工的不同又分为大盐和精盐。

（1）大盐

大盐是在沿海地区利用自然条件把海水晒制成饱和溶液，使氯化钠结晶析出而形成的。大盐颗粒大，结构紧密，色泽灰白，氯化钠含量在94%左右。由于大盐颗粒大，溶解慢，且略带有苦涩味，所以不适合烹调中调味，只适宜腌制菜肴。

（2）精盐

精盐又称再制盐，是把大盐溶化成饱和溶液后，去除杂质，再经蒸发而形成的。精盐呈粉末状，色洁白，质地纯，氯化钠含量在96%以上，溶解快，适宜调味。优质的食盐色洁白，味纯正，结晶小，疏松，不结块。食盐易溶于水，吸湿性强，如果环境湿度超过70%，就会使食盐潮解。所以食盐保存在干燥的容器中，并注意保持清洁卫生。

2. 糖

糖使用甘蔗或甜菜为原料，经榨汁后加工制成的调味品。食糖的品种很多，现把西餐中常用的品种分述如下。

（1）白砂糖

白砂糖是食糖中最纯的一种，食糖含量在99%以上，色泽洁白，结晶如砂粒，在西餐中使用广泛。优质的砂糖洁白光亮，颗粒均匀，松散干燥，水溶液透明度高，无杂质，无异味。

（2）绵白糖

绵白糖纯度不如砂糖高，食糖含量在97%～98%，有少量的水分和还原糖。绵白糖质地绵软细腻，溶解快，适宜制作快速烹调的菜肴。优质的绵白糖颗粒细小均匀，色泽洁白，不含带色颗粒和杂质，能完全溶解于水。

（3）红糖

红糖又称赤砂糖，是未经提纯的甘蔗制品。红糖颜色褐红，光亮，绵软，除甜味外还带有甘蔗的浓郁香味，适宜制作圣诞布丁等甜食。

（4）方糖

方糖是用优质砂糖加工压制而成的，呈长方形，色洁白。优质的砂糖结块整齐，无杂质，溶解快。方糖主要放在餐台上，直接用于饮料。

（5）蜂蜜

蜂蜜是蜜蜂采集的花粉经酿造制成的。蜂蜜是最早的甜味剂，营养丰富，含有75%左右的葡萄糖和果糖，含17%～18%的水分及少量的蔗糖，蛋白质，矿物质，有机酸，酶类，芳香物质等。蜂蜜适宜用来制作甜食，也可制作菜肴。

3. 辣酱油

辣酱油是西餐中广泛使用的调味品，19世纪初传入我国，因其色泽风味与酱油接近，所以习惯上称为辣酱油。辣酱油的主要成分有海带，番茄，辣椒，洋葱，砂糖，盐，胡椒，大蒜，陈皮，豆蔻，丁香，糖色，冰糖等。优质的辣酱油为深棕色，流体，无杂质，无沉淀物，酸、辣、咸、甜各味适中，其中英国产的李派林辣酱油较为著名，目前在西餐中使用比较普遍。

4. 醋

醋也是主要调味品之一，因其制作方法不同，可分为发酵醋和人工合成醋两类。在西餐中经常使用的醋有以下几种。

①葡萄醋，是用葡萄或酿葡萄酒的糟渣发酵而成，有红葡萄醋和白葡萄醋两种。口味酸并带有芳香气味。

②苹果醋，是用酸性苹果，沙果，海棠等，经发酵制成，色泽淡黄，口味醇，鲜而酸。

③醋精，是用冰醋酸加水稀释而成。

5. 番茄酱

番茄酱是西餐中广泛使用的调味品，是用红色小番茄经粉碎，熬煮，再加适量的食用色素制成的。优质的番茄酱色泽鲜艳，浓度适中，质地细腻，无颗粒，无杂质。番茄沙司是用番茄经过熬制添加香料和调料调好味道直接使用的一种番茄酱汁，也可用于调味。

6. 咖喱粉

咖喱粉是由于多种香辛料混合调制成的复合调味品。其制作方法最早起源于印度，以后逐渐传入欧洲，目前已在世界范围内普及，但仍以印度及东南亚国家生产的咖喱粉为佳。制作咖喱粉的主要原料是黄姜粉伴以胡椒，辣椒，肉桂，豆蔻，丁香，莳萝，孜然，茴香等原料。目前我国制作的咖喱粉调味料比较少，主要有姜黄，白胡椒，茴香粉，辣椒粉桂皮粉，茴香油等。优质的咖喱粉香辛味浓烈，用热油加热后颜色不变黑，色味俱佳。

二、香辛调味品

1. 香叶

香叶又称桂叶，是桂树的叶子。桂树原产于地中海沿岸，属樟科植物，为热带绿乔木，60 年代初我国海南岛开始引种。目前，我国广东，广西，云南，四川等地均有种植。香叶一般两年采摘一次，采集后经日光晒干即成。香叶是常见的调味品，干制品和鲜叶都可以使用，用途广泛。

2. 胡椒

胡椒又名浮椒，玉椒，原产于马来西亚、印度尼西亚、印度等地，50 年代初我国开始在海南岛栽培，目前已在广东、广西、云南等地引种。胡椒为被子植物，多年生藤本，夏季开花，果实为黄红色浆果，其香辣成分主要是胡椒碱，辣椒脂以及少量的挥发油。胡椒按品质及加工方法的不同，又分为黑胡椒和白胡椒，黑胡椒是用未成熟的或自然落下的果实发酵而成；白胡椒是用成熟的果实经流水浸泡，去除外皮，洗净，晒干即成。优质的胡椒颗粒均匀，硬实，香味强烈，白胡椒白净，含水量低于 12%；黑胡椒外皮不脱落，含水量在 15% 以下。

3. 肉豆蔻

肉豆蔻原产于印度尼西亚，马鲁古群岛，马来西亚等地，现我国南方已有栽培。肉豆蔻又叫“肉果”，为迦构勒属豆蔻科的常绿乔木。肉豆蔻近似球形，淡红色或黄色，成熟后剥去外皮取其果仁，经水浸泡，烘干后即可作为原料。干制后的肉豆蔻表面呈灰褐色，质地坚硬，切面有花纹。肉豆蔻气味芳香而强烈，味辛而微苦。优质的肉豆蔻个大，沉重，香味明显。肉豆蔻在烹调中主要用于调肉馅以及制作西点和土豆菜肴。

4. 丁香

丁香又名雄丁香，原产于马来群岛，马鲁古群岛以及印度尼西亚等地，现我国南方也有栽培。丁香属桃金娘科常绿乔木，丁香树的花蕾在每年 9 月至来年 3 月间由青逐渐转为红色，这时将其采集后，除掉花柄，晒干后即成调味用的丁香。干燥后的丁香为棕红色，长约 1.5 ~2 厘米，基部渐狭小，下部呈圆柱形，萼管上端有 4 片花瓣。优质的丁香坚实而重，入水即沉，刀切有油性，气味芳香微辛。丁香是西餐中常见的调味品之一，可作为腌渍香料和烤焖香料。

5. 桂皮

桂皮是菌桂树的皮，菌桂树属樟科常绿乔木，主要产于东南亚及地中海沿岸，我国南方亦产。菌桂树多为山林野生，7 年以上则可剥去其皮，经晒干后即可是调味用的桂皮。桂皮含有 1% ~2% 挥发性桂皮油，具有芳香和刺激性甜味，并有凉感。优质的桂皮为淡棕色，并有细纹和光泽，用手折时松脆，带响，用指甲刮时有油渗出。在西餐中常用于腌渍水果，蔬菜，叶常用于制作甜点。

6. 百里香

百里香又名麝香草。百里香主要产于地中海沿岸，属唇形科，多年生灌木状草本植物，全株高 18～30 厘米，茎为菱形，叶无柄，上有绿点。茎叶富含芳香油，主要成分有百里香酚，含量约为 0.5%。百里香的叶及嫩茎可用于调味，干制品和鲜叶均可使用。其主要用于制作汤、肉类菜肴，法、美、英式菜中使用较为广泛。

7. 迷迭香

迷迭香原产于南欧。迷迭香属唇形科常绿小乔木，高 1～2 米，叶对生，线形，革质。其夏季开花，花为唇形，紫红色，轮生于叶腋内。其茎、叶、花都可提取芳香油，主要成分桉树脑、乙酸冰片酯等。迷迭香的茎、叶无论是新鲜和干制品都可以用于调味。其常用于调制肉馅和制作烤肉、焖肉时的调味，使用时量不宜过大，否则会有苦味。

8. 他拉根香草

他拉根香草其叶长且呈扁状，干后仍为绿色，有浓烈的香味，并有薄荷的味感。他拉根香草用途广泛，常用于禽类，汤类，鱼类菜肴的制作，也可泡在醋内制成他拉根醋。

9. 鼠尾草

鼠尾草又称艾草，世界各地均产。鼠尾草是多年生灌木，生长很慢，其叶白，绿相间，香味浓郁，其嫩茎可用于调味。鼠尾草主要用于鸡，鸭，猪类菜肴及肉馅类菜肴的制作。

10. 莳萝

莳萝又称土茴香，原产于南欧，现北美及亚洲南部地区均产。莳萝属伞形科多年生草本，叶为羽状分裂，最终裂片为狭长线形，果实椭圆形，叶和果实都可作为香料。其在烹调终主要是叶调味，用途广泛，常用于海鲜，汤类及冷菜的制作。

11. 罗勒

罗勒产于亚洲和非洲的热带地区，我国中部、南部均有栽培。罗勒属唇形科一年生芳香草本植物。茎为方形、多分枝、常带紫色，花呈白色略带紫红，茎叶含有挥发油，可作为调味品。罗勒常用于番茄类菜肴，肉类菜肴及汤类的制作。

12. 牛膝草

牛膝草原产于地中海地区，现已世界各地普遍栽培。牛膝草的叶科用于调味，整片或搓碎使用均可。法式、意大利式及希腊式菜肴使用较为普遍，常用于味浓的菜肴。

13. 阿里根努

阿里根努原产于地中海地区，第二次世界大战后美国及其他美洲国家普遍种植。它是薄荷科芳香植物，叶子细长且圆，种微小，花有一种刺鼻的芳香。其在意大利式菜肴种使用最为普遍，是制作馅饼不可缺少的调味品。

14. 红椒粉

红椒粉又称甜椒粉。红椒是茄科一年生草本植物，状如柿子椒，果实较大，呈红色，味清香，不辣，略甜，干后可制成粉，主要产于匈牙利。红椒粉在烹调中使用广泛，常用于调味会调色。

第二十一章　西餐常用加工技术

第一节　刀功操作基本技法

一、切

切是使用非常广泛的加工方法。这种刀法是刀和原料呈垂直状态，右手握刀，左手按住原料，用大拇指、十指抵住刀侧，均匀的控制刀的后移，从上向下操作，这种方法主要用于加工一些无骨的原料，切可分为直切、推切、锯切、滚切等方法。

1. 直切

操作要领是用刀垂直的切下去，一刀切段。切时既不前推也不后拉，着力点在刀的中部，这种刀法主要适宜切一些脆硬性的原料，如各种蔬菜。

2. 推切

操作要领是用刀由上向下压的同时有往前推的动作。由刀的中前部下刀，最后着力点在刀的中后部，这种刀法适合切较厚的脆硬性原料，如土豆、萝卜等，也适合切略有韧性的原料，如较嫩的肉类。

3. 拉切

操作要领是用刀由上往下压的同时，有向后拉的动作。由刀的中部入刀，最后的着力点在刀的前部。这种刀法适合切较细小或松脆性的原料，如黄瓜、葱头、芹菜、番茄等。

4. 锯切

操作要领是用刀由上往下压的同时先向前一推，再向后一拉，这样反复几次最后切断。由刀的中部入刀，最后的着力点仍然在刀的中部。这种刀法适合切较厚的并带有一定韧性的原料，如各种熟肉、香肠等。

5. 滚切

操作要领是用刀由下往上压直切下去，切一刀滚动原料一次，着力点在刀的中前部，这种刀法适合切圆形或长圆形质地脆硬的原料，如萝卜、土豆等，主要用来加工滚刀块。

二、片

片适宜加工无骨的原料或带骨的熟料。

1. 平刀片

左手按住原料，手指略往上翘，刀身放平，刀背向外，刀刃向里，刀向前推。平刀片根据运刀的方法不同又可分为直刀片、拉刀片和推拉片。

①直刀片即从原料的右端入刀，平行前推，一片到底，着力点在刀的中部。适宜加工形状较大、质地较嫩的原料。

②拉刀片即从原料右前方入刀，入刀后由前往后平拉将原料片开。

③推拉刀片即右手握刀，从原料中部入刀，向前平推，再后拉，反复数次，将原料片断。此法一般由原料下方开始片。

2. 反刀片

左手将原料按稳，右手握刀，刀口向外，与原料成锐角。用直刀片或推拉刀片的方法将原料自上而下斜着片下。适宜加工形状较大、带骨、有一定韧性的熟料。

3. 斜刀片

斜刀片又称抹刀片。左手按住原料，右手握刀，刀身放斜，刀背向里，刀刃向外，自上而下，先推后拉，斜着片。适宜加工形状较小、质地较嫩的原料。

三、剁

剁是西餐常用的刀法之一。根据加工要求的不同，又可分为剁断、剁烂、剁形。

1. 剁断

剁断是左手按住原料，右手握刀，用小臂和腕部的力量直剁下去，要求运刀准确、有力，一刀剁断，不要反复，适宜加工带有细小骨头的原料。

2. 剁烂

剁烂是将原料加工成小块、小片状，然后用刀直剁，将原料剁烂，要求一边剁一边翻动原料，使所剁原料均匀一致，适宜将无骨的肉类原料和蔬菜原料加工成泥状或者碎末状。

3. 剁形

剁形是将经过拍制的原料平放，右手握刀，用刀尖将原料的粗纤维剁断，同时左手配合收边，逐步剁成所需形状，如圆形、椭圆形等。要求"碎而不烂"，既要将粗纤维剁断，又不要剁得过烂，适宜加工各种肉排、鸡排等。

四、拍

拍是西餐传统的加工方法。操作方法是先将切成块得肉类原料横断面朝上按平，右手握拍刀用力下拍，左手按住骨把，如无骨把，每拍一下左手都要随着按住原料，以防拍刀把原料带起。为避免拍刀面发黏，可在拍刀面上抹一点清水。操何时用力的大小应根据原料的韧度而定。拍又可分直拍与拉拍。

1. 直拍

直拍是右手握拍刀，与原料垂直，原料横断面朝上，用力向下拍。其目的是将原料的纤维拍散，可以使肉类、禽类等原料通过加工变得较嫩。

2. 拉拍

拉拍是右手握拍刀，与原料垂直，原料横断面朝上，用力向下拍的同时，把刀向后或者左、右拉出，适宜加工韧性较大的原料，或是需要拍制较薄的原料。

拍的加工方法主要用于肉类原料的加工，可以根据原料两种刀法交替使用，先用直拍法将原料的纤维拍开，再用拉拍的方法将原料拍薄。

五、旋削

旋削是西餐加工原料时常用的刀法，一般用小刀操作，主要用于蔬菜、水果等原料的去皮和塑形。实际操作时通常用小刀先削去蔬菜、水果的外皮，再将原料旋成规则形状或者原料自身的形状。要求运刀流畅、准确，运刀次数少。

六、雕（刻）

雕（刻）也是常用的刀法，用小刀把蛋、番茄、柠檬、彩椒等原料雕刻出花纹或者花边等形状，以增加食品美感。

七、砍

砍一般用砍刀操作。砍的操作方法是左手扶稳原料，右手紧握刀柄，将刀上下垂直运动，对准原料被砍部位，用力挥刀砍下去，使原料断开，主要用于砍剁带骨或质地坚硬的原料。

第二节　烹饪加工基本技法

烹调是将食品原料加工成熟，成为有特色的菜肴过程。西餐烹调包括食品原料选择，初加工，切配及将原料烹调成菜肴等工作。西餐菜肴制作与西餐经营管理和服务都有密切的关系，因此学习西餐加工和烹调对于加强西餐的经营管理，使西餐厨房现代化及对西餐企业整体经营都有很多益处。

一、食品原料的选择

选择优质、卫生的食品原料是西餐烹调的第一步。西餐菜肴质量的基础是食品原料的质量。因此选择时，应对原料进行感官检查和物理检查，包括对原料的颜色、气味、弹性、硬度、外形、大小、重量和包装等检查。通过这些检查确定原料的新鲜度、规格和质量情况。按照食品加工和烹调要求选用适合的品种和部位。如鱼有脂肪鱼和非脂肪鱼，有各种形状，不同的鱼适用于不同的烹调方法。又如，畜肉有不同的部位，各部位的肉质不同，因此在畜肉的制作中，就要按照不同的部位，使用适当的加工和烹调方法才能制作出理想的菜肴。

二、食品原料初加工

食品原料在切配和烹调前进行的加工工作称为食品原料的初步加工，简称食品原料初加工。食品原料初加工包括剖剥、整理、洗涤、初步热处理等工作。当今，在旅游发达的国家和地区，厨房的初加工工作越来越少，因为供应商已经完成食品原料的初加工。

食品原料初加工是西餐生产中的基础环节，它与菜肴的质量有着密切联系，合理的初加工可以综合利用原材料，降低成本，增加效益，并且使原材料符合烹调要求，保持原料的清洁卫生和营养成分，增加菜肴的颜色、味道和形状。不同的食品原料有不同的初加工方法。例如，蔬菜与水果初加工、畜肉初加工、禽类初加工和水产品初加工等。

三、蔬菜的初加工

蔬菜是西餐常用的原料。由于它们的种类及食用部位不同，因此加工方法也不同。但是，无论哪种蔬菜，清洗时应先洗后切，保持蔬菜的营养素。最后将经过整理、清洗的蔬菜沥去水分，放在冷藏箱或适当的地方待用。

①叶类蔬菜应去掉老根、老叶、黄叶，清洗干净。

②根茎类蔬菜应去掉外皮。

③果菜类蔬菜要去掉外皮和果心。

④豆类蔬菜应根据具体品种和食用方法剥去豆荚上的筋络或者剥去豆荚。

⑤花菜类要剥去外叶、根茎和筋络。

四、畜肉的初加工

当今西餐业食用经过加工和整理的牛肉、羊肉和猪肉。在旅游发达国家，饭店购进的畜肉原料已经切成所需要的各种形状。但是，在某些国家和地区，仍然有许多饭店和西餐业购进带骨、带皮的畜肉。这样需要将它们进行初加工。首先是去掉它们的骨头，然后根据畜肉各部位的实际用途进行分类、清洗、沥去水分。最后将加工好的肉放入容器中，冷冻或冷藏。

五、水产品的初加工

通常水产品原料在切配和烹调前要做许多初加工工作，如宰杀、刮鳞、去腮、去内脏、清洗。根据烹调需要将鱼切成不同的形状。在许多旅游发达国家，水产品的初加工工作已经由供应商完成，一些鱼类原料已经由供应商根据西餐的烹调要求切成不同的形状。

六、禽类的初加工

西餐业常购进经过宰杀和整理好的禽肉原料，如经过开膛去内脏的鸡、鸭，鸡大腿、鸡翅、鸡胸脯等，但是这种方便型的家禽原料也需要初加工，特别是清洗工作。

七、食品原料切配

食品原料切配是将经过初加工的原料切割成符合烹调要求的形状并合理的搭配在一起，使之成为完美的菜肴过程。而在配菜前，首先是将原料切割，这就需要运用不同的刀具和刀法将食品原料切成不同的形状。

1. 常用切原料的方法

①切成块，将食品原料切成较大的、整齐的块状。

②剁、劈，将食品原料切成不规则的形状。

③切成末，将食品原料切成碎末状

④切成片，将食品原料横向切成整齐的片状。

2. 常用的食品原料形状

①末，3 毫米正方形的末状。

②小丁，6 毫米正方形丁状。

③中丁，1 厘米正方形丁状。

④大丁，2 厘米正方形丁状。

⑤小条，6 毫米 ×6 毫米 ×4 厘米的条状。

⑥中条，3 毫米 ×3 毫米 ×8 毫米的条状。

⑦大条，（0. 75 ~1） 厘米 × （8 ~10） 厘米的条状。

⑧片，各种长度，3 ~8 厘米厚的片状。

⑨楔形，像被切好的各种大小的西瓜块。

⑩圆心角形，将圆形的片状切成四瓣，其中是 1/4 或 1/3 状。

⑪椭圆形，任何尺寸的卵形，通常有七个相等的边。

3. 配菜

配菜是根据每盘菜肴的质量要求，把经过刀功处理的各种食品原料进行合理的搭配，使它们成为一盘在色、香、味、形方面达到完美的菜肴。配菜中，西餐厨师常遵循以下原则。

①注意原料数量之间的协调性，应当突出主料的数量，配料的数量应当少于主料。

②注意各种原料的颜色配合，每盘菜肴应当有 2 ~3 种颜色，颜色单调使菜肴呆板。颜色过多，菜肴不庄重。

③尽量突出主料的自然味道，用不同味道的原料或调料弥补主料味道的不足。

④尽量将相同形状的原料配合在一起，使菜肴呈现整齐，但是如果配菜和装饰菜的形状与主料不同，有时会增加菜肴的美观。

⑤将不同质地的食品原料配合在一起以达到互补。例如，马铃薯沙拉中放一些嫩黄瓜丁或嫩西芹丁，菜泥汤或奶油汤中放一些烤干的面包丁。

⑥现代西餐菜肴，讲究营养设计，讲究合理搭配原料以满足不同顾客的需求。许多发达国家和地区饭店的菜单上在每个菜肴说明的栏目中都明确地写出菜肴中的蛋白质含量和菜肴所含的热量。

八、挂糊

挂糊是将食品原料的外部包上一层糊的过程。在西菜烹调中，尤其是通过油煎、油炸的菜肴，经常在原料的外部包上一层面粉糊、鸡蛋糊、面包屑糊，以增加菜肴的味道、质地和颜色。西餐常用的挂糊方法有以下 3 种。

1. 面粉糊

先在食品原料上面撒些细盐和胡椒粉调味，然后粘上面粉的过程。

2. 鸡蛋（啤酒或牛奶）面粉糊

将原料粘上鸡蛋液或啤酒或牛奶及面粉糊的过程。有时，挂糊之前需要在原料上撒上细盐和胡椒粉调味。

3. 面包糊

先在原料上面撒上些细盐和胡椒粉调味，然后粘上面粉，粘上鸡蛋，再粘上面包屑的过程。

第二十二章　西餐常用设备与工具

第一节　西餐常用工具

一、西餐厨房常用炊具

1. 煎锅、平底锅（frying pan）

其为圆形、平底，直径有20厘米、30厘米、40厘米等规格，材质有铝制和镀不粘涂层、铁制等，用途广泛。

2. 炒盘（saute pan）

其为圆形、平底，形较小、较浅，锅底中央略隆起，一般用于少量油脂快炒。

3. 煎蛋卷盘（omelet pan）

其为圆形、平底，形较小、较浅，四周立边呈弧形，用于制作煎蛋卷。

4. 沙司锅（sauce pot）

其为圆形、平底，有手柄和锅盖，深度一般为7～20厘米，容量不等。锅底较厚，一般用于沙司的制作。

5. 汤桶（stock pot）

汤桶较大、较深，有盖，两侧有手柄，容量从10～180升不等，一般用于制汤或烩煮肉类。

6. 箩筛（strainer）

其为用铁丝或者钢丝等编制成的网筛，用于沥干面条过滤东西等。

7. 帽形滤器（cap strainer）

其为圆形带一长手柄，一般用于过滤沙司。

8. 锥形滤器（srimmer）

其用不锈钢制成，锥形，有长柄，锥形体上有许多细小孔眼，一般用于过滤汤汁。

9. 烤盘（roast pan）

其为长方形，立边较高，薄钢制成，主要用于烧烤原料。

10. 烘盘（bake pan）

其为长方形，较浅，薄钢制成，很多会有不粘涂层，主要用于烘烤面点食品。

11. 研磨器（grater）

其为梯形，四周铁片上有不同孔径的密集小孔，主要用于芝士、水果、蔬菜的研磨擦碎。

12. 抽打器（whip）

其由钢丝捆扎而成，头部由多根钢丝交织编在一起，呈半圆形，后部用钢丝捆扎成柄，有不同硬度，主要用于搅打蛋液、奶油、沙司等。

13. 蛋铲（egg shice）

其为不锈钢制成，长方形，铲面上有孔，以沥掉油或水分，主要用于煎蛋等。

14. 汤勺（ladle）

其一般用全钢制成，有长柄，用于舀汤汁加沙司等。

二、西餐厨房常用刀具

1. 法式分刀（French knife）

其刀刃锋利呈弧形，背厚，颈尖，型号多样，从 20 ~ 40 厘米不等，用途广泛，切剁皆可。

2. 厨师刀（chef's knife）

其刀锋锐利平直，刀头尖或圆，主要用于切割各种肉类和蔬菜。

3. 剔骨刀（boning knife）

其刀身又薄又尖又窄，较短，用于肉类原料的出骨。

4. 烤肉刀（beef slicer）

其刀身较长，刀尖呈圆鼻状，供切割大块烤肉类。

5. 剁肉刀（cut's knife）

其为长方形，形似中餐刀，刀身宽，背厚，用于带骨肉类原料的分割。

6. 牡蛎刀（oyster knife）

其刀身短而厚，刀头尖而薄，用以挑开牡蛎外壳。

7. 蛤蜊刀（clam knife）

其刀身扁平、尖细，刀口锋利，用于剖开蛤蜊外壳。

8. 肉叉（fork）

其形式多样，用于切片固定、翻动原料等。

9. 蛋糕刀（cake knife）

其又称蛋糕铲，刀面较阔，用于铲起蛋糕或排类，以防破裂。

10. 拍刀（meat pounder）

其又称拍铁，带柄，无刃，下面平滑，背面有脊棱，中间厚，四边薄，主要用于拍砸各种肉类。

第二节 炉灶设备

一、炉灶（stove）

西式炉灶，其结构一般用钢或不锈钢制成，有电灶和燃气灶两种，有4~6个灶眼，下部一般还附有烤箱，上面附有焗炉。

二、烤炉（oven）

烤炉又称烤箱，从其热能来源上可分为燃气烤箱和远红外电烤箱；从其烘烤原理上可分为对流式烤箱和辐射式烤箱。

1. 对流式烤箱

其工作原理是利用鼓风机，使热空气不断地在整个烤箱内循环，使热空气均匀地传递给食品。其构造一般是由烤箱外壳、风机、燃烧器、控制开关等组成。

2. 辐射式烤箱

其工作原理主要是通过电能的红外线辐射产生热能，同时还有烤箱内热空气的对流等供热。其结构主要由烤箱外壳、电热元件、控制开关、温度仪、定时器等构成。

3. 微波炉（microwave）

其工作原理是将电能转换成微波，通过高频电磁场对介质加热的原理，使原料分子剧烈振动而产生高热。微波电磁场由磁控管产生，微波穿透原料，使原料内外同时受热。微波炉加热均匀，食物营养损失小，成品率高，但菜肴缺乏烘烤而产生的金黄色外壳，风味和口感较差。

4. 铁扒炉（grill）

铁扒炉又有煎灶和扒炉两种。

①煎灶表面是一块1~2厘米厚的平整的铁扒板，四周有滤油槽，热能来源主要有电和燃气两种。其靠铁扒传导使原料受热均匀，但使用前应提前预热。

②扒炉结构同煎灶相仿，只是表面不是铁板，而是铁铸造的铁条，热能来源主要有燃气、电和木炭等，通过下面的辐射热和铁条的热传导使原料受热。使用前也应提前预热。

5. 焗炉（salamander）

焗炉又称面火焗炉，是一种立式扒炉，中间为炉膛，有支架、可升降。热源在顶端，一般适于原料的表面加热和上色。

6. 蒸汽炉（steamer）

蒸汽炉有高压蒸汽炉和普通蒸汽炉两种。其主要是利用封闭在炉内的水蒸气对原料进行加热。高压蒸汽炉最高温度可达182℃，食品加热时间短、松软、易消化。

7. 蒸汽汤炉（tilting boiler）

蒸汽汤炉一般为圆形，有盖，容积较大。其通过蒸汽加热，有摇动装置，能使汤炉倾斜。

由于用蒸汽加热，所以不会糊底，适于长时间加热制汤。

8. 炸炉（deep－fryer）

其一般为长方形，主要由油槽、油篮、油脂过滤器以及温度控制装置组成。炸炉大部分采用电加热形式，能自动控制油温。

第三节　机械设备

1. 多功能粉碎机

其适宜打碎水果、蔬菜，也可以混合搅打浓汤、鸡尾酒、调味汁、乳化状的沙司等。

2. 切片机

其主要用来切面包、熟肉制品、奶酪、蔬菜，也可切其他食品，并可根据要求切出规格不同的片。

3. 打蛋机

其是由电机、钢制容器和搅拌龙头组成，主要用来打鸡蛋，也可打沙司、奶油等。

4. 立式万能机

其由电机、升降装置、控制开关、速度选择手柄、容器和各种搅拌龙头组成，具有切片、粉碎、揉制、搅打等多种功能。

5. 压面机

其又称滚压机，由电机、传送带、滚轮等主要构件组成，主要用于制作各种面团卷、面皮等。

6. 饧发箱

其是面包饧发阶段需要的设备，能调节和控制温度、湿度，也可自建简易饧发室，采用电炉烧水的方法来产生蒸汽和升温。

7. 烘焙炉

烘焙炉的热源有气、微波、电能、煤等，目前大多数采用电热式烘烤炉，因其结构简单、产品卫生、温度调节方便、自动控温而倍受青睐。最新出现的分层式烤箱优于早期大开门烤箱，这种烤箱性能稳定，温度均匀，可调节底火和面火，各层制品互不干扰。

8. 搅拌机（打蛋器）

其为西点的常用投备，其用途广泛，既可用于蛋糕浆料的搅拌混合，又可用于点心及面包（小批量）面团调制，还可打发奶油膏、蛋白膏以及混合各种馅料。搅拌机一般带有圆底搅拌桶和三种不同形状的搅拌头（桨）：网状用于低黏度物料如蛋液与糖的搅打；桨状（扁平花叶片）用于中黏度如油脂和糖的打发，以及点心面团的调制；勾状用于高黏度如面包面团的搅拌，搅拌速度可根据需要进行调控。此外，台式小型搅拌器可用于搅打鲜奶油，馅料的混合及教学演习，使用方便、效果好，更适合家庭使用。

第四节　制冷设备

1. 冷藏设备

厨房中常用的冷藏设备主要有小型冷藏库、冷藏箱和小型电冰箱。这些设备的共同特点是都具有隔热保温的外壳和制冷系统。其按冷却方式分类可分为冷气自然对流式（直冷式）和冷气强制循环式（风扇式）两种，冷藏的温度范围为 -40 ~ 10℃。冷藏设备都具有自动恒温控制、自动除霜等功能，使用方便。

2. 制冰机

其主要由蒸发器的冰模、喷水头、循环水泵、脱模电热丝、冰块滑道、储水冰槽等组成。整个制冰过程是自动进行的，先由制冷系统制冷，水泵将水喷在冰模上，逐渐冻成冰块，然后停止制冷，用电热丝加热使冰块脱模，沿滑道进入贮冰槽储存。

3. 冰淇淋机

其由制冷系统和搅拌系统组成。制作时把配好的液状原料装入搅拌系统的容器中，一边搅拌一边冷冻。由于冰淇淋的卫生要求很高，因此冰淇淋机一般用不锈钢制造，不易污染食物且易消毒。

第二十三章　西餐常用烹调方法

西餐烹调有着悠久的历史，烹调方法多种多样，西餐厨师们针对不同食品原料特点采取不同的烹调方法，不同的烹调方法使菜肴具有不同的颜色、质地、风格和特色。西餐烹调方法以传热媒介不同可以分为水热法和干热法。如结缔组织多的畜肉适用水热法，水热法可煮烂其坚硬的结缔组织。而结缔组织少的畜肉肉质嫩，适用干热法。烹调方法常受食品原料内在的各种因素影响，如它们的质地、外观、颜色和味道等都是在实施烹调方法前考虑的问题。热能对烹调的作用有2种。

菜肴由不同的食品原料构成，而食品原料包括蛋白质、脂肪、碳水化合物、水和其他矿物质等成分。因此当菜肴受热时，菜肴的各种成分会产生变化，表现在菜肴的质地、颜色和味道。

矿物质和维生素是菜肴的基本营养素，色素和气味组成菜肴的外观和气味。因此，当菜肴烹调中，这些因素都是必须考虑的。这些因素都与食品原料受热的程度和时间有着一定的联系。因此选择适当的烹调方法，保持菜肴的营养素，使菜肴美观是烹调中的基本任务。

第一节　以油为传热媒介的烹调方法

通过食用油传热的方法将菜肴加热成熟的烹调方法。

一、煎

煎是使用中等油量将原料加热成熟的方法，多用于烹制大块食物，利用慢火热油使食物的表面呈金黄色及致熟，烹调时间长些。

常用的煎法一般有两种，一种是将原料调味后，直接在油中煎熟。另一种是将原料调味再蘸上其他的原料在油中煎熟。例如，蘸面粉、面糊、鸡蛋液等，也可以在原料调味后先沾上面粉，再粘上蛋液，最后再沾上面包屑。

二、炒

炒是使用少量油将原料加热成熟的方法。烹制食物时，锅内放少量的油在旺火上快速烹制，搅拌、翻锅。炒的过程中，食物总处于运动状态。适用于炒的原料，多系经刀功处理的小型丁、丝、条、片、球等，大小、粗细要均匀。原材料以质地细嫩，无筋骨为宜。

三、炸

炸是将食品原料完全浸入热油中进行加热成熟的方法。使用这种方法时，应掌握炸炉中的油与食品原料的数量比例，控制油温和烹调时间。片薄易熟的食品烹调的时间很短，甚至在1~2分钟内成熟。而体积较大不易熟的食品原料，应在热油中下锅，待食品六、七成熟时，需逐步降低油温，才能使原料达到外焦黄里嫩熟的要求。有时，先将大块原料的外部炸成金黄色，然后将其送至烤炉内烤熟。炸，这一烹调方法具有许多优点。食品吸收的油很少，食品本身损失的水分也少，成品的外观诱人，菜肴特点外脆里嫩。一般情况下，油不会将异味传播给菜肴。许多油炸食品的程序是先将原料挂糊再炸，使食品不直接接触食油。这样既增强了食品颜色和味道，又保护了食品的营养和水分。

四、压力油炸

压力油炸指将食品原料放入特殊的并带有炉盖的油炸炉内进行油炸。这种油炸炉在加工时，能够保存食品释放出的蒸气，从而增加了炉内压力，减少了食品成熟时间。而且，其外观和质地都很焦脆。

第二节　以水为传热媒介的烹调方法

以水、汤汁和蒸汽为传热媒介，将食品加热成熟的方法，西餐烹调中比较常用的有以下6种。

一、煮

在一个标准大气压下，食品原料在100℃的水或其他液体中进行加热成熟的方法称为煮。煮又可分为冷水煮和沸水煮，冷水煮的方法是将主料放入冷水中，然后煮沸成熟；而沸水煮的方法是水沸后，再放原料煮熟。煮鸡蛋和制汤都是选用水煮的方法，煮畜肉、鱼、蔬菜和面条通常沸水煮的方法。煮菜时，先在锅内加清水、香料和调味品，煮沸后，再加入主料，然后根据各种蔬菜的特性，掌握烹调时间。煮鱼时，先将水煮沸，再将鱼放入水中，待第二次煮沸时，煮锅应离开热源，待主料在沸水中浸3~4分钟后，才能起锅和装盘，煮鱼时，应当注意所煮的鱼必须全部浸在水或汤汁中，保证其整体受热。煮肉类菜肴时，为了保持原料的鲜味，经过沸水煮几分钟后，改用小火，而且需要不断除去汤中的泡沫。

二、温水煮

温水煮与汆很相近，制作原理是将主料放在液体中，然后保持一定温度和时间让原料达到需要的成熟度。温煮的温度比煮略低，这一方法的水温一般保持在75~95℃，适用这种方法的原料都是比较鲜嫩，如鱼片、海鲜、鸡蛋和绿色蔬菜，也适用于某些水果的烹调，如杏子、桃子、苹果等。其最大特点是保持原料本身的鲜味色泽，同时保证了菜肴质地的脆嫩。

三、炖

炖与煮、温煮的烹调原理非常相似，它也是将原料放入液体中加热成熟。炖的加工温度比煮需要的温度低，比氽的温度高，约是90℃至接近100℃。

四、蒸

蒸这一烹调方法是通过蒸汽使食品加热成熟的。该方法的特点是烹调速度快。因为在标准大气压下，水蒸汽释放的热量比100℃的水多。所以使用该方法时应当控制温度，以免使菜肴烹调过度成熟。使用压力蒸箱烹调时，箱内的温度常超过100℃。蒸广泛用于鱼、贝、蔬菜、肉类、禽类、淀粉类菜肴制作。其主要优点是营养素损失少，保持菜肴原汁原味。蒸所用的液体可以是水，也可以是清汤。

五、烧、焖

在西餐中，烧和焖的方法相等，它们都是由英语 braise 翻译而成。其先将食品原料煎成金黄色，然后在少量汤汁中加热成熟。烧肉时，应先将主料撒上盐和胡椒粉，稍煎，目的是使原料及其汤汁着上理想的颜色并且增加菜肴的味道。其次，将调味蔬菜（胡萝卜、洋葱、西芹）、香叶等下锅炒至金黄色，加番茄酱，继续炒透，呈枣红色。将肉和汤倒入焖锅内，加葡萄酒、少许清水，用旺火煮沸后加盖，转小火慢慢焖烂。最后，将原料取出保温，并将原汁过滤。上桌前，将焖好的主料切成厚片装盘，浇上原汁即成。烧蔬菜时，不必将其着色，只需稍加煸炒，然后放入少量汤汁即可。同时，不要用汤汁将原料完全覆盖，因为原料是依靠锅内的蒸汽加热成熟的。一般情况下，汤汁的高度只覆盖原料的1/3～1/2即可。这样，菜肴成熟后味道浓鲜。焖肉时，可在西餐灶上进行，也可在烤箱内进行（把烹调锅盖上盖子，放在烤箱内）。在烤箱内加工的优点是：食品受热面积大，火候均匀，同时不需要特别精心照料，只要调好温度和时间控制就可以。

六、烩

烩与焖的烹调原理基本相同，烩使用的原料比焖小，通常将原料切成丝、片、条、丁、块、球等形状。

第三节　以空气为传热媒介的烹调方法

通过空气传热或热辐射的方法将菜肴加热成熟的方法是烤。烤一般分为底部加热、顶部加热、顶部和底部加热三种形式，根据不同加热形式、原料和菜肴特点可以采取以下烤的方式。

一、烤

烤是将食品原料放入烤炉内，借助四周的热辐射和热空气对流，使菜肴成熟的方法。通常指较大块的肉类或整只禽类食品放在烤箱内烤熟的过程。传统的方法是将金属签子叉入原料内，用明火将原料烤熟。

二、着色烤

在制作成熟的菜肴上面撒上奶酪末和面包屑，放入炉中，从炉内上方热源将菜肴表面烤成金黄色过程，如意大利面条和法国洋葱汤。

三、纸包烤

纸包烤是食品原料外边包着烹调纸或锡纸，通过热辐射将纸包内的原料烤熟的过程。

四、面火烤

面火烤是烤的一种形式。它是在烤炉（上方单面受热的烤炉）中，直接受到食品原料上方的热辐射使菜肴成熟的过程。这一烹调方法的特点是温度高，速度快，适用于质地细嫩的畜肉、家禽、海鲜及蔬菜等原料。食品原料在炉中可以通过调节炉架来调节温度。大块的食品原料应当用较低的温度，烹调时间长；小块的食品原料应当用较高的温度，烹调时间短。

五、烘烤

Bake 也常常翻译成烘，这种烹调方法与 roast 相同，通过四周热辐射将菜肴成熟。但是 bake 这个专业术语习惯用于面包、面点、蔬菜和鱼类菜肴，而烤畜肉和禽肉等菜肴，习惯用 roast。这种烹调方法可以细分为两种形式：生和熟。生是将生食品原料制熟，如面包、蛋糕、苹果、蔬菜、海鲜等。熟是将熟的原料放入烤盘内，浇上沙司或撒上奶酪粉后，烤至颜色金黄，味道芳香为止，如奶汁烤鱼。

第二十四章　西餐常用开胃菜和沙拉的制作

第一节　西餐常用基础汁与沙司的制作

沙司是英语单词 sauce 的译音，是西餐菜肴调味汁的统称。

一、沙司的作用

沙司是味道丰富的黏性液体，其主要作用是为热菜调味和装饰。西菜中有许多开胃菜、配菜、主菜，甚至甜点都需要沙司调味和装饰。法国菜肴之所以誉满全球，除了其优质原料和精心制作外，另一个主要原因就是运用精美和香醇的沙司。烤菜、扒菜、炸菜和煮菜经过熟制，都要浇上沙司以增加它们美观度，并丰富味道。因此沙司是西菜烹调技术的灵魂。

二、沙司的种类

西餐中的沙司种类繁多，它们在颜色、味道和黏度方面都各有特色，但是所有的各种沙司都是由五种基础沙司发展而成的。

1. 五大基础沙司

在西餐菜肴制作中，用于调味的沙司有无数品种，并不断地发展，所有调味沙司都是由五大基础沙司为原料，经过再加工和调味而成。基础沙司是制作一切调味沙司的原始沙司。

①牛奶沙司（bechamel），由牛奶、白色油面酱及调味品制成的沙司。

②白色沙司（veloute），由白色牛/鸡/鱼基础汤加上白色或金黄色的油面酱及调味品制成的沙司。

③棕色沙司（brown sauce），由棕色牛基础汤加上浅棕色油面酱及调味品制成的沙司。

④番茄沙司（tomato sauce），由棕色牛基础汤加上番茄酱，适量加入棕色油面酱及调味品制成的沙司。

⑤黄油沙司（butter sauce），由黄油加上鸡蛋黄及调味品制成的沙司。

2. 半基础沙司

半基础沙司是以五大基础沙司为基本原料制成的，这些沙司起着媒介作用或过渡作用，通过它们，加入一些调味品后，可以更容易制成调味沙司。常用的半基础沙司有蛋黄奶油沙司（allemande sauce）、奶油沙司（cream sauce）、白酒沙司（white wine sauce）、浓缩的棕色沙司（demi glaze）等。

3. 调味沙司

调味沙司也称为小沙司，调味沙司是具体为各种西餐菜肴调味的沙司，它们以五大基础沙司或半基础沙司为原料，通过再次调味发展为无数个有独特味道的特色沙司。由于调味沙司在味道、颜色等方面各具特色，因此，菜肴经其调味后，变得各具特点。通常5个基础沙司可以经过调味直接发展成调味沙司，但是有些基础沙司还要加工成半基础沙司后，再经过调味才能演变成调味沙司。调味沙司有许多种类，至今仍不断地发展。

①以牛奶沙司为基础制成的调味沙司有奶油沙司（cream sauce）、芥末沙司（mustard sauce）、车达奶酪沙司（cheddar cheese sauce）等。

②以白色沙司为基础沙司制成的调味沙司有白色鸡沙司（white chicken sauce）、白色鱼沙司（white fish sauce）、匈牙利沙司（hungarian sauce）、咖喱沙司（curry sauce）等。

③以棕色沙司为基础制成的调味沙司有罗伯特沙司（robert sauce）、马德拉沙司（madeira sauce）和雷娜斯沙司（lyonnais sauce）等。

④以番茄沙司为基础制成的特色沙司有葡萄牙沙司（portuguese）、西班牙沙司（spanish sauce）等。

⑤以黄油沙司为基础制作的特色沙司有巴尔泰斯沙司（béarnaise sauce）、莫斯令沙司（mousseline sauce）等。

三、沙司的制作

1. 牛奶沙司（béchamel，生产4升）

（1）原料

融化的黄油225克，面粉（制面包用）225克，牛奶4升，去皮小洋葱1个，丁香1个，小香叶1片，盐、白胡椒、豆蔻各少许。

（2）制法

①将黄油放厚底沙司锅内，用微火融化，然后放面粉，炒熟并保持面粉本色。

②将牛奶煮沸，逐渐倒入炒好的面粉中，用抽子不停地抽打，使其完全融在一起，并观察其黏度。

③煮沸后用小火炖，用抽子不断地抽打。

④将香叶插在洋葱上与丁香一起放在沙司中，用小火炖15～30分钟，偶尔搅拌。

⑤检查稠度，如果需要可再放一些热牛奶。

⑥用盐、胡椒粉和豆蔻调味，香料气味不要过浓，口味应清淡。

⑦过滤，盖上盖子，在沙司表面上放一些黄油以防止表面干裂。使用时，应保持其热度。

以牛奶沙司为基础制成的调味沙司有以下3种。

（1）奶油沙司（cream sauce，生产1100克）

①原料：牛奶沙司1000克，奶油120～240克，盐、白胡椒少许。

②制法：将牛奶沙司与奶油均匀地混合，加热，调味。

（2）芥末沙司（mustard sauce，生产 1100 克）

①原料：牛奶沙司 1000 克，芥末酱 110 克，盐、白胡椒粉少许。

②制法：将牛奶沙司均匀地与调味品混合，加热。

（3）车达奶酪沙司（cheddar cheese sauce，生产 1200 克）

①原料：牛奶沙司 1000 克，车达奶酪 250 克，干芥末 1 克，盐、白胡椒少许，辣酱油 10 克。

②制法：将 1000 克牛奶沙司与干达奶酪和各种调味品放在一起加热即成。

2. 白色沙司（volute）

白色牛沙司（beef volute sauce，生产 4 升）

（1）原料

融化的黄油 225 克，面粉（制面包用）225 克，白色牛原汤 5 升。

（2）制法

①将黄油放在厚底沙司锅内加热，放面粉煸炒至浅黄色，晾凉。

②逐渐把白色牛原汤加入炒面粉中，并用抽子不断抽打，开锅后，用小火炖。

③用小火炖沙司约 1 个小时，并偶尔用抽子抽打几下，撇去表面浮沫，如果沙司过稠可以再加一些白色牛原汤。

④不要用盐和胡椒等对白色沙司调味，因为它只作为调味沙司的原料。

⑤过滤后，用锅盖盖好，或表面放一些融化的黄油防止沙司表面起皮，使用时保持其热度。储存前应使其快速降温。

以白色沙司为基础制成的半基础沙司有蛋黄奶油沙司。

蛋黄奶油沙司（allemande sauce，生产 4000 克）

①原料：白色牛沙司 4 升，鸡蛋黄 8 个，奶油 500 克，柠檬汁 30 毫升，盐、白胡椒粉各少许。

②制法：将白色牛沙司放入沙司锅中，用小火煮沸，然后保持微热状。将蛋黄与奶油放在一起抽打，搅拌均匀。将热沙司的 1/3 逐渐倒入蛋黄奶油中，并慢慢搅拌，然后这个溶液逐渐的倒入剩下的 2/3 白色牛沙司中，搅拌均匀。用微火炖，不要烧开，用柠檬汁、盐和白胡椒调味。以白色沙司为基础制成的各种调味沙司有以下 4 种。

（1）匈牙利沙司（hungarian sauce，生产 1100 克）

①原料：白色牛沙司或白色鸡沙司 1000 克，黄油 30 克，洋葱末 60 克，红辣椒 5 克，白葡萄酒 100 克，盐、胡椒粉各少许。

②制法：用黄油煸炒洋葱和辣椒，放入白葡萄酒，用小火炖片刻。将白色牛沙司放入煸炒好的洋葱中，炖 10 分钟，用盐、胡椒粉调味即成。

（2）咖喱沙司（curry sauce，生产 1200 克）

①原料：白色牛沙司（或白色鸡沙司或白色鱼沙司）1000 克，洋葱丁 50 克，胡萝卜丁、西芹丁各 25 克，咖喱粉 6 克，拍松的大蒜 1 瓣，香叶半片，香菜梗 4 根，奶油 120 毫升，百里香、盐、胡椒粉各少许。

②制法：用黄油煸炒洋葱、胡萝卜和西芹，放咖喱粉、百里香、大蒜、香叶、香菜梗，煸炒后，加沙司，用小火炖。将奶油倒入沙司中，用盐、胡椒粉调味。

（3）白蘑菇沙司（mushroom sauce，生产1100克）

①原料：黄油30克，鲜蘑片110克，蛋黄奶油沙司或奶油鸡沙司或白酒与沙司1000克，柠檬汁15毫升，盐、白胡椒粉各少许。

②制法：将黄油融化，煸炒鲜蘑，保持鲜蘑白色，放沙司，用小火炖，用柠檬汁、盐、白胡椒粉调味。

（4）诺曼底沙司（normandy sauce，生产1200克）

①原料：白色鱼沙司1000克，鲜蘑120克，鸡蛋黄4个，奶油90克，盐、白胡椒粉少许，鱼原汤120克，黄油30克。

②制法：用水煮鲜蘑，煮成浓汁（约120克）后，扔掉鲜蘑，留汁待用。用鸡蛋黄与奶油混合在一起制成稠化剂。将鱼原汤用小火炖成原来数量的3/4，与白色鱼沙司与鲜蘑汁混合，煮开后，放混合好的鸡蛋奶油稠化剂。过滤，将融化的黄油撒在沙司的表面上。

3. 棕色沙司（brown sauce，生产4升）

（1）原料

洋葱丁500克，胡萝卜和西芹丁各250克，黄油250克，面粉（制面包用）250克，番茄酱250克，棕色原汤6升，香料布袋1个（内装香叶1片、丁香0.25克、香菜梗8根）。

（2）制法

①用黄油将洋葱、胡萝卜和西芹煸炒成金黄色。

②将面粉倒入煸炒好的洋葱、胡萝卜和西芹中，用低温继续煸炒，使面粉成浅棕色。

③将棕色原汤和番茄酱放入炒好的面粉中，煮开后，用小火炖。

④撇去浮沫，加香料袋，用小火炖2小时，减少成4升时，即成。

⑤过滤后在沙司的表面放入少量溶化的黄油，防止表面产生浮皮，使用时保持其热度。

以棕色沙司为基础制成的半基础沙司有以下4种。

（1）浓缩的棕色沙司（demi glaze，生产4升）

①原料：棕色沙司4升，棕色原汤4升。

②制法：将棕色沙司与棕色原汤混合在一起后，煮开，再用小火炖成原数量的1/2。过滤，撇去浮沫，使用时保持热度。

以棕色沙司为基础制成的调味沙司

（2）罗伯特沙司（robert sauce，生产1100克）

①原料：洋葱末110克，黄油25克，白葡萄酒250克，浓缩的棕色沙司1000克，芥末粉4克，白糖、柠檬汁少许。

②制法：用小火煸炒洋葱，放葡萄酒，用小火炖，直至炖成原来数量的2/3。加浓缩的棕色沙司，炖10分钟。过滤后，加芥末粉、白糖和柠檬汁即可。

（3）马德拉沙司（madeira sauce，生产1000克）

①原料：浓缩的棕色沙司1000克，马德拉葡萄酒120克。

②制法：用小火炖浓缩的棕色沙司，约炖去100克后，加入马德拉酒即可。

（4）蕾娜斯沙司（lyonnais sauce，生产1100克）

①原料：黄油60克，洋葱110克，白葡萄酒120克，白醋少许，浓缩的棕色沙司1000克。

②制法：用黄油煸炒洋葱成金黄色，加入白葡萄酒、少许白醋，用小火炖，炖至成原数量的1/2。加入浓缩的棕色沙司，炖10分钟即可。

4. 番茄沙司（tomato sauce，生产4升）

（1）原料

黄油60克，洋葱丁110克，胡萝卜丁60克，西芹丁60克，面包粉110克，白色原汤1.5升，番茄酱2千克，胡椒粉1克，盐少许，白糖15克，小香料袋1个（香叶1片、大蒜2头、丁香1个、百里香0.25克）。

（2）制法

①将黄油融化，加洋葱、西芹、胡萝卜，继续煸炒几分钟后，加面粉，继续煸炒，使面粉成浅棕色。

②加白色原汤后，烧开，加番茄和番茄酱，搅拌，烧开，再用小火炖。

③加香料布袋后，用小火炖约1小时，捞出香袋过滤，用盐和糖调味。

番茄沙司的第二种制法：不使用炒面粉，增加一些烘烤上色的咸肉骨头、2千克番茄和2千克番茄酱，经过长时间的炖煮，形成番茄沙司。

以番茄沙司为基础制成的调味沙司有西班牙沙司。

西班牙沙司（Spanish Sauce，生产1200克）

①原料：洋葱丁170克，青椒丁110克，大蒜末1瓣，鲜蘑片110克，番茄沙司1000克，黄油60克，盐、胡椒、红辣椒少许。

②制法：先用黄油将洋葱、青椒和大蒜煸炒，然后放鲜蘑继续煸炒，再加入番茄沙司，用小火炖，用盐、胡椒和辣酱调味。

5. 黄油沙司（butter sauce）

黄油沙司可分为两种沙司：荷兰沙司和巴尔耐斯沙司。

（1）荷兰沙司（hollandaise sauce，生产1000克）

①原料：黄油1100克，白胡椒粉0.5克，盐1克，白醋90毫升，冷开水60毫升，鸡蛋黄12个，柠檬汁30~60毫升，辣椒粉少许。

②制法：将900克黄油融化，加热，使其失去水分，保持温热状，备用。将胡椒、盐和醋放在沙司锅中，加热，直至近干锅时，从炉上移开，加入冷水，然后移入不锈钢容器中，用橡皮铲不断地搅拌，加鸡蛋黄，用抽子抽打。将该容器放在热水中，保持热度，继续抽打，直至溶液变稠。将温热状的黄油，用手勺逐渐加入鸡蛋溶液中，不断地抽打，直至全部加入鸡蛋溶液中，放柠檬汁调味，制成沙司。用盐、辣椒粉调味，如沙司过稠时，可放一些热水稀释。过滤后，保持温度，在1.5小时内用完。

（2）巴尔耐斯沙司（béarnaise sauce，生产1000克）

①原料：黄油 110 克，小洋葱末 60 克，龙蒿 2 克，白葡萄酒醋 250 克，鸡蛋黄 12 个，胡椒粉 2 克，柠檬汁、辣椒粉、盐少许，香菜末 6 克。

②制法：将黄油融化和升温，使其纯化，保持其温度，待用。将洋葱、龙蒿、胡椒粉和白酒醋放在一起，加热，直至减去原来数量的 1/4，离开火源，倒入容器，保持温热状。加入鸡蛋黄，并将盛蛋黄的容器放在热水中，用抽子不断地抽打，直至溶液变稠。容器离开热水后，将黄油一滴滴地倒入蛋黄溶液中，过稠时可放一些热水或柠檬汁。过滤，用盐、柠檬汁和辣椒粉、香菜末调味。使用时，保持其温度，在 1.5 小时内用完。

以黄油沙司为基础制作的调味沙司有莫斯令沙司。

莫斯令沙司（Mousseline Sauce，生产 1200 克）

①原料：荷兰沙司 1000 克，奶油 250 克。

②制法：将两种食材混合，用抽子抽打。

第二节　冷汁冷沙司的制作

调味汁的品种很多，主要以植物油为基础，再加以调味料和其他原材料调和而成。调味汁主要是为头盘和沙拉的主料服务，具有丰富菜肴口味、增添菜肴色彩、增加菜肴艺术性的作用。

根据制作工艺和用途的不同，冷沙司主要分为两大类，一类是以蛋黄酱为基础演变的各种沙司，另一类是以油醋沙司为基础进行演变的沙司汁。

一、蛋黄酱

蛋黄酱也称美乃滋、沙拉酱，它是由色拉油、鸡蛋黄、酸性原料和调味品通过搅拌制作而成。蛋黄酱是一种浅黄色、呈膏状的酱汁，由于在制作中增加了乳化剂鸡蛋黄，从而将沙司中的色拉油和醋均匀而牢固的混合在一起，蛋黄酱是西餐冷菜中重要的沙司之一，不仅本身常作为西餐冷菜沙拉、开胃菜肴的调味酱，还作为其他沙拉酱汁，如千岛酱的基本原料，还大量应用于快餐、部分糕点和热菜菜肴中。

1. 原料

鸡蛋黄 2 个，盐 5g，法国芥末酱 10 克，白醋或者柠檬汁 50 毫升，色拉油 500 克，水 50 毫升。

2. 制作方法

①把鸡蛋黄、芥末酱、白醋放入玻璃盆或者不锈钢盆中，用中度硬度的打蛋器搅拌均匀。

②一边慢慢地加入少量色拉油，一边用打蛋器匀速搅拌。

③搅拌均匀后再加入少量色拉油继续搅拌。

④当蛋黄酱发稠、搅拌阻力变大时，再加入一些水搅匀，然后继续加入油，直至所有原料都加完。

⑤最后放入盐、柠檬汁调味即可。

3. 成品标准

色泽乳白、浅黄，有光亮，呈浓稠的糊状。口味微咸酸，有油脂的清香味。

4. 制作要点

①开始加油时，油不要加入过多，否则会造成油和蛋黄不能完全融合。

②搅拌时如蛋黄酱太稠，要加入少量水。

5. 保存方法

①放在5~10度保存，温度过低、过高容易脱油。

②应密封保存。

③取时用无油器皿，避免滋生细菌。

二、以蛋黄酱为基础演变制作的冷沙司

1. 千岛汁

①原料：蛋黄酱100克，番茄沙司50克，花生仁10克，酸黄瓜10克，煮鸡蛋1个，盐，胡椒粉，白兰地10毫升，柠檬汁10毫升。

②制作过程：鸡蛋、酸黄瓜、花生仁切成碎。

③所有原料混合搅拌调好口味即可。

稀稠度可根据使用需求，用水、牛奶、腌酸黄瓜水来调整。酱汁常用于各种菜肴和沙拉类菜肴的调味。

2. 塔塔沙司

①原料：蛋黄酱100克，酸黄瓜10克，洋葱10克，青椒10克，柠檬汁，盐，胡椒粉。

②制作过程：酸黄瓜，洋葱，青椒切碎。所有原料混合搅拌，调好口味和稀稠度即可。

由蛋黄酱演变来的一种沙司，常用于炸制菜肴和鱼类菜肴的调味。

3. 法国汁

①原料：蛋黄酱500克，白醋100克，法国芥末50克，色拉油50毫升，清汤200毫升，洋葱末50克，蒜蓉40克，柠檬汁，辣酱油，盐，胡椒粉少许。

②制作过程：把除蛋黄酱的所有原料放在一起搅拌，然后逐渐加入蛋黄酱内，并搅拌均匀。

4. 鱼子酱沙司

①原料：蛋黄酱100克，黑鱼子酱15克。

②制作过程：鳀鱼酱15克放在蛋黄酱里搅拌均匀即可。

5. 尼莫利沙司

①原料：蛋黄酱100克，酸黄瓜丁20克，水瓜柳10克，龙蒿少量。

②制作过程：将所有原料混合拌匀即可。

三、油醋汁及演变沙司

油醋汁广泛用于沙拉的调味。

（1）原料

主料：橄榄油 200 毫升，红酒醋 50 毫升，洋葱末 50 克，芥末酱 5 克，盐，胡椒粉，香葱，龙蒿，莳萝草适量。

（2）制作过程

盐，胡椒粉，芥末酱搅拌。慢慢加入橄榄油搅拌，成浊液状态，加香葱、龙蒿、莳萝草、洋葱末搅拌均匀即可。

1. 渔夫沙司

①原料：醋油沙司 100 毫升，熟蟹肉 15 克。

②制作过程：把熟蟹肉切碎，放在醋油沙司内，搅拌均匀即可。

2. 挪威沙司

①原料：醋油沙司 100 毫升，熟鸡蛋黄 15 克，鳀鱼 7 克。

②制作过程：把熟鸡蛋黄和鳀鱼切碎，放入醋油沙司内，搅拌均匀即可。

3. 酸辣沙司

常与水煮肉、海鲜、小牛肉或牛头肉搭配。略带酸性，这种酱汁通常有洋葱味，应与味道不浓的肉类搭配使用。

①原料：醋油沙司 100 毫升，酸黄瓜 15 克，洋葱碎 5 克、水瓜柳 5 克、第戎芥末酱 5 克、欧芹碎 20 克。

②制作过程：把酸黄瓜和水瓜柳切碎，洋葱碎、芥末酱和欧芹碎放入醋油沙司内，搅拌均匀即可。

第三节　西餐常用开胃菜制作

一、西餐常用开胃菜

开胃菜（appetizers）也称作开胃头盘或餐前小吃，包括各种小份的冷开胃菜、热开胃菜和开胃汤等，是西餐中的第一道菜肴，或主菜前的开胃菜肴。开胃菜的特点是菜肴数量少、菜肴味道清新、色泽鲜艳，带有酸味和咸味，并具有开胃和刺激食欲的作用。

为了保持开胃菜的颜色、味道、卫生和新鲜，让原料保持各自鲜嫩、酥脆和干燥的口感，开胃菜的制作应该接近营业时间。选择开胃菜的原料时，应充分考虑其味道、颜色、质地，使原料能协调搭配。设计制作时既要讲究造型，又应避免过分装饰，应当使它们大方、朴素并具有观赏性。开胃菜的温度控制非常重要，热菜应当温热；冷菜应当凉爽。应注意开胃菜的卫生控制，保证开胃菜的味道清新。

二、开胃菜种类

开胃菜的种类非常繁多。根据开胃菜的组成，形状和特点，开胃菜常分为 8 大种类。

1. 康那批类开胃菜

康那批是以脆面包片、脆饼干、蔬菜、鸡蛋、鲜嫩的水产和肉等为底托，上面放有各种少量的或小块特色的小块冷肉、冷鱼、鸡蛋片、酸黄瓜、鹅肝酱或鱼子酱等。实际上，许多西餐专家们直接称康那批为开放式的小三明治。康那批类开胃菜的主要特点是，食用时不用刀叉，也不用牙签，直接用手拿取而入口。康那批的大小约是人们食用时一次或两次放入口内的容量。同时，这种菜肴的形状讲究艺术性，它的装饰菜或装饰品有诱人的魅力。

2. 鸡尾类开胃菜

在西餐中，“cocktail”一词不仅用于酒水，而且常用于西餐的开胃菜。鸡尾开胃菜指以海鲜或水果为主要原料，配以酸味或浓味的调味酱制成的开胃菜。鸡尾类开胃菜颜色鲜艳、造型独特，有时装在餐盘上，有时盛在阔口鸡尾酒杯子里。同时，鸡尾类开胃菜的调味汁可以放在菜肴的下面，也可浇在菜肴的上面。调味汁也可以单独放在小碗里，位于盛装鸡尾菜餐盘的另一侧。鸡尾开胃菜可用绿色蔬菜或柠檬制成的花做装饰品。在自助餐中，鸡尾类开胃菜常被摆放在碎冰块上，保持新鲜。鸡尾开胃菜的制作时间常接近开餐的时间，以保持其色泽和卫生。

①海鲜类鸡尾开胃菜：由熟制的虾肉或蟹肉、鱼肉或蚝肉，配以绿色的蔬菜、柠檬等制作的冷菜。

②畜肉鸡尾开胃菜：畜肉制成的小丸子配以绿色的蔬菜等制作的冷菜。

③水果鸡尾开胃菜：水果块、球（丁）配以酸味的调味酱制作的冷菜，放少许利口酒调味。

3. 迪普类开胃菜

迪普类开胃菜是由英语单词（dip）音译而成，是由调味酱与主体菜两部分组成的冷菜，将主体菜蘸调味酱后食用。迪普开胃菜常突出主体菜的新鲜和脆嫩，配上浓度适中并有着特色风味的调味酱，装在造型独特的餐盘中，有刺激人们食欲的作用。

4. 鱼子酱开胃菜

鱼子酱作为开胃菜包括黑鱼子酱、黑灰色鱼子酱和红鱼子酱等。鱼子取自鲟鱼和鲑鱼的卵，最大的鱼子的尺寸像绿豆。有些鱼子取自其他大鱼的卵。鱼子通常加工和调味后制成罐头，作为开胃菜。常用的每份零点数量 30～50 克。使用时，将鱼子放入一个小型的玻璃器皿或银器中，然后，再将容器放入带有碎冰块的容器中。常放在酥脆的蔬菜或饼干上面一起使用，用切碎的洋葱末，鲜柠檬汁作调味品。

5. 批类开胃菜

批是法语 pate 的音译，这种开胃菜由各种熟制的肉类和肝脏，经过搅拌机搅碎，放入白兰地酒或葡萄酒等调味酒，加入香料和调味品搅拌成泥，放入模具，经冷冻成型后切片，配上装饰菜制成的冷菜。

6. 各种开胃汤

其是指一餐开始饮用的汤，有开胃作用常以番茄、柿子椒、洋葱等蔬菜制成。

7. 各种开胃沙拉

常作为西餐的第一道菜，有开胃作用的沙拉，包括青菜沙拉、海鲜沙拉、什锦香菜沙拉等。

8. 其他类开胃菜

开胃菜有很多种类，除了康那批开胃菜、鸡尾开胃菜、迪普开胃菜，开胃汤、开胃沙拉等，还有各种生食和熟制的开胃菜。这些开胃菜的种类繁多，分类方法也很多。

（1）整体形状的开胃菜

这类开胃菜包括生蚝、奶酪块、肉丸等，常配以牙签，方便食用。这类开胃菜有冷热之分：冷的有奶酪块、奶酪球、火腿、西瓜球、肉块、熏鸡蛋等；热的有肉丸、烧烤肉块、热松饼等。

（2）各种小食品

这类开胃菜包括爆米花、炸薯片、锅巴片、小萝卜切成的花、胡萝卜卷、西芹心、酸黄瓜、橄榄等。

（3）胶冻开胃菜

其是由熟制的海鲜肉、鸡肉加入明胶制成的液体和调味品，再经过冷藏制成的胶冻菜。

（4）火腿卷

这种开胃菜由一根鲜芦笋尖或一块经过腌制的蔬菜，或一块慕斯，外面包上一片非常薄的冷火腿组成。

（5）奶酪球

其是切成小球的各种奶酪，冷藏后，外面粘上干果末或香菜末。

（6）酿馅鸡蛋

其是将煮成全熟的鸡蛋切成两半，将鸡蛋黄掏出后搅碎，加入芥末酱、辣椒酱、调味酱，然后镶入鸡蛋中，上面摆上装饰品。

三、康那批制作

康那批类开胃菜由 3 ~ 4 个部分组成。含有三个部分的康那批中的调味酱与主体菜结合成一体，即主体菜。这种主体菜常由沙拉或含有熟海鲜肉末的调味酱组成。含有四个部分的康那批包括底托、调味酱、主体菜和装饰菜。

1. 底托制作

所谓底托是垫底的食品。康那批的底托常常是面包片、脆饼干、酥脆面皮和嫩蔬菜片等，底托在康那批的底部。

蔬菜包括嫩黄瓜片、鲜蘑，脆嫩的生菜等。

制作康那批的底托时，应当选用新鲜和脆嫩的原料。例如，酥脆的、不带甜味的饼干，烘烤过的面包片、黄瓜、鲜蘑菇和酥脆的生菜等。

以面包为康那批的底托时，先切去面包外部的皮，将面包切成 4 毫米的片，然后放在烤面包机中烤成金黄色，晾凉后，抹上调味酱，再将面包切成理想的形状。另一种方法是将面包切成各种形状，例如三角形、圆形、正方形、长方形、六角形和梅花形。然后在面包片的两面先刷上融化的黄油，放入烤盘上烤成金黄色，这种经过成型和烘烤的面包片称为酥脆片。但是这种方法增加了制作成本，因此制作康那批的底托时，可以根据餐厅需求决定使用任何一种方法。

2. 调味酱制作

调味酱是康那批中的调味品。它由盐和胡椒粉等调味的黄油、奶酪、熟肉类或鱼类制成或是熟鸡肉、熟鱼、熟海鲜制作的沙拉等，常常被抹在面包片或脆饼干上。

制作康那批调味酱时，应将味道突出的调味品掺入黄油或带有酸味的软奶酪中，因为康那批的调味酱有特色的味道，才能使康那批具备刺激食欲的作用。通常有三种类型的康那批调味酱。

（1）以黄油为基本原料制作的调味酱

其通常在黄油中加入柠檬汁、香菜末、龙蒿、青葱末、大蒜末、黑鱼子酱、鱼肉酱、芥末酱、芥末酱、咖喱粉蓝纹奶酪末、熟虾仁肉酱等，然后用盐调味。

（2）以软奶酪为基础制作的调味酱

其通常掺入黄油、气味更浓烈的奶酪末、波特葡萄酒、辣椒酱、芥末酱、龙蒿末或叶蒿末和香菜末等。

（3）以畜肉或海鲜为原料制作的沙拉

尽管它的名称是沙拉，但与沙拉有区别。这种沙拉的原料都被切成碎末，使用少量沙拉酱搅拌，保证调味酱的稠度。常用的康那批沙拉有金枪鱼沙拉、三文鱼沙拉、鸡肉沙拉、虾肉沙拉、火腿沙拉和鸡肝酱沙拉等。

3. 主体菜制作

主体菜是康那批类开胃菜的主要食品原料，它常以熏三文鱼、熟制的海鲜肉、熟的畜肉、火腿肉、鱼子酱等为原料，摆在底托的调味酱上面。

主体菜是康那批中最主要的部分。通常，康那批的名称是根据主体菜原料的名称命名。主体菜的位置在康那批调味酱的上面。常用的主体菜的原料有熏制的蚝肉和蛤肉、熏制的三文鱼和鲑鱼、罐头沙丁鱼、熟制的虾肉和蟹肉、黑鱼子酱、红鱼子酱、熟制的火腿肉、香肠、烤熟的牛肉、熏制的牛舌、奶酪和熏制的鸡蛋等。主体菜应当以薄片、条状或小的块状为主，它的形状和大小应当与底托相协调。

4. 装饰菜制作

在康那批类开胃菜的最上方常常摆放着由植物或动物原料构成的装饰菜。如香菜、橄榄、柠檬条、胡萝卜条、青椒条等。这些食品原料常以它们的颜色或质地为特色，为康那批做装饰。装饰菜也可做成装饰品。

装饰菜在康那批中起着装饰的作用，选择装饰菜原料时应当注意颜色、质地、味道和形状。所选择的装饰菜的特色必须与主体菜的特点形成对比或补充。常用的装饰菜原料有：橄榄、酸黄瓜、芦笋尖、鲜黄瓜片、香菜、小西红柿、腌制的鲜蘑菇、水瓜柳、水田芥、柠檬皮、胡萝卜、青甜辣椒和红甜辣椒等。

5. 康那批整体组合

组合康那批菜肴前，首先准备好康那批的底托、调味酱、主体菜和装饰菜，尤其制作数量较大时一定要提前准备好。应尽量在上桌前制作，如果需要量较大，必须在开餐前制作时，制作完毕后应当将它们放在大浅盘内，上面盖上塑料薄膜，放入冷藏箱内，待需要时立即上桌。

康那批所选用的面包、调味酱、主体菜和装饰菜在颜色、味道上必须协调和互补。例如，黑鱼子酱配上洋葱末，熏鸡蛋片配上水瓜柳，火腿肉片配上鲜芦笋尖，意大利香肠配上酸黄瓜片，熟虾仁配上香菜等。但是必须注意其中的一种原料是特别有特色、有味道的。康那批的任何原料的大小都应当统一，使整体外观整齐、朴实，过分的修饰反而影响康那批的美观。餐厅也可以将不同颜色、造型和风味的康那批放入手推车进行销售。

6. 康那批制作

（1）熏三文鱼康那批（smoked salmon canapés，生产 20 块）

①原料：白吐司面包片 5 片，熏三文鱼片 100 克，鲜柠檬条 20 条、鲜莳萝草 1 小把，由奶油、辣根酱和调味品搅拌而成的调味酱 200 克。

②制法：将烤成金黄色的土司片去四边，平均切成四块。在每块面包片上，均匀地抹上调味酱。将熏三文鱼片卷成花型摆在面包片上。每两条柠檬条和一小束鲜莳萝草放在一块康那批上，作装饰品。

（2）鲜蘑鱼酱康那批（mushrooms stuffedwish tapenade，生产 50 片）

①原料：希腊黑橄榄 240 克，白鲜蘑 50 片，水瓜柳 30 克，熟鱼 30 克，熟金枪鱼 30 克，芥末酱 50 克，橄榄油 75 克，柠檬汁 5 毫升，香菜末 7 克，百里香少许，盐少许，胡椒粉少许，众香子少许。

②制法：将水瓜柳、金枪鱼、芥末酱、橄榄油、柠檬汁、香菜末、百里香、盐、胡椒粉放入搅拌机，搅拌成鱼肉酱，冷藏几个小时。将鲜蘑洗净，去根。用小匙将冷藏过的鱼肉酱镶在鲜蘑上，上面放少许众香子作装饰。

（3）鱼子酱康那批（生产 10 份，每份 4 块）

①原料：直径 2.5 厘米的新鲜土豆 20 个，黄油 60 克，酸奶油 140 克，新鲜莳萝末 30 克，鱼子酱 100 克，香葱适量。

②制法：把土豆烤熟，切成两半，用匙将中心挖出后，抹上黄油。把挖出的土豆制成泥状，与莳萝和酸奶油混合在一起填回土豆的凹处。在每片土豆上加上半茶匙鱼子酱。在鱼子酱上撒些香葱。

四、鸡尾开胃菜制作

鸡尾类开胃菜常有 4 个部分组成，它们是底菜、调味酱、主体菜和装饰菜。

①底菜制作：底菜是鸡尾类开胃菜垫底的食品。它常由绿色的蔬菜构成，尤其是绿色的

生菜是鸡尾类开胃菜首选的底菜，选择的蔬菜必须卫生、脆嫩和凉爽。

②调味酱制作：调味酱是为鸡尾类菜肴调味的汁酱。它有多种配制方法，通常，沙拉调味酱、蛋黄酱加上些番茄沙司、辣椒酱、芥末酱及洋葱末等制成的调味酱，调味酱必须新鲜和凉爽。

③主体菜：鸡尾类开胃菜的主体菜常常是熏熟、扒熟和烤熟的海鲜肉，如虾肉、蟹肉、蚝肉，各种炸熟的畜肉或海鲜肉制成的丸子，包括各种新鲜水果丁等都可以作为鸡尾类开胃菜的主体菜。

④装饰菜：在鸡尾类开胃菜的上方或盛装鸡尾类开胃菜的杯边上放上一块颜色漂亮的蔬菜、水果、奶酪或干果等作为鸡尾类开胃菜的装饰。这些装饰物的种类没有任何限制，但是，它们必须新鲜、颜色鲜艳，并且与主体菜的颜色、味道和质地有差异性和互补性。

鸡尾类开胃菜制作有以下 3 种方法。

（1）虾仁鸡尾杯（shrimps cocktail，生产 10 份，每份约 80 克）

①原料：虾仁 600 克，碎西芹 100 克，煮熟的鸡蛋黄 1 个，沙拉油 50 克，细盐、胡椒粉各少许，千岛沙拉酱 150 克，柠檬 2 个。

②制法：虾仁洗净，用水煮熟，晾凉。将少许沙拉油，细盐和胡椒粉，西芹，部分千岛沙拉酱与虾仁一起搅拌，装入 10 个鸡尾杯中。将鸡蛋黄捣碎，撒在虾仁上，再浇上另一部分千岛调味酱。杯边用一块鲜柠檬作装饰品。

（2）鸡尾海鲜（seafood cocktail，生产 10 份，每份 110 克）

①原料：去皮熟大虾（切成丁）250 克，新鲜鱼丁 400 克，生菜（撕成片）300 克，鸡尾沙司 500 毫升，煮熟的蘑菇丁 80 克，芹菜丁 80 克，柠檬汁、盐、胡椒粉各少许，柠檬角 10 个。

②制法：把鱼丁放入浓味原汤中氽熟。捞出后，放入冷水中。把大虾丁、芹菜丁、蘑菇丁和鱼丁放入容器内，加上鸡尾沙司并轻轻搅拌在一起。用盐、胡椒粉、柠檬汁调味。把生菜片放在鸡尾菜的杯中，将搅拌好的海鲜和鱼丁放在生菜上，再浇上鸡尾沙司，把柠檬角放在鸡尾沙司上。

（3）鸡尾甜瓜朗姆酒（生产 10 份，每份 80 克）

①原料：完全成熟的大甜瓜 2 个，白糖 50 克，柠檬（挤成汁）1 个，樱桃 10 个，波特酒 200 毫升。

②制法：将甜瓜切成两半，去籽，然后切成丁，放入容器内。在甜瓜丁中加糖、柠檬汁，冷藏 1 小时后，加波特酒。将冷藏好的甜瓜丁放进鸡尾菜杯内，加入些原汁，将 1 个樱桃放在每份鸡尾菜上作装饰品。

五、迪普开胃菜制作

1. 主体菜制作

迪普开胃菜的主体常由各种新鲜脆嫩的蔬菜、锅巴、脆饼干构成。注意选择颜色美观的主体菜，主体菜常常是条形。

2. 调味酱制作

调味酱是主体菜的调味品。它由酸奶油、蛋黄酱、豆泥和盐、胡椒粉等调味品等构成。一些迪普开胃菜的调味酱中掺有熟虾肉、熟咸肉或洋葱末用以调味。迪普开胃菜的调味酱有冷的，也有加热熟制的。制作调味酱时，使用的原料必须新鲜，应当注意调味酱的颜色，气味、味道和浓度，使调味酱突出开胃作用和增加食欲的功能，并且方便食用。

3. 迪普开胃菜制作

（1）蓝纹奶酪迪普（blue cheese dip，生产1升调味汁，约20份，每份50克）

①原料：软奶酪375克，牛奶150毫升，蛋黄酱180克，辣椒酱30毫升，辣酱油3毫升，柠檬汁30毫升，洋葱末30克，蓝纹奶酪（Blue）末300克，各种洗净切好的西芹、胡萝卜、西兰花、黄瓜、甜辣椒适量，再配上炸薯片作主体菜。

②制法：把软奶酪放在搅拌机内，搅拌至柔软光滑。加牛奶，慢速度继续搅拌。然后加入蛋黄酱、辣椒酱、辣酱油、柠檬汁、洋葱末和蓝纹奶酪末等所有配料继续搅拌，直至搅拌均匀为止。用盐和胡椒粉调味后冷藏。上桌时，将制好的迪普放在一个小容器内，该容器放在开胃菜盘的中央，四周摆放好新鲜的蔬菜和炸薯片。

（2）鹰嘴豆泥蘸酱（hummus，生产900毫升调味汁，约18份，每份50克）

①原料：熟的或罐装的鹰嘴豆500克，柠檬汁120毫升，橄榄油30毫升，盐、胡椒粉各少许，芝麻酱250克，大蒜末8克，切好新鲜蔬菜（西芹、胡萝卜、菜花、黄瓜、甜辣椒）作主体菜。

②制法：将鹰嘴豆、芝麻酱、大蒜末、柠檬汁和橄榄油混合搅拌成糊，如需要，可放少许柠檬汁、凉开水稀释。加入少许盐和胡椒粉调味。冷藏至少1小时，服务时，上面放少许橄榄油。将胡姆斯蘸酱放在一个小容器内，放在开胃盘的中部，四周放新鲜蔬菜。

六、鱼子酱开胃菜制作

1. 常用的鱼子酱

①Beluga：产自俄罗斯和伊朗的白色鲟鱼，卵呈灰色至黑色，尺寸是鱼卵中最大的，被认为是世界质量最好，价格最高的鱼子。

②Malossol：用少许盐腌制的鲜鱼卵。

③Oscietra（Ocetra）：产自俄罗斯白色鲟鱼卵，被认为世界上最好的鱼卵之一，有黑色、棕色和金黄色。

④Sevruga：产自俄罗斯的小鲟鱼，鱼卵的尺寸最小，呈黑色、黑灰色或深绿色，味道鲜美。

2. 鱼子酱开胃菜制作

①原料：罐头红鱼子酱（鲑鱼产）或黑鱼子酱（鲟鱼产）1罐（约重250克），新鲜鸡蛋10个，蛋黄沙拉酱50克，柠檬2个。

②制法：将鸡蛋煮熟，剥去外壳。每个鸡蛋切去两端，分切成5片。②在每片鸡蛋上抹上些沙拉酱，分装在10个餐盘中。用茶匙将鱼子酱分装在蛋片上。柠檬切成瓣形分装在鱼子

旁边。食用时将柠檬汁挤在鱼子上即可食用。

七、肉酱类开胃菜制作

将熟制的肉类或鸭肝、鸡肝，经过搅拌成泥状，调味，放入模具成型后，晾凉切成片，加上其他配菜食用。

鸡肝酱（chicken liver pate，生产1千克）

①原料：鸡肝900克，细盐适量，牛奶少许，洋葱末110克，黄油90克，牛至少许，白胡椒粉少许，豆蔻粉少许，生姜粉少许，丁香粉少许，软奶酪360克，白兰地酒30毫升。

②制法：剪掉中肥油和筋皮。撒上少许盐，加牛奶，放入冷藏箱一夜，使其入味，颜色变浅。在平底锅放少许黄油，煸炒洋葱至嫩熟，不要使其变色，倒入鸡肝、牛至、白胡椒粉、豆蔻、生姜、丁香和适量的盐，一起煸炒至熟，晾凉。将鸡肝和洋葱放入搅拌机，搅拌成泥状，放奶油、奶酪，继续搅拌，成为鸡肝酱，放白兰地酒，继续搅拌，均匀后，取出，放入模具内，入冷藏箱内冷藏。上桌时，切成片，配上新鲜蔬菜。

八、其他开胃菜制作

1. 生吃鲜蚝（raw oyster，生产5份，每份生蚝5个）

①原料：鲜蚝25个，柠檬1个，番茄沙司50克，辣酱油5克，OK汁10克，辣椒粉2克。

②制法：鲜蚝用蚝刀掰开，取有肉的一半分装5盘。将番茄沙司、辣酱油、OK汁、辣椒粉等混合调匀，制成沙司，装入沙司盅，同生蚝一起上桌。食用时将柠檬汁挤在鲜蚝上，蘸上沙司即可。

2. 明虾冻（cold prawnin jelly，生产4份，每份约120克）

①原料：明虾4只，鸡清汤300毫升，牛奶100毫升，明胶粉30克，香茄1只，煮熟的鸡蛋（切成片）1个，柠檬（切成块）1个，青生菜叶（切成丝）4张，盐、胡椒粉适量。

②制法：明虾煮熟，冷后剥壳，将肉切成片待用。明胶粉放少量水使之软化。鸡清汤与牛奶一起加热，适当调味。将软化的明胶放入清汤牛奶中，煮沸，制成胶冻的液体，晾凉。先在模具内倒一层胶冻液体，稍加凝固后，放一片煮鸡蛋片，一片薄香茄片，一片明虾片，将胶冻液体装满模具。按这种方法制成4个虾冻。放入冰箱冷冻成型。上桌时将模具放在热水中略加热，将胶冻体取出，装盘。周围用生菜丝、柠檬片装饰。

3. 甜瓜火腿片

①原料：甜瓜，风干火腿肉片。

②制法：把甜瓜切成片。用切片机把风干火腿切成薄片，把大片切成两半。上桌前，将每片火腿片搭在一个甜瓜片上，每份三到四片。

4. 焗蜗牛（baked snails，生产12个）

①原料：罐头蜗牛肉12个，蜗牛壳12只，洋葱10克，蒜泥5克，香菜末5克，黄油100克，百里香少量，白兰地酒5毫升，盐、胡椒粉各少许。

②制法：将黄油稍加热，成酱状，放入洋葱末、蒜泥、香菜末及少量盐、胡椒粉调匀，制成黄油酱。将蜗牛肉用少量黄油略炒，放入百里香、白兰地酒翻炒，用盐、胡椒粉调味。先将黄油酱的50%分装入蜗牛壳内，再分别装入蜗牛内，最后将余下的黄油酱封口，将蜗牛壳分入蜗牛盘中，入炉熟透。

5. 冷牛肉配鱼沙司（生产16份，每份55克牛肉片）

①原料：去骨小牛腿肉900克烤熟并冷却，罐头金枪鱼200克，咸鱼柳6条，洋葱末50克，胡萝卜末50克，干白葡萄酒60毫升，白酒醋（white wine vinegar）60毫升，水85克，橄榄油适量，煮熟的鸡蛋黄（切成末）2个，水瓜柳末15克。

②制法：将熟牛肉切成薄片，每份约55克。将金枪鱼、洋葱末、胡萝卜末、白葡萄酒、白酒醋和水放入搅拌机，将其搅拌成较光滑的糊状物，制成沙司。将牛肉片放在冷藏过的餐盘上，浇上鱼沙司，淋上橄榄油，用蛋黄末和水瓜柳末装饰。

6. 奶酪咸肉排（制作1个排，切成8块）

①原料：发粉面团300克，奶酪末150克，五花咸肉100克，洋葱末100克，鲜奶100毫升，鲜鸡蛋2个，盐、胡椒粉、豆蔻、辣椒粉各少许，黄油200克。

②制法：把面团擀成5毫米厚的片，放在直径为24厘米的圆烤盘中，放入冰箱搁置30分钟。咸肉去皮，切成条状和洋葱丁一起稍微煸炒，晾凉。把鲜奶、鲜奶油和鸡蛋搅拌在一起，再加入盐、胡椒粉、豆蔻和辣椒粉，制成奶油鸡蛋糊。奶酪末、咸肉条、洋葱丁搅拌在一起，然后倒在面片上，再把奶油鸡蛋糊倒在上面，约5毫米厚，不能超过排的边缘。把排放在180℃的烤箱中，大约用30～35分钟将排烤熟。从烤箱中把排拿出来，放在一个较温暖的地方约10分钟，再放平盘中，切成8块，每块排与排之间用排纸分隔开。

7. 腌烤柿子椒

①原料：三色柿子椒（烤，去籽、去皮，切成两半）12个，橄榄油240毫升，蒜泥1瓣，盐、胡椒粉各少许，意大利黑醋60毫升，百里香5克，意大利干酪。

②制法：把烤过的柿子椒放在一个陶制的容器里。除了奶酪，将所有剩下的原料倒入柿子椒中，然后放入冰箱腌制一夜。上桌时，每份装3个柿子椒，并将各种颜色组合。用新鲜香草和奶酪装饰。

8. 瓤馅鸡蛋

①原料：鸡蛋、蛋黄酱、盐、胡椒粉、柠檬汁。

②制作：熟鸡蛋一分为2，取蛋黄过细筛，加蛋黄酱、盐、胡椒粉、柠檬汁搅拌均匀，蛋黄挤入蛋白内即可。

9. 咖喱油菜花

①原料：菜花、咖喱粉、植物油、洋葱、蒜、清汤、香叶、辣椒盐。

②制作：菜花切小朵，煮一下，空干水，洋葱，姜蒜切末。植物油，辣椒、咖喱炒香，过筛成咖喱油，撒在菜花上拌匀，从碗内扣在盘上。

10. 西式泡菜

①原料：洋白菜、菜花、洋葱、芹菜、白醋、香叶、盐、糖。

②制作：加工蔬菜，蔬菜过热水，断碎捞出，过凉水，丁香，香叶放入锅内煮一小时，加入调料，凉后倒入容器内，重物压，24 小时后即可食用。

11. 莳萝淹三文鱼

①原料：三文鱼，莳萝，柠檬，黑白胡椒木，盐，糖，沙拉油，生菜。

②制作：鱼去鳞、刺，盐，糖，胡椒粉，莳萝、柠檬汁、皮碎撒在鱼肉上，压上重物密封好入冰箱，腌制 24 小时，三文鱼切片淋上汁即可。

第四节　西餐常用沙拉的制作

一、沙拉的概念

沙拉是 salads 的译音，北方叫沙拉，上海叫色拉，广州叫沙律。

二、拉的分类

1. 开胃沙拉（appedizer salad）

开胃沙拉又称头盘菜，作为前餐的第一道菜它通常是由多种原料混和成的，量少为精。

2. 主菜沙拉（main dish salad）

主菜沙拉通常是由海鲜，肉类，蔬菜为主。其作为一道主菜用，所以量较大。

三、使用范围

沙拉选料广泛，蔬菜、水果、海鲜、肉类等均可，用于晚餐、正餐、冷餐、鸡尾酒会等。

1. 土豆沙拉（potatos salads）

①主料：土豆 200 克。辅料：洋葱 10 克，番末少量。调料：蛋黄酱 40 克，奶油 20 毫升，盐，胡椒粉，白醋。

②制作：土豆煮熟，去皮，切丁成小片。加蛋黄酱，奶油，白醋，盐，洋葱末。

③制量标准：色泽为淡黄色。形态美观，土豆丁大小相同。口味鲜香。在土豆上加入调料可做鸡蛋沙拉，火腿沙拉。

2. 德式扁豆沙拉

①主料：扁豆 500 克，辅料：洋葱 50 克。调料：醋油汁 50 毫升。

②制作过程：1）扁豆切段。2）煮熟晾干。3）将原料混合。

③质量标准：色泽脆绿。形状棍状。口味清香。口感脆嫩。

3. 鸡肉沙拉（chicken salad）

①主料：熟鸡肉 400 克。辅料：番茄 50 克，鸡蛋 1 个，黑橄榄 10 克，生菜叶 4 片。

②制作：生菜铺底、肉去皮切丝。番茄、鸡蛋切角，放在鸡肉周围。黑澉榄放在鸡肉上面。

③制量标准：色泽鲜艳。形态美观。口味清香。

4. 华尔道夫沙拉（waldorf salad）

①主料：土豆50克，苹果50克，芹菜50克，鸡肉25克。辅料：核桃肉10克，番茄1个，生菜叶4片。调料：奶油20毫升，蛋黄酱30克，盐。

②制作过程：熟鸡肉切条，土豆去皮，苹果去皮，芹菜去筋，切条。核桃开水泡，去皮切片。原料放在一起，加一半核桃肉。加鲜奶油，蛋黄酱，混合。

③制量标准：色泽为淡黄色。形状条状。口味甜香。口感爽口。

5. 尼斯沙拉（nicoise salad）

①主料：扁豆200克，土豆100克，番茄100克。辅料：黑橄榄10克，银鱼柳10克，金枪鱼10克，酸豆5克。调料：醋油汁100毫升，盐。

②制作过程：番茄去皮，扁豆去筋，切段，煮土豆后成丁。番茄放在盘边，其他原料放中央，浇醋油汁。放银鱼柳等。

③制量标准：色泽为多色。形态饱满。口味鲜香。口感爽口。

6. 凯撒沙拉（caesar salad）

①主料：芝士，银鱼柳，鲜蘑。辅料：番茄，面包。调料：橄榄油，柠檬汁，洋葱，芥末，盐，胡椒粉。

②制作过程：芝士成丝，鲜蘑成片。加芥末，葱，蒜，柠檬汁，白酒，橄榄油调味。生菜碎入盘，撒上调料即可。

③制量标准：色泽为自然和谐。形态造型美观。口味酸咸味。口感爽口。

第二十五章　西餐常用汤菜的制作

汤是欧美人民喜爱的一道西餐菜肴。在欧美人的饮食习惯中，汤是一道非常重要的菜肴。汤以原汤为主要原料，配以海鲜、肉类、蔬菜及淀粉类原料，经过调味，盛装在汤碗或汤盘内。汤在西餐中即可作为开胃菜、辅助菜，又可作为主菜。汤的营养丰富，易于消化和吸收，是家庭和饭店充分利用原料的很好途径，因此汤起着重要的作用。当今人们对饮食的爱好趋向简单、清淡和富有营养，基于这种原因，汤菜越来越受到人们的喜爱。

第一节　汤的种类和特点

汤是由基础原汤为底制成的，种类很多，分类方法也各不相同。我们可将汤分为 3 大类，它们是清汤、浓汤和特色汤。

一、清汤

清汤，顾名思义是清澈透明的液体。它通常以白色牛原汤、棕色牛原汤、鸡原汤为原料，经过调味，配上适量的蔬菜和熟肉制品作装饰而成。清汤又可分为 3 种。

1. 原汤清汤（broth）

其是由原汤直接制成的汤，通常不过滤。

2. 浓味清汤（bouillon）

其是将原料过滤，调味后制成的汤。

3. 特制清汤（consommé）

其是将原汤经过精细加工制成的汤。通常将瘦牛肉馅与鸡蛋清、胡萝卜、芹菜、洋葱末、香料和冰块进行搅拌，然后放入制作好的牛原汤中，用低温再炖 2 ~3 小时使牛肉味道再一次溶解在汤中，并使汤中的漂浮小颗粒粘连在鸡蛋和牛肉上，经过滤，汤变得格外清澈和香醇。这种汤适用于高级西餐厅。

二、浓汤

浓汤是不透明的液体，其主要原料是在原汤中加入奶油、炒面酱（用黄油煸炒的面粉）或菜泥而成。浓汤又可分为 4 种。

1. 奶油汤（cream soups）

奶油汤以汤中的配料命名：如奶油蘑菇汤，以蘑菇为配料；奶油芦笋汤，以芦笋为配料等。制作方法是先制作油面酱（黄油炒的面粉），使用微火将黄油煸炒面粉，加上适量洋葱作调味品炒制淡黄色出香味时，将煮开的白色牛原汤或鸡原汤慢慢倒在炒好的面粉中，用木铲或抽子不断搅拌，煮沸后，用微火将汤煮成黏稠，过滤，放鲜奶油或牛奶，调味，使汤成为光亮的，带有黏性的汤汁，放装饰品即可。奶油汤的特点是浅黄色，味鲜美，有奶油的鲜味。

2. 菜茸汤（puree soups）

菜茸汤是将含有淀粉质的蔬菜（土豆、胡萝卜、豌豆等）放入原汤中煮熟。然后放入打碎机打成茸，将打碎好的蔬菜茸与原汤放在一起，经过滤，调味，放装饰品而成。菜茸汤不像奶油汤那样有光泽，菜茸汤可以放牛奶，也可不放牛奶。菜茸汤的颜色美观，其颜色随着蔬菜的颜色不同而不同，味鲜美，营养丰富。

3. 海鲜汤（bisques）

海鲜汤和奶油汤很相似，它是以海鲜（龙虾、虾、蟹肉）为配料制出的浓汤。海鲜汤中的洋葱和胡萝卜等只用于调味，不作为配料。

4. 什锦汤（chowders）

什锦汤也称为杂拌汤、周打汤，其制作方法各异，有鱼什锦汤、海鲜什锦汤、蔬菜什锦汤等。什锦汤的命名是因汤中常有动物性和植物性两种原料，并且它的配料品种和数量没有具体规定。什锦汤与奶油汤也很相似，但是许多什锦汤中配有大量的动植物原料。一些汤中的原料尺寸较大，像烩菜一样，因此我们可以区别什锦汤和其他汤。

三、特色风味汤

特色风味汤是根据世界各民族饮食习惯和烹调艺术特点制作的汤。特色风味汤最大的特点是，在制作方法或原料方面比一般的汤更具有代表性和特殊性。如法国洋葱汤、意大利面条汤、西班牙凉菜汤及秋葵浓汤等都是非常有特色的汤。

第二节　汤的制作原理

汤的质量主要来自制汤的原料和加工工艺。优质汤必须由新鲜的、浓度适宜的原汤作为原料，选择优质新鲜的蔬菜、海鲜或肉类作配料。煮汤时应使用微火、低温，这样可以保持汤的味道香醇，并使汤具备适当的浓度。制汤时，蔬菜必须煮透，同时厨师应不时地用木铲或金属抽子轻轻地搅拌，防止汤中的配料互相粘连，或粘连在煮锅的底部。此外，还应不断地撇取汤中的浮沫，保持汤的味道、色泽和美观。调味是制汤的另一关键，口味过重或是过于清淡的汤都不会成为优质的汤。

第三节　西餐常用基础汤的制作

一、基础汤概念与用途

基础汤（Stock）也称作原汤，是制作汤和沙司（热菜调味汁）必须的原料。基础汤通常作为菜肴和汤的原料，不作为成品。基础汤实际上是牛肉、鸡肉和鱼等及其骨头和调味蔬菜熬成的基础汁。基础汤是制作西餐菜肴的关键原料，尤其在制作传统菜肴的沙司与汤时，起着关键的作用，许多西餐菜肴的味道、颜色、质量与基础汤的质量有着密切关系。

1. 原汤主要原料

（1）肉或骨头

制作基础汤常用的肉类和骨头，主要包括牛肉和鸡肉，牛骨、鸡骨和鱼骨等。除此之外，羊骨头、野鸡骨头和火鸡骨头可熬制一些特殊风味的基础汤。

（2）调味蔬菜

制作基础汤的蔬菜称为调味蔬菜，主要包括洋葱、芹菜和胡萝卜。调味蔬菜是基础汤制作的第二个重要的原料。在原汤制作中蔬菜常以洋葱的数量等于西芹和胡萝卜的总数量的比例添加。在熬制白色基础汤时，常将胡萝卜换成等量的鲜蘑，使原汤不产生颜色。

（3）调味品

制作基础汤常用的调味品有胡椒、香叶、丁香、百里香、欧芹等。调味品常被包装在一个布袋内，用细绳捆好制成香料袋，放在基础汤中。

（4）水

水是制作基础汤不可缺少的材料，水的数量常常是骨头或畜肉的 3～5 倍。

2. 新型便利的制作基础汤材料

目前，市场上出现了许多制作基础汤的新型材料。这些材料形状各异，有粉末状、块状和糊状，它们是浓缩的原汤、油脂、盐及色素的混合物。使用这些材料制作原汤非常便利，将这些材料与水混合，煮沸即可由于这些材料的配方和各种成分的含量不同，因此使用前应仔细阅读说明书。这些材料通常适用于大众餐厅、快餐厅和家庭，不适用于高级餐厅或传统餐厅。

二、基础汤种类与特点

基础汤通常分为 4 种，它们是白色牛基础汤、棕色牛基础汤（红色牛基础汤）、鸡基础汤和鱼基础汤。

1. 白色牛基础汤

白色牛基础汤，也称为怀特基础汤，由牛骨或牛肉配以洋葱、西芹、胡萝卜、调味品加上水煮成的。其特点是无色透明，有鲜味。制作白色牛基础汤通常使用冷水，待沸腾后，撇去浮沫，用小火炖成。牛骨与水的比例为1:3，烹调时间约为6～8小时，过滤后即可。

2. 棕色牛基础汤

棕色牛基础汤，也称作红色牛基础汤或布朗基础汤，它使用的原料与白色牛基础汤原料基本相同，只是加上适量的番茄酱增加颜色。其特点是呈棕色且有烤牛肉的香气。制作时先将牛骨烤成棕色，再将蔬菜烤成棕色，原料与水的比例为1:3，煮6～8小时，过滤即可。

3. 鸡基础汤

鸡基础汤由鸡骨或鸡的边角肉、调味蔬菜、水、调味品制成。其特点是无色，有鸡肉的鲜味。制作方法与白色牛基础汤相同，鸡骨或鸡肉与水的比例为1:3，烹调时间2～4小时。制作鸡基础汤时可放些蘑菇，减少胡萝卜，使鸡原汤的色泽更加完美，并增加鲜味。

4. 鱼基础汤

鱼基础汤由鱼骨、鱼的边角肉、调味蔬菜、水、调味品制成。其特点是无色，有鱼的鲜味。其制作方法与白牛基础汤相同，制作时间约30分钟制成。制作鱼基础汤时，加上适量的白葡萄酒和鲜蘑以去腥提鲜。

三、基础汤制作方法

基础汤的制作工艺看似简单，实际上使用了许多方法。基础汤制作的主要目的是将原料的味道溶于汤中，因此要重视基础汤制作中的每一个环节，并且深刻理解制汤工艺中的每一程序的原理。

1. 制作要点

制作优质的基础汤必须掌握制汤的要点，否则影响基础汤的质量。

①使用新鲜的骨头、肉类和调味蔬菜等原料，注意原料与水的比例。

②煮基础汤时不要盖锅盖，这样利于基础原汤中的水分蒸发，使基础汤的味道变浓。

③煮基础汤时，应先用高温将汤煮沸，撇去浮沫；再用低温炖煮，以保持基础汤的透明度。

④不要在基础汤中加食盐，由于基础汤中存在着一定的天然钠，随着基础汤中的水分蒸发，基础汤会变成咸味。

⑤基础汤制成后，必须用几层过滤布将其过滤，使其清澈，然后撇去汤中的浮油，防止其变味。

⑥储存基础汤前，首先将基础汤的桶置于流动的凉水中，使原汤快速降温，然后再将其放在冷藏箱内，保存期常常是3天。如将基础原汤冷冻储存，可放3个月。

2. 基础汤质量鉴别

①优质基础汤的顶部没有浮油。

②优质基础汤中没有食物残渣。

③优质基础汤的气味应当芳香，味道应当清新。

④优质基础汤的口味应适中。

四、基础汤制作

1. 白色牛基础汤（white stock，生产4升）

（1）原料

牛骨2~3千克，调味蔬菜500克（洋葱250克，胡萝卜和芹菜各125克），调味品装入布袋包扎好（内装香叶1片，胡椒1克，百里香2根，丁香0.25克，欧芹6根）。

（2）制法

①将牛骨洗净，剁成块或者锯成1~2厘米厚的片，长度不超过8厘米。

②将蔬菜洗净，切成3厘米的方块。

③将牛骨和蔬菜放入汤锅，放入冷水和调味袋。

④待沸腾后，撇去浮沫，用小火炖，不断撇去浮沫。

⑤炖6~8小时即可，然后过滤、冷却。

2. 棕色牛基础汤（brown stock，生产4升）

（1）原料

牛骨、调味蔬菜与白色牛基础汤用料相同，番茄酱250克。

（2）制法

①将牛骨放在烤箱内烤成棕色，炉温200℃。

②将烤好的牛骨放入汤锅，放冷水，开锅后，撇去浮沫，用小火继续炖。

③将烤盘中的牛油和原汁倒入原汤中。

④将调味蔬菜加入番茄酱，放在烤牛骨的盘中，烤成浅棕色，然后放入汤中。

⑤用小火炖原汤，6~8小时后过滤、冷却。

3. 鸡原汤（chicken stock，生产4升）

（1）原料

鸡骨2~3千克，冷水5~6升，蔬菜500克（洋葱250克，西芹125克，胡萝卜125克，也可将胡萝卜换成鲜蘑）。

（2）制法

同白色牛基础汤，低温煮2~4小时即可。

4. 鱼基础汤（fish stock或fumet，生产4升）

方法一：

（1）原料

鱼骨头和鱼的边角肉2~3千克，水5~6升，调味蔬菜500克（洋葱250克，西芹125克，胡萝卜125克）。

（2）制法

与白色牛基础汤相同。也可以使用方法二的方法制作鱼基础汤，使鱼原汤更香醇。

方法二：

（1）原料

鱼骨2~3千克，黄油30克，冷水4升，白葡萄酒200克，调味蔬菜400克（洋葱120克，西芹、胡萝卜、蘑菇各60克），调味品（香叶半片，胡椒粒1克，百里香1个，欧芹6~8根）装在布袋内，包扎好。

（2）制法

①将黄油放入厚底沙司锅内，放调味蔬菜，放鱼骨于蔬菜上。在鱼骨上松散地盖上一张烹调纸或锅盖。

②将煮锅放在西餐灶上，低温烹调5分钟后，加入葡萄酒，煮沸后加水，放入调味品袋。

③煮沸后，低温慢煮，撇去浮沫，再煮约40分钟。

④在漏斗中，放入叠好的过滤布过滤。

⑤将煮好的鱼基础汤放入容器内，再将该容器置于流动的冷水中，冷却后，再放冷藏箱内储存。

第四节　常用汤菜的制作

1. *蔬菜清汤*（clear vegetable soup，*生产* 24 *份，每份约* 240 *毫升*）

（1）原料

黄油170克，洋葱丁680克，胡萝卜丁450克，西芹丁450克，白萝卜丁340克，鸡原汤6升，西红柿丁450克，盐、白胡椒粉少许。

（2）制法

①将黄油放在汤锅中，用小火融化。

②将洋葱丁、胡萝卜丁、西芹丁、白萝卜丁放在汤锅中，用小火煸炒成半熟，不要使它们着色。

③将鸡原汤倒入汤锅中，烧开后，撇去浮沫，然后用小火炖。

④将西红柿丁放入汤锅中，炖5分钟。

⑤撇去浮沫，用适量盐和白胡椒粉调味。

2. *蘑菇大麦仁汤*（musnroom barley soup，*生产* 24 *份，每份约* 240 *毫升*）

（1）原料

大麦230克，蘑菇块900克，洋葱丁280克，鸡原汤5升，胡萝卜丁140克，白萝卜140克，白胡椒粉少许，盐少许，黄油或鸡油60克。

（2）制法

①在沸腾的热水中把大麦仁煮熟，滤干水。

②把黄油放在厚壁的调料锅或汤锅里，将洋葱、胡萝卜、白萝卜放在油中煸炒至半熟为止，不要将它们煸炒成棕色。

③加入鸡汤，烧开，然后降低温度，用小火慢煮，直至蔬菜成熟。

④用低温煮汤的同时，另以一锅煸炒蘑菇，不要煸炒成棕色。

⑤将蘑菇放在汤中，将煮好的大麦仁也放入汤中，用低温再煮5分钟。

⑥撇去汤上的油脂，加入适量盐，胡椒粉调味。

3. 牛尾汤（oxtail soup，生产24份，每份约240毫升）

（1）原料

牛尾2700克，洋葱块280克，香料袋1个（香叶1个、香草少许、胡椒6个、丁香2个、大蒜1瓣），西芹块140克，棕色牛原汤6升，胡萝卜块140克，雪莉酒60毫升，胡萝卜丁570克，胡椒粉少许，白萝卜丁570克，盐少许，去籽的西红柿280克，韭葱段280克（葱白部分），黄油110克。

（2）制法

①用砍刀在牛尾关节砍成段。

②将牛尾放在烤盘上，放入烤箱内烤。当部分烤成棕色后，加入洋葱块、西芹块、140克胡萝卜块和牛尾一起烤成棕色。

③将烤好的牛尾、洋葱、西芹、胡萝卜和棕色牛原汤一起放入煮锅里。

④将烤盘上的浮油去掉，加入一些原汤，搅拌后，再倒入汤锅中。

⑤将汤煮制沸腾后，撇出浮沫，用小火慢煮，然后加入香料袋。

⑥煮约3小时后，用小火慢煮，直至将牛尾煮熟。在煮汤的过程应加入少许水，使全部牛尾浸在水中。

⑦把牛尾从清汤中捞出后，将肉从骨头上刮下并切成丁，放入小平底锅内，倒入少许清汤，牛尾汤煮好后保温或冷却后待用。

⑧过滤，撇去浮油。

⑨用黄油煸炒570克胡萝卜丁、白萝卜丁和韭葱段，煸炒至半熟。

⑩加入牛尾汤，用低温煮，直至将各种萝卜丁煮熟。加入西红柿丁、牛尾肉丁，再煮几分钟。加入雪利酒，用盐和胡椒粉调味。

4. 葡萄牙蔬菜汤（portugal caldo verde，生产16份，每份300克）

（1）原料

橄榄油60毫升，洋葱末340克，大蒜末少许，去皮土豆片1.8千克，水4升，甘蓝菜（kale）900克，浓味大蒜肠450克，食盐、胡椒粉少许，面包块适量。

（2）制法

①将橄榄油放入汤锅加热，并加上洋葱末和蒜末，用小火煸炒，洋葱和蒜末不要着色，加土豆片和水煮，直至将土豆片煮熟为止，并将土豆片捣碎。

②将火腿肠切成薄片放在汤锅里小火煸炒，排出火腿中的油，沥去油，放入土豆汤里炖5分钟，用盐和胡椒粉调味。

③将甘蓝菜去掉硬茎，切成尽可能细的细丝，放入火腿土豆汤中煮5分钟，用盐和胡椒粉调味。

④上桌时，配上面包块。

5. 奶油鲜蘑汤（cream of mushroom soup，生产 24 份，每份 240 毫升）

（1）原料

黄油 340 克，洋葱末 340 克，面粉 250 克，鲜蘑末 680 克，白色牛原汤或鸡原汤 4.5 升，奶油 750 克，热牛奶 5 升，鲜蘑丁 170 克，盐、白胡椒粉少许。

（2）制法

①将黄油放厚底沙司锅中加热，用微火使其融化。

②将洋葱末和鲜蘑末放在黄油中，用微火煸炒片刻，使其出味，但不变成棕色。

③将面粉放入调味锅中，与洋葱末和 680 克鲜蘑末混合在一起煸炒数分钟，用微火炒至浅黄色。

④将白色牛原汤或鸡原汤逐渐放入炒面粉中，并不断搅拌，使原汤和面粉完全融合在一起，烧开，使汤变稠，不要将洋葱和鲜蘑过火。

⑤撇去浮沫。将汤放入电碾磨中碾一下，然后过滤。

⑥将热牛奶放入过滤好的汤中，使其保持一定的温度。

⑦保持汤的热度，但是不要将它煮沸，用盐和白胡椒粉调味。送上餐桌前将奶油放入汤中，搅拌均匀。

⑧用原汤将 170 克鲜蘑丁略煮后放在汤中，作装饰品。

6. 胡萝卜泥汤（puree of carrot soup，生产 24 份，每份约 240 毫升）

（1）原料

黄油 110 克，胡萝卜丁 1800 克，洋葱丁 450 克，土豆丁 450 克，鸡原汤或白色牛原汤 5 升，盐、胡椒粉各少许。

（2）制法

①将黄油放入厚底沙司锅中，用小火加热，使其融化。

②加入胡萝卜丁和洋葱丁，用小火煸炒至半熟，不要使它们变色。

③将原汤倒入装有胡萝卜丁和洋葱丁锅中，放入土豆丁，并将汤烧开，使胡萝卜和土豆丁成嫩熟状，不要使其变色。

④汤和胡萝卜丁、土豆丁一起倒入碾磨机中，经过碾磨，成菜泥状，再放回锅中，用小火炖，如果汤太浓，可以再放一些原汤稀释。

⑤放盐和胡椒粉调味。

⑥根据顾客口味，上桌前可放一些热浓牛奶。

7. 虾汤（shrimp bisque，生产 10 份，每份 180 毫升）

（1）原料

黄油 30 克，洋葱丁 60 克，胡萝卜丁 60 克，带皮鲜虾 450 克，香叶 1 片，百里香少许，香菜梗 4 根，番茄酱 30 克，白兰地酒 30 克，白葡萄酒 180 克，鱼原汤 1.5 升，炒好的黄油面粉适量，盐、胡椒粉少许。

（2）制法

①将黄油放入沙司锅中，用微火融化。

②将洋葱丁和胡萝卜丁放入，煸炒，使其成为金黄色。

③放虾、百里香、香叶、香菜梗，将虾煸炒成红色。

④加番茄酱，搅拌。

⑤将白兰地酒放在另一个锅中加热，仔细操作，使其着火，去其酒精，然后倒入炒好的虾中。

⑥将白葡萄酒倒入煸炒好的虾中，用小火炖，使其减少水分。

⑦将虾捞出，去皮，虾肉切成丁，放在一边作装饰品，虾皮仍放回虾汤中。

⑧将炒好的面粉和鱼原汤搅拌，加热，制成浓汤，放入虾皮溶液中，用小火炖 10～15 分钟，过滤，继续用小火炖。

⑨上桌前，将虾肉和奶油放入汤中。

8. 曼哈顿蛤肉汤（manhattan clam chowder，生产 16 份，每份约 240 毫升）

（1）原料

海蛤 60 个，咸猪肉末 200 克，洋葱丁 570 克，水 3. 8 升，胡萝卜 225 克，西芹丁 225 克，土豆丁（去皮）910 克，韭葱（Leek）丁 225 克（葱白部分），番茄丁 1500 克，大蒜末少许，香袋（内装干牛至少许）1 个，辣酱油少许。

（2）制法

①将海蛤洗净，放在一个容器内，放水，煮熟。

②剥去蛤肉，将蛤肉放在一边待用，去掉蛤壳，将蛤肉原汤过滤保留。

③将土豆丁放入蛤肉汤中，煮熟，捞出待用，汤过滤，保留待用。

④煸炒咸肉末，放洋葱丁、胡萝卜丁、西芹丁、韭葱丁和青椒丁一起煸炒，放大蒜，直至煸出香味（不加油，利用咸肉中的油）。

⑤加番茄酱一起煸炒，放入蛤肉汤、香袋，烧开后，用小火炖 30 分钟。

⑥除去香袋，撇去浮油，放蛤肉和土豆丁。

⑦用盐、白胡椒和辣酱油调味。

9. 法国洋葱汤（french onion soup gratinee，生产 24 份，每份 180 毫升）

（1）用料

黄油 120 克，洋葱片 2. 5 千克，盐、胡椒各少许，雪莉酒 150 毫升，白色牛原汤或红色牛原汤 6. 5 升，法国面包适量，瑞士奶酪 680 克。

（2）制法

①将黄油放入汤锅，小火融化，加洋葱，煸炒至金黄色或棕色，小火煸炒约 30 分钟，使洋葱颜色均匀，不可用旺火。

②将原汤放在煸炒好的洋葱中，烧开，然后用小火炖约 20 分钟，直至将洋葱味道全部炖出。

③用盐和胡椒调味，加雪莉酒并保持温度。

④将法国面包切成1厘米厚，根据需要每份汤可放1~2片。

⑤将面包放烤箱中烤成金黄色。

⑥将汤放在专门砂锅中，上面放面包，面包上面放切碎的奶酪，然后放在西式单面烤炉内，将奶酪烤成金黄色时，即可上桌。

10. 意大利蔬菜汤（minestrone，生产24份，每份约240毫升）

（1）原料

橄榄油120克，洋葱薄片450克，西芹丁230克，胡萝卜丁230克，大蒜末4克，小白菜丝230克，小南瓜丁230克，去皮西红柿丁450克，白色牛原汤5升，罗勒1克，香菜末15克，菜豆680克，短小的空心意大利面条170克，盐、胡椒粉各少许，奶酪适量。

（2）制法

①将黄油放厚底沙司锅，用小火融化。

②将洋葱、西芹、胡萝卜和大蒜放在黄油中，煸炒3~5分钟，但不对其着色。然后加入白菜、小南瓜，继续煸炒5分钟，注意用小火。

③将西红柿、白色牛原汤和罗勒放在煸炒的蔬菜中，用小火炖，不要将蔬菜煮过火。

④将意大利面条放入，用小火煮，直至将面条煮熟，加入菜豆，继续煮，并将菜豆煮熟。

⑤将香菜、胡椒粉、盐放在汤中。

⑥上桌前，汤中放上奶酪末，即成。

11. 西班牙冷蔬菜汤（gazpacho，生产12份，每份180毫升）

（1）原料

去皮西红柿末1.1千克，红酒醋90毫升，去皮黄瓜末450克，橄榄油120克，洋葱末230克，盐、胡椒粉少许，青椒末110克，柠檬汁少许，大蒜末1克，辣椒粉少许，装饰品180克（洋葱丁、黄瓜丁、青椒丁各60克），新鲜白面包末60克，冷开水500克。

（2）制法

①将西红柿末、黄瓜末、青椒末、大蒜末及面包末放在打碎机中打碎，过滤，与冷开水搅拌，制成冷汤。

②将橄榄油慢慢倒入冷汤中，用抽子抽打。

③用盐、胡椒粉、柠檬汁、醋调味，然后冷藏。

④上桌时，每份冷汤放约15克装饰品（洋葱丁、黄瓜丁和青椒丁）。

第二十六章　西餐常用热菜的制作

第一节　畜肉菜肴制作

一、畜肉部位与烹调

畜肉的各个部位中的肉块嫩度不同，适用的烹调方法也不同，畜肉烹调与其部位的肉质嫩度是紧密相关的。畜肉通常可以分为四个较大的部位，每一个部位根据嫩度和形状又可以分为不同的肉块和用途。

1. 后背肉（loin）

后背部也称腰肉、通脊肉，肉质最嫩。因为这一部位的结缔组织很少，而且其内部有着像大理石花纹一样的脂肪，所以这一部位的肉质最嫩，适用于扒、煎、炸等干热法。它包括前膀后背肉、中部后背肉、中下部后背肉。

2. 前腿肉（chuck）

这块肉分为两部分，接近肋骨的地方，比较嫩，可以使用烤和扒等干热法烹调，接近颈部的肉比较老，常使用煮、焖等水热法。

3. 后腿肉（round）

后腿肉，一部分比较嫩，适用烤或扒的烹调方法；某些部分肉嫩度稍差，需要用煮、炖、烩等水热法煮烂肉中的胶原体。

4. 腹肉

腹部的肉有三个部分：靠近前腿的胸肉（brisket），短肋（short plate）和靠近后腿肉的肋腹（flank）。肋腹肉的肉质老，适合炖、焖和制馅。

当今由于西餐烹调技术的提高，使用嫩化剂将较老的肉块嫩化及养殖业的发展，因此畜肉各部位嫩度区别越来越小（表 26－1）。

表 26－1　牛肉部位、肉块名称和适用的烹调方法表

牛肉部位	烹调方法	牛肉部位	烹调方法
牛筋肉	水热法	肋骨	干热法
上脑	水热法	牛臀	干热法或水热法
前烧	干热法或水热法	后臀	干热法
牛腩	干热法	底板肉	水热法

续表

牛肉部位	烹调方法	牛肉部位	烹调方法
圆形脚跟	干热法	后腿	干热法
胸腹肉	水热法	牛膝	水热法
下骨	干热法	肩部	水热法
肋背	水热法	后腰背	干热法或水热法

二、畜肉烹调原理

畜肉的嫩度受烹调方法、烹调温度和烹调时间的影响。使用炖、煮和烩等水热烹调方法可以嫩化畜肉，但是需要较长的烹调时间。使用扒、煎和炸等干热烹调方法可以用较短的时间使畜肉成熟，但是干热法使畜肉失去部分水分，这样会使畜肉菜肴干燥和坚韧。此外，烹调温度越高，烹调时间越长，畜肉的结缔组织就越坚韧。

1. 选用低温烹调

烹调畜肉应使用低温，高温会使畜肉坚韧和收缩，还会使畜肉失去大量的水分，而低温烹调是烹调畜肉最常用的措施。焗是欧美人常用的烹调方法，由于这种方法烹调速度快，肉的内部受热温度不是很高，因此通过焗的方法烹调的畜肉，失去的水分较少，而它的肉质比较嫩，当然十成熟的畜肉也会出现肉质坚韧的现象，焗肉通常的成熟度是在七八成以下。低温烤畜肉比高温烤畜肉出产量高，因为它失去的水分较少。

2. 畜肉的脂肪与肉质

在烹调畜肉的时候，尤其是烤肉和焗肉中，应当选择带有脂肪的肉块或其中一部分带有脂肪，这样肉质既嫩还具有风味。使用脂肪较少的部位或肉块时，在烹调中必须增加脂肪的含量。

三、畜肉成熟度检测

畜肉的成熟度与畜肉的烹调方法有一定的相关性。通过烤、扒、煎和炸等干热方法时，畜肉的成熟度可以用它内部蛋白质的凝固程度来表示，畜肉内部的蛋白质凝固的程度越高说明畜肉的成熟度越高。通过炖、煮、焖和烩等水热方法制作的畜肉的成熟度可以通过它的结缔组织的成熟度来表示，当畜肉的结缔组织完全熟透和酥烂时证明畜肉完全成熟。

1. 牛肉成熟度

①rare：表示三四成熟。

②medium：表示五六成熟。

③well-done：表示全熟。

通过干热法制作的畜肉菜肴成熟度的测试方法常有接触法和温度计法。接触法是用手压迫畜肉，观察其弹力，该方法适用于煎牛排、扒牛排及一些较薄形的畜肉。温度计法是用针式温度计插入畜肉中，看其内部的温度，该方法适用于大块烤肉测试。

2. 水热烹调法成熟度检测

由于水热法多用于结缔组织多的畜肉，因此这些畜肉必须完全成熟才能食用。厨师经常使用肉叉测试它的成熟度，当肉叉比较容易的插入畜肉中证明畜肉完全成熟（表26－2）。

表26－2　畜肉的成熟度与畜肉内部的颜色和温度对照表

畜肉的成熟度	畜肉的特点
三四成熟（rare）的畜肉	畜肉内部颜色为红色，压迫畜肉时没有弹力，并留有痕迹，肉质较硬 牛肉的内部温度是49～52℃，羊肉的内部温度是52～54℃，三四成熟的猪肉不能食用，猪肉必须全熟
五六成熟（medium）的畜肉	畜肉的内部颜色为粉红色。压迫时，没有弹力，并留有很小痕迹，肉质较硬。牛肉的内部温度是60～63℃，羊肉的内部温度是63℃，五六成熟的猪肉不能食用
七八成熟（well－done）的畜肉	畜肉内部颜色没有红色，用手压迫时，没有痕迹，肉质硬，弹力强。牛肉的内部温度是71℃，羊肉的内部温度是71℃，猪肉的内部温度是74～77℃

四、畜肉烹调方法

畜肉有多种烹调方法，主要有烤、扒、煎、煸炒等干热法和炖、烩、焖等水热法。在烹调前，应当注意畜肉的嫩度与烹调方法间的关系，根据畜肉各部位的嫩度选择适合的烹调方法。

1. 烤（roasting）

烤是将大块畜肉原料放入烤炉内，借助四周的热辐射和热空气对流，使食品原料成熟的方法。烤出优质的畜肉的关键是调味，控制烹调温度，高温着色，使用调味蔬菜，运用烤肉原汁。

（1）控制味道

畜肉的调味方法通常有两种：烤肉前调味和烤肉后调味。在烤肉前几小时或一天，将盐、胡椒粉及其他调味品涂抹在畜肉上，使畜肉在烹调中入味的方法称为烤肉前调味。烤肉后调味实际上并不在畜肉上调味，而是将畜肉烤熟后，将其原汁调味，并浇在烤熟的畜肉上。

（2）控制温度

事实证明使用低温烹调畜肉有许多优点。比较理想的畜肉烹调温度是95～160℃。通常畜肉的形状越大，重量越高，它的烹调温度就越低，反之，畜肉的重量越小，形状越薄，适用的温度也就越高。

（3）高温着色

许多优秀的厨师认为畜肉必须先使用230℃的高温将畜肉的表面烤成浅棕色，再降低温度，这样畜肉的外观会更理想。

（4）使用调味蔬菜

调味蔬菜指洋葱、西芹和胡萝卜。许多厨师认为烤畜肉应将洋葱、西芹和胡萝卜等放在烤盘中。厨师应经常将烤畜肉中的原汁浇在畜肉上，以增加畜肉的味道。

（5）运用烤肉原汁

许多烤熟的畜肉浇上烤肉中滴在烤盘上的原汁，这种原汁经常是调过味或加入一些原汤稀释过的，使用烤肉原汁调味增加了畜肉的风味。

（6）烤肉的程序与方法

①将要烤的畜肉修饰整齐，畜肉的外部可以留有1～2厘米厚的脂肪。

②在烤肉前几个小时用盐、胡椒粉等涂抹畜肉的外部。

③将畜肉带有脂肪的一面面向上方，将畜肉放在烤架上，烤架放在烤盘内。

④将温度计插在畜肉内。畜肉放入烤箱前，烤箱应当提前预热。

⑤当畜肉烤至半熟时，将洋葱、西芹和胡萝卜放在烤盘中。

⑥畜肉烤好时关上电源，不要立刻取出，在烤箱内停留15～30分钟。

⑦尽量在开餐的时间切割烤好的畜肉，以保持烤肉鲜嫩。

2. 焗（broiling）和扒（grilling）

焗和扒是使用高温的快速烹调方法，过程是将比较薄的畜肉放在炉中，直接受到上方的热辐射使畜肉成熟。扒实际上是烧烤，需要在铁扒炉上进行。

将薄形畜肉放在扒炉上，先烤一面，再翻面。扒熟后的畜肉表面呈现一排焦黄色花纹。焗和扒适用于质地纤维的畜肉。通过焗和扒的畜肉的特点是外观棕色，味道鲜美，畜肉内部的成熟度比较理想并带有肉汁。通过这两种方法制作的畜肉，最大的成熟度是七八成熟，如果内部的成熟度达到十成熟，畜肉的内部将失去肉汁，肉质会坚韧。因此，嫩牛肉最适合使用焗和扒的方法。而猪肉由于必须是十成熟才能食用，因此使用水热法烹调。

（1）温度控制

通过焗或扒的方法制作畜肉的目的不仅使畜肉达到理想的成熟度，还要使畜肉的外观美观，增加风味，使其表面产生一层酥脆的外皮，因此温度控制是关键。通常时间越短，需要的温度就越高。相反，时间越长，需要的温度就越低。否则，畜肉烹调成熟时，其外观还没有达到理想的颜色。使用这两种方法的温度控制取决于需要的成熟度和肉块的厚度。通常七八成熟的肉排需要较低的温度，较薄的肉排需要达到三四成熟时，应当使用较高的温度烹调。此外，控制牛排的烹调温度还可以通过升高和降低炉中的烤架来完成。控制牛排的温度方法是将牛排放在扒炉的不同位置。因为扒炉不同的位置，它的温度也不同。

（2）调味控制

通常在焗肉或扒肉前将畜肉调味，在畜肉的表面涂抹上少许盐、胡椒粉和植物油，这样会使畜肉入味。但一些厨师认为在畜肉表面涂上盐会吸收畜肉内部的水分，使畜肉的嫩度下降。

（3）制作程序

①预热炉或烤箱。

②将畜肉两边调味，刷上植物油，将烤架或铁条刷上油，防止粘连，保持畜肉内部的水分和嫩度。

③将畜肉放在烤架上或扒炉的铁条上，焗或烤。

④当畜肉一面成为浅棕色后，翻转另一面，继续焗或烤，直至成熟，立即上桌。

3. 嫩煎（sauteing）

嫩煎畜肉是用少量食油作为热媒介，通过将原料翻动使畜肉成熟的方法。这种方法制出的畜肉质地细嫩。嫩煎前应当将炒锅预热，然后放入少量的植物油或黄油，放畜肉片，通过炒锅或平底锅中的热传导将菜肴制熟。在西餐的制作中，嫩煎和煎的制作方法没有明显的区别。嫩煎畜肉时，每次制作的数量不宜过多，否则会降低炒锅温度。嫩煎肉类菜肴之前应在原料上撒些干面粉以使菜肴着色均匀，防止原料粘连。菜肴接近成熟时应放少量葡萄酒或高汤，旋转一下炒锅，这样可以融化炒锅内浓缩的原汁，并且增加菜肴的味道。

4. 煎（pan-frying）

煎与嫩煎很相似，只不过煎所用的畜肉原料体积较大，或肉块比较厚，煎使用的食油数量比嫩煎使用的数量多，它需要的温度比嫩煎需要的温度低，烹调时间比嫩煎需要的时间长，有时煎需要运用几种火力。操作前应将锅烧至七八成熟后放植物油，油热后，再将要煎的肉排下锅。先煎一面，待原料出现金黄色后再煎另一面。煎畜肉有时在平底炉进行，常被称为平底炉煎，制作方法与平底锅煎相同。使用这些方法烹调畜肉时应当选用嫩畜肉。

5. 炖（simmering）

西餐烹调中的炖与煮和氽的烹调原理非常相似，它也是将原料放入液体中加热成熟。西餐菜单中常用炖（simmer）字代替煮（boil）字。在炖肉中使用的汤汁比较多，而炖畜肉的锅却不需要太大，这样可以保证锅中的水分足以漫过畜肉。炖畜肉的温度常在 90～95℃，需要较长的烹调时间。对于嫩度差的畜肉部位，应选用炖的方法烹调，其基本程序是准备好要炖的畜肉，将其修饰好；准备好炖畜肉的水，新鲜的畜肉用开水炖；火腿和熏肉用冷水炖；不论任何种类的畜肉，放入锅中，水必须漫过畜肉；当畜肉放入锅中后，首先煮沸，然后降低温度，低温慢炖，撇去表面的浮沫，放调味蔬菜。需要冷吃的炖畜肉，应当使其在原汤中冷却。

6. 烧焖（braising）

这种烹调方法结合了干热烹调法和水热烹调法。它的制作方法是选用较大形状的肉块，先将畜肉煎成金黄色，然后在少量汤汁中加热成熟。烧肉时应先将主料撒上盐和胡椒粉，稍煎一下，使畜肉及其汤汁形成理想的颜色并增加菜肴的味道。然后将调味蔬菜、香叶等下锅炒至金黄色，加番茄酱，继续炒透，呈枣红色。将肉和汤倒入焖锅内，加葡萄酒、辣酱油和少许清水，用旺火煮沸后加盖，转小火慢慢焖烂。最后，将原料取出保温，并将原汁滤清。上桌前，将焖好的畜肉切成厚片装盘，浇上原汁即可。烧焖畜肉时，不要用汤汁将畜肉完全覆盖，因为畜肉依靠锅内的水蒸气加热成熟。一般情况下，汤汁的高度只覆盖畜肉的 1/3～1/2 即可，这样菜肴成熟后味道浓鲜。烧畜肉时，可在西餐灶上进行，也可以在烤箱内进行（把烹调锅盖上盖子，放在烤箱内）。

7. 烩（stew）

用烧焖方法制作的小肉块称为烩。烩畜肉的方法经常与烧焖法相同，有时烩畜肉块没有经过油炸的过程，而是直接放入原汤中炖制。

五、畜肉菜肴制作

1. 烤牛前膀肉原汁沙司

（1）原料

带骨牛前膀肉9千克，洋葱250克，西芹125克，胡萝卜125克，棕色原汤2升，细盐、胡椒粉各少许。

（2）制法

①将整理好的牛前膀肉带有脂肪的一面朝上，摆放在烤盘内，并将温度计插入牛肉内。烹调时间为3～4小时。烤炉的温度需要在150℃，五六成熟的牛肉的内部温度需要在54℃。在切割前，将烤好的牛肉在烤炉内停留30分钟。

②将牛肉从烤盘内取出，去掉一部分的烤肉滴下的牛油，放洋葱、西芹和胡萝卜。

③用高温将洋葱、西芹和胡萝卜烤成棕色，再撇去浮油，放500克棕色原汤，用高温将棕色原汤与烤肉原汁融合在一起。

④然后将混合好的烤肉原汁与剩下的1.5升棕色原汤放在沙司锅中，混合在一起，用高温加热，蒸发约1/3的液体后，过滤，用细盐与胡椒粉调味制成原汁沙司。

⑤服务时，切去骨头，将牛肉切成片，分为25份，每份带有约45毫升的原汁沙司。

2. 烤羊脊背肉

（1）原料

羊脊背肉两块（每块带有8个肋骨），细盐胡椒粉、百里香各少许，大蒜（剁成碎末）2瓣，棕色原汤500毫升。

（2）制法

①将修整好的羊脊背肉放在烤盘内，将带有脂肪的一面朝上。

②将烤炉的温度调至230℃，将羊肉烤至五六成熟，大约需要30分钟。

③将烤好的羊肉从烤盘中取出，放在温暖的地方。

④将烤箱的温度调至中等温度，将蒜末放在烤羊肉的原汁中，加热1分钟后，放棕色原汤，用高温继续加热直至蒸发1/2的水分后，用胡椒粉和盐调味，制成原汁沙司。

⑤在每个肋骨的位置将烤好的羊肉切片，每份羊肉两片，即带有两根肋条骨。每份烤羊肉带有30毫升的原汁沙司一起上桌。

3. 扒牛排马德拉沙司

（1）原料

西冷牛排数块（根据需要），每块约170克，植物油、马德拉酱，棕色沙司适量，淀粉类和蔬菜配菜适量。

（2）制法

①将修整好的牛排放入植物油的容器中，沥干多余的油。

②将牛排放在预热的扒炉上，当牛排约有1/4的成熟度时，将牛排调整一下角度，使牛排的外观烙上菱形烙印（约调整60°角）。

③当牛排半熟时，将牛排翻面，扒牛排的另一面，直至全部扒熟。

④将牛排放在热的主菜盘中，放上淀粉类配菜和蔬菜配菜。上桌时将马德拉沙司放在沙司容器中，与牛排一起上桌。

4. 罗马式火腿牛排

（1）原料

小牛肉排32块（每块约45克），盐、白胡椒粉少许，与小牛排直径相等的火腿肉片32片，洋苏叶32片，黄油110克，白葡萄酒350毫升。

（2）制法

①把扇形小牛排拍松，加盐和白胡椒粉调味，然后把火腿片和洋苏叶均匀地放在每片牛排的顶部，用牙签把它们固定。

②用黄油将牛排的两边煎成金黄色。

③加白葡萄酒继续煎，直到肉熟且白葡萄酒已部分蒸发，需要约5分钟。

④装盘时，每盘装2块牛排，火腿面朝上，每块牛排上面浇一小匙原汤。

5. 意大利镶馅牛排

（1）原料

小牛肋牛排16块，芳提娜奶酪340克，白胡椒粉少许，盐少许，面粉、鸡蛋液、面包屑各适量，黄油适量，迷迭香末1.5克。

（2）制法

①用刀整理肋骨排，将粘连在牛排的筋和软骨去掉，仅留下肋骨。

②在牛排上横切一个小口，形成口袋状。并用木锤轻轻地将小牛排拍平，但不要将牛排拍散。

③将奶酪切成薄片后，填满牛排上的切口，要保证所有奶酪都填在该口袋内，不要散到外面，并将切口轻轻捏紧。用少许盐和胡椒粉撒在牛排上。

④准备一块面板，将迷迭香末与面包屑搅拌在一起，将小牛排粘上面粉、鸡蛋液，再粘上面包屑。

⑤将牛排放在平底锅中，用黄油煎熟，立即上桌。

6. 瑞典莳萝牛肉

（1）原料

经过初加工的小牛前腿肉（切成2.5厘米正方形块）3.2千克，洋葱丁100克，香料袋1个（内装香菜茎5根，胡椒粒6个，香叶1片），水2升，盐15克，新鲜的莳萝末14克，油面酱（黄油和面粉炒好的糊）120克，柠檬汁30毫升，红糖7克，水瓜柳20克。

（2）制法

①将牛肉块放入锅中，加入洋葱、香料袋、水和盐煮沸，撇去浮沫。改成小火，然后加入1/2莳萝末，慢慢地煮，直至嫩熟时为止，煮1.5～2小时。

②过滤肉汤后，倒入另一个锅内，把汤中的洋葱和香粉扔掉。

③高温煮肉汤直至浓缩至约1千克。

④将油面酱放入汤中，使汤变稠，加入炖好的牛肉块、柠檬汁、红糖、莳萝末和水瓜柳用押调制好即可。

7. 炖五花牛肉

（1）原料

鲜五花牛肉4.5千克，洋葱230克，胡萝卜、西芹各110克，大蒜2瓣，香叶1片，胡椒粒1克，丁香2粒，香菜梗6根，盐少许。

（2）制法

①将牛肉放入沸水中煮开，然后移到小火炖。

②将洋葱、胡萝卜和西芹切成块，与其他调味品一起放入牛肉锅内。

③将肉煮至嫩熟后，捞出，放浅盘内，加适量原汤，使其浸泡在汤中。

④将煮熟的牛肉切成片，浇上辣根沙司并配以煮熟的熟菜。

8. 焖牛舌

（1）原料

牛舌2条（约700克），洋葱丁、胡萝卜丁各100克，香叶1片，番茄酱100克，黄油100克，盐、胡椒粉、辣酱油适量，牛原汤250克，红葡萄酒30克。

（2）制法

①将修整好的牛舌放入清水中，煮至六七成熟。

②将煎锅烧热后，放黄油，将牛舌四边煎黄后，放入少量葡萄酒和辣酱油，盖上锅盖，焖烧数分钟。

③另取焖锅将洋葱丁、胡萝卜丁煸炒成金黄色，加入番茄酱及香叶。煸炒后放入少量面粉，再煸炒数分钟，放入牛舌，同时倒入牛原汤。牛原汤的高度是牛舌高度的2/3。

④用旺火将其烧开后，用小火继续焖烧，直至焖熟。

⑤用适量食盐、胡椒粉调味后，取出牛舌，切片装盘，汤汁滤清后，浇在牛舌上。

9. 那波利炖猪排

（1）原料

意大利青椒或灯笼椒（红色或绿色）6个，蘑菇700克，西红柿1.4千克，橄榄油180毫升，大蒜瓣（剁成泥）2个，猪排16块，盐、胡椒粉少许。

（2）制法

①把青椒放在炉上烧，直到表面变黑，在流动水下去掉黑色的皮，除去里面的籽和核，把青椒切成条状。

②把蘑菇切成薄片。把西红柿去皮去籽，切成条。

③在较大的平底锅放橄榄油，油热后，加蒜末，煸炒，直到变成淡黄色，然后取出扔掉。

④用胡椒粉和盐将猪排调味，放入油中煎成金黄色，当完全变色后，取出放一边待用。

⑤在油中放辣椒条和蘑菇条，煸炒，把肉排和西红柿丁放入锅中，盖上锅盖，放在烤箱里烤，温度不要太高，直到肉块成熟，西红柿将会释放水分将肉排炖熟。要不断地检查锅中的水分，防止干锅。

⑥肉块炖熟后，从锅中取出，并保持热度。如锅内的汤汁太多，应当用高温将汤汁煮稠并调味。上桌时，猪排上放汤汁及汤中的蔬菜。

10. 布鲁塞尔红烩牛排

（1）原料

嫩牛肉 1.5 千克，洋葱丁 100 克，西芹丁 50 克，胡萝卜丁 50 克，煮熟的胡萝卜块 100 克，煮熟的白萝卜块 100 克，小卷心菜 100 克，煮熟的青豆 50 克、植物油 100 克，红葡萄酒 100 克，香叶 1 片，番茄酱 50 克，油面酱 50 克，盐、胡椒粉、辣酱油少许。

（2）制法

①将牛肉切成 10 大块，用木锤拍松，撒上盐和胡椒粉，用油煎成金黄色，放入烩肉锅。

②将平底锅烧热，放植物油，放洋葱丁、西芹丁、胡萝卜丁、香叶，煸炒成金黄色，放番茄酱，煸炒后，倒入牛肉锅内，加适量的清水、少许辣酱油，煮沸后，盖上锅盖，用低温炖 2 小时，直至牛肉酥烂，取出待用。将牛肉中的原汁与油面酱均匀的混合在一起，用盐和胡椒粉调味，制成调味汁。

③将炖好的牛肉放在调味汁中，加入胡萝卜块、白萝卜块、小卷心菜，炖 5 分钟。上桌时，将每餐盘放 1 块牛肉，放一些蔬菜和煮熟的青豆作配菜，浇上一些调味汁。

11. 烩牛肉

（1）原料

洋葱 0.5 千克，胡萝卜 0.5 千克，卷心菜 0.5 千克，蔬菜油适量，面粉 170 克，盐 10 克，胡椒粉 2 克，牛前膀肉（切成 2.5 厘米长正方形块）2.3 千克，黑啤酒 1.25 升，棕色牛原汤 1.25 升，调味袋一个（内装香叶 2 片，百里香 1 克，香菜茎 8 根，胡椒 8 粒），蔗糖 15 克，煮熟的马铃薯适量。

（2）制法

①把洋葱剥皮，切成块，将胡萝卜和卷心菜切成块，用油将洋葱煸炒成浅金黄色后，放胡萝卜和卷心菜一起煸炒，并放置一边待用。

②在面粉中放少量盐和胡椒粉调味，撒在肉上，并筛去多余面粉。

③将肉块煸炒成金黄色。注意每次不要摆放太多的肉块，当肉块成金黄色时，把它们放在盛有蔬菜的锅内。

④将啤酒、调味袋、原汤放入牛肉和蔬菜锅中。烧开后，放入烤箱内，加热至 160℃直至肉熟烂。需要 2 ~ 3 小时。

⑤去掉浮油，调匀调味汁，如汤汁太稀可加高温，使其蒸发部分水分；若汤汁太稠可放一些棕色原汤。调味，上桌时，放入煮熟的马铃薯。

第二节　家禽类菜肴制作

1. 烤火鸡苹果沙司

（1）原料

火鸡1只约3500克，苹果沙司300克，熟红菜头丁250克，豌豆250克，加工好的菜花250克，栗子500克，黄油250克，烤熟的小马铃薯20个，西芹、胡萝卜、洋葱各100克，香叶2片，胡椒粉5克，盐20克，香槟酒15毫升，生菜500克。

（2）制法

①将火鸡洗净后用线绳将火鸡捆绑好，使它受热均匀。

②在火鸡外皮撒上精盐、胡椒粉，用手搓匀，撒上黄油，鸡胸脯朝上，放在烤盘上。

③将胡萝卜块、洋葱块、西芹块和香叶放在火鸡内及它的外边四周。在烤盘内放些水和香槟酒，然后将火鸡送入炉内，炉温为200℃。待火鸡烤至金黄色时，降低炉内温度，直至成熟。

④将栗子煮熟捞出，剥去皮，加黄油、砂糖和牛奶焖熟待用，将豌豆煸炒熟，待用，将菜花放入鸡原汤中煮熟，待用。

⑤将烤好的火鸡装入大浅盘中，将烤好的马铃薯摆在火鸡周围，将栗子放在盘中间，将菜花、豌豆、红菜头丁交叉着摆成堆，用少许生菜叶围边。

⑥将烤火鸡原汁过滤，上火烧开，浇在鸡腿上，苹果沙司分装两个容器内一起上桌。

2. 烤鸡原汁沙司

（1）原料

嫩鸡肉4只（每只1.4~1.6千克），洋葱（切成丁）180克，西芹丁90克，胡萝卜丁90克，细盐、胡椒粉各少许，浓原肉鸡汤3升，玉米粉69克，冷水60毫升。

（2）制法

①用胡椒粉与细盐涂抹肉鸡的内部和外皮，捆绑好肉鸡，在其外部刷上植物油。

②将西芹、洋葱和胡萝卜丁放在烤盘上，在烤盘上放上烤架，将肉鸡放在烤架上，鸡胸脯朝下。

③将烤炉预热至230℃，将肉鸡约烤15分钟后，调至165℃，45~60分钟后，将鸡胸脯朝上，将烤盘滴下的鸡油浇在鸡胸脯上，约45分钟后，肉鸡成熟，取出后放在温热的地方。

④将肉鸡取出烤架，用高温将洋葱、西芹和胡萝卜烤成浅棕色后撇去浮油，倒入鸡肉原汤，然后再将混合好的鸡肉原汤和烤肉鸡的原汁倒入煮锅中加热，使其浓缩，蒸发掉1/3的水分。

⑤将玉米粉与冷水混合在一起，倒入浓缩的鸡肉原汤中，放盐和胡椒粉调味，低温炖煮，使其浓缩，过滤，制成沙司。

⑥上桌时，每份烤肉鸡附60毫升的原汁沙司。

3. 烤肉鸡

（1）原料

整理好的嫩肉鸡块（整鸡切成四块），面粉230克，细盐25克，辣椒粉4克，白胡椒粉1克，百里香0.5克，植物油450克。

（2）制法

①将面粉、细盐、辣椒粉、白胡椒粉和百里香混合在一起。

②用干净的烹调纸将肉鸡上的水分吸干，将调味面粉撒在肉鸡上。

③将肉鸡的外部刷上或喷上植物油，不要刷得太多，以免肉鸡滴油。

④将肉鸡分别放在两个烤盘上，鸡大腿部和鸡胸部分开，皮朝上，烤炉的温度约175℃，直至烤熟，约1个小时。

4. 焗童子鸡

（1）原料

童子鸡5只（每只约900克），植物油120毫升，细盐和胡椒粉少许。

（2）制法

①将童子鸡整理好，切成两半，用盐和胡椒粉涂抹在鸡肉上，两边刷上植物油。

②将刷过植物油的童子鸡放在烤架上，用较低的温度将其烤成半熟，并且将鸡肉焗成浅棕色。

③用烹调夹子或叉子童子鸡翻面，继续焗，直至焗熟，并将童子鸡的表皮焗成理想的棕色。

④上桌时将皮朝上，半只童子鸡放入一个主餐盘中，旁边放上淀粉类配菜和蔬菜。

5. 煎面包糊鸡排

（1）原料

去皮鸡胸脯肉一块（约120克），鸡汁沙司60毫升，煮熟的鲜芦笋尖3根，松露1个（切成片），食盐、胡椒粉各少许，鸡蛋2个（搅拌均匀），面包渣、面粉适量，植物油300克。

（2）制法

①将鸡肉稍加修整，用木锤拍松，使其厚度均匀。

②将少许盐和胡椒粉撒在鸡肉上并将鸡肉两面粘上面粉、鸡蛋液和面包渣。

③将挂好糊的鸡肉放在煎锅内煎熟。

④将鸡汁沙司加热后，浇在鸡肉上，配上芦笋和松露。

6. 扒茴香鸡胸脯

（1）原料

去皮鸡胸脯肉1个（约110克），大蒜瓣1个，新鲜茴香20克，小洋葱5克，橄榄油、黄油各适量，法国茴香酒、盐、胡椒粉、压碎的茴香籽等少许。

（2）制法

①将大蒜和小洋葱切碎。

②橄榄油、蒜末、茴香籽、盐和胡椒粉搅拌在一起。

③将鸡胸脯肉整理好，用木锤拍松，放在橄榄油中腌渍片刻。

④将腌好的鸡胸脯肉放在扒炉上烤，并且边烤边浇些橄榄油。

⑤将法国茴香酒、盐和胡椒粉调成汁，浇在餐盘上，上面摆放扒好的鸡胸脯肉。

⑥将鲜茴香煸炒熟后，摆在鸡胸脯肉上作装饰品。

7. 串烧鸡片

（1）原料

鸡胸脯肉50克，猪咸肉30克，蘑菇10克，棕色沙司15克，胡椒粉、植物油少许。

（2）制法

①将鸡胸脯肉、咸火腿肉、洋葱和蘑菇切成3.3厘米见方形或圆形片。

②用扦子将鸡肉、咸肉、蘑菇、洋葱片串好，片与片之间不要太接紧，以便烤透。

③将串好的鸡肉片，撒上胡椒粉，喷上食用油，放在扒炉烤熟后取下，装盘。

④浇上棕色沙司即成。在鸡肉两旁放一些蔬菜作为装饰品。

8. 嫩煎鸡胸脯肉带鲜蘑沙司

（1）原料

带皮去骨的鸡胸脯肉10块约1.6千克，融化的黄油60克，面粉60克，白鲜蘑片280克，柠檬汁30毫升，奶油鸡沙司600克，盐、胡椒粉各少许。

（2）制法

①将黄油放在平底锅中，加热，用盐和胡椒粉将鸡肉抓一下调味，粘上面粉，然后将鸡胸脯肉放在平底锅中嫩煎，皮朝下。

②将鸡胸脯肉嫩煎成半熟，皮成为浅棕色后，翻至另一面，继续嫩煎，直至成熟。

③将嫩煎熟的鸡胸脯肉，皮朝上，放在热的主餐盘上。

④将鲜蘑片放在平底锅中，煸炒成金黄色，放柠檬汁和奶油鸡沙司，炖几分钟后，直至减少部分水分，达到理想的浓度，制成鲜蘑沙司。

⑤每份鸡肉浇上约60毫升的鲜蘑沙司，旁边放上淀粉类配菜和蔬菜。

9. 炸黄油鸡卷

（1）原料

去骨去皮鸡胸脯肉4块（每块125克），黄油（室温）60克，大蒜（剁成泥）2瓣，青葱末1克，蛋黄奶油沙司，盐、胡椒粉各少许。

（2）制法

①将大蒜末和黄油混合在一起，制成4个重量相等的长方形的条，尺寸约是5厘米×1厘米。

②将鸡胸脯肉放入两层烹调纸之间，用木锤将鸡肉拍松，拍成约5毫米的厚度。

③将每个黄油条放入每个鸡胸脯肉的中间，将鸡胸脯肉卷起，紧紧地包住黄油。

④将包裹好黄油的鸡肉卷粘上细盐、胡椒粉、面粉、鸡蛋液和面包屑并冷冻。

⑤需要时，将鸡肉卷放入热油中，炸至金黄，直至炸熟，上桌时，带上蛋黄奶油沙司，

旁边放上淀粉类配菜和蔬菜。

10. 佛罗伦萨水波鸡胸脯肉

（1）原料

无骨无皮鸡胸脯肉 10 块（每块约 175 克），鸡肉原汤 1 升，白葡萄酒 250 毫升，鲜奶油 250 毫升，油面酱（黄油煸炒面粉制成）125 克，香叶半片，百里香少许，迷迭香少许，大蒜（剁成泥）1 瓣，盐、胡椒粉少许，黄油适量。

（2）制法

①将鸡肉原汤、白葡萄酒、百里香、迷迭香及大蒜、少许盐和胡椒粉放在一起。

②在汤中放鸡胸脯肉，煮开后，用低温煮，直至鸡胸脯肉成熟后从煮锅中取出。

③加奶油，加热，直至将奶油鸡肉原汤减少至原来的 1/3，加入黄油面酱，将原汤制成理想的浓度，成为沙司，过滤，用少许盐和胡椒粉调味。

④上桌时，水煮好的鸡胸脯肉浇上奶油鸡原汤沙司，旁边放上米饭和蔬菜等配菜。

11. 焖浓味鸡块

（1）原料

肉鸡 5 只（每只约 1 千克），洋葱丁 60 克，鲜蘑片 230 克，白葡萄酒 200 毫升，浓缩棕色原汤 750 毫升，鲜西红柿丁 300 克，盐、胡椒粉各少许，香菜末 7 克。

（2）制法

①将每只肉鸡切成 8 块，用少许细盐和胡椒粉调味。

②将调好味的鸡块放入大平底锅中，煸炒，使其着色，然后从锅中取出，放入容器内，保持热度。

③在平底锅中加洋葱丁和鲜蘑片，煸炒，不要着色，加白葡萄酒，高温加热使其蒸发，减少 1/4 后加入浓棕色原汤和西红柿丁，煮沸，使其蒸发一部分水分后，加少许盐和胡椒粉调味，制成沙司。

④将煸炒好的鸡块放入沙司中，盖上锅盖，炉温调至 165℃，慢慢炖 20 余分钟，直至炖熟。

⑤炖熟后，从锅中捞出，用高温将炖鸡的原汤的水分蒸发一部分后，放香菜末，用盐和胡椒粉调味，制成沙司。

⑥每份半只鸡，浇上约 80 毫升沙司，旁边放上淀粉类配菜和蔬菜。

12. 煎瓤馅鸡胸

（1）原料

去骨鸡 4 块、辅料奶油沙司 300 克，煮萝卜 50 克，鸡肉 100 克，鸡蛋 20 克，奶油 20 克，酒 20 毫升，葱头、杂香草、盐、胡椒粉少量，土豆、蔬菜 200 克。

（2）制法

①所有馅料放入搅拌器内打成细腻的鸡肉馅。

②鸡胸从打头片开一刀，成口袋状，然后添入鸡馅，蘸面粉，用小火少量油加热上色，盖上锡纸烤熟。

③胡萝卜泥放入奶油沙司中搅拌。

④鸡胸片成三片，码在盘中间，撒上沙司，旁边配上土豆泥和时令蔬菜即可。

第三节　水产品菜肴制作

1. 白酒沙司比目鱼

（1）原料

去皮比目鱼110克，黄油5克，小洋葱末4克，白葡萄酒15克，奶油20克，鱼原汤适量，柠檬汁、食盐和白胡椒粉少许。

（2）制法

①将去皮比目鱼肉，顺着鱼方向切成条，宽度约为3.3厘米。

②将小洋葱末和黄油放入平底锅，稍加煸炒后，再将鱼叠成卷，放入锅内。加入白葡萄酒、鱼原汤。鱼汤高度以超过鱼为宜。

③取一张烹调纸，抹上黄油，剪成圆形与平底锅尺寸相同，抹油的一面朝下，作为锅盖。

④将锅放在西餐灶上，炉温200℃，将汤烧开后再用小火煮5分钟。

⑤将鱼汤倒入另一锅，再用大火将鱼汤煮浓，大约减少1/4后，加奶油，再煮沸片刻以减少水分。放入盐，白胡椒粉和柠檬汁，制成白酒沙司。将鱼装在餐盘上，浇上沙司。

⑥上桌前，将制好的鱼摆在主餐盘上，旁边配上米饭和蔬菜等配菜。

2. 烤纸包鱼片

（1）原料

去骨鱼扇170克，黄油30克，鲜蘑30克，韭葱15克，冬葱2克，白葡萄酒25克，鱼原汤60毫升。

（2）制法

①将油纸剪成心形，其大小以包住鱼扇为宜。

②将煎锅烧热，放入黄油。

③用少量盐和胡椒粉涂在鱼肉上，将鱼煎至金黄捞出。

④将剪好的心形油纸制成口袋，装进煎好的鱼。然后，放适量的鱼原汤、白酒和鲜蘑，将口袋封严，放在热烤盘上，烤盘先涂上黄油。

⑤将鱼放入热烤箱，烤5～8分钟即可。

3. 黄油煎比目鱼排

（1）原料

去骨比目鱼排（每份60克）20块，面粉90克，食盐、白胡椒各少许，柠檬汁30毫升，香菜，切碎成末15克，黄油400克，柠檬去皮，切片20片。

（2）制法

①所有原料准备齐全，在烹调前将鱼用盐与胡椒粉调味，裹上面粉。

②将平底锅放在温火上预热后，加热植物油至七成热，抖掉鱼肉上多余的面粉，将鱼排内面朝下（鱼皮一面朝上）放入平底锅内煎成金黄色。

③将鱼块翻过来，煎另一面，成金黄色为止。注意在翻动鱼排时，不要将鱼排弄碎。

④用铲子把煎熟的鱼排从平底锅中铲起来，注意不要弄碎，放在热的餐盘上。

⑤在鱼排上撒柠檬汁和香菜末。

⑥在平底锅上将黄油加热，直到它微微变成金黄色为止。

⑦将热黄油浇在鱼排上，在每块鱼排上放一片柠檬，立即上菜。

4. 黄油柠檬沙司鱼排

（1）原料

鱼排1块（140克），盐、白胡椒各少许，植物油适量，黄油柠檬沙司（黄油、柠檬汁、白醋、香菜末、盐和胡椒粉搅拌而成）适量，柠檬2块。

（2）制法

①用盐和胡椒粉腌渍鱼排。

②把植物油倒入一个小深盘，使鱼排浸入油中。

③把鱼放在预热好的西餐炉烤架上，用中等火成半熟，用铲子翻面，刷油，继续烤至熟。

④把鱼放在餐盘上，将黄油柠檬沙司浇在鱼排上，用柠檬块作装饰，配上淀粉类配菜和蔬菜。

5. 炸西法鱼排

（1）原料

面粉110克，生鸡蛋（拌匀）4个，牛奶250毫升，干面包屑570克，鱼排25块（每块110克），嫩香菜茎25根，柠檬块25块，塔塔沙司（tartar sauce）700毫升。

（2）制法

①将面粉放入一个浅容器内，将鸡蛋与牛奶搅拌在一起成糊状，放在宽口的容器内，把面包屑放在另一个浅的容器内。

②把鱼排放入盐和白胡椒粉中抓一下以入味。然后裹上面粉，裹上鸡蛋和牛奶糊，外面紧拍一层面包屑。

③将鱼排放在170℃热油中，炸至金黄色。

④滤去油后，趁热上桌，在每个鱼排上浇上30克塔塔沙司，放1颗香菜和1片柠檬作装饰，配上淀粉类配菜和蔬菜。

6. 扒鱼排

（1）原料

鱼排10个（每个175克），植物油适量，细盐、胡椒粉少许，柠檬1个（榨成汁），辣椒粉少许。

（2）制法

①将鱼排两边撒上胡椒粉和细盐，刷上植物油。

②将扒炉铁棍刷上植物油，将鱼排放在铁棍上，用中等温度扒，待一边烤至金黄色后，

再扒另一面，直至扒熟。

③上桌前，放上淀粉类配菜和蔬菜。

7. 意大利浓味鱼块

（1）原料

洋葱片110克，芹菜末30克，香菜茎6根，香叶1片，茴香籽0.5克，细盐8克，白葡萄酒500毫升，水3升，去皮白面包3片，酒醋125毫升，香菜叶45克，大蒜1瓣，水瓜柳30克，鳀鱼肉4块，煮熟的鸡蛋黄3个，橄榄油500毫升，盐、胡椒粉少许，鱼16块（每块110克）。

（2）制法

①把洋葱片、西芹末、香菜茎、香叶、茴香、盐、白葡萄酒加上3升水煮沸，然后低温煮15分钟，制成浓味原汤。

②把面包浸在醋里15分钟，然后挤掉醋，制成面包末。

③把香菜叶、大蒜、水瓜柳、鳀鱼肉放在切菜板上剁成碎末。

④把鸡蛋黄和面包末放在碗里，与香菜、大蒜、鳀鱼等碎末混合，直到混合均匀，然后放入植物油，慢慢搅拌，像做蛋黄酱一样，当所有的油加入后，调味汁的质地应像奶油，但不像蛋黄酱一样浓。加盐和胡椒粉调味，制成浓味沙司。

⑤将鱼块放在浓味原汤中，煮熟后捞出，放入餐盘。

⑥在每一份鱼上浇45毫升浓味沙司，放配菜，然后立即上桌。

8. 法国咸鳕鱼酱

（1）原料

咸鳕鱼1千克，大蒜（切成末）2瓣，橄榄油250毫升，牛奶150毫升，奶油100毫升，白胡椒粉少许，油炸面包条适量。

（2）制法

①把腌制的咸鳕鱼放入冷水中浸泡24小时，经常换水，去掉部分咸味。

②把鳕鱼放入锅中，放水至没过鱼。煮沸后用小火慢煮5～10分钟，直到完全煮熟。鳕鱼成块状，不要煮过火。将鱼捞出后切成小薄片，去掉骨头和皮。

③将鱼用搅拌器搅拌成鱼酱。

④把油放在容器里预热，将牛奶和奶油放在一起预热。

⑤慢慢地向鱼肉中加热油和热奶，搅拌，逐渐加入，直至将鱼肉搅拌成土豆泥状，放白胡椒粉调味，放入较深的容器内，整理成型使表面光滑。

⑥趁热上桌，将面包条放在另一餐盘中，随鳕鱼酱一起上桌。

9. 焗龙虾

（1）原料

活龙虾1只（约500克），融化的黄油60克，面包屑30克，冬葱末15克，香菜末、食盐、胡椒粉各少许，柠檬2块。

（2）制法

①将活龙虾由头至尾竖切成两半，去掉虾的内脏和黑线，肝脏洗净，切成碎末。

②将洋葱放在黄油中煸炒嫩熟，放龙虾肝末，煸炒至熟。

③把面包屑放入黄油中煎至浅褐色，然后取出，加入香菜末，用盐和胡椒粉调味。

④把龙虾放在平底锅中，皮朝下。再把面包屑放入龙虾的体腔内，注意不要放到虾尾肉上。在虾尾上刷上融化的黄油。

⑤把几只虾腿放在腹腔的填料上面，将尾部向下弯，防止虾尾烤干。

⑥把龙虾放在西餐焗炉中，距离焗炉上部的热源 15 厘米，直至龙虾上面的面包屑全部变成浅褐色。

⑦此时，龙虾并没完全成熟，需要把放有龙虾的烤盘放到烤炉里，直至烤熟为止。

⑧当龙虾熟透，从烤炉中取出，放入餐盘，餐盘中放一小杯融化的黄油，盘中放 2 块柠檬作装饰品，配上淀粉类配菜和蔬菜。

10. 炒香茄鲜贝片

（1）原料

经过整理的大鲜贝片 1.2 千克，橄榄油 60 毫升，加热后纯化的黄油 60 毫升，面粉适量，大蒜末 4 克，西红柿丁（去籽去水分）110 克，香菜末 15 克，盐少许。

（2）制法

①用吸水纸巾将鲜贝水分吸干。

②将黄油与橄榄油放在一起加热。

③将面粉撒在鲜贝片上，然后把它们放在筛子里晃动，把多余的面粉筛掉，放在平底锅里快速煸炒，不时晃动平底锅，以防鲜贝粘锅。

④当鲜贝片炒至半熟时，加辣椒末，继续煸炒至变成金黄色。

⑤加西红柿丁和香菜末，直至将西红柿煸炒成熟，加入少许盐，调味，立即上桌。

11. 香炒虾仁

（1）原料

虾仁 1.2 千克，辣椒粉 2 克，红辣椒末 0.5 克，黑胡椒粉 0.5 克，白胡椒粉 1 克，百里香 0.25 克，罗勒 0.25 克，洋葱片 170 克，盐 3 克，蒜末少许，纯化的黄油适量。

（2）制法

①将辣椒粉与所有的香料、盐制成混合调料。将虾仁放在吸水纸巾上吸去水分，然后与混合调料搅拌。

②将洋葱和蒜放在平底锅中，放少许黄油煸炒至金黄，从锅中取出待用。

③在平底锅加少许黄油，将虾仁放在锅中煸炒至嫩熟，放入洋葱和蒜末，稍加煸炒。装盘时，配上米饭。

12. 渔夫式烩海鲜

（1）原料

去皮、骨的鱼肉 900 克，带壳蛤肉 10 个，生蚝 20 个，大虾仁 10 个，橄榄油 120 毫升，洋葱片230克，韭葱条230克，大蒜末4克，茴香籽0.5克，番茄丁340克，鱼原汤2升，白葡萄酒100毫升，香叶2片，香菜末7克，百里香0.25克，盐10克，胡椒粉0.5克，烤好的法国面包片适量。

（2）制法

①将鱼切成块，每块90克。洗净蛤肉和生蚝。洗净虾仁去除黑线。

②将橄榄油放在沙司锅内加热，加入洋葱片、大蒜末和茴香籽，煸炒几分钟，放入鱼块和虾仁，盖上锅盖，用中等温度炖几分钟。

③去掉锅盖加入生蚝，放番茄、鱼原汤、白葡萄酒、香叶、香菜、百里香、盐和胡椒粉，盖上锅盖至煮开，再用小火炖15分钟，直到蛤肉和生蚝壳打开为止。

④上桌前，在汤盘的底部放两片面包，面包上面放1块鱼，1个蛤肉，2个蚝肉和1个虾仁，在汤盘中加入约200克原汤。

13. 蛤肉番茄沙司

（1）原料

小蛤6.8千克，水0.5升，橄榄油200毫升，洋葱丁140克，蒜（切成末）3瓣，香菜末20克，白葡萄酒350毫升，西红柿（去皮，去籽，切成块）700克，胡椒粉、细盐少许。

（2）制法

①将小蛤放入冷水中刷洗，洗去壳上的泥沙。

②将蛤放入水中，盖上锅盖，小火煮至蛤壳张开。将蛤捞出后，将煮蛤的汤过滤后，备用。

③将小蛤去壳，留下16个带壳的小蛤，作装饰用。

④在平底锅内放橄榄油，煸炒洋葱块，直至嫩熟，不要上色，然后加入蒜末稍加煸炒，加葡萄酒和香菜稍煮，加西红柿丁和蛤汤，炖5分钟，用盐和胡椒粉调味，制成沙司。

⑤将蛤肉再放在沙司中稍加热，不要煮过火，保持蛤肉的嫩度。

⑥上菜时，汤中放些去皮的面包块。

14. 焗砂锅海鲜

（1）原料

去骨、去皮的熟鱼肉1.5千克，熟蟹肉、熟鲜贝肉和熟龙虾肉共计1千克，黄油110克，热莫勒沙司（传统的热菜调味汁，由白色沙司、黄油、鸡蛋黄、瑞士或帕玛森奶酪末及调味品制成）2升，帕玛森奶酪110克，细盐、胡椒粉少许。

（2）制法

①仔细检查鱼片和海鲜中是否含骨头和皮，如有则去除，将鱼肉和海鲜肉撕成薄片，放入平底锅中煸炒，加入热莫勒沙司，低温炖制，放少许胡椒粉和盐调味。

②将炖好的海鲜平分6个砂锅中，上面撒上奶酪末，放入焗锅中，将奶酪末烤至金黄。

第二十七章　西餐常用甜食的制作

第一节　西餐甜食常用沙司汁的制作

沙司是指经厨师专门制作的菜点调味汁，是西餐菜肴的重要组成部分，在整道菜肴中起着举足轻重的作用。甜食沙司用来在西式甜食和点心中进行调味。

1. 巧克力沙司的制作

（1）原料

可可粉 25 克，生蛋黄 50 克，白糖 200 克，生奶 500 克，湿淀粉 25 克。

（2）制作方法

将锅刷洗干净，加入牛奶 400 克煮沸倒入容器。锅内加入牛奶 100 克，加入生蛋黄、白糖、可可粉、湿淀粉搅匀，陆续加入煮沸的牛奶搅匀，以文火烧至微沸，过滤入容器内备用。

2. 香草沙司的制作

香草沙司是西点中最常用的沙司，呈淡黄色。香草沙司主要通过牛奶、淡奶油、蛋黄、鲜香草熬制而成。香草沙司除了可以单独使用以外，还可作为其他沙司的基础，调节制作其他口味的沙司，如利用香草沙司可以调节出肉桂沙司、咖啡沙司、朗姆酒沙司等。

（1）原料

牛奶 300 毫升，淡奶油 300 毫升，白砂糖 160 克，蛋黄 150 克，鲜香草夹 1 支。

（2）制作方法

①将蛋黄、白糖混合搅拌均匀备用。

②将牛奶、淡奶油加热煮沸，快速冲入蛋黄中混合液中，快速拌匀。

③再次加热混合液并不断搅拌，待温度达到 90℃、液体开始变稠时，迅速离开火源停止加热。

④混合液过筛，自然冷却后备用。

3. 焦糖沙司的制作

焦糖沙司是利用白糖的焦化作用，将砂糖加热到 150℃以上，直到颜色呈棕色。

（1）原料

白砂糖 250 克，淡奶油 520 克。

（2）制作方法

①厚底锅中放入少量白糖，用小火加热并不断搅拌。

②白糖溶化后加入剩下的白糖继续搅拌加热至全部融化，颜色为棕色即可。

③在焦糖中加入1/3的淡奶油，约30秒后再加入1/3的淡奶油并慢慢搅拌均匀，再加入剩余的淡奶油继续上火煮至融化，待无结块后离火备用。

4. 草莓沙司的制作

（1）原料

草莓500克、白糖150克、柠檬汁20克。

（2）制作方法

①将草莓洗净然后切开。

②加入白砂糖拌匀，用保鲜膜包起来，放到冰箱里冷冻3小时以上，浸出草莓汁。

③将草莓汁放入锅中煮开，然后调至中火慢慢熬制到需要的稠度，加入柠檬汁和草莓酱混合均匀。

第二节　西餐常用甜食菜肴的制作

西餐甜食菜肴种类非常多，比较常见的和著名的品种有：巴伐利亚奶油（bavarian cream）、戚风（chiffon）、慕斯（mousse）、冰激凌（ice cream）、芭菲（parfait）、圣代（sundae）、蜜桃冰激凌（peach Melba）、海仑梨（pear helene）、库波（coupe）、帮伯（bombe）、火焰冰激凌（baked alaska）、果汁冰糕（sherbet）等。

一、分类

1. 巴伐利亚奶油（bavarian cream）

由鸡蛋奶油糊加上吉利丁片、抽打过的奶油和水果汁、利口酒、巧克力及朗姆酒等各种调味品，经过搅拌，放入模具冷冻成型的甜点。

2. 慕斯（mousse）

由抽打过的奶油、鸡蛋为主要原料，有时加入少量吉利丁片（Jeuy）为稠化剂，经过抽打成为半固体，装入模具中冷冻成型的甜品。上桌时，上面浇上咖啡、巧克力和水果酱等调味汁。

3. 冰淇淋（ice cream）

由奶油、牛奶、白糖、调味剂为主要原料，根据需要加入鸡蛋白、鸡蛋黄或全鸡蛋，搅拌、冷冻成型的甜点。冰淇淋有多个品种，比较传统的有以下6种。

（1）芭菲（parfait）

芭菲是传统的法国冷冻甜点，由鸡蛋、白糖、抽打过的奶油、白兰地酒和调味品制成，有时芭菲中放有水果，经过冷冻成型，食用时，常放在高的玻璃杯中。美式的芭菲特点是：各式冰淇淋分作数层放在高杯中，上面加入抽打过的奶油，巧克力酱或各种风味的糖浆和干果。

（2）圣代（sundae）

其是以冰淇淋为主要原料，上面浇上水果酱、巧克力酱或抽打过的奶油，常用碎干果仁作装饰品，经常放在甜点玻璃杯或金属杯中。比较著名的圣代是美尔芭桃（peach melba），以奥地利的女高音歌唱家娜莉·美尔芭（Nellie Melba，1861~1931 年）命名。其由煮熟的两个只桃子和香草冰淇淋制成，放在甜点杯中，桃的上面浇上水果酱和抽打过的奶油，有时加上少量的杏仁片。

（3）海仑梨（pears helene）

其是法国传统的冷冻甜点，由煮熟的梨块和香草冰淇淋组成，装在甜点杯中，浇上巧克力酱。

（4）库波（coupe）

库波原来的含义是杯子，现在代表由各式高脚玻璃杯或其他形状的金属杯盛装的冰淇淋和水果制成的冷冻甜点。

（5）帮伯（bombe）

其由 2~3 种不同颜色和口味的软化冰淇淋放入模具，经冷冻制成球形或瓜形的甜点，常被欧美人称为帮伯蕾斯。

（6）火焰冰淇淋（baked alaska）

烤阿拉斯加是由在冰淇淋的上面放一块清蛋糕，浇上蛋清和白糖搅拌成的糊，使用高炉温、快速地将蛋清糊烤成金黄色的组合式冷冻点心。

4. 冷冻酸奶酪（frozen yogurt）

其是由酸奶酪、调味剂、水果等主要原料，根据需要放鸡蛋和抽打过的奶油，经搅拌和冷冻，制成半固体的甜点。

5. 果汁冰糕（Sherbet）

果汁冰糕是一种用水稀释的果汁，起源于土耳其。当今的果汁冰糕是由碎冰块、水果汁、牛奶，有时放鸡蛋白和少量的葡萄酒或利口酒，甚至放一些吉利丁片增加浓度，经冷藏制成的饮料式点心。

二、常用甜食菜肴制作

1. 巴伐利亚奶油（bavarian cream，生产 24 份，每份 90 克）

（1）原料

无味的吉利丁片 45 克，冷水 300 克，鸡蛋黄 12 个，白汤 40 克，牛奶 1 升，香草精 15 毫升，浓奶油 1 升。

（2）制法

①将吉利丁片放入冷水中。

②将鸡蛋黄和白糖混合，用抽子抽打，直至溶液发亮变稠，再将牛奶慢慢地倒入抽打好的溶液中，并不断地抽打，同时将装有牛奶鸡蛋溶液的容器放入热水中，加热，继续抽打，直至溶液变稠，放软化的吉利丁片，继续抽打，直至制成鸡蛋牛奶糊（卡仕达糊）。放入冷藏箱冷却，经常搅拌以保持光滑。

③用抽子抽打奶油，直至能够固定形状为止，将抽打好的奶油放入变稠的鸡蛋牛奶糊中，

轻轻地搅拌在一起，放入模具中冷冻成型。上桌时从模具中取出。

2. 巧克力慕斯（chocolate mousse，生产25份，每份150毫升）

（1）原料

半甜的巧克力900克，黄油900克，鸡蛋黄350克，鸡蛋白450克，白糖140克，浓奶油500毫升。

（2）制法

①将巧克力融化。

②将黄油加入融化的巧克力中，搅拌，直至完全融合在一起。

③将鸡蛋黄慢慢地加入黄油巧克力混合体中，搅拌，直至完全融合在一起。

④用抽子抽打鸡蛋白，直至呈泡沫状，加白糖继续抽打，直至抽打成较坚固的泡沫状。

⑤将抽打好的鸡蛋白与巧克力混合体放在一起。

⑥抽打奶油呈泡沫状，与巧克力鸡蛋白混合体混合在一起，制成稠的糊状。

⑦用羹匙将黄油、鸡蛋、奶油和巧克力制成的混合糊装入模具中成型，或用挤花袋挤成各种花形，然后冷冻成型。

第二十八章　西餐常用早餐与快餐的制作

第一节　西式早餐

西式早餐品种丰富，营养搭配合理，烹调技法多样，涵盖面广，有鸡蛋、牛奶、酸奶、奶酪、黄油、鲜水果、罐头水果、水果干、果汁、果酱、各种肉制品、蔬菜沙拉、烤蘑菇、焗烤番茄、烩豆子、各式面包、饼干、各种谷物麦片、甜品饮料、咖啡、茶等，而且西式早餐在西式餐饮当中占有非常重要的地位。西式早餐的概念较为广泛，一般来讲，我们会把欧洲和美国民众的早餐按照食物内容分为欧陆早餐、英式早餐和美式早餐三类。

一、欧陆早餐

目前我们比较熟悉的欧陆式早餐，是一种只提供咖啡、茶、牛奶、黄油、果酱、面包和果汁的简单早餐。欧洲大陆各国的早餐也各有不同，不能简单地一概而论。按不同地域的早餐习惯可以分为德奥式早餐、法式早餐和意式早餐。

1. 德奥式早餐

传统的德奥早餐口味偏咸偏重，大家一般是以吐司、碱水包、咸面包为主，搭配果酱、黄油、奶酪片、香肠片食用。饮料有咖啡、果汁、牛奶、酸奶等选择。素食有谷物、蔬菜水果沙拉。肉食则一般有培根、肉卷、火腿、煎蛋、水煮蛋和本地特色的数种香肠。

2. 法式早餐

法国的早餐通常包含两部分：饮品和面包。饮品一般是黑咖啡、橙汁、柚子汁、茶。法国人一般喝斯里兰卡阿萨姆红茶、伯爵红茶。面包则有法棍切片、牛角面包（可颂），还有一种传统带葡萄干的甜面包卷。

3. 意式早餐

意大利的早餐和法国区别不大，注重方便快捷，都是以面包和咖啡为主。咖啡的种类除了普遍会喝的意式浓缩，也会有拿铁和卡布奇诺，有时还有热茶。

面包种类除了牛角包、面包卷以外，人们也会吃一种像曲奇饼一样的面包，用来蘸巧克力吃。牛角包则各人吃法不同，可以吃原味或涂抹上巧克力榛子酱、奶油或是果酱。除此之外，谷物、麦片、火腿片、香肠、熏肉、奶酪、酸奶和果汁也是意式早餐里比较常见的。

二、英式早餐

英式早餐在英国、爱尔兰、威尔士等地普及，它们虽同属于欧洲大陆，却因早餐食物内容特殊，被看作欧陆早餐的另一种类型。

英国的早餐可追溯至英国历史上的第一个黄金时期即 12 世纪中期 ~ 15 世纪末期的金雀花王朝，当时的王室贵族会在周末打猎后享受丰盛的早宴，一边聊天，一边分享打猎的收获，直至中午。国力的强盛和人民生活品质的提升，让上层阶级和平民百姓相继效仿王室华贵的早餐形式，后来，这种带着贵族血统的早餐形式得以盛行并被传承下来，也形成了一种悠久的饮食文化。

传统的英式早餐包括培根、鸡蛋、蘑菇、吐司、香肠、焗豆、薯饼等，并佐以茶或咖啡。虽然品类丰富可口，但这样的一顿早餐平均包含了 1300 卡路里，超过每日建议摄入卡路里的一半之多。所以现在的英式早餐出于对健康和身材的考虑简化了很多，人们开始选择麦片、蔬果沙拉作为早餐的主要食品。

煎香肠是早餐里的主角，含有一定的淀粉，适合胃口较好的人。虽然其是很传统的菜式，但它在英国每个小镇都有不一样的风味。为了满足各类人群的味蕾需求，英国人发明了不同种类和口味的香肠，也衍生出了不一样的制作方式，比如维多利亚女王就比较偏爱手工切肉制作成的香肠，而非机器搅打灌制。

烤番茄和焗豆是早餐桌上的经典配菜，其中酸甜的味道能中和培根、香肠带来的油腻感。烤番茄用整只或半只番茄撒上香草叶微烤，酸甜开胃又富含营养。

传统的焗豆做法是黄豆、洋葱、番茄膏和香料文火慢炖三至四小时，但由于制作耗时，现在人们多会用黄豆罐头配上番茄汁焗烤，吃的时候用叉子舀，剩余的酸甜酱汁可用餐包蘸，富含植物蛋白。蘑菇的做法用煎炒或焗烤均可，㸆干水分后加入橄榄油同煎，即使不额外调味，鲜味也不输肉类，当然也可以搭配奶酪酱汁来吃，香气和口味会更加丰富。

黑布丁是用猪血混合燕麦制成的血肠，有时也会加入小粒的肉糜来增加口感，切片香煎是最常见的吃法。一般来讲，黑布丁在英国越往北越受欢迎。

英式早餐茶是整个早餐中最重要的存在，是咖啡、果汁和牛奶都比不了的。没有一杯滚烫醇厚的热茶，整个早餐就很难被称为完整的餐，其仪式感也会被大大削弱。英国人的早餐茶比较浓。有些人喜欢单一品种茶叶，有些人喜欢拼配茶，拼配茶一般采用印度阿萨姆、斯里兰卡和肯尼亚的茶叶按一定比例混合而成，分别取其浓、香和色，口感醇厚浓烈，香气饱满，有淡淡的麦芽香和玫瑰香。浓郁的红茶会有涩味，喝前一般会加糖加奶或柠檬片来中和口感。

三、美式早餐

美国是移民国家，因此美式早餐汇集了欧洲各国的早餐精华，因内容多而被称为“复杂式早餐”或“全早餐”。美式早餐中，除了与欧陆式早餐内容相同的咖啡或茶、黄油、果酱、面包和果汁外，也会包括英式早餐中的焗豆、德式早餐中的香肠，还有麦片、谷物粥类、鸡蛋类、肉类等食品。不过随着生活节奏的加快，现在的人们也更多地选择了快餐式的早餐。上班族通常会在途经快餐店时购买汉堡、可乐、红茶或橙汁作早餐。

四、早餐制作

1. 鸡蛋

（1）煎蛋

煎蛋做法是在平底锅内放入少量黄油或者植物油，将鸡蛋打好放入小碗中，再倒入锅中来煎熟鸡蛋。西式煎蛋分为5种类型。

①Sunny Side Up——只煎单面，上面部分的蛋白和蛋黄不凝固，俗称“太阳蛋”。

②Over Easy——煎双面，两面蛋白煎熟，中间蛋黄要保持流质，俗称“溏心蛋”。

③Over Medium——煎双面，蛋黄、蛋白要刚好凝固成型，但要求煎的比较嫩。

④Over Well——煎双面，蛋黄、蛋白完全凝固。

⑤Over Hard——煎双面，戳破蛋黄，蛋黄、蛋白完全凝固。

（2）煮蛋

①带壳水煮蛋。

Soft Boiled——煮3分钟熟度，蛋白凝固、蛋黄流质。食用时用汤匙敲开蛋壳空的部分，用勺子舀着吃。

Hard Boiled——煮5分钟熟度，蛋白、蛋黄全凝固。

②去壳水煮蛋（水波蛋或者卧蛋）。

其也称“水波蛋”，做法是将蛋打在将沸的水中煮到适当熟度，保持它圆润完整的外观，凝结的蛋白包裹着金黄的流质蛋黄。可以放在英式马芬和火腿、培根上，吃的时候将蛋切开，用面包、肉片蘸流出的蛋黄汁吃。

“水波蛋”和我们平时说的“温泉蛋”是有区别的，温泉蛋是低温慢煮，蛋白、蛋黄性质相近，都处在半凝固状态；而“水波蛋”的蛋白凝固，蛋黄却是流质的。

（3）炒蛋

炒蛋是将鸡蛋打散在平底锅用黄油或者橄榄油温火炒至凝固即可，通常不放调料，需要顾客自己撒盐、胡椒粉或番茄酱、辣椒酱、碎芝士等，酱料的种类和用量凭个人口味添加。

（4）煎蛋卷

其是将三个蛋打散，煎好厚厚一层蛋皮，里面可以包上蘑菇、火腿、培根、青椒、芝士、番茄、洋葱、芦笋甚至牛排等做成的馅料卷成橄榄核型。

2. 松饼

（1）美式松饼

美式松饼也称“热香饼”，是用面粉和鸡蛋调成面糊，然后用油煎成如铜锣烧厚度、手掌大小的绵软松饼。美式松饼一般不会单吃，可以搭配糖浆、果酱、奶油或水果一起食用。

（2）英式松饼

英式松饼也称“英式麦芬”，起源于英国，但是在美国得到发扬光大。它不同于用杯子烤制的杯型麦芬蛋糕，是一种比较松软的、气孔很大的面包饼。

3. 面包圈

（1）甜甜圈

甜甜圈是来源于欧洲的油炸点心。这种面包呈中空的环状，表面是果酱、巧克力酱、坚果碎、糖霜，或在中间灌入奶油，种类丰富。甜甜圈虽然是高热量食物，但在美国是早餐的主食，一般家庭都会一次买上半打、一打的量。

（2）贝果

贝果和甜甜圈很像，但口感和热量完全不同。贝果来源于犹太人的硬面包圈，随着移民进入美国，后来成为纽约健康早餐的代表食物。贝果是面团发酵揉成圈形后，放到水里煮，再烘烤制成，外皮烤得越脆硬，内里面包的风味就越浓郁，质地也越柔韧。美国人吃贝果会横切成两个圈，在中间加料夹心。在北美地区还分为蒙特利尔甜味贝果和类似汉堡的纽约咸味贝果。

4. 早餐土豆饼

土豆煮熟去皮，擦成粗丝加盐、胡椒粉、豆蔻粉调味，拌匀之后将土豆碎放入稍高的烤盘内压平成饼状，再用模具刻成所需的形状大约一厘米厚，然后用黄油或植物油煎上色。

5. 法式煎饼包

将吐司面包去边儿之后，在一面抹上黄油，将两片面包粘在一起，切成两个三角形，在牛奶泡 2 秒钟再蘸上蛋液，用清黄油煎上色，配糖粉和糖浆食用。

6. 早餐香肠

其可以放入水中煮几分钟，但是不要煮破；也可以用煎锅煎上色或是放入烤箱烤至上色。

7. 烤培根

培根片依次整齐码放在烤盘上，放入 200℃的烤箱中，烤制焦黄控油后食用。

第二节　西式快餐

快餐是能够在短时间内提供给客人的各种方便的菜点，其最大特点是制作快捷、出菜迅速，其次是食用方便。快餐食品通常是即可以在餐厅内短时间食用，也可以携带出店外用手直接拿着食用，甚至还可以边走边吃，为现代人们快节奏的生活提供了方便。

适宜作为快餐食品的菜点品种很多，常见的品种有三明治、汉堡包、热狗和快捷面条等。

一、三明治

1. 火腿芝士三明治

（1）原料

吐司面包两片，火腿片 2 片，芝士片 2 片，黄油 10 克。

（2）制作过程

①将 2 片面包片并排铺开，一面抹上黄油，然后把火腿片和芝士片平均放上，将另外一片面包盖住火腿片和芝士片。

②用刀切去面包的四边皮，再对角切成两个三角形，即为火腿芝士三明治。

同理还可以制作奶酪三明治、鸡肉三明治、鸡蛋三明治、火腿三明治、烤牛肉三明治等。

2. 总会三明治

（1）原料

吐司面包 3 片，黄油 10 克，烤好的培根 15 克，火腿片 2 片，熟鸡胸 20 克，鸡蛋 1 个，酸黄瓜 1 根，番茄半个，生菜叶 2 片。

（2）制作过程

①鸡蛋打散煎熟成薄饼，酸黄瓜、番茄、鸡胸切片。

②吐司面包片烤黄，抹上黄油。

③在一片面包上放上生菜叶、番茄片和鸡肉片，然后压上第 2 片面包。

④在第 2 片面包上放上火腿片、酸黄瓜片和培根片，再压上第 3 片面包。用刀将面包边去除，切成两个三角形后用牙签固定，插在面包的中间即可。

3. 金枪鱼三明治

（1）原料

吐司面包两片，熟金枪鱼 75 克，酸黄瓜 20 克，千岛酱 10 克，生菜叶 1 片，黄油 10 克。

（2）制作过程

①吐司面包片烤黄，抹上黄油。

②将熟金枪鱼和酸黄瓜片放在 1 片面包上，淋上千岛酱，用生菜叶和另外 1 片面包盖住，用刀切去面包的四边皮，再对角切成两个三角形即为金枪鱼三明治。

二、汉堡包

汉堡是一种用肉馅制作的肉饼，最早源于德国的汉堡，传入美国后，有人把肉饼夹在小圆面包中食用，这就是汉堡包。后来又逐渐发展成为汉堡加配菜的多种制法，除了在面包中加肉饼外，还可以涂上黄油、芥末酱、番茄片儿，奶酪片等，有牛肉、鸡肉、鱼肉等品种。

（1）原料

汉堡面包坯一个，奶酪片 2 片，牛肉馅 150 克。吐司面包两片，牛奶 10 毫升，洋葱碎 5 克，生菜叶两片，番茄片两片，酸黄瓜 2 片，百里香、盐、胡椒粉适量。

（2）制作过程

①吐司面包去边，用牛奶泡软捏碎，和洋葱碎、百里香、盐、胡椒粉一起放入牛肉馅中。

②将牛肉馅和所有配料搅拌均匀制作成肉饼，煎至客人所需的成熟度。

③汉堡面包坯切开，抹上黄油在铁板或煎锅上煎至金黄，将生菜叶、番茄片、酸黄瓜码放在面包底托上，再放上牛肉饼、奶酪片，盖上面包盖即可。

三、热狗

热狗最早起源于美国，是用小长面包加上肉肠制成的一种方便食品，因其在白色面包内加上一根红色的香肠，很像夏天吐舌散热的小狗而得名“热狗”。

（1）原料

长面包 1 个，法兰克福香肠一根，黄油、法国芥末酱，番茄沙司少许。

（2）制作过程

①将长面包切开，但不要切断，抹上黄油烤至金黄。

②将法兰克福香肠加热，可以水煮或用烤箱烤，放在面包中间，再浇上番茄沙司和芥末酱即可。

热狗除了面包内加上香肠之外，可以将香肠的种类进行更换，还可以加上生菜，番茄片，酸黄瓜，各种蔬菜，奶酪等。

四、快捷面条

快捷面条在世界各地都很流行，在西式快餐中，意大利面条是最为广泛、最流行的、深受大家喜爱。

（1）用料

意大利面条 100 克，牛肉末 75 克，洋葱末 10 克，蒜茸 5 克，胡萝卜 10 克，芹菜 10 克，盐、胡椒粉、番茄酱、百里香、黄油、奶酪粉适量。

（2）制作过程

①将胡萝卜、芹菜切末；用黄油或者橄榄油炒香洋葱末、蒜末后，加入牛肉馅炒干水分，再加入蔬菜末、番茄酱炒透，加入汤汁香料，小火煮熟后最后放入盐、胡椒粉调味。

②将面条在盐水中煮熟，放入盘中，浇上肉酱，撒上奶酪粉即可。

第二十九章　西餐常用面包与糕点的制作

第一节　西餐常用面包制作

一、面包简介

根据资料记载，面包的发酵和制作技术是由古埃及人发明，当时的面包颜色都是棕色或黑色，随着面粉制作技术的提高，开始有了白色的面包。面包是以面粉、酵母、盐为主要原料，根据不同需要添加油脂、糖、鸡蛋、液体物质（水或牛奶）、果仁等原料，经过制作面团、发酵、分割成型、二次发酵、烘烤制成。面包在西餐的地位非常重要，是早餐、午餐、正餐、小吃和快餐的重要组成部分。欧美人喝汤和吃开胃菜时，习惯食用面包。面包还与其他食品原料一起制成各种菜肴，如面包布丁、三明治等。传统上，欧美人对面包的食用方法非常讲究，他们在早餐、午餐或正餐，各种用餐方式，食用不同的面包。如在大陆式早餐中，常食用牛角包、小圆油酥面包。在英式早餐，食用油酥面包，如丹麦面包、葡萄干朗姆甜面包和土司片。酒会和自助餐中常用长面包，如意大利面包、黑面包、白面包及各式各样的面包。正餐食用面包，如正餐面包、吐司等。

二、面包种类与特点

按照制作工艺，面包分为两大类，酵母面包和快速面包。按照面包的特点，面包可分为软质面包、硬质面包和油酥面包。

酵母面包，是以酵母作为发酵媒介制作的面包，这种面包质地松软，带有浓郁的香气，制作工艺复杂。酵母面包有多种：白面包、全麦面包、圆形稞麦面包、意大利面包、辫花香料面包、老式面包、正餐面包、甜面包、皮塔面包、丹麦面包和布里欧修面包。

1. 白面包

其是以白色面包粉、牛奶为主要原料加入适量的盐、白糖和黄油或人造黄油，通过发酵方法制成面团，然后在模具中成型的方形面包。面包内部为白色，表面浅棕色。

2. 全麦面包

其是以全麦面包粉、白色面包粉、牛奶为主要原料，加入适量的盐、白糖、糖蜜、黄油或人造黄油，通过发酵的方法制成面团，在模具中成型的方形面包。表面浅棕色，内部为灰色。

3. 圆形稞麦面包

圆形稞麦面包又称黑麦面包，以白色面包粉、稞麦面包粉、酸牛奶为主要原料加入适量的盐、白糖、糖蜜、黄油或人造黄油和叶蒿籽，通过发酵的方法，人工成型的圆形面包，表面浅棕色，内部为灰色。

4. 意大利面包

其是以白色面包粉和水为主要原料，加入适量的盐、白糖、黄油、植物油、鸡蛋白等，经发酵人工成型的面包。面包为长圆形，上部有刀切过的线，烘烤后会裂开，面包内部为白色，表面浅棕色。

5. 辫花香料面包

其是以白色面包粉和水为主要原料，加入适量的盐、软化的黄油或人造黄油、鸡蛋和迷迭香等，经发酵人工成型的面包。其有麻花形和椭圆形面包等。面包内部为白色，表面浅棕色。

6. 老式面包

其是以白色面包粉、牛奶为主要原料，加入适量的盐、白糖和黄油等，经发酵人工成型的小圆面包。面包内部为白色，表面浅棕色。

7. 正餐面包

其是以白色面包粉、牛奶为主要原料，加入适量的盐、白糖和黄油，经发酵人工成型的面包。形状和味道丰富，内部为白色，表面浅棕色。传统的品种有正餐长圆形面包、维也纳面包、辫花面包、花节面包、新月面包、圆形面包、风车轮面包等。

8. 甜面包

其是以白色面包粉、牛奶、白糖和黄油为主要原料，加入鸡蛋、盐，并根据面包的品种和特色加入各种水果、干果和香料，经发酵人工成型的各种形状和味道的小面包。面包内部为白色，表面浅棕色。例如，水果面包、肉桂面包、葡萄干面包、镶馅面包等。镶馅面包为圆饼形，镶有苹果和干果等馅心。

9. 皮塔面包

皮塔面包也称作口袋面包，以白色面包粉为主要原料，加入适量的盐、白糖、植物油等，通过发酵，人工成型的面包。面包为小圆形，烘烤后内部成口袋状，面包内部为白色，表面浅棕色。

10. 丹麦面包

其是以白色面包粉、牛奶和黄油为主要原料，加入适量的盐和白糖，通过发酵，人工成型的面包。这种面包有形状丰富，中间镶有各种馅心。例如，果酱馅心、杏仁馅心和奶酪馅心。烘烤后，面包内部为白色，表面浅棕色。常见的丹麦面包有风车轮面包、折叠式面包、信封式面包和鸡冠花面包等。

11. 布里欧修面包

其是法国著名的小圆形或郁金香花型的油酥面包，传统上，这种面包原料中含有布里奶酪。以白色面包粉、牛奶、黄油和鸡蛋为主要原料，加入适量的盐、白糖和柠檬粉，经发酵人工成型的面包。

12. 快速面包

快速面包以发酵粉或苏打粉作为膨松剂制成的面包。这种面包制作程序简单，制作速度快，而且不需要高超的技术，由此得名。快速面包尽管简便易行，但也是西餐业经营中的一项重要内容。此外，一些有特色的快速面包还为企业带来了很高的声誉。快速面包的主要用途是早餐及喝茶和喝咖啡时食用。根据这种面包自身特点，当日食用最佳。主要品种有各种油酥面包、马芬面包、水果面包、玉米面包、沃福乐、空心松饼、咖啡面包软质面包、硬质面包。

（1）油酥面包

油酥面包是以面粉、牛奶、油脂、发酵粉、盐和非常少量的糖为原料，特点是略带咸味和口感酥松。主要品种有酸奶面包、奶酪面包、香料面包等。

（2）马芬面包

简称马芬，是以面粉、牛奶、油脂、鸡蛋、发粉、糖、盐为原料制成的，带有甜味的松软、像小型的碗状的甜面包。这种面包含糖量常是油酥面包的10倍以上。主要品种有葡萄干香味马芬、枣仁干果马芬、全麦摩芬和黑莓马芬。

（3）水果面包

水果面包是以面粉、牛奶、鸡蛋、发粉、苏打粉、糖、盐、油脂，以及水果香料、水果汁或水果泥为原料制成的，带有甜味和水果味的香甜面包。例如，香蕉面包、橘子干果面包都是著名的水果面包。

（4）玉米面包

玉米面包是以相同数量的点心面粉和玉米粉、牛奶、油脂、鸡蛋、苏打粉、糖、盐为原料，经过烘烤制成的，带有甜味和玉米香味的酥松香甜面包。

（5）沃福乐

沃福乐是煎饼式的面包，以点心面粉、牛奶、植物油、鸡蛋、发粉、苏打粉和盐为原料，搅拌成面糊，倒入煎饼锅，经过烘烤，制成带有咸味的，酥松煎饼式面包。

（6）空心松饼

空心松饼是以鸡蛋、牛奶、融化的黄油或人造黄油、面粉和盐为原料，搅拌成糊，放入模具中经烘烤制成的带有咸味的酥松面包。这种面包的鸡蛋含量非常高。因此，烤熟后膨胀，高度常超过了模具的高度，其上部有裂缝，内部则形成空洞。

（7）咖啡面包

咖啡面包也称咖啡蛋糕，形状丰富，面包内部可以有香料、水果或干果，经常在早餐或下午茶时食用。

（8）软质面包

软质面包是松软、体轻、富有弹性的面包，如吐司面包、各种甜面包等。软质面包由含有较高的油脂和鸡蛋的面团为原料制成。

（9）硬质面包

硬质面包是韧性大，耐咀嚼，面包的表皮干脆，质地松爽的面包。如法式面包和意大利面包都是著名的硬质面包。硬质面包由少油脂、低鸡蛋的面团制成。

三、制作面包的原料

面包的主要原料有面粉、油脂、糖、发酵剂、鸡蛋、液体物质（水和牛奶等）、盐、调味品等。每一种原料都在面包中担当一定的作用。

1. 面粉

面粉是制作面包最基本的原料，小麦是最常用的品种。除此之外，稞麦粉、燕麦粉和玉米粉也常用于制作面包。蛋白质含量高的小麦粉常被人们称为硬麦粉，含蛋白质少的小麦粉称为软麦粉。面包粉属于硬麦粉，因为它含有较高的面筋质。稞麦粉有三种颜色：浅棕色、棕色和深棕色。由于稞麦粉本身不含面筋质，因此单一的稞麦粉不能制作面包，必须加入小麦粉。全麦粉是含有麸皮的小麦粉，有较高的面筋质，因此使用全麦粉制作面包时常加入部分精麦粉，以增加面包的柔软性。

2. 油脂

油脂是面包中常用的原料，包括氢化植物油、人造黄油、植物油、黄油等。油脂可使面包松软和酥脆，富有弹力，味道芳香。氢化植物油是制作面包理想的原料。由于其无色、无味，具有可塑性和柔韧性，而且有助于面团的成型，因此应用非常广泛。黄油和人造黄油味道芳香，但在常温下会熔化，所以其可塑性不如氢化植物油。植物油在常温下呈液体，是制作面包的常用油脂。

3. 糖

糖不仅增加面包味道和甜度，还是面包中的重要成分之一。它有促进面包发酵的作用，可使面包的质地细腻、均匀和松软，增加面包表皮的颜色并使其酥脆，提高面包的营养价值。

4. 发酵剂

面包中的发酵剂包括苏打粉、发粉、酵母等。发酵剂的作用是将气体与面团混合，无论是发酵面团产生的气泡，还是面包在烤箱中产生的气泡都会使面包变得轻柔、膨松。因此，面点师对发酵剂的使用非常精心。过多使用发酵剂会使面包过于松散；而发酵剂含量不足也会使面包粗糙，失去膨松性。

①碳酸氢钠俗称小苏打，其可与酸性物质和液体发生化学反应，在面团中起到发酵作用。发酵须在一定的温度下进行。小苏打含量过多，会使面包带有苦味。通常，苏打粉与酸性物质混合在一起时会很快地产生气体，这时面团最膨松，应立即进行烘烤，否则气体会散发。常用的酸性物质还有酸奶、醋、巧克力、蜂蜜、蜜糖和水果。

②发粉是化学混合物，该物质与水混合或受热后会产生气体，因此无须借助酸性物质，发粉有两个品种，一种称作单作用发粉，另一种称为双发粉。单作用发粉遇热后会立即产生气体；而双作用发粉中含有两种产生气体的化学物质，一种物质遇到液体会产生气体，另一种物质受热后立即产生气体。

③酵母为单细胞植物，当它与水和少量的糖混合时，繁殖速度很快，而且一边繁殖，一边释放出二氧化碳和酒精。在烘烤中，面团将酒精挥发，而二氧化碳却留在面团的面筋网中，从而使面团膨松。酵母只有在一定的温度范围内才能保持活性，低温时，它不工作或工作缓

慢，温度过高它的繁殖力会下降，甚至酵母菌会被杀死。通常它的最佳繁殖温度在 24 ~ 32℃，超过 38℃，细胞繁殖的速度开始下降。在 60℃时酵母菌不能生存。

④除了通过以上方法得到气泡外，利用抽打好的鸡蛋与面粉混合，也能得到理想的效果。同时，糖与油搅拌时，能吸收许多空气，从而使混合的液体呈奶油状这样制作出的面包酥脆，膨松。此外，还有些面包靠蒸汽产生松软的效果。因为面团中的水分遇热后成为蒸汽，蒸汽又使面团膨胀起来，从而达到理想的效果。

5. 鸡蛋

鸡蛋是制作面包常用的原料。鸡蛋不仅使面包的质地松软，表面光滑，且增加了面包的风味、营养和颜色。由于鸡蛋含有 70% 的水，因此在计算面团含水量时，应考虑鸡蛋中的水含量。

6. 液体

液体在制作面包中扮演着重要角色，它与面粉中的蛋白质混合后会形成面筋。液体有溶化和黏合干性原料的作用，干性原料与液体一起搅拌时，就成为面团。同时，面团中的液体又对面团的发酵起着促进作用。因此，液体具有使面包柔软和鲜嫩的作用。牛奶和水是制作面包常用的液体原料，含有牛奶的面包质地松软，味道鲜美，营养丰富。使用快速发酵法制作面包时，酸奶是理想的原料。全脂牛奶含有很高油脂，因此在计算面包中的油脂时，应包含牛奶中的油脂含量。水是制作面包不可缺少的原料，使用水时应注意不要使用含矿物质高的水。

7. 食盐

食盐不仅自己有明显的味道，还能增加其他调味品的调味作用。同时，它在面团中能促使面筋形成和控制发酵速度。

8. 调味品和香料

在面包中，常使用的调味品有香草、柠檬和橘子粉等。这些调味品可能是天然食品，也可能为人工合成，在增加面包的味道方面起着很大作用。此外，根据面包的种类，还可以选用各种香料为面包增加味道。常用的香料有多香果、梅斯、大料、香菜籽、生姜、丁香、小茴香和肉桂等。

四、酵母面包

酵母面包是以酵母作为发酵媒介制作而成。这种面包质地松软，带有浓郁的香气。它的制作工艺复杂，要经过和面、揉面、饧面、成型、再醒面、烘烤、冷却和储存等程序，其中任何一个程序都与面包的质量有着紧密的联系。

1. 酵母面团

酵母面包常使用的面团有三种：非油脂面团、油脂面团和油酥面团。

（1）非油脂面团

非油脂面团一种是以面粉、水、酵母和盐为主要原料的面团。这种面团适于制作法国面包、意大利面包及其他硬面包和外皮酥脆的面包。在非油脂面团中加入其他的原料和香料可以制作各种风味的面包。全麦面包和黑面包也是以非油脂面团为原料。一些非油脂面团也可以含有少量的氢化油脂、鸡蛋、白糖和牛奶，但油脂和糖的含量很低。这种面团适用于白色方面包和正餐小面包。

（2）油脂面团

油脂面团除了含有非油脂面团的全部成分外，还含有较多的油脂、鸡蛋和白糖。油脂面团还可以分为高糖面团和低糖面团。含糖高的油脂面团适用于制作早餐面包、丹麦面包及各种油酥面包。含糖量低的油脂面团适用于制作正餐面包，因其黄油和鸡蛋含量较高。

（3）油酥面团

制作油酥面团时，厨师将含少量的氢化油脂、鸡蛋、白糖和牛奶的非油脂面团擀成片，然后在面片中加入黄油或人造黄油使面包层次丰富，达到酥、松、脆的效果。油酥面团可以根据含糖量分为两种，含糖低的油酥面团是制作牛角包的原料，含糖高的油酥面团是制作丹麦面包的原料。

2. 和面技术

在酵母面包中，和面的最终目的是使面团产生面筋。尽管面筋产生的数量与面粉的品种有关，和面时投放酵母的方法、数量以及和面方式都会影响面团的质量。一个合格的面团应当表面光滑，质地均匀。通常，酵母面包的和面方法分为，直接和面法和二次和面法两种。

（1）直接和面法

直接和面法是将所有干性原料和液体放在一起，一次性搅拌成面团的方法。一些厨师在和面前，先将酵母溶化，再与其他原料混合，以保证酵母分散均匀。有些厨师先将油脂、糖、盐、奶制品和调味品轻轻搅拌在一起，然后逐渐加入鸡蛋液，加水，最后加面粉和酵母，直至搅拌成光滑的面团的方法都属于直接和面法。

（2）二次和面法

其是通过两次搅拌制作面团的方法。第一次将部分原料和酵母进行搅拌，一段时间后经发酵成为膨松体，再与剩下的部分原料一起进行搅拌，使其再次发酵。

3. 制作程序

酵母面包的制作程序很多，主要经过和面、发酵、揉面、分份、成型、醒发和烘烤等。不同的国家和地区的面包师制作面包的程序会有区别，但是基本的程序相同。

（1）和面

①称重：将制作面包所有的干性原料过称和过筛，将液体原料通过量杯测量，准确地称出它们的数量。

②搅拌：和面包面团时，使用和面机及专用搅拌器和面，注意和面时间，时间过短或过长都会影响面团质量，面团的质量标准是不干、不黏、表面光滑、有弹力。

（2）发酵

将和好的面团放入发酵箱中使其充分发酵，注意控制面团的发酵温度，使面团膨松、胀大。有时面团发酵后，用手将面团压下，使它第二次膨松和胀大时再使用。

（3）揉面

从面团的中心向边缘挤压，然后挤压面团，使面团释放部分气体，这样可使面团充分、均匀发酵，同时可以使面筋有更多的弹性和耐久性。

（4）分份

根据面包的种类，将面团称重，分成份，每份重量统一。再通过机器或人工揉面将面团制成圆球形以保存面团中的气体，且使每个小面团外皮形成一层光滑的薄膜。

（5）醒面

将搓揉过的面团，经过醒发10～15分钟后，可使它的面筋质松弛。使面团充分地发酵。

（6）成型

将面团通过模具或人工成型。成型时应注意面包的形状，应当整齐，大小均匀。将成型的面包团放在温箱中使其继续发酵，待体积增加1倍时就可以进行烘烤，温度一般约为27℃，湿度为80%～88%。

（7）烘烤

面包的烘烤温度通常为190～220℃。烘烤的温度和烘烤时间将根据面包的大小和品种确定。面包体积越大，所需烘烤温度越低，这是因为它需要较长的时间烘烤，同时避免表面着色，而内部没有熟透。

（8）储存

烤熟的面包需要冷却，使它的蒸汽和副产品（酒精）得到充分的挥发。不得将面包放在通风处，否则面包皮会干裂。硬质面包应在常温下保存。不要长时间保存面包，也不应当使用包裹法，应尽快食用面包。软质面包应储存在容器内，储存时间为8小时内，不能及时使用的面包应采取冷冻储藏法。

4. 质量标准

①酵母面包应当质地柔软、鲜嫩、发酵均匀。

②面包质地应当膨松。

③面包外观应当整齐，表皮着色均匀，没有裂痕和气泡。

④面包味道应当鲜美，没有酵母味。

五、酵母面包的制作

1. 硬质面包

（1）原料

面包粉1250克，水700克，酵母45克，盐30克，白糖30克，油脂30克，鸡蛋白30克。

（2）制法

①使用直接和面法，先将酵母用温水溶化，使用中等速度搅拌，将各种原料放在一起，搅拌成面团，搅拌10～12分钟。

②在27℃温箱内发酵约1小时后，揉面，分份（450克为一个面团），用手团面，醒发。

③根据面包的种类和重量，将面团再分成10～12个相等的面坯（小面包），或450克为一个面坯，放入模具中或手工成型，再醒发。

④面包的表面刷上一层水，烘烤。烤炉温度200℃，前10分钟带有水蒸气，然后关闭水蒸气，继续烘烤至熟，表面成浅棕色。

2. 软质面包

（1）原料

面包粉1300克，水600克，酵母60克，盐30克，白糖120克，低脂奶粉60克，氢化植物油60克，黄油60克，鸡蛋120克。

（2）制法

①直接法中等速度和成面团，需10～12分钟。

②在27℃的发酵箱内发酵1.5小时。

③将和好的面分为500克的面团，用手团面、醒发，根据需要均分成小面团。

④炉温200℃，烘烤成熟。

3. 法国面包

（1）原料

面包粉1500克，水870克，酵母45克，盐30克。

（2）制法

①使用直接法和面，先将酵母用温水浸泡，加面粉和水，搅拌3分钟，休息2分钟后，再搅拌3分钟，使用中等速度。

②在27℃的发酵箱内发酵1.5小时。用手压下发酵的面团后再发酵1小时。

③将面团经过搓揉后，分成面坯（法国面包重量为340克，圆面包为500克），小面包为450克，经过搓揉团面后再分成10～12个小面坯。

④炉温200℃，前10分钟使用水蒸气，然后关掉水蒸气，继续烘烤至熟。

4. 丹麦面包

（1）原料

牛奶400克，酵母75克，黄油625克，白糖150克，盐12克，鸡蛋200克，小豆蔻2克，面包粉900克，蛋糕面粉100克。

（2）制法

①用直接发酵法和面，先使牛奶微温，然后用牛奶将酵母溶化。

②用木铲将125克黄油、糖、盐、香料进行搅拌，直至搅拌光滑。

③用抽子将鸡蛋打散。

④将面粉、牛奶、黄油混合物中加入鸡蛋搅拌，使用和面机和面，搅拌时间约4分钟，用中快速度。

⑤将面团放入冷藏箱，20～30分钟，使其松弛。

⑥将面团擀成1厘米或2厘米的片，2/3面积涂抹黄油，折叠成三层，先折叠没有黄油的面片。

⑦将叠好的面片放冷藏箱20分钟，使其面筋松弛，在常温下醒发片刻后，重新进行擀成片状，叠成三层，或再一次冷藏和折叠。

⑧将面片擀成长方形片，宽度为 40 厘米，长度根据生产数量，厚度约 0.5 厘米，涂上黄油，根据具体要求，可制成不同形状，如玩具风车、佛手等。

⑨在温箱内 32℃醒发，表面刷上鸡蛋液，烤箱 190℃烘烤成熟。

六、快速面包

1. 和面技术

制作快速面包最基本的和面方法是油酥面包法和马芬面包法。

（1）油酥面包法

传统的油酥面包法是先将固体油脂（黄油或人造黄油）切成小粒，将面粉、盐和发粉过筛后，与粒状油脂进行搅拌。当油脂与面粉均匀地搅在一起，出现米粒状颗粒后加入液体，使其黏成柔韧的面团，最后将面团放在面板上，用手揉搓，1～2 分钟，以增加面包的层次，使其松酥。

（2）马芬面包法

马芬面包法主要的特点是面团中面粉的含量较大，油脂和糖含量较少。和面时，首先将干性原料搅拌均匀，然后加入适量的液体搅拌而成。这种方法应注意控制搅拌面团的时间，搅拌时间过长会产生过多的面筋，使面包增加不必要的韧性，而且其面团内部发泡多而大，面包的表面会出现尖顶现象；面团搅拌时间过短，面包的质地会发硬、不松软，面包出现易脆的现象。

2. 制作流程

（1）称重

将制作面包所有的干性原料过秤和过筛，将液体原料通过量杯准确称量。

（2）搅拌

和面包面团时，使用和面机及专用搅拌器和面，先搅拌干性原料与切碎的油脂，再放液体原料。注意搅拌的时间，时间过短或过长都会影响面团质量，面团的质量标准是不干、不黏、表面光滑、有弹力。

（3）分份

根据面包的种类，将面团称重，分成份，每份重量统一。

（4）揉面

用手揉面，以保存面团中的气体，并且使每个面团外表形成一层光滑的薄膜。

（5）擀压与成型

根据需要的厚度，将面团擀压成片状，制成不同的形状，成型时注意面包的形状应当整齐，大小均匀。

（6）烘烤

面包的烘烤温度通常为 220℃。将面包的表面烘烤成金黄色，体积膨胀至原来面坯的 2 倍厚。

（7）食用

大多数烤熟的快速面包需要立即上桌，将其放入漂亮的面包盘，或放入垫有餐巾的面包篮中。马芬面包应当趁热从它的模具中取出，不然它会出现潮湿的现象。如果它不能立即上桌，应当将它们从模具中取出，放在温热处，最好保持一点倾斜，使其中水分得以蒸发。刚出炉的水果和干果面包容易松散，等其冷却后再切片。这种面包当天用不完时，应当完全冷却后用塑料纸包起来。

3. 质量标准

①优质的快速面包形状应统一，边缘应垂直，顶部呈圆形。

②面包的形状和大小应均匀，成品的体积应是面坯的 2 倍。

③面包表面呈浅褐色、颜色均匀、没有斑点、味道鲜美、没有苦味。

④面包的质地应当柔和、膨松。

七、快速面包的制作

1. 油酥面包

（1）原料

面包粉 500 克，蛋糕粉 500 克，发粉 60 克，白糖 15 克，盐 15 克，黄油或其他油脂（或各占一半）310 克，牛奶或酸奶 750 克，鸡蛋液（作为涂抹液）适量。

（2）制法

①使用油酥面包法和面。

②将和好的面团经过揉面后分为 4 个面团，擀成 1 厘米厚的面片，切成理想形状。

③将造型的面包坯放在垫有烤盘纸的烤盘上，上面刷上鸡蛋液，放入烤炉内烘烤。

④烤炉内温度 220℃，烤至表面金黄，高度为原来面坯的 2 倍。

2. 橘子桃仁面包

（1）原料

白糖 350 克，天然橘子香料 30 克，点心粉 700 克，脱脂奶粉 60 克，发粉 30 克，小苏打 10 克，食盐 10 克，核桃仁 350 克，鸡蛋 140 克，橘子汁 175 克，水 450 克，黄油或氢化蔬菜油 70 克。

（2）制法

①用马芬面包法将面粉和其他原料搅拌成稠面糊。

②将马芬模具擦干、刷油。

③将和好的面糊放入马芬中。

④将烤箱温度调至 190℃，预热后，将放有面团的模具放烤箱内，大约烤 30 分钟后，待面包烤至金黄色成为膨松体即可。

第二节　西餐常用蛋糕的制作工艺

蛋糕是由鸡蛋、砂糖、油脂和面粉等原料经过烘烤制成的甜点。蛋糕营养丰富、口味香甜、质地松软。蛋糕的脂肪和糖的含量都比较高。

一、蛋糕的种类

蛋糕主要分为三类。

1. 黄油蛋糕

黄油蛋糕也称重油蛋糕，由面粉、白糖、鸡蛋、油脂和发酵剂制成。随着社会的进步发展，出现了很多新原料，油脂可以是天然黄油、人造黄油、氢化植物油等。由于配方不同，黄油蛋糕可以是黄色蛋糕、白色蛋糕、巧克力蛋糕、香料蛋糕等。其特点是质地柔软滑润，气孔壁薄而小，分布均匀。

2. 清蛋糕

清蛋糕称为低脂肪蛋糕或海绵蛋糕，使用少量或不直接使用油脂。由于清蛋糕中含有经过抽打的鸡蛋，因此质地膨松柔软。清蛋糕又可分为两种：

（1）天使蛋糕

仅用鸡蛋清等原料制作的蛋糕，特点为白色，蛋糕膨松。

（2）海绵蛋糕

用全蛋等原料制成的蛋糕，蛋糕质地松软，金黄色。

3. 装饰蛋糕

使用奶油、巧克力、水果等原料为蛋糕涂抹、填馅和装饰制成的蛋糕。

二、蛋糕制作方法

制作蛋糕需要6个基本程序：和面、装盘、烘烤、熟蛋糕质量评价冷却和装饰。

1. 和面技术

和面在蛋糕中起着关键作用，操作方法是将蛋糕中的各种原料放在和面机中通过搅拌将各种原料制成分布均匀的面团，并将大量空气带入面团中，从而使蛋糕膨松。因此搅拌方法和速度影响着蛋糕的质量。如下所示通常有五种和面方法。

（1）常规法

常规法也称糖油法。这种和面方法的制作程序是将所有和面的原料准确称量。所有和面的原料的温度必须是室温。首先搅拌油和砂糖，待糖和油脂混合在一起，并呈光滑状，且将空气裹入糖油混合物时，根据配方的需要放少许细盐和调味品；其次将鸡蛋分次放入糖油混合物中并不断地搅打；最后加入干性原料和液体原料，制成很稠的面糊，该方法适用于制作黄油蛋糕和磅蛋糕。

（2）两步法

两步法的含义是和面时将液体分为两次放入。这种方法比较简单，先准确称量全部原料，原料必须是室温，搅拌所有干性原料和油，待油脂均匀地裹住面粉和干性原料后，加入一半液体（水或牛奶），继续搅拌，最后加入另一半液体，直至将面团搅拌均匀。用这种方法制作的蛋糕质地紧密、柔软。

（3）泡沫法

泡沫法是先准确称量全部原料，原料必须是室温，将鸡蛋和糖粉放入同一个容器，加热容器至43℃，用机器搅拌鸡蛋和白糖，待发亮和变稠时放面粉一起搅拌成糊状，如需放一些黄油，应当在加入面粉前进行。这一方法适用于制作清蛋糕。

（4）天使蛋糕法

制作天使蛋糕时先抽打蛋清和一半白糖，待抽打出泡沫后，再加入其余的一半白糖和面粉。用这种方法制作的蛋糕松软、富有弹性。

（5）混合法

混合法也称方便法，是将混合好的制蛋糕的干性原料和水一起搅拌，或将混合好的干性原料与水和鸡蛋一起搅拌。使用混合法时应特别注意原料与水的比例及搅拌时间。用这种方法制作的蛋糕口味与原料的配方有密切的联系。

2. 装盘技术

蛋糕原料经过搅拌成为面团后，应立刻装入烤盘进行烤制，否则面糊中的空气会跑掉，影响蛋糕的质量。不同种类蛋糕装盘方法不同。

①黄油蛋糕装盘方法是先将烤盘涂上油脂，其次均匀撒上些干面粉，最后还要将盘中多余的干面粉去掉，再装盘。

②凡是使用蛋糕纸的各种蛋糕应先将纸铺好，然后装盘。

③天使蛋糕装盘时，不可涂油，防止蛋糕遇油收缩。只有面糊紧贴在干净的烤盘边时，天使蛋糕的发泡质量才会理想。

④清蛋糕只在烤盘底部涂上少量的油脂，烤盘的四周不涂油。

3. 烘烤技术

蛋糕面团的特性极容易变化，因此蛋糕的质量与烘烤技术有着一定的联系。

①将炉温调至175～190℃，预热5分钟。

②检查烤炉内的架子摆放的位置是否倾斜，如倾斜应调至水平。

③将装好面糊的烤盘放到烤炉内，盘子之间留有空隙，使空气流通。

④蛋糕在烘烤中不要翻动。因为半液体的面团遇到震动时会收缩。

⑤当蛋糕烤至与盘边接触时，会出现收缩现象，用手压一下有弹力，或用牙签扎入蛋糕内，取出后其不粘面糊时表示蛋糕已经成熟。

4. 熟蛋糕质量评价

①蛋糕的形状、四边高度均匀，黄油蛋糕的中部略呈圆形没有尖，清蛋糕外形均匀。

②蛋糕的表面应当光滑，呈金黄色。

③蛋糕的质地应为气孔壁薄而小，组织细腻，发泡均匀。

④蛋糕的味道鲜美，没有苦味和异味。

5. 冷却技术

冷却是将烤熟的蛋糕散热和晾凉的过程。黄油蛋糕的冷却过程比较简单，将带有蛋糕的烤盘放在架子上，约晾15分钟即可。然后可松动一下蛋糕的四周，使其凉透。清蛋糕烤熟后必须立即翻面，使正面朝下，进行通风冷却，否则会很快地收缩。

6. 装饰技术

许多蛋糕在冷却后还要进行装饰。装饰后的蛋糕，表面上有了涂层，这样不仅可以保持其本身原有的柔软，还改进了它的外观和味道。涂层和装饰是蛋糕制作中不可忽视的内容。蛋糕装饰的基本原理如下：

①通过涂、抹、裱、挤等方法进行装饰。

②将装饰原料加热或熬煮，通过挂（淋）或捏塑等方法进行装饰。

③通常，浓味蛋糕采用浓味涂层作装饰，清淡的采用清淡的涂层作装饰。

④使用高质量的调味品，调味品味道的强度不要超过蛋糕的强度。

三、蛋糕常出现的质量问题及原因

蛋糕常出现的质量问题及原因见表29－1。

表29－1 蛋糕常出现的质量问题及原因

蛋糕质量问题	产生的原因
发泡不足	面粉量少 液体原料过多 发酵剂量过少 炉温太高
外形不整齐	搅拌方法不适当 面团外观不整齐 炉温不均匀 烤炉架没有放好 烤盘弯曲
表面颜色太深	糖量太多 炉温过高
表面颜色太浅	糖量少 炉温太低
表面出现裂口	面粉量太多或面粉硬度过高 液体含量过低 搅拌方法不适当 炉温过高

续表

蛋糕质量问题	产生的原因
表面潮湿	烘烤时间少 [illegible]
内部网眼过小	发酵剂不足 液体太多 糖太多 炉温过低 油脂太多
质地不均匀	发酵剂太多 鸡蛋少 搅拌方法不适当
内部质地脆弱	发酵剂数量过多 油脂数量过多 面粉种类不适当 搅拌方法不正确
内部质地不松软	面粉含面筋质过高 面粉含量过高 糖或油脂数量过高 搅拌时间过长
味道不理想	原料质量问题 储存或卫生问题

四、海绵蛋糕

1. 特点和类型

海绵蛋糕因其结构类似于海绵而得名，国外又称泡沫蛋糕，国内称为清蛋糕。海绵蛋糕一般不加油脂或加少量油脂，它充分利用鸡蛋的发泡性。与油脂蛋糕相比，具有更突出的、致密的气泡结构，质地松软而富有弹性。海绵蛋糕按制作方法分类可以分为“全蛋法”“分蛋法”（戚风类）两大类。

“全蛋法”搅打海绵蛋糕还有以下 7 种类型。

①蛋黄海绵：多加部分蛋黄。

②蛋白海绵：多加部分蛋白。

③虎皮、蛋糕皮：全部加蛋黄。

④天使海绵：全部加蛋白。

⑤奶油海绵：加入适当奶油。

⑥乳化海绵：加入乳化发泡剂。

⑦卷筒海绵：又称瑞士卷，通过馅料、装饰料等方法变化出各种花式卷筒蛋糕。

2. 原料和配方

（1）原料

①面粉：选用低筋面粉（蛋糕粉、月饼粉），其产品质地松软口感好。如无低筋面粉，可在中筋粉中掺入适量的淀粉来降低面筋含量。

②蛋：应选用新鲜鸡蛋，鲜鸡蛋较为浓稠，发泡性好，使蛋糕体积大口感好。

③糖：应选用颗粒较细的白砂糖。

④其他原料：近年来，制作海绵类蛋糕流行加入适当的色拉油、甘油，可增加产品的滋润度，延长存货期。各类香精、颜色可变化出不同风味、类型的海绵蛋糕。此外，中低档蛋糕可加入少量泡打膨松。

（2）配方

在海绵蛋糕的配方中，在一定的范围内，蛋的比例高，糕体越膨松质量越好。中高档海绵蛋糕几乎全靠蛋的发泡使制品膨松，产品气孔细密、口感风味良好。低档海绵蛋糕由于减少了蛋的用量，较多的依靠泡打、发泡剂及其他化学原料使制品膨松，因而制品气孔较大，质地粗糙、口感与风味较差。海绵蛋糕的档次取决于蛋和面粉的比例，比值越高档次就越高，一般比值如下。

①低档海绵蛋糕：蛋粉比＝1:1（以上）。

②中档海绵蛋糕：蛋粉比＝1:1～1:0.8。

③高档海绵蛋糕：蛋粉比＝1:0.8（以下）

糖的用量与面粉量相近，中低档海绵蛋糕用糖量略低于面粉，高档海绵蛋糕的糖用量等于或高于面粉量。但糖的用量不能超过面粉量的125%，否则会影响蛋白质的凝结，不利于淀粉的糊化，这两方面均影响制品的成型。

3. 制作工艺

（1）全蛋搅打法（全蛋法）

器具必须洗净，如油将妨碍蛋液的起泡，温度以25℃左右为宜，天冷时用“水浴法”搅打，但水温不能超过40℃。将蛋糖搅打至糖溶化，并起发到一定稠度，光洁而发泡的乳膏，浆料起发程度的判断至关重要，否则会导致打发不足或打发过度，均直接影响到产品的外观、体积质量，打发程度一般从以下6点来判断。

一是打发体积已接近最大体积，即体积不再增加；二是浆料呈白色膏状，十分细腻且有光泽；三是浆料已有一定硬度，搅头划过后能留下痕迹，短时间内不会消失；四是在慢速搅打状态下，加入色素、风味物、甘油、水等液体原料；五是加入筛过的面粉，用手混合，从底部往上捞，同时转动搅拌桶，混合至无面粉颗粒即止，操作要轻，以免弄破泡沫，且不要久拌防止面筋化作用影响蛋糕质量；六是将浆料装入蛋糕听，表面抹平，烘烤厚料温度要低，时间也相对的长，薄料则相反。

（2）分蛋搅打法（分蛋法）

分蛋法多用于中高档蛋糕的制作，先将蛋清、蛋黄分离（正常的鸡蛋一般蛋白和蛋黄的比例是 2:1 左右)。搅打蛋清一定要注意不要沾油或蛋黄液,因为油脂的作用会破坏泡沫体系,蛋清液不易起发、且泡沫结构不稳定。

蛋清用打蛋器搅打成乳白色厚糊至筷子插入不倒为止(鸡公尾状)。蛋黄与糖搅至糖溶化,倒入蛋白膏中,再倒入过筛的面粉,拌匀即可装听烘烤。

(3)戚风类搅拌法(一)

①蛋黄部分:水、糖、盐放入盆中,搅至糖溶化,加入色拉油混合,面粉和/或泡打混合拌匀后过筛,加入油糖液中拌匀成糊状,并加入蛋黄慢速拌匀备用。

②蛋清部分:蛋清与塔塔粉(占蛋清量的 0.5% ~1%)用高速搅打至发白,加入糖继续搅打至软峰状态,(峰尖略为下弯,即硬性发泡)

③蛋白膏与蛋黄膏混合:取 1/3 蛋白膏倒入蛋黄糊中搅匀,再倒入蛋白膏内慢慢拌匀即可。

④烘烤:戚风类蛋糕的烘焙温度一般比标准海绵类低。

厚坯:上火 180℃,下火 150℃。

薄坯:上火 200℃,下火 170℃。

烤熟后尽快出模,否则会引起收缩。

(4)戚风类搅拌法(二)

①蛋黄部分:蛋黄与糖打发至乳白色、细腻有光泽时,慢慢加入色拉油(一勺勺缓缓加入,边加边搅打)混成水包油型的乳液状(切忌水油分离),然后加入牛奶或水,也采取慢加的方法,再把面粉及一些辅料过筛拌匀后加入轻轻拌匀待用。

②蛋清部分:参照戚风方法一。

(5)低档海绵蛋糕制作工艺

此法适用于蛋粉比在 0.8:1 以下的配方,先将蛋和等量的糖搅打至有一定稠度,(光洁而细腻的白色泡沫膏)然后将水(或水)与等量的面粉及余下的糖、甘油调成糊状,再将蛋糊、面糊用手拌匀加入过筛的面粉(发粉与干性面粉混匀)混匀即可。

(6)乳化法(S. P)

一般海绵蛋糕的制作加入蛋糕油(S. P,发泡剂、乳化剂)便于工厂化生产,一般可在 5 ~10 分钟完成蛋液的乳化发泡工序。特点是体积大气泡小,韧性好,抵制油脂的消泡作用强,减少糖用量,可多加水及面粉量,成品不易发干、发硬,延长保鲜期。

①工艺一法:蛋液与糖用中速搅拌到糖溶化,加入蛋糕油与筛过的面粉用慢速混匀,然后改成高速打发,中途将水缓慢加入,继续搅打至接近最大体积时,转为慢速搅打,缓慢加入油脂混匀。(配方中的化学原料提前加在水里混匀,泡打在干性粉中混匀)

②工艺二法:蛋液与糖搅打至乳白发泡,加入蛋糕油高速搅打至接近最大体积(洁白细腻有光泽),加入面粉改为慢速拌匀,缓缓加入水等液体原料调成糊料(弹性好,细腻程度和韧性稍差)。

③工艺三法:蛋液与糖搅打至糖溶化,液体充满泡沫状即可,加入 S. P、糖油改为高速搅打,时间低于 5 分钟,然后改成慢速搅打,再加入过筛的面粉(泡打提前加在干性粉中),

混匀无面粉颗粒时，缓慢加入水、奶等液体原料，搅拌成细腻的糊浆待用。将模具刷油预热，装料占杯体的2/3进炉烘烤。

(7) 天使蛋糕工艺制作

蛋白液打发时工具要清洁，不可沾油脂及蛋黄，蛋白加入塔塔粉高速搅打约1分钟后加入糖，再打至湿性发泡状态，加入牛奶、香料拌匀，然后将过筛的面粉、盐加入拌匀即可。温度190℃，烤箱下层烘烤，表面破裂微焦、按有弹性即可出炉。

4. 海绵蛋糕的质量与分析

①质地紧缩或粗糙：面粉面筋含量太高、搅打不足、面粉量多；混入面粉、油脂时，搅打时间长、速度快破坏了泡沫结构。

②表皮太厚、质地发干：面筋含量高、炉温低、搅打不足、面粉量多、烘烤时间太长。

③表面下塌或皱缩：搅打过度、蛋液或液体原料太多、糖太多、烘烤不足。

④表面不平：面粉质量差、面粉未混匀、搅打不足、浆料未抹平、炉温不均匀。

⑤产品松散不成型：糖太多、泡打量多、蛋糕油量多。

⑥瑞士卷易碎：面粉量多。

5. 制作海绵蛋糕时的注意事项

①烘烤蛋糕时，烤箱必须提前预热至额定温度才能将坯料进炉，否则烤出的产品松软度、弹性、体积将受到影响。

②搅打蛋液的工具必须洁净无油腻，如果沾有油脂性物质，蛋液发泡将受很大影响，影响质量和口感。

③鸡蛋液的起泡膨松主要依赖蛋白中的胚乳蛋白，而胚乳蛋白只有在高速搅打时，才能将大量的包裹空气形成气泡，使蛋糕的体积增大膨松，故在搅打时宜高速不宜低速。

④蛋液与糖搅打时宜选用高速，此乃胚乳蛋白的特性所需，然而加入脱脂淡奶或水时，需要的是结构细致而不是体积，故需减速。

⑤制作蛋糕的糖浆（糖油），是糖与水按2:1比例煮沸至110℃起胶冷却即可（稀浆状态）。

⑥制作蛋糕一般使用低筋面粉，用低筋面粉无筋力，制作出来的蛋糕特别松软，体积膨大表面平整，而且口感软糯。如无低筋面粉，加淀粉配制代替也可。

⑦蛋糕乳化剂，也称S. P，能使蛋糕加快乳化，体积膨松，特别适合工厂化生产，但生产出来的蛋糕收缩比稍有增加，且加多口感、质感均不如分蛋法加工出来的蛋糕，故一定要按标准兑料。

⑧蛋糕出炉后一定要趁热覆盖在蛋糕板上，这样做有两点好处：一是蛋糕体离开热听模，水分不会更多的挥发保持蛋糕的湿度；二是外形还没有固定，翻扣过来可以利用糕体自身的重量，使糕体表面更趋平整。待蛋糕凉至不烫手时，尽量用台布盖上以保持湿度，这样糕体凉透后表面、内部都不会干燥。

⑨传统蛋糕的制作往往在有底的模具内壁涂油脂，这样做出的蛋糕边往往有颜色，且底部发黑，表皮质地也干燥。现今用蛋糕圈制作，只需垫纸替代涂油，做出的糕体颜色淡，节

约成本。

⑩制作蛋糕所需的牛奶主要是增加营养价值、香味和软湿度。因蛋大小、壳厚薄不均，蛋液体积略有变化，糖本身的湿度也受季节、气候的影响，故加奶（水）量要酌情增加或减少。

⑪制作蛋糕拌粉有手拌和机拌两种，除蛋白蛋黄分打法以外，一般用手拌为好，这样不会有面粉颗粒用结构细腻，对气泡的稳定性也有好处。

⑫蛋糕烤熟、冷却、一直到食用才脱蛋糕圈、揭纸，以保持水分和不被风干为目的。脱模揭纸后，要尽快覆盖台布。戚风类稍有不同，要尽快脱模，否则收缩比增加。

⑬烘烤的温度取决于蛋糕内混合物的多少，混合物越多，温度越低，反之则高。时间越长，温度越低，反之则高。大蛋糕烘烤时间长，温度低，小蛋糕温度高时间短。

⑭检验蛋糕是否熟透，可用手轻按中心，能弹起则说明产品已熟透，也可用竹扦插入中心 2 ~ 3 厘米拔出，竹扦干净无黏附物则说明已熟透。

⑮因蛋糕在乳化膨松时不能碰到油脂，故加在蛋糕内的牛奶均选用脱脂牛奶，以防止蛋糕倒塌（分离打法即戚风类打法除外）。

⑯制作蛋糕司加盐的目的，是利用盐的渗透作用，使蛋糕膨松的结构增加稳定性和调节口味。

⑰卷筒蛋糕有两种卷法，其一是面在里，底在外，卷成后横切面形成一条金色的细线，交果极佳，另一种相反，这种适用于表面有装饰的卷筒蛋糕。

⑱酒浸水果的制法是将各类果脯倒入白兰地酒，以及一些朗姆酒和葡萄酒，以浸没水果为准，盖上盖贮存至少两星期后使用，时间越长风味越佳。

⑲蛋糕听造型千变万化，可根据实际需要定购，模具一般高 5 厘米左右。

⑳蛋糕的软硬程度，取决于具体要求，牛奶加得越多，糕体越松软，越少糕体越甘香，各有所长。

㉑有的烤箱没有上下火调控，为了避免这一问题对产品外形、质量造成的影响，可在产品八成熟时，在制品表面覆盖一张铝箔纸或白纸，以防止产品上色过深，避免外焦里不熟等产品质量问题。

五、油脂蛋糕

1. 特点与类型

油脂蛋糕是一类在配方中加入较多固体油脂的蛋糕。其弹性和柔软度不及海绵蛋糕，但质地疏散、滋润，带有油脂特别是奶油的香味，油脂蛋糕具有较长的保存期。仅以面、蛋、油、糖为基本原料制作的又称净油脂蛋糕，在净油脂配方基础上再加其他配料（如可可、杏仁等）即又制成其他类型的油脂蛋糕。

2. 原料与配方

（1）原料

①面粉：油脂蛋糕一般应采用低筋面粉，低档的油脂蛋糕膨松主要依赖化学膨松剂，这

类蛋糕可用中筋面粉，中筋面粉又可用于含果料较多的水果蛋糕，防止果料下沉。

②油脂：高档油脂蛋糕使用的是优质奶油或麦淇淋，奶油能赋予制品良好的风味。但膨松性不足，为克服此缺点可加入一定量的起酥油来代替部分奶油。油脂蛋糕一般不用猪油，因其膨松性和风味较差，不及奶油和忌廉。

（2）其他原料

糖用细砂糖比较好，牛奶可用奶粉代替，有的配方中还加有甘油，甘油具有很强的吸湿性，使蛋糕也具有较强的吸湿性，保持了松软的质地，延长货架期寿命。

（3）配方

油脂蛋糕的充气性和起酥性是形成产品组织及口感的主要原因。在一定范围内，油脂量越多，产品的口感等品质越好，即油脂、蛋含量高的档次主要取决于油脂的质量与数量，其次是蛋量。普通油脂蛋糕油脂量和蛋量一般不超过面粉量，油脂太多会使蛋糕松散不成型，而且太多不利于水油乳化。

高档油脂蛋糕中的面、脂、糖蛋的用量相等，即配方比为：1:1:1:1。

中档油脂蛋糕的基本原料用量如下（以面粉量为100%）：低筋粉为100%、固体油脂为60%～80%、糖为70%～80%、蛋为80%～90%。

低档的蛋量和油脂量较少，配方中泡打的用量也较多，产品质量较粗糙。

3. 油脂蛋糕的制作方法

油脂蛋糕的浆料调制主要有以下4种方法。

（1）糖油浆法

将油脂（奶油、麦淇淋）与糖一起搅打成淡黄色、膨松细腻的膏状，蛋液呈缓缓细流分次加入，每次加入须充分搅拌均匀才可加下一次。待奶油膏和蛋液充分乳化后，再将筛过的面粉轻轻地混入浆料中，混匀即止，注意不能在团块，不要过分搅拌以尽量减少面筋网络结构的形成。液体性原料（水、牛奶）此时可缓慢加入，如果有果脯料的配方，在此步加入，待原料混匀后即可装听烘焙。所有干性原料与面粉一起过筛，色素、香精可加在液体原料中。

（2）粉油浆法

将油脂和等量的面粉（过筛）一起搅打成膨松的膏状。再将糖与蛋液搅打成发泡状态后，分次加入奶油膏中。每次加入须搅打均匀，然后将剩余的面粉加入浆料中混至光滑无团块的糊料，最后将液体原料、果脯加入混匀。

（3）混合法

将所有干性原料过筛（面、糖、奶粉、泡打）后，与油脂搅拌成（面包渣状），注意不要不要过分搅拌至糊状。再将所有的湿性原料（蛋、水、奶、甘油）混合在一起，缓缓呈细流中加入脂粉渣中，搅拌至光滑无团块的糊状即止。

（4）糖油、糖蛋法

该法是将糖分成两部分，一部分与油脂搅打，另一部分与蛋液搅打。

①将油脂和糖打发成乳膏状。

②糖、蛋打发，再加入配方中一半量的面粉混合。

③将另一半面粉与糖蛋液交替加入油糖膏中，并用慢速混匀。

制作过程中，机器操作应注意，凡属于搅打的过程宜采用中速，凡属于混合过程的宜采用低速，并须随时地将黏附在搅拌桶边、桶底、搅拌头上的浆料刮下，再将其掺入搅拌，使浆料保持均匀。

以上四法以粉油浆法，糖油、糖蛋法制成的蛋糕质量最好，但操作过程稍复杂。混全法操作简便，适宜机器生产，配方高糖、高液体的蛋糕宜采用此法。糖油浆法是一种较为传统的油脂蛋糕生产工艺，适宜机器也适宜手工生产。除上述的全蛋搅打的糖油浆法外，蛋白、蛋黄部分还可以分开搅打（参照杏仁蛋糕制作工艺）。

调制好的浆料装入涂有油脂的模具中，并将表面抹平（装料占杯体的80%左右）。油脂蛋糕乳化越充分，组织越均匀，口感也越好。油脂乳化不好易产生油水分离现象，此时浆料呈蛋花状，其原因是：油脂的乳化性能差；浆料温度过高或过低（最佳温度为21℃左右）；搅拌过程中液体原料加得太快，每次未充分搅拌均匀。为了改善油脂的乳化，加蛋液同时可加入适当的蛋糕油（为面粉量的3%～5%）。

4. 油脂蛋糕质量与分析

油脂蛋糕的质量要求是蛋糕顶部平坦或略有微突，表面呈均匀的金黄色，表面及内部的颗粒气孔细小而均匀，质地酥散、细腻、滋润，甜味适口，风味良好。

由于配方或操作不当，产品通常会出现以下质量问题：

①顶部或内部坍塌：原因是糖或油脂太多；泡打粉过多；加入面粉前搅打过度；烘焙不足；液体料太多。

②峰突：（顶部突起太高或破裂）原因是面粉含筋量过高；操作中产生的面筋化作用，炉温太高或炉内蒸汽不足。

③质地紧缩、粗糙不疏松：原因是加入面粉前搅打不足；糖或油脂用量不够；泡打太少。

六、水果蛋糕

水果蛋糕在西方十分普遍，富含水果的蛋糕通常用来制作节日喜庆蛋糕。水果蛋糕具有较长的保存期，在英国相当普及。水果蛋糕是加有水果（果料）的油脂蛋糕，所用的水果通常为果干、蜜饯，如葡糖干、杏干、蜜樱桃、糖渍果皮等。

制品中可以加一种果料，也可以加混合果料，还可以将果干和果仁混合使用。水果蛋糕通常分重型、中型、轻型三种。水果蛋糕制作时易出现果料下沉现象，其原因和解决方法有3种。一是果料洗净后水未控干，最好将果料洗净后置滴水器皿中过夜，次日再使用。二是蛋糕结构太弱，不足以支撑果料的重量。因此，水果蛋糕的浆料制作常采用糖油浆法。在加入面粉这一步时，可稍为多搅拌，适当增强面筋化，以此来加强制品结构，也可以采用筋度稍强的面粉。三是炉温太低，致使制品形成太慢，因此一定要注意烤炉的预热，使制品一开始就在所需要的温度下烘烤。

七、其他常用蛋糕的制作

1. 磅蛋糕

（1）原料

黄油500克，白糖500克，鸡蛋500克，蛋糕面粉500克，香草精5毫升。

（2）制法

①使用常规法和面。

②将面团分份，以500克重为一个面团，放入6厘米×9厘米×20厘米的烤盘内。

③烤炉的温度调至180℃，约烤40分钟，直至烤熟。

2. 巧克力黄油蛋糕

（1）原料

黄油500克，白糖1000克，细盐10克，融化的淡味巧克力250克，鸡蛋250克，蛋糕面粉750克，发粉30克，牛奶500克，香草精10毫升。

（2）制法

①使用常规法和面，将白糖和油脂和均匀后，再放巧克力。

②将和好的面分为500克重的面团，放入6厘米×9厘米×20厘米的烤盘内。

③烤炉的温度调至180℃，约烤30分钟，直至烤熟。

3. 白色蛋糕

（1）原料

蛋糕面粉700克，发粉45克，细盐15克，乳化的植物油350克，白糖875克，低脂牛奶700克，香草精10毫升，杏仁精5毫升，鸡蛋白470克。

（2）制法

①使用两步法和面。

②将和好的面分为375克重的面团，放入20厘米直径的圆烤盘内。

③烤炉的温度调至190℃，约烤25分钟，直至烤熟。

4. 黄油松软蛋糕

（1）原料

鸡蛋1000克，白糖750克，香草精和其他调味品15克，蛋糕面粉750克，融化的黄油250克。

（2）制法

①使用泡沫法和面。

②制成375克的面团，放在烤盘内，温度190℃，约烤25分钟。

第三节　饼干的制作

饼干是由面粉、油脂、白糖或红糖、鸡蛋及调味品经过烘烤制成的各式各样扁平的饼干和凸起的小甜点心。其种类繁多，口味和形状各异。有些茶点心的上面或两片之间还有涂抹的果酱或巧克力。欧洲人，尤其是英国人将这种小型的甜点心称为饼干。这种小点心或饼干主要用于咖啡厅的下午茶，欧美人在喝咖啡和喝茶的时候经常吃些小点心和饼干。

一、茶点的类别

根据它们的制作方法和特点，茶点心可以分为七类。

①滴落式茶点：通过滴落方法制成的茶点或饼干。

②挤压式茶点：将和好的面糊装入制作点心的裱花袋中，挤压袋子，将面糊挤出各种形状，然后烘烤制成的茶点或饼干。

③擀切式茶点：将面团擀成厚片，然后用刀切成片后，烘烤制成的茶点或饼干。

④成型式茶点：将重量相等的面团放入模具成型的茶点和饼干。

⑤冷藏式茶点：将茶点面团制成圆筒形，然后在冷藏箱内存放4～6小时，用刀切成片或各种形状的茶点和饼干。

⑥长条式茶点：烘烤后切成长条形的茶点。

⑦薄片式茶点：烘烤后切成不同形状的茶点和饼干。

二、茶点制作方法

茶点是西餐中非常有特色的点心，它们常伴随咖啡、茶、冰淇淋和果汁牛奶。饼干和小点心种类繁多、各具特色，体现在形状、颜色、味道和质地等方面，形成这些特点的主要原因是原料的配制和和面的方法。茶点的制作方法与蛋糕非常相似，它们的制作也要通过四个程序：和面、成型、烘烤、冷却。

1. 茶点和面技术

茶点和面与点心质量有着密切关系。和面在搅拌机中进行，这种面团的特点是含水量比蛋糕面团少，糖和油脂的含量比蛋糕多，面粉必须过筛。为了使小点心和饼干面团光滑和均匀，这类甜点有着自己独特的和面方法，基本有三种，但是也随着食谱的变化会有一些变动。基本和面方法如下3种。

（1）油糖法

将所有原料准确称量。所有原料的温度都应当是室温。先搅拌油脂和糖，细盐和香料，待糖和油脂等原料混合并呈光滑状后，放入鸡蛋和液体原料，最后加入过筛的面粉。

（2）一步法

这种方法比较简单，先将所有的原料称重，室温下将所有的原料混合，搅拌均匀。

（3）泡沫法

这种方法是先将所有的原料称重，室温下将鸡蛋与糖放入一个容器内，稍微加热至43℃，用机器抽打鸡蛋与糖直至发亮变稠，然后按照食谱的具体要求进行操作。不同特点的茶点和饼干有不同的操作变化。

2. 茶点成型技术

①滴落法：将和好的稀软茶点面团或糊，通过茶点或饼干机滴入烤盘上成型的方法。

②挤压法：通过挤压挤花袋的面糊使茶点成型的方法。

③擀切法：使用水分少的面团，冷藏后，擀成厚面片，再用刀切成片的成型方法。

④成型法：将重量相等的面团放入茶点模具成型的方法。

⑤冷藏法：使用水分少的面团，先将面团卷成直径2～5厘米的圆筒形，然后在冷藏箱内存放4～6小时，最后用刀切成片的成型方法。

⑥长条法：将和好的面分为相等的面团，冷藏后制成圆筒形，然后压成或擀成烤盘的长度，8厘米宽，6毫米厚的面片。刷上鸡蛋液，将面片烤硬，表面成浅金黄色时，再切成长条（通常是2.5厘米）的成型方法。

⑦薄片法：将和好的面团放在烤盘上，注意厚度要均匀，根据需要，表面刷上鸡蛋液或其他涂抹的装饰，烤熟后，切成不同形状的方法。

3. 装盘技术

茶点的烤盘必须平整。在烤盘上常铺一层锡纸以避免粘连烤盘。在烤盘上刷上植物油可以方便面团在烤盘上的移动。

4. 烘烤技术

通常含水量较多的面团需要较高的温度，以进行短时间的烘烤。烤饼干时，温度太高可能烤焦饼干的边缘和底部；温度太低会造成颜色太浅，硬度太高。茶点的成熟度可以通过颜色判断，当其边缘呈现浅金黄色时，证明已经成熟。

5. 冷却技术

当茶点烤熟后，不要立刻将它们从烤盘中取出，因为热的茶点质地较软，它们既易粘连又易变形。

三、制作茶点

1. 茶点

（1）原料

黄油250克，白砂糖250克，糖粉120克，鸡蛋190克，香草精8毫升，蛋糕粉750克。

（2）制法

①用油糖法和面。

②用挤压法将面糊放入挤袋中，通过挤袋的花嘴将面糊挤在放有烤盘纸的烤盘上。

③炉温190℃，约烘烤10分钟，将小茶点烤成浅金黄色。

2. 巧克力饼干

（1）原料

黄油 500 克，红糖 375 克，白砂糖 375 克，细盐 15 克，鸡蛋 250 克，水 125 克，香草精 10 毫升，蛋糕粉 750 克，发粉 10 毫升，巧克力片 750 克，碎核桃仁 250 克。

（2）制法

①用油糖法和面。

②使用滴落方法将稀软的面糊，通过制饼干机将面糊滴入放有烤盘纸的烤盘上。

③炉温 190℃，烘烤 8 ~ 12 分钟，直至烘烤成浅金黄色。

3. 葡萄干香料饼干

（1）原料

黄油或氢化植物油 250 克，白糖 400 克，红糖 250 克，鸡蛋 250 克，葡萄干 750 克，蛋糕粉 750 克，发粉 7 克，细盐 7 克，肉桂 7 克，涂抹饼干上部的鸡蛋液适量，白砂糖适量。

（2）制法

①将葡萄干放入热水中洗净，用面巾吸去外部水分。

②应用一步法和面。

③应用长条法将和好的面分为 4 个相等的面团，冷藏后制成圆筒形，然后压成或擀成烤盘的长度，8 厘米宽，6 毫米厚的面片。刷上鸡蛋液，将面片烤硬，表面成浅金黄色时，切成 2.5 厘米的长条。上面撒少许白砂糖作装饰。

第四节　派与塔的制作

一、派也称为馅饼

派是欧美人喜爱的甜点之一，由英语单词 pìe 音译而成。由水果、奶油、鸡蛋、淀粉及香料等制作的馅心，外面包上双面或单面的油酥面皮制成的甜点。派的特点是派皮酥脆，略带咸味，馅心有各种水果和香料的味道。派有许多分类方法。

1. 单皮派

其指只有派的底部有派皮，暴露着的馅心的馅饼。

2. 双皮派

派的上部和下部都有派皮，将馅心包在派皮内，经过烘烤成熟的馅饼。

3. 非烘烤派

其是将鸡蛋、糖、抽打过的奶油、水果、干果仁等原料，根据需要制成不同风味和特色的馅心，填入烤熟的并且是冷的派皮内，不再经过烘烤制成的派。例如，巧克力奶油派、香蕉奶油派、椰子奶油派、柠檬卡仕达派和戚风派等都是非烘烤派。

4. 烘烤派

其是指将混合好的馅心填入烘烤成熟的或未烘烤的单皮或双皮的派皮中，经过烘烤成熟的派。例如，卡仁达派、南瓜派，山核桃派等。

5. 水果派

其是多以水果、水果汁、糖和稠化剂为馅心经过烘烤制作的双皮派，如苹果派、樱桃派、黑莓派、桃子派等。

6. 卡仕达派

卡仕达派也称奶油蛋糊派，是单皮派。派皮上放经过抽打的奶油与鸡蛋等原料制成的糊，糊中放入适量香料与水果汁增加风味，经过烘烤而成。

7. 戚风派

戚风派也称蛋白派或蛋清派，其馅心以蛋清为主要原料，其中加入适量的香料、水果汁、甜酒增加风味，有时也加入一些鲜奶油。

二、挞是欧洲人对派的称呼

许多欧洲厨师，尤其是英国厨师认为派与挞是同一类点心。派与挞都指馅饼，都可以是单层外皮和双层外皮。在西餐的作用都是甜点，都有酥脆的外皮和馅心，派和挞都是在金属模具（派盘）中烘烤成型的。但是，比较两个名称的用途，可以发现派的含义多用于双皮派，并且是切成块状的。塔多用于以黄油、水、面粉和鸡蛋为主要原料制成的单皮派，或比较薄的，双皮的，较大的圆派，或整只小圆形及各种形状的派。还有一些欧美厨师认为派和塔是两种不同的馅饼，他们认为塔应当比派更薄一些。

三、派的制作方法

派是西餐宴会、自助餐、零点餐厅和欧美人家庭中的常食用的甜点，派的酥脆性与其配方或食谱有着密切的关系。派皮的原料由面粉、油脂、食盐和水组成。

酥脆的派皮应由低面筋面粉制成，氢化植物油（植物油加工成的半固体物质，其外观似加工成的猪油）、盐和水的比例应当适量，过多的盐和水分会增加派皮的韧性。制作派的另一个关键点是和面方法的应用。

派皮制作方法如下。

（1）和面

①薄片油酥法：将油脂和面粉搅拌成绿豆状颗粒，然后逐渐加水，依此方法制成的派皮薄且层次多，适用于制作双皮派、水果派等。

②粉状油酥法：将面粉与油脂搅拌成米粒大小的颗粒时，再加水，这种方法制成的派皮格外酥脆，这种方法适用于各种单派皮。

（2）成型和烘烤

面团的重量与派皮的尺寸有着一定的关系，通常 225 克的面团适作 9 英寸（23 厘米）派的底派皮，适作 9 英寸（23 厘米）的上部派皮的面团重量是 170 克。通常 170 克的面团适作

8英寸（20厘米）派的底派皮，适作8英寸（20厘米）上部派皮的面团重量为140克。擀派皮与装入派盘的程序很重要。在操作台上撒些面粉，轻轻地将面团擀成3毫米厚的面片，从中心向四周擀，使面片厚薄均匀，擀成完美的圆形。用擀面杖轻轻卷起面片，使面片平整地落在派盘内，面片与派盘之间不要留有缝隙，不要抻拉面片。

（3）装馅与烘烤

制作非烘烤派时，将制成的各种馅心填入制熟且凉爽的派皮内，尽量在开餐时制作，保持派皮的酥脆。制作烘烤派时，将面片放入派盘中，装入混合好的馅心，放上派皮，将上面的派皮挖几个整齐的孔，根据食谱需要在上面的派皮刷上牛奶、鸡蛋、水，还可撒少许糖。烤派的过程中，前10～15分钟炉温应当是220～230℃，然后根据各种派的特点保持或降低温度，直至烤熟。水果派的温度一直保持这样的温度直至烤熟，卡仕达派应降低温度，在165～175℃。

（4）馅心制作

①水果馅心：以水果、水果汁、汤、调味品和淀粉类原料制成的。水果可以是新鲜水果、冷冻水果、罐头水果等。水果馅心的制作常有两种方法：煮水果汁法和煮水果法。

煮水果汁法用于罐头水果、冷冻水果及不需要熬煮的水果。例如，樱桃和桃子为原料，先将水果汁挤出，煮沸，放入经融化的面粉或淀粉，至煮浓为止，加糖和调味品，与水果搅拌，冷却。

煮水果法用于熬煮水分少的水果，若以苹果为原料，先将苹果、水与一部分糖一起煮沸，放入水粉糊，至煮浓为止，加糖、盐和调味品，搅拌，快速冷却。

②鸡蛋牛奶糊（松软的馅心）：以鸡蛋牛奶糊（卡仕达）、南瓜和山核桃为主要原料制作的软馅心无需提前熬煮，由于馅心中有鸡蛋，因此在烘烤中自己会凝固。但这种馅心在烘烤中易出现成熟时间不协调的问题，通常馅心成熟，而派皮未完全成熟。这种派的烘烤要掌握温度，前10分钟应当使用220～230℃，然后降低至165～175℃，并适时用叉子插入派的中心测试它的成熟度。

四、派的制作

1. 卡仕达派

（1）制作派皮

①原料：低筋粉2.3千克，油脂1.6千克，盐45克，水700克。

②制法：将盐放水中溶解待用。将面粉和油脂搅拌成米粒状。将盐水逐渐加入油面中，不断搅拌，直至水分全部吸收。将和好的面团放入盘中，冷藏2小时以上。冷藏好的面团擀成圆形片，放入派盘中，烘烤成派皮。

（2）制作馅心（生产3.6千克，可以生产直径23厘米的派4个）

①原料：鸡蛋900克，白糖450克，盐5克，香草30克，牛奶2升，豆蔻粉2克。

②制法：搅拌鸡蛋，加白糖、盐和香草，直至搅拌光滑为止。将牛奶加入鸡蛋白糖溶液中，搅拌均匀。

（3）派皮与馅心合成

制法：搅拌鸡蛋、牛奶混合物，倒入排皮上，上面撒上豆蔻粉。先用230℃将派烘烤15分钟，然后用160℃烘烤约20分钟。

2. 新鲜草莓派

（1）制作派皮

①原料：低筋粉2.3千克，油脂1.6千克，盐45克，水700克。

②制法：将盐放水中溶化，待用。将面粉和油脂搅拌成米粒状。将盐水逐渐加入油面中，不断搅拌，直至水分全部吸收。将和好的面团放入盘中，冷藏2小时以上。冷藏好的面团擀成圆形片，放入派盘中，烘烤成派皮。

（2）馅心制作

①原料：新鲜草莓4千克，冷水500千克，白糖780克，玉米淀粉110克，柠檬汁60毫升，细盐5克。

②制法：将草莓洗净，用纸巾吸干外部水分。将900克草莓搅拌成泥，与水混合在一起，放白糖、淀粉和盐，搅拌均匀，煮熟，冷却直至变稠，放柠檬汁，搅拌均匀，冷却。将其余的草莓切成两半或四半（根据大小）。

（3）派皮与馅心合成

将制作好的馅心填入凉爽的熟派皮内，冷冻即可（不要烘烤）。

第五节　布丁的制作

布丁是以淀粉、油脂、糖、牛奶和鸡蛋为主要原料，搅拌成糊状，经水煮、蒸或烤等不同方法制成的甜点。欧美人在冬天喜欢食用热布丁，在夏天喜欢食用冷布丁。

一、布丁的种类及分类方法

某些带有咸味的布丁还可以作为主菜。根据布丁的特色，布丁可分为：热布丁、冷布丁、巧克力布丁、奶油布丁、玉米粉牛奶布丁、意大利那布勒斯布丁、英式白色布丁、圣诞布丁、面包布丁。

二、根据布丁的制作方法

1. 水煮布丁

其是指以牛奶、糖和香料为主要原料以玉米淀粉为稠化剂，通过隔水煮熟，冷冻成型的甜点。

2. 烘烤布丁

烘烤布丁指以牛奶、鸡蛋、糖、香料和面包或大米为主要原料通过烘烤制成的甜点。

3. 制作布丁

（1）英式白色布丁

①原料：牛奶2.25升，白糖360克，香草粉15克，盐3克，玉米淀粉240克。

②制法：将2升牛奶和盐放锅中，用小火加热，煮开。将250毫升冷牛奶与淀粉混合、搅拌，加入200克的热牛奶，然后倒入剩下的热牛奶中，继续搅拌。

将混合的淀粉牛奶用小火煮沸、变稠。

将煮好的牛奶糊从炉上取下，放香草粉调味。倒入布丁模具至五成满，晾凉后，放冷冻箱至成型，食用时从模具中取出。

（2）面包黄油布丁

①原料：白色面包薄片900克，融化的黄油340克，鸡蛋900克，白糖450克，盐5克，香草粉30毫升，牛奶2.5升，肉桂、肉豆蔻少许。

②制法：将面包片横切成两半，上面刷上黄油，放入30厘米×50厘米的烤盘上。将鸡蛋液、白糖、盐和香草搅拌均匀。将牛奶放入双层煮锅，低温加热，逐渐将鸡蛋白糖混合好的液体倒在热牛奶中制成鸡蛋牛奶糊（这种糊称为卡仕达糊）。将鸡蛋牛奶糊倒入装有面包的烤盘内，撒上少许的肉桂、肉豆蔻，再将装好布丁糊的烤盘放在另一个较大的烤盘内，大烤盘内应放一些热水垫底，水的高度应当是2.5厘米。烤炉预热至175℃，将烤盘放入烤炉，需要35～40分钟，直至烤熟，冷却，上面浇上抽打过的奶油或比较稀薄的奶油鸡蛋汁等作装饰。

（3）巧克力布丁

①原料：可可粉30克，黄油150克，白糖300克，牛奶400克，鸡蛋5个，面粉200克，玉米粉40克，香草粉、发粉少许。

②制法：将面粉、可可粉过筛，加白糖200克，牛奶160克，蛋黄3个，发粉和软化的黄油搅拌，和成面糊。用抽子将5个蛋清抽起后，与面糊混合均匀，装入布丁模具里装八成满。上锅蒸约30分钟，取出。将其余的牛奶、白糖在锅内烧开后，放玉米粉、香草粉、蛋黄2个（用冷水搅拌好），上火煮沸，制成奶油鸡蛋汁。上桌前，将布丁放杯内，浇上奶油鸡蛋汁。

第六节　清酥类点心的制作

清酥类点心也称为起酥类点心。清酥类点心具有层次清晰、入口酥香的特点，其品种繁多，深受人们喜爱。清酥类点心的制作是一项难度大、工艺要求高、操作较为复杂的工作，不同烘焙师的配方和擀制方法也略有不同。

该类点心制作中未使用任何膨松剂，但是烘焙后却膨胀至原厚度的8倍。由于制品酥香松脆，制成各式甜点、咸点及各种酒会小吃等，都深受广大顾客喜爱。

一、杏仁条的制作

杏仁条是利用清酥面坯，杏仁奶油，经擀压、成型、填馅、黏结、烘烤、切割等多种工艺制作完成。

清酥面坯是用冷水面坯和油面坯互为表里，经反复擀叠、冷冻等工艺制作完成。清酥面坯制品具有层次清晰、入口香酥的特点，是西式面点制作中经常使用的面坯之一。

清酥面坯是由两种不同性质的面坯组成：一种是面粉、水及少量的黄油调制而成的水面坯；另一种是黄油中含有少量面粉结合而成的油面坯，两种面坯相间折叠而成。

清酥面坯形成多层、膨胀的原因有两个：

第一，由湿面筋的特性所致。清酥面坯大多选用含面筋质较高的面粉，有较好的延伸性和弹性，可以保存空气并能承受烘烤中水蒸气所产生的胀力，每层面坯可随着空气的胀力而膨大。面坯烘烤温度越高，水蒸气的压力越大，湿面筋所受的膨胀力也越大，使每层面坯不断受热膨胀，直到面筋内水分完全被烤干为止。

第二，由于清酥面坯中有产生层次能力的结构和原料，水面坯与油面坯互为表里，有规律地相互隔绝。随着温度的升高，时间增加，水面坯中的水分不断蒸发并逐渐形成一层层碳化变脆的面坯结构。油面皮受热融化渗入面皮中，使每层的面坯变成了又松又脆的酥皮。由于面筋的存在，面坯仍保持原有片状的层次结构。

1. 原料：清酥面坯

①水面坯配方：水、400 毫升、盐 20 克、细砂糖 30 克　黄油 100 克、高筋面粉 650 克、低筋面 100 克。

②油面坯：高筋面粉 250 克、黄油 650 克、杏仁奶油、黄油 250 克、细砂糖 250 克、鸡蛋 250 个、杏仁粉 250 克、低筋面粉 100 克、朗姆酒 20 毫升、香草油 5 克、表面装饰鸡蛋 2 个、黄梅果胶 60 克、糖粉 30 克、熟杏仁片 50 克。

2. 制作方法

①制作水面坯。将高筋面粉、盐、细砂糖、黄油、水全部加入搅桶内，用弯钩搅头将水面团搅拌均匀。

②从桶内取出，用手稍揉至光滑，整理成长方形面坯，放入方盘内的一侧，用保鲜膜封好待用。

③制作油面坯，将高筋面粉、小块黄油倒入搅桶内，用桨状搅头慢速搅拌，形成面团即可。台案上撒少许面粉，将油面坯稍做揉制整理成长方形。将油面坯放在水面坯的方盘内，放入冷藏冰箱 30 分钟。

④将油面坯从冰箱内取出，两面撒少许面粉，放到压面机上进行擀压。将油面坯擀长后，放一旁备用；将水面坯压成油面坯的 2/3，宽度与油面坯一致。进行包油，将水面坯压在油面坯上面对齐。将 1/3 的油面坯折向中间，再将双层的油面坯和水面坯折向中间折成三折。把面坯放入冰箱冷藏 30 分钟，易于下一步擀压成型。

⑤取出后，上下撒少许面粉，将两边开口的方向朝向压面机，进行擀压。将面坯压成长

方形。四折法：将两端面坯向中间对折。再对折成四层，放入冰箱冷藏30分钟。按此方法再完成一次三和一次四的折叠，清酥面坯制作完成。放入冷藏冰箱3小时后即可使用。

⑥制作杏仁奶油：先将软黄油和糖粉放在搅拌桶内。上机搅打，先慢速将糖粉与黄油混合均匀。将黄油、糖粉搅打至膨松体变白后，逐个加入鸡蛋。继续搅打直至均匀。将低筋面粉、杏仁粉用手拌均匀。将混合好的粉料全部倒入黄油糊内备用。

⑦制作杏仁条：将清酥面坯压成3毫米厚的薄片后裁成宽25厘米的长方片并割成宽12厘米、13厘米两片。将裁成12厘米宽条放到铺油油纸的烤盘上，在四周两厘米的位置刷上蛋液。将打好的杏仁奶油装入挤袋，挤在12厘米宽的面坯上。挤好后，将宽13厘米的面坯放在挤好杏仁奶油的面坯上。用小刀与食指配合，在两层面坯四周压出花纹。将蛋液在表面涂抹均匀。

⑧用小分刀倾斜30°角在表面压出花纹，叉子在四周表面划出花纹。在四周扎眼，目的是使其透气不开裂。将杏仁条放入事先预热的200℃烤箱内，烤制25分钟，上色后再降至180℃，烤5分钟，烤至金黄色后放在网架上晾凉备用。

⑨把杏仁条的边缘切掉，切成5厘米的宽条。切好后，用刮板挡住杏仁条表面1/2处，撒少许糖粉。在杏仁条的另一半刷上果胶，让颜色更加鲜亮。在刷果胶的上面，撒少许杏仁片。将完成的杏仁条码放在盘中。

二、烤苹果酥角

苹果酥角主要使用清酥面坯、苹果馅，经过面坯的擀制、上馅、成型、烘烤等工序制作完成。其可作为美食店零点出售，也可以用于自助餐、酒会点心。因其色泽金黄，酥脆香甜，深受客人喜爱。

（1）原料

清酥面坯1000克、鸡蛋（涂抹用）5个、黄梅果胶100克、苹果馅苹果10克、细砂糖100克、黄油100克、葡萄干、100克、杏仁粉80克、玉桂粉60克、柠檬1个。

（2）制作方法

①制作苹果馅：黄油放入不锈钢锅内加热后，放入细砂糖，将混合物炒制上色。加入切好的苹果丁、柠檬片，迅速炒至均匀并持续搅拌。待汁收干后，放入红提干、杏仁粉、少许玉桂粉，炒制均匀，将柠檬片挑出。苹果馅倒入玻璃容器内，放凉备用。

②制作苹果酥角：取出冷藏好的清酥面片，用模具戳出圆片。将圆片放到台案上，擀成椭圆形。在2/3的面坯上刷蛋液。在中间放入事先炒好的苹果馅，对折面坯轻轻捏紧。放入烤盘后，表面刷一层蛋液，用小刀划出树叶形花纹。将划好的苹果酥角放入200℃烤箱，烤制25分钟，烤至表面金黄即可。

③将烤好的苹果酥角取出后放入盘中，表面刷一层果胶。刷好后，放入事先装饰好的盘中，码放整齐。

第七节　西点馅料、装饰料

馅料和装饰料是属于西点制作中不可缺少的半成品，丰富多样的馅料和装饰料是西点显著特征，也是西点变化的主要手段。本章除面包的馅料外，再介绍一些国外常用馅料和装饰料，具有一定的通用性，即大多可于不同种类的西点，变换不同的馅料和装饰料，便可得到不同的品种。

一、常用馅料

1. 果酱与水果馅料

果酱是西点最普通常用的馅料，在西点制作中可起黏接作用，果酱几乎可用各种水果与大约等量的糖熬制成，水果中天然存在的果胶是一种凝胶剂，可以促进果酱凝结。常见制法有以下 5 种。

①将成熟的水果洗净，较大块的水果需切成小块，硬质水果需要加适量的水煮烂。

②把处理好的水果和糖放入铜锅中，开小火加热并不断搅拌以防止粘连焦糊。

③待糖全部溶化时，迅速升温直至达到果酱的凝结点为止。鉴别凝结的方法是：用勺舀少许果酱，再倾回锅内，最后滴下且已冷却的果酱，如果能呈片状，表明凝结点已达到；或者在干燥的盘内滴几滴果酱，晾凉让其凝结，用手指推动时，如果酱表面起皱，也表明凝结点已达到。

④如酸味不足，熬制时可添加适量柠檬汁或果酸，含果胶少的水果可适当添加少许琼脂以助凝结。

⑤糖用量与果胶含量有关，富含果胶的水果如苹果、葡萄等用糖量为水果的 125%；果胶含量中等的水果如杏、李、桃、青梅等，用糖量为水果的 100%；果胶含量少的如草莓，加糖量为水果的 75%。

水果馅料是指新鲜水果经烹煮而制成的水果泥，最常用的水果是苹果，其次是桃、李、草莓、樱桃等。制法：将水果去皮核，切成小块放入锅内，加入少量水和适量糖，置火上煮沸至泥状。也可将切好的水果先放少许奶油煎炒片刻后，再加少许水焖软，如馅料汁太多可用淀粉增稠。

2. 青红丝

青红丝是一种色鲜味美的特殊调料，购买渠道非常方便，也可以自己制作。

配方：鲜橘子皮 25 千克，白砂糖 25 千克，明矾 150 克，红色素、绿色素各适量，糖粉适量。

工艺流程：备料→切丝→浸渍→上青红色→糖渍→拌糖粉→日晒→包装。

①切丝：将鲜橘子皮清洗干净，切成细丝状。

②浸渍：将橘皮丝放入浓度为 0.5% 的明矾水中浸渍 10 小时，捞出用清水漂洗，直到苦

味除尽为止，沥干水分。

③加色：取一半橘皮丝，放入干净缸内，放入食绿素搅匀，为青丝半成品，用同样方法将另一半橘皮丝调入食红素搅匀即可成为红丝的半成品。

④糖渍：将青、红丝分别用一半白砂糖混合拌匀，腌渍 3 天后再加入另一半白砂糖，混合拌匀，腌渍 2 天。

⑤拌粉：将腌渍好的青红丝分别捞出，沥干糖液，稍加晾晒后，再分别拌入磨细的白糖粉，使其丝丝松散。

⑥日晒：将拌粉后的青红丝放在日光下，晒至干燥，即为成品。如果没有糖粉，可用锅将糖液和青丝或红丝煮到返沙后，将锅端离火源，搅拌均匀。（此法不用日晒。）

⑦质量要求：本品必须色泽鲜艳、香甜、透明，入口后有一定韧性。

3. 果仁糖馅料

果仁糖馅料是一类以果仁和糖为主要原料而制成的馅料，呈糊状，在国外最常用的果仁是杏仁。

（1）蛋白杏仁糊（马可路糊）

蛋白杏仁糊是一种较简单的杏仁糖糊，它既可作为杏仁蛋糕的原料，也可作为塔的馅料，还可直接用来制作饼干。

制作：一份杏仁粉与两份糖混合，再加入蛋清或全蛋搅成糊状即可。

（2）福里吉百

配方 1：白砂糖 1000 克，蛋 1000 克，奶油 1000 克，杏仁粉 1000 克，面粉 60 克。

配方 2：白砂糖 1000 克，蛋 1000 克，奶油 1000 克，杏仁粉 250 克，海绵蛋糕渣 500 克，面 250 克。

工艺：将糖和油脂打发，分次加入蛋液搅拌均匀，将杏仁粉、面粉、蛋糕渣一起过筛后加入混匀即可，如果没有杏仁粉用其他果料粉代替也可，但效果较差。

（3）椰蓉吉百

配方：白砂糖 1000 克，奶油 1000 克，蛋 1000 克，椰蓉 500 克，面粉 500 克。

工艺：用油脂蛋糕糖油浆法工艺制作，面粉与椰蓉混匀后加入拌匀即可。

二、蛋奶糊与冻类馅料

这类馅料通常含有蛋、奶的糊状或冻状（凝胶），加热时原料中的淀粉经糊化作用形成淀粉糊，同时淀粉糊（或明胶）也可与牛奶和蛋中的蛋白质一起形成共凝胶（俗称为冻）。

1. 吉士馅料

吉士是一种传统的西点凝乳馅料。目前，市场已配有粉状半成品即溶吉士粉，用时只需加水调和。

配方 1：牛奶 1000 克，淀粉 110 克，砂糖 155 克，蛋（或蛋黄 6 个）195 克，奶油 60 克。

配方 2：牛奶 1000 克，淀粉 100 克，糖 195 克，奶油 80 克，明胶粉 15 克（淀粉与明胶粉调成糊状加入，其他步骤和配方一相同)。

工艺：用少量冷牛奶将淀粉调成糊状待用；将糖溶化于剩余的牛奶中煮沸，加入淀粉糊搅拌均匀以免凝结，再煮沸后加入蛋液搅拌均匀后离火，趁热加入奶油搅匀，晾凉备用，为防止表面风干结壳可撒些糖粉或白砂糖。也可先将蛋、淀粉、部分糖用少许牛奶调糊，再冲入煮沸的牛奶（剩余的糖加在其中），同时不断地搅拌 2～3 分钟，趁热加入奶油混合匀即可。

2. 点心膏

配方：牛奶 1000 克，糖 280 克，蛋黄 6～8 只，面粉 140 克，香精少许。

工艺：糖、蛋黄搅打均匀后加入面粉中，混合成光滑的糊，牛奶烧开晾凉后与糊混合，再置于火上来断搅拌至煮沸，离火倾入干净的容器中，表面以油纸盖住或撒白砂糖以防风干结壳。

3. 柠檬冻馅料

配方：水 1000 克，糖 450 克，蛋（蛋黄）4 个，奶油 60 克，淀粉 160 克，4 个柠檬的皮与汁。

工艺：取少量水与淀粉调和，把糖倒入剩余的水中烧开，把淀粉糊倒入并不断搅拌防止结块，蛋液、柠檬碎皮、叶先混匀再加入热糊中搅匀，最后加入奶油拌匀即成。

4. 奶酪馅料

配方：奶酪 1000 克，糖 300 克，蛋 450 克，奶油 220 克，面粉 110 克，盐少许，柠檬皮（取自两个柠檬）切碎。

工艺：采用戚风蛋糕方法制作。奶酪可自制：温热的牛奶加入 1.7% 凝乳酶，放置温暖的地方让其凝结，然后过筛支除乳清。

三、常用装饰料

1. 糖霜类装饰料

糖霜类装饰料其本成分是糖和水，糖在制品中多呈细小的结晶体状态，如添加其他成分如蛋清、明胶、油脂、牛奶等，即制成不同的品种，使用时可采用浸蘸、涂抹、济注等方法对西点进行装饰。

（1）翻糖

翻糖制品晶粒细小色白，有轻微光泽，常用于西点的涂衣（挂霜）。

配方：白砂糖 1000 克，水 350 克，葡萄糖 165 克。

工艺：水烧开后加入糖搅拌至融化防止焦底，待煮沸后加入葡萄糖，加热至 115℃，将糖浆倒在预先撒有冷水的案上（最好是大理石），待糖浆冷至 40℃ 左右（手感温热），用木铲来回搅动至变稠变白，直至成为一个较硬的团块，用湿布覆盖约 1 小时，捏成团块密封于容器中待用。

需要注意的是，配方中的葡萄糖可用少许果酸来代替；翻糖用时可用水浴法温化，水温不得超过 38℃，如需要降低硬度，可加入少量糖浆。糖浆可由 6 份糖、5 份水烧开制成。

翻糖熔化时，如加适量的可可粉，即为巧克力翻糖，也可加其他色素、香精，变化成不同风味色泽的翻糖。

（2）富吉装饰料

富吉是由翻糖、油脂和乳品一起混合而成，它比翻糖更细腻光滑。

配方：奶油1000克，翻糖1780克，炼乳165克。

工艺：翻糖温化后，加入油脂混匀，再加入炼乳搅打至光滑的糊即可。使用方法与翻糖一样，也可加入不同色素和香精。

（3）皇家糖霜

配方一：糖粉1000克，蛋清180克，果酸少许。

工艺：皇家糖霜作用与翻糖相同。先将2/3的糖与蛋清搅打至一定稠度，加入剩余的糖和果酸，继续搅打匀即可，成品用湿布覆盖，硬度可用蛋清调节，蛋清越多，硬度越低。

配方二：蛋白两只，糖粉450克，柠檬汁8克。

工艺：原料混合在一起，搅拌成匀滑的糊状，密封罐中随用随取（遇风变硬），可加不同色素或香精变化成更多品种。

（4）洛加特果仁糖

配方：白砂糖1000克，柠檬汁（取自一个柠檬），杏仁（其他果仁）碎700克。

工艺：糖与柠檬汁置小火加热搅拌至糖溶化，升温加热熬至琥珀色，加入果仁搅匀，稍许加热后离火，倒在涂油的大理石案上，抄拌冷却即可。

（5）糖皮

糖皮具有一定的可塑性，既可擀皮又可捏成一定的形状，常用于蛋糕外层的包裹（彩格蛋糕），可做成花鸟动物等模型，糖皮主要用于高档西点装饰。

配方：糖粉1000克，颗粒糖200克，葡萄糖200克，水60克，明胶30克，皇家糖霜200克。

工艺：明胶泡在水中待用。水、颗粒糖、葡萄糖置火上烧至沸腾成糖浆，将泡软化的明胶放在糖浆中，搅至明胶溶化，待糖浆略微晾凉后，加入皇家糖霜搅拌均匀，加入糖粉混合成光滑的糊密封于罐中。

（6）杏仁糖皮

配方：糖粉1000克，杏仁粉1000克，砂糖1000克，蛋320克。

工艺：糖粉与杏仁粉过筛；砂糖和蛋放入锅中先混匀，再置于火上水浴法加热至49℃，再将过筛后的糖粉、杏仁粉加入并不断搅拌至光滑的糊即可。

（7）杏仁糖团

配方：明胶粉5克，开水30克，糖霜300克，杏仁霜120克，蛋白2只，杏仁白兰地酒5克，玉米粉适量。

工艺：明胶冲入沸水中用蛋扦搅打均匀备用，糖霜、杏仁霜一起过筛后在案上扒窝，加入蛋白、杏仁白兰地酒和明胶水，拌匀成糖团，案上撒玉米淀粉，反复用力搓揉，直至光滑细腻后密封。

（8）糖假山

配方：糖 600 克，水 400 克，蛋白 1 只，糖粉 180 克，柠檬汁 15 克。

工艺：糖与水熬至能拉脆糖丝时离火，蛋白，糖粉和柠檬汁一起搅打匀透，倒入深且口径小的桶内，冲入沸滚的糖浆，用长的拌板稍微搅动一下，迅速盖上盖，冷透即成。

此配方主要用于假山盆景制作，假山糖制成后，可根据需要进行雕琢和拼接，如需染色可直接将色素和在蛋白糖内。

（9）糖蘑菇

配方：蛋白 120 克，细白砂糖 250 克。

工艺：蛋白与糖一起搅打发泡（硬峰状），烤盘用油粉法处理后，在烤盘内裱上一根根梗条和一只只小圆饼，烤 40 分钟后（上火 115℃，下火 100℃），定型酥松后在圆饼底部挖洞，插入梗条即成蘑菇，顶部可撒微量可可粉。

2. 膏类装饰料

膏类装饰料是一类光滑细腻且有一定可塑性的软膏，其结构是泡沫与乳液并存的分散体系。糖在制品中也是细小的微晶态，常用于西点的裱花装饰，还可用于馅料和粘接用。

膏类装饰料主要有油脂型（奶油膏）和非油脂型（蛋白膏）两类，各种膏类装饰料使用时均可根据需要加入可可粉、咖啡、果仁、色素香精等，对其风味和色泽加以变化和修饰。

（1）奶油膏

配方一：（糖粉法）奶油 1000 克，糖粉 750 克。

工艺：将糖粉与奶油搅打成膏状（发泡）即可。

配方二：（糖浆法）奶油 1000 克，白砂糖 500 克，水 250 克，柠檬酸 2 克。

工艺：水、糖溶化熬开后加入柠檬酸，改用小火煮沸约 30 分钟，糖浆温度 104℃，颜色呈淡琥珀色即可。糖浆晾至温和后，加奶油先进行慢速搅拌，待奶油与糖浆搅拌均匀后改用快速搅打，搅拌至光滑且有一定硬度的膏状，最后加少许色拉油增加光泽（同时具有天冷时防止奶膏变硬作用）。天气热时可先搅打奶油，然后分次加入冷糖浆，天冷时可先将奶油加温打发。

（2）法式奶油膏

配方：奶油 1000 克，砂糖 1000 克，蛋黄或全蛋 500 克，水 165 克。

工艺：糖浆温度熬至 116℃，将蛋搅打均匀，加糖浆同时不断搅拌冷却至室温，分次加入奶油并不断搅打成光滑乳膏状。

（3）德式奶油膏

配方：奶油 1000 克，糖 445 克，蛋 350 克。

工艺：将蛋液打至膏状（类似海绵蛋糕制作）；将奶油打发，再把蛋泡糊分次加入奶膏中，搅打成光滑的奶油膏。

（4）意式奶油膏

配方：奶油 1000 克，砂糖 1000 克，蛋白 420 克，水 210 克。

工艺：2/3 的糖与水熬浆，终点温度 116℃。与此同时，余下的糖和蛋白一起打发，将糖浆缓缓加入蛋白膏中，同时不断搅拌至冷却，加入打发的奶油搅打匀即成。

（5）香草奶油膏

配方：蛋黄3个，糖120克，香草粉5克，玉米淀粉25克，牛奶500克，奶油50克，鲜奶油膏（打发）500克。

工艺：将蛋黄、糖、香精一起搅打泛白时加入玉米淀粉搅拌匀；牛奶中、奶油烧开后慢慢冲入蛋黄糊中，搅打均匀后再倒锅内，继续煮至稠熟透离火，冷却后与鲜奶油膏拌和均匀即可。蛋黄糊离火后仍需搅拌，冷后拌入鲜奶油膏，不然表面结皮就会香草奶油中生成粗粒物，影响质量。

（6）木莓奶油

配方：牛奶500克，木莓果酱50克，糖75克，玉米淀粉25克，红色素微量，奶油45克，发泡鲜奶油膏400克。

工艺：牛奶、木莓酱、糖烧开后下入淀粉搅拌匀透，再次烧开后离火加入色素、奶油搅匀至冷却后，小心拌入发泡的鲜奶油膏，和匀即成。

（7）核桃奶油

配方：核桃仁200克，香草奶油300克，发泡鲜奶油500克。

工艺：开水浸泡核桃仁几分钟，捞出剥去皮烤至香脆，用刀剁碎成极细小的末，用粗筛过筛备用；将香草奶油和核桃粉搅拌均匀后，仔细拌入发泡的鲜奶油膏。

（8）栗子奶油

配方：糖炒栗子250克，香草奶油400克，发泡鲜奶油125克。

工艺：栗子米绞碎过筛成粉，与香草奶油搅拌均匀后，再与发泡鲜奶油膏拌匀。

栗子粉制法还可将生栗子仁加清水和少量的糖煮至熟酥（不开花）时捞出，搅打成酱，但拌奶油时配方应减糖。

（9）草莓奶油

配方：草莓250克，发泡鲜奶油500克。

工艺：草莓绞成酱和发泡鲜奶油膏拌匀透即成。

（10）蓝莓香草奶油

配方：罐装蓝莓（带汁）100克，白糖15克，淀粉5克，樱桃白兰地酒15克，香草奶油500克，发泡鲜奶油100克。

工艺：将蓝莓带汁加糖烧开下淀粉拌匀，再次煮沸时离火加白兰地酒拌和，冷透后加入香草奶油和发泡鲜奶油膏拌匀。

此馅料用于蛋糕夹层，蓝莓可直接使用，也可用粉碎机打成酱。

（11）柠檬蛋黄奶油

配方：蛋黄5个，糖100克，柠檬2个，柠檬果酱10克，淀粉22克，牛奶500克，奶油500克，发泡鲜奶油100克。

工艺：蛋黄、糖一起搅打泛白，加入擦碎的柠檬皮，再将榨出的柠檬汁与柠檬酱、淀粉一起加入蛋黄糊中搅匀；牛奶与奶油烧开后慢慢冲到蛋黄糊中，混合搅匀后仍倒入锅内烧开熟透离火冷却，加入发泡的鲜奶油膏拌匀。

此类奶油膏主要用于涂抹夹层，如需提高可塑性可适当加入明胶。

（12）香草白脱奶油

配方：蛋3个，糖250克，香草5克，牛奶100克，白脱奶油500克。

工艺：蛋、奶、香草搅打泛白时，冲入煮开的牛奶，搅至糖融化后冷却待用；奶油搅至羽化状，加入蛋糊搅打均匀即可。

（13）可可白脱奶油

配方：可可粉30克，温开水适量，香草白脱奶油500克。

工艺：可可粉加入少许温开水调匀，然后加入香草白脱奶油搅匀即可。

可可粉调匀后先加少量奶油调匀，然后再将奶油全部奶油加入，奶油才能搅打匀滑细腻，颜色均匀。

（14）咖啡白脱奶油

配方：糖浆300克，速溶咖啡10克，白脱奶油500克。

工艺：糖浆与咖啡拌匀，奶油打至羽绒状，慢慢加入咖啡糖浆并不停搅打至匀透。

（15）栗子白脱奶油

配方：糖渍栗子150克，香草白脱奶油500克。

工艺：栗子粉碎后过筛，与香草白脱奶油搅打匀透，如无新鲜栗子，可罐装的淡味栗子茸代替。

（16）柠檬白脱奶油

配方：大柠檬1只，香草白脱奶油500克，白兰地酒10克。

工艺：柠檬剖开榨汁，与白兰地加入香草白脱奶油拌匀即成。

（17）巧克力白脱奶油

配方：香草巧克力90克，可可粉10克，香草白脱奶油500克。

工艺：香草巧克力水浴法融化，与可可粉拌匀的香草白脱奶油和融化的巧克力拌和匀即成（可可粉可先将少许奶油拌匀或温开水调匀）。

3. 结淋类（夹馅）

（1）樱桃结淋

配方：蛋2只，糖100克，玉米淀粉40克，牛奶500克，白脱奶油50克，糖渍樱桃50克，樱桃白兰地酒15克，发泡鲜奶油300克。

工艺：蛋、糖搅打泛白加淀粉拌匀；牛奶和白脱奶油烧开冲入蛋糊内拌匀，再倒入锅内烧开，搅匀冷却，樱桃剁成碎末和酒一起放入糊内拌拌匀再与鲜奶油混合。

（2）柠檬结淋

配方：柠檬2只，蛋黄3只，糖125克，淀粉40克，牛奶500克，白脱奶油50克，发泡鲜奶油250克。

工艺：柠檬皮刨成碎屑、果肉榨汁待用，将蛋黄、糖打至泛白后加淀粉拌匀；牛奶、白脱奶油烧开，倒入蛋糊中搅匀，再放锅内烧开离火冷却，最后将柠檬碎屑及果汁、发泡鲜奶油依次加入蛋糊中拌匀即可。

（3）咖啡结淋

配方：蛋2只，糖110克，咖啡12克，牛奶480克，淀粉38克，白脱奶油60克，咖啡甜酒15克，发泡鲜奶油300克。

工艺：蛋糖打至泛白，加入咖啡拌匀，再将牛奶、白脱奶油烧开，加入淀粉拌匀后，再倒入蛋糊混合后烧开，待冷却后与咖啡甜酒、发泡鲜奶油拌匀。

（4）蓝莓结淋

配方：牛奶560克，蓝莓酱75克，糖100克，淀粉40克，发泡鲜奶油300克。

工艺：牛奶、蓝莓酱煮开后加入淀粉混合，再次烧开后搅动离火冷却，待完全冷却后与发泡鲜奶油拌匀。

（5）吉士奶油膏

配方：奶油1000克，吉士1000克，糖粉500克。

工艺：奶油与糖粉打至羽化，再加吉士搅打至发泡。

（6）鲜奶油膏

配方：鲜奶油1000克，糖粉500克。

工艺：新鲜奶油（真脂）是牛奶经脱水加工所得的乳脂制品，它与固体奶油相比，含水较多而含脂较少（35%），硬度也较低，呈白色，奶香浓郁口感滑爽，常有新鲜牛奶的风味，不像奶油膏那么油腻，使用时只需加糖搅打起发就可用于西点裱花。

（7）巧克力鲜奶油

配方：鲜奶油500克，巧克力沙司25克。

工艺：将巧克力沙司加入鲜奶油中一起打至发泡，如需增加色泽可添加用水调匀好的可可粉。

（8）咖啡鲜奶油

配方：速溶咖啡10克，温开水少许，发泡鲜奶油1000克，咖啡甜酒20克。

工艺：将咖啡用温开水化开，与酒一起加入发泡鲜奶油中拌匀。其也可加咖啡沙司，如色泽需要，还可加咖啡糖色。

（9）模拟奶膏（植脂氢化）

模拟奶膏不含乳脂，由植脂加乳化剂氢化制成，商品多称为非乳脂奶膏或非乳脂装饰料，国内简称鲜奶油或植脂奶油。

植脂鲜奶油质地类似鲜奶油，使用前最好将冷冻的植脂奶油放在2～7℃的冷藏条件下解冻（冰箱冷藏室），搅打植脂奶油的温度不应高于10℃，室温在20℃左右为宜，夏天用冰水、冰块采用水浴法打制，打至软峰状态即可裱花，做玫瑰花瓣等立体物应打发稍硬一点（打至硬峰状态时应改用低速搅打片刻，使其结构细腻稳定）。装裱好的鲜奶蛋糕应放在冷藏柜内保存。

（10）蛋白膏

蛋白膏是由蛋清和糖一起搅打制成，一般来说糖越多蛋白膏越浓稠，也越稳定。

冷法：糖不加热也不熬浆，直接打制。热法：糖预先经烤箱烘热再搅打。糖浆法：糖先熬成浆再和蛋清搅打。

三种方法制成的蛋白膏，其稳定性高低顺序如下：糖浆法、热法、冷法。下面介绍糖浆法（意大利蛋白膏）。

配方：白砂糖1000克，蛋清400克，水500克，果酸少许。

工艺：先将糖、水混合烧开，撇去浮沫，温度烧至116～118℃，糖浆沸腾后开始搅蛋清（加入果酸），搅打至形成坚实的蛋白泡沫为止，再改用慢速搅打，将糖浆趁热呈缓缓细流状加入蛋白中，加完后改用中速搅打至形成细腻且有一定硬度的蛋白膏（约5分钟）。为增加蛋白泡沫的稳定性，熬浆时可加入1%的浸软的琼脂。

在制作蛋白膏时，工具不能有油污，必须洗净才能打蛋白，蛋白打发的终点与糖浆熬制的终点同步，即在时间上需一致。蛋白膏稳定性差，应尽可能在短时间内用完。蛋白膏不仅可以用于裱花，还可加杏仁、核桃仁、花生、椰蓉等制成蛋白饼干和小点心，还可根据需要调制色素和香精。

（11）明胶蛋白膏

配方：白砂糖1000克，葡萄糖1000克，蛋清250克，明胶50克，水1050克。

工艺：先将明胶放入670克水中加热使其溶化；蛋清打至稠糊状态；糖、葡萄糖和余下的水烧开加热至121℃，趁热倾入打好的蛋白膏中，同时不断搅拌，最后加入明胶溶液，继续搅打呈细腻的膏状。

4. 果冻类

果冻（冻胶）是一种凝胶，用于西点的装饰、粘接及新鲜水果的表面上光，还可直接冷食。冻胶可由天然果汁自身的胶凝作用凝结而成，也可用明胶、琼脂方法来制成。

（1）天然果冻

工艺：软质水果加水，以淹没水果为宜，然后煮成浆状；硬质水果则去皮核，切小块再加水煮成浆状，然后用尼龙布过滤收果汁，把一定量的糖加入果汁中搅至融化（含果胶少的水果汁，每升加糖600克，含果胶多的果汁加糖800克），立即倒入容器中密封储存。

（2）琼脂果冻

工艺：琼脂用水泡软（琼脂量约为水量的2%），放火上加热并搅至溶化，加入适量的糖迅速煮至沸腾，离火晾凉。

如果用明胶，明胶量为水量的5%，加部分鲜果汁风味更佳，也可加入香精、色素。如果需补充酸味，可加适量柠檬酸。如果直接冷食，可将果汁液倒入模具，凝结后将模具放入热水片刻取出果冻。

（3）上光果冻

配方：水1000克，明胶35克，柠檬酸6.5克，砂糖300克，色素、香精少许。

工艺：水烧开后加明胶搅拌溶化，加糖、柠檬酸、香精色素再次煮沸后离火晾凉即成。

上光果冻（上光冻胶）用于水果表面涂抹上光，冻液快要凝结时使用最佳。

5. 糖浆类

（1）咖啡糖浆

配方：水 300 克，速溶咖啡 10 克，白糖 500 克。

工艺：水与咖啡烧开，加入糖搅至溶化，再煮沸几分钟，待浆稍有黏性时离火。待浆稍冷后用筛过滤一下，冷后装入容器中备用，糖浆的厚度可根据需要加水调节，也可加咖啡甜酒加香。

（2）草莓糖浆

配方：明胶粉 5 克，开水 250 克，糖 500 克，草莓果酱 50 克，色素适量。

工艺：明胶冲入开水中迅速搅至溶化，加入糖一起烧开，再加入果酱、色素搅拌匀透即可。

此糖浆除调味外，广泛用于水果甜品的装饰，并可根据实际需要增减糖分、添加淀粉制作。

（3）巧克力糖浆

配方：水 500 克，可可粉 38 克，香草巧克力 250 克，糖 500 克。

工艺：水、可可粉混合后煮沸，加入巧克力溶化后再加入糖，待再次沸腾后离火冷却过筛，装容器备用。

此配方在制作中，必须先加可可粉烧至溶化，才可加巧克力等原料，如果先加巧克力后放可可粉，制品易结块不融合。

第三十章　西方主要节日及其特色菜肴

西方主要节日及其特色饮食

一、圣诞节

圣诞节是欧美国家一年中最重要的节日，原本是耶稣基督（Jesus christ）诞辰纪念日，如今已成为西方国家全民性的节日，颇似中国的春节。圣诞节定于每年 12 月 25 日，12 月 24 日为圣诞节前夜。在圣诞节欧美国家的人们都会准备以下美食：烤火鸡、烤乳猪、烤鸡、烤鹅等，搭配上南瓜、土豆等蔬菜一起烤熟全家分享。

圣诞布丁是英国最具代表性的圣诞食物之一，主材料仍然是干果和香料，特别之处是它们用酒浸过。所以开盖后通常能闻到浓浓的酒香味，而不是鸡蛋味。圣诞布丁个头很大、分量很重，通常会在圣诞前一个月全家一起开始制作。

德国著名的圣诞美食是姜饼（lebkuchen）是一种介于蛋糕与饼干之间的小点心，传统的姜饼以蜂蜜、胡椒粒为材料，又甜又辣，口感刺激。如今姜饼经过改良，外面撒上一层糖霜，人们会在姜饼上制作祝福的话语，不但口感丰富，外形也相当喜人。

圣诞面包也是圣诞节最受大家喜爱的美食之一，至今已有五百年历史。在面包中加入很多提子干和果脯，烘烤后趁热浸入清黄油中，再蘸上白砂糖，冷却后切成片，作为饭后甜点或者茶点。

二、新年

在西方国家，尽管圣诞节才是最大的节日，新年在人们心目中仍占有不可替代的重要地位。

俄罗斯人的传统饮食素以简单粗犷为特征，平日用餐制作和食用的时间都比较短。但是到了节假日，特别是新年他们会摆出一大桌美食与家人慢慢享用，比如烤鸭、烤鹅、烤肉、熏鱼、奶酪、黑鱼子酱、香肠、烧鸡块、黄油面包、蔬菜汤、罐焖牛肉等，当然还要有搭配佳肴的美酒伏特加。

法国人过年，当然少不了葡萄酒助兴。据说在迎新年的短短几天，把一年家中的剩酒全部喝光才可以避免来年的厄运。色香味俱全的法国美食盛宴绝对让人大呼过瘾，葡萄酒、开胃菜、烤鹅、红酒鸡、牛排、羊排、火腿、鹅肝、蜗牛、奶酪、糕点、水果一应俱全。

爱尔兰人庆祝新年的美食以生鲜牛羊肉、烤鹅、马铃薯、乳酪、蔬菜、培根等传统菜肴为主。鲑鱼是爱尔兰人最喜爱的食物，其做法有很多种，将香料、大蒜面包屑及鲑鱼混合搅拌后，细火慢煎至金黄色，佐以特制酸辣鸡尾酒酱；或者将鲜鲑片用烟熏至完美橙红色。爱尔兰人也喜欢在新年食物中藏小物品，作为占卜未来和给予希望的一种方式。

美国人每年年末都会迎来节日的高峰，烤火鸡，烤牛排、烤乳猪、烤香肠等，搭配各种啤酒、葡萄酒和白兰地以及香槟酒。

西班牙人会在年夜饭中吃掉 12 粒葡萄，并且保证在新年钟声敲响之前吃完。这 12 粒葡萄代表来年的每一个月，葡萄的酸甜可以当作是占卜，甜味意味着顺利和美好，酸味反之。

德国人把豆类当作是财富的象征，他们的年夜饭中通常会搭配扁豆汤、豌豆等豆制品，各式香肠、烤猪肘、烩鹿肉、烤野鸭、烩酸菜、马铃薯、德国啤酒、葡萄酒都是德国人庆祝新年必不可少的餐品。

三、情人节

每年 2 月 14 日，在春回大地之时，欧美各地的人们都会欢度情人节（又名“圣瓦伦丁节”）。情人节是一个关于爱、浪漫以及花、巧克力、贺卡的节日，男女在这一天互送礼物用以表达爱意或友好。情侣一般都会选择在情人节的晚餐约会。这一天的餐饮一般都是以粉色、红色为基调，搭配浪漫柔美的音乐，在烛光下，佐以红葡萄酒丰盛的美食，多以心形、甜美来烘托气氛。

四、复活节

复活节是为了纪念耶稣被钉上十字架，3 天后死而复活的基督教节日。在复活节期间，欧美国家的人们大都会准备彩蛋、各种兔子型巧克力和一顿丰盛美味的大餐来庆祝节日。

五、万圣节

万圣节主要流行于英语世界。万圣节前夕，孩子们会提着南瓜灯，穿着各式各样的稀奇古怪的服装，挨家挨户地去索要糖果，不停地说：“trick or treat”（意思是：“给不给，不给就捣蛋。”）

万圣节的主要节日食物有用南瓜做的南瓜派、南瓜汤，苹果，糖果，有的地方还会准备优质的牛羊肉。

很多酒店和餐厅会在这一天用面粉等原料制成比较恐怖的特殊食品和以番茄汁等红色果汁制作成比较血腥的饮料，以增加节日气氛。

第六部分

烹饪管理师管理运营

第三十一章　团餐项目运营服务人员配置

团餐行业餐厅人员配置标准，以《中华人民共和国食品安全法》和《餐饮业和集体用餐配送单位卫生规范》及公司管理体系和项目实际服务内容而定，使服务团队符合项目的需求，优化人员配置和服务需求而进行人员配置，具有合法性、合规性、完整性、规范性的专业规范要求，提升团餐企业品牌和影响，创造行业良好口碑，使企业竞争力、影响力提升，助力公司整体的管理体系阶段性不断提高为建设为目标，让公司在团餐行业不断在法规更新和环境因素相关技术的发展下，不断修订和完善。明确公司用工组织机构设置、管理岗位定员、操作服务岗位定员标准。

团餐行业必须理解整体项目大部分以服务软件为主，软件分为服务和产品，产品就是菜品，菜品质量的好坏直接影响到公司品牌和管理能力，在软件当中菜品和服务，菜品占主导地位，决定整体服务满意率的80%以上，所以作为团餐经理和团餐管理师必须理解整体项目服务保障整体方案，涉及的运营成本和体系管理及相关业务，不仅在管理层面，更在技术层面。

第一节　团餐项目人员配置范围设置与岗位管理定员

在人员配置范围设置和管理岗位定员，给出了操作服务岗位定员指导标准，提供了岗位说明，组织机构是指组织发展、完善到一定程度，在其内部形成的结构严密、相对独立，并彼此传递或转换能量、物质和信息的系统。岗位定员是一种根据岗位数量和岗位工作量计算定员人数的方法，是依据总工作量和个人劳动效率计算定员人数的一种表现。岗位说明书用规范的文件形式对各类岗位名称、类别、等级、主要工作职责、权限、业绩指标、任职条件和素质要求等做出统一的规定。管理标准即对企业标准化领域中需要协调统一的管理事项所制定的标准。

操作服务岗位定员标准以实际应用过程中，应考虑实际服务标准要求与本标准确定的服务标准的区别、就餐人数、菜品和面点种类与档次等。若存在差异可根据实际适当增减劳动定员。服务项目加强服务组织协调，确保服务质量，配备岗位使用相关负责协调组织实施服务工作，根据每天提供餐次服务进行定员（表31－1、表31－2）。

表 31－1　餐厅面积人员基本比例

环境格局	餐厅面积	业主人数	服务比例参数	总人数参数	备注
团餐	3000m² 以上（不含 3000m²）	1000 座以上（不含 1000 座）	≤18	≥70	总人数包含管理人员，包含含领导餐厅服务等
团餐	500～3000m²（不含 500m²，含 3000m²）	250～1000 座（不含 250 座，含 1000 座）的餐厅	≤18	业主 300 人（≥22） 业主 500 人（≥35） 业主 800 人（≥50）	总人数包含管理人员，包含含领导餐厅服务等
团餐	150m² 以下（含 150m²）	75 人以下（含 75 座）	≤18	业主 75 人（≥8）	总人数包含管理人员，根据营业时间、餐次、服务需求而定
美食汇	风味小吃档口、品牌组合	灵活性和机动性	≤15	根据功能而定	

表 31－2　整体餐厅人员配置岗位配置表

餐厅标准	项目经理	副经理	主管	行政文员	员工	便民服务	收银员	QHSE	设备维护	高职宴会	其他
大型餐厅	●	●	●	●	●	●	●	●	●	●	
中型餐厅	●		●	●	●	●		●			
小型餐厅			●	●	●						
美食汇	●	●	●	●			●	●			保洁配备

注　岗位没有选项的需要项目负责人具备一岗多则的条件能力，执行公司管控体系。

第二节　岗位说明书制定规范岗位

针对团餐项目岗位说明是规范岗位管理的重要基础工作，按照岗位说明书确定的各项内容和标准，实现对岗位分级分类管理，便于制定薪酬待遇和激励措施，实现有针对性的激励。按标准履行工作职责，保证整个组织顺利完成各项工作任务。制订员工考核依据，落实业绩指标。制定岗位培训标准，提高员工综合素质和技能水平。岗位说明编写原则差异性原则既要体现同一级别不同岗位特点，还要考虑同一部门内岗位的分工和衔接，避免职责交叉和空缺。客观性原则是岗位要以“事”为中心，客观、真实地反映岗位职责和任职条件。规范、准确性原则是岗位说明的填写或文字表述，力求精练准确，工作职责及权限要按照重要程度进行排序和列出。工作职责要求用统一规范的用词和语式尽量采用“动词＋名词”的语句，尽量不要出现“负责”字样。

一、岗位说明书编写规则

岗位名称是指岗位所从事的工作，要求语言简洁、准确、规范，可参照国家职业分类大典和企业相关标准填写。填写规则是管理和技术类岗位，在机构名称加上岗位名称，操作类岗位直接填写岗位名称。岗位编号由公司统一制定编码。岗位级别按照公司管理文件选编，管理类岗位的填写“管理”、专业技术类岗位的填写“技术”、操作服务类岗位的填写“操作”。岗位等级按公司统一分级分类确定的岗位等级填写。所属部门或单位按照本岗位规范填写所属的部门或单位，只填写到具体部门，不必冠以某某公司。岗位描述时间按照编写或修改日填写。隶属上下级的确定办法总体规则是正职按行政隶属关系区分上下级的管理关系，副职按专业业务指导的上下级关系明确上下级。隶属上级是指在行政关系上、业务工作安排上、工作任务的协调上有紧密联系，并直接汇报的上级岗位；隶属下级指在行政关系上、业务工作安排上、工作任务的协调上有紧密联系，并直接安排工作的下级岗位；不要将有业务指导关系的岗位作为自己的下级。

公司化用工程度分别按一、二、三等级填写。必备条件分别按语言沟通、文化融合、技能水平、忠诚持久、身体状况、法律规定的用工条件等要素进行填写。岗位主要职责的编写办法要根据对岗位的理解，按照统一的句式要求，最简练的语言撰写。填写的句式和主要内容是为了设岗目的，根据完成职责的依据，需开展的主要工作。

二、工作职责的编写规则

操作服务岗位人员的职责，参照操作服务标准，工作职责的编写原则不超过10条，其中前5条是表述岗位重要程度的主要依据。一般领导的工作职责编写办法应采用先归纳大条目描述，再细描述职责的办法编写。

三、岗位权限的编写规则

岗位权限指在履行该岗位职责，完成岗位任务时，必须要有相应人、财、物上的支配权力和限制。每个岗位的每一条工作内容都隐藏着一个工作权限，但是由于这些权限并不会发挥作用，往往不会被撰写人员关注。但是关键任务中的工作权限，需要在岗位说明书中体现，这不仅仅能够体现该岗位工作重点，而且能够为这项工作的开展有约束和推动作用。岗位权限要按照工作职责的描述，按照职权对等的原则，在本岗位职责范围内，分别按照建议、考核、审核和批准权4个层次进行编写，原则上不多于8条。对管理岗位，分别按照人、财、物三个方面进行描述，对技术岗位，还可增加业务指挥的权限。

四、业绩指标的编写规则

业绩指标指各项工作内容所应产生的结果或所应达到的标准，尽量要定量化。最常见的关键业绩指标有3种：一是效益类指标，如资产盈利效率、盈利水平等；二是营运类指标，如部门管理费用控制、市场份额等；三是组织类指标，如满意度水平、服务效率等。业绩指标可按照企业具有共性的业绩合同指标项目为填写依据。

描述时要按照本岗位业绩指标对企业发展贡献（影响）从大到小依次排列。原则上指标项目不低于 4 条；同一部门副职及下属业绩指标，可在正职的业绩指标中选取部分或全部业绩指标项目作为本岗位业绩指标；操作服务岗位的业绩指标可与班长、领班业绩指标相同。

五、专业背景的编写规则

专业背景的编写要按照以下几个方面分别以基础知识、专业知识、岗位相关知识、管理知识、质量环保与安全知识、政策法规知识等知识描述。描述时要注意用词以区分需要掌握该知识内容的程度，如精通、熟悉、掌握、了解等（表 31－3）。

表 31－3　专业背景编写表

要项	掌握/熟练程度				
知识	了解	熟悉	掌握	熟练应用	精通
	→				
能力	基本的	较好的	良好的	很好的	出色的

六、综合素质及其他要求的编写规则

综合素质及其他要求的编写可参考已经列出的通用能力，选取不多于 7 条作为需要掌握的主要通用能力，另外再增加一条专业能力，共同组成综合素质及其他的要求。操作服务岗位员工，还要增加身体素质方面的能力要求。编写顺序为：第一条为专业能力，第二至 N 条为通用能力，第 $N+1$ 条为该岗位特殊要求或能力要求，第 $N+2$ 条为身体素质的要求。通用能力描述可参考表 31－4。

表 31－4　通用能力定性描述推荐评定表

序号	名称	公司管控行政总厨	区域公司行政总厨	厨师长	部门主管	其他操作员工	员工
1	责任意识	●	●	●	●	●	●
2	执行能力	●	●	●	●	●	●
3	协调合作	●	●	●	●	●	●
4	沟通能力	●	●	●	●		
5	书面表达	●	●	●			
6	分析能力	●	●	●			●
7	关注细节	●	●	●			●
8	流程导向	●		●	●	●	
9	信息化意识	●	●				

续表

序号	名称	公司管控行政总厨	区域公司行政总厨	厨师长	部门主管	其他操作员工	员工
10	信息收集	●	●	●			
11	追求高效	●	●				
12	计算机应用	●	●	●			
13	培训能力	●	●	●			
14	专业技能	●	●	●	●	●	●
15		●	●				

第三节　团餐烹饪管理师晋升

一、团餐管理师考核晋升

1. 团餐管理师晋升阶梯

团餐管理师晋升阶梯见图31－1。

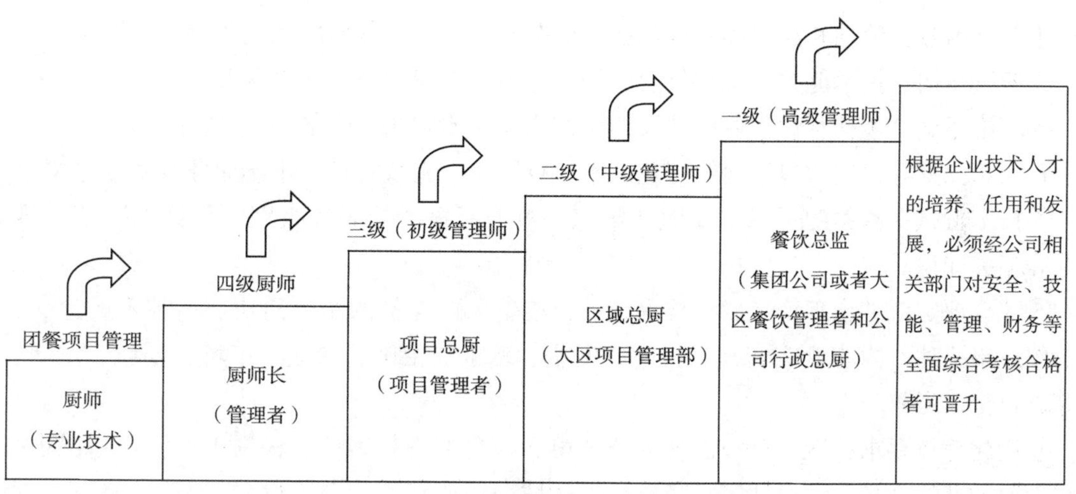

图31－1　团餐管理师晋升阶梯

2. 晋升方式

①新志入职员工：新员工上岗依法合规，必须经企业文化、相关运营安全制度、食品安全基础培训，考核合格后方可上岗。

②培训：集团公司内部开展的一系列培训，为每位在职员工提供发展的机会。员工可通过自己的学习与努力，不断提升自己专业水平和管理能力，努力争取晋升。

③考核与晋级：通过笔试、实操、面试、综合鉴定、综合评定等手段，不同的级别分别

设计考核，包含不同的专业技能和管理实战知识，根据考核内容设计进行相应安排。

④考核与竞聘：厨师在本职务工作满相应时间，且工作表现突出，可参加公司组织的上一级职务的考核与竞聘。

⑤晋升：团餐企业根据相关岗位需求，考核符合晋升标准的人员，合格后予以岗位级别和薪酬待遇提升。

3. 晋升考核分值比

晋升考核分值比见表31－5。

表31－5　晋升考核分值比

级别	总分、(分)	单项达标分值（分）			考核分值折算比例（%）		
		理论考试	技能考核	综合评价	理论考试	技能考核	综合评价
一级	90	85	80	85	10	50	40
二级	85	80	80	85	15	50	35
三级	80	75	75	80	20	55	25
四级	75	65	70	70	20	60	20
五级	70	60	60	65	20	60	20

二、团餐管理师具体考评分数

①考试内容：管理和经营的知识都在考试范畴之内，由各部门依规依据综合鉴定。

②考试结构：技术能力、管理能力、培训能力、组织能力、人力资源等。

③理论考试：包括餐饮行业所涉及的生产安全、食品安全、设备安全、防火安全、人身安全、应急预案等，同时包括餐饮行业成本核算案例、厨政管理、市场业务开发等相关业务。

④技术考试：营养配餐基本知识和常识，根据所报考的职务级别所掌握的冷菜、热菜、面点等相关知识。

⑤综合评定：结合理论考试、技术考试，接受考试人员的个人简历、所涉及的论文，包括工作成果描述，内容含有管理、技术、安全、培训、招聘、绩效、市场、创新、发展、经营等进行全面考核。

⑥量化考核要求：四、五级由各个分公司和项目部进行确认、根据工作实际情况进行技能和理论的严格考核、综合评定，考核后由区域公司或者集团公司做最后复试确认；一级至三级由各个分公司和集团公司进行综合评定，报送后推荐集团公司进行全面的综合笔试、面试、理论、专业技能、论文等全面考核。

第三十二章　团餐运营与成本管控

第一节　餐饮成本的 11 个环节控制

一、采购

采购进货时餐厅对经营所需食材管控，是菜品成本控制的第一个环节。要搞好采购阶段的成本管控统筹工作，就必须做到以下 6 点。

①制定采购规格标准，采购的原料，从形状、色泽、等级、包装要求等均加以严格的标准规定（一般只对影响菜品成本较大的重要原料使用规格标准）。

②只采购即将需要使用的菜品原料。采购人员必须熟悉菜单及近期餐厅的营业情况，使新鲜原料仅够当天使用。

③采购人员必须熟悉菜品原料知识并掌握市场动态，按时、保质、保量购买符合餐厅需要的食材标准原料。

④采购时要货比三家，以最合理的价格购进品质优良的原料，同时要尽量就地近距离采购，以减少运输等采购费用。

⑤对采购人员进行经常性的职业道德教育，使他们树立一切为餐厅的思想，避免以次充好或私拿回扣。

⑥制定采购审批程序。需要原料的部门必须填写申购单（一般由厨师长审批后交采购部，如超过采购金额的最高限额，应报餐厅经理审批）。申购单一式三份，第一、二联送采购部，第三联由申购部门负责人保存，以供日后核对。

二、验收

制定原料验收的操作规程，验收一般分质、量和价格 3 方面验收。

①质：验收人员必须检查购进的菜品原料是否符合原先规定的规格、标准、等级、品牌、包装等要求。

②量：对所有的菜品原料查点数量或复核重量，核对交货数量、包装形式、冰冻货物含冰量、食材的大小等是否与请购数量、发票数量一致。

③价格：购进原料的价格是否和所报价格一致。

以上 3 方面有一点不符，应拒绝接受全部或部分原料，财务部门也应拒绝付款，并及时通知原料供应单位。如验收全部合格则填写验收单及进货日报表。

三、库存

库存是成本控制的一个重要环节，库存不当就会引起原料的变质或丢失等，从而造成菜品成本的增高和利润的下降。

原料的贮存保管工作必须由专人负责。保管人员应负责仓库的安全保卫工作，未经许可，任何人不得进入仓库，为防止偷盗原料，还必须定期换锁，同时针对保管员应定期进行项目轮岗。

原料购进后应迅速根据其类别和性能放到适当的仓库并以适宜温度贮存。餐厅都有自己的仓库，如干货仓库、冷藏室、冷冻库、粮油库等。原料不同，仓库的要求也不同，基本要求是分类、分室贮存。

库存的菜品原料都应注明进货日期，以管理好存货的周转工作。发放原料时要遵循“先进先出”原则（先存原料早提用，后存原料晚使用）。

必须经常检查冷藏、冷冻设备的运转情况及各仓库温度，搞好仓库的清洁卫生及防虫、鼠对库存菜品原料的危害和破坏。

周末、月末，必须对仓库的原料进行盘存并填写盘存表。盘存时应严格进行点数等过程，而不能估计盘点。盘点时应由成本核算员和保管员共同参加。对发生的盈亏情况必须经项目经理严格审核，原料的盈亏金额与本月的发货金额之比不能超过1%。

四、原料发放

原料的发放控制工作有以下两个重要方面：一是未经批准，不得随意从仓库领料。二是只准领取所需的菜品原料。餐厅必须健全领料制度，领料单一式四份，第一份留厨房，第二份交仓库保管员，第三份交成本核算员，第四份送交财务部。厨房应提前将领料要求通知仓库，以便仓库保管员早作工作计划。

五、粗加工

粗加工过程中的成本控制工作主要是科学准确地测定各种原料的净料率，尤其团餐为提高原料的净料率，必须做到以下3点。

①粗加工时，严格按照规定的操作程序和要求进行加工，达到并保持应用的净料率。

②对成本较高的原料，应先由有经验的厨师进行试验，提出最佳加工方法。

③对粗加工过程中剔除部分（肉骨头等）应尽量回收利用，提高其利用率，做到物尽其用，以降低成本。

六、切配

切配是决定主、配料成本的重要环节。切配时应根据原料的实际情况，物尽其用，以降低菜品成本。实行菜品原料耗用配量定额制度，并根据菜单上菜点的规格、质量要求严格配菜。原料耗用定量一旦确定，就必须制定菜品原料耗用配量定额计算表并认真执行。严禁出现用量不足或过量或以次充好等情况。上料配过程，不能凭经验随手抓，力求保证菜点的规格与质量。

七、烹饪

产品的烹饪，既影响菜品质量，也与成本控制密切相关，具体分为 3 方面：一是调味品的用量，在烹饪过程中，要严格执行调味品的成本规格，这不仅会使菜品质量较稳定，保证菜品的标准，也可以使成本精确。二是菜品质量及其废品率，严格按照操作规程进行操作，掌握好烹饪时间、温度、计量、顺序。三是每位厨师努力提高烹饪技术和创新能力，合理投料，力求降低废品产出率，有效控制烹饪过程中的菜品成本。

八、销售

产品的销售分为两方面，一是如何有效促进销售，除自助餐和冷餐，服务时也要向服务对象推广高利润的特色菜肴。二是确保售出产品全部有销售回收。通过销售分析，及时处理销量低和滞销的菜品。对菜品销售排行榜进行分析，不仅能发现消费群体的有效需求，更能促进餐饮的销售。对于利润高，受欢迎程度高的应季菜肴，应尽力提高质量；对于便民服务且利润大的菜肴、应加大研发、包装的创新力度，并推销；对利润高，受欢迎程度低的菜肴要查明原因；要策划如何推销利润低但受欢迎程度高的菜，研究如何提高利润；而对利润且受欢迎程度低的品种则应进行调整和置换，以提高销售效率和利润率。

九、服务

服务不当也会引起菜品成本的增加，主要表现为 4 方面：一是服务员在填写菜单时未核实宾客所点菜品，造成多点菜；二是服务人员在传菜的过程当中偷吃菜品而造成数量不足，引起宾客投诉；三是服务人员在传菜或上菜时打翻菜盘、汤盆；四是传菜差错，如传菜员将 1 号桌宾客所点菜品错上至 2 号桌，而 2 号桌宾客又没说明。

鉴于上述现象，必须加强对服务人员进行职业道德教育并进行经常性的业务技术培训，端正服务态度，树立良好的服务意识，提高服务技能，并严格按规程为宾客服务，不出或少出差错，尽量降低菜品成本。

团餐服务也十分重要，不只是卫生方面，与服务对象语言的沟通也十分重要，要根据服务项目的模式（如大卖场模式、档口模式、自助餐模式、称重模式等），要做到事前计划，确认服务过程中的人员流动环节的各个点位，不断深入管理管控，确保服务质量。大部分团餐均以甲方项目需求进行配置服务人员。有的项目有商务接待，且接待规格十分高，餐饮行业服务无处不在。

十、收款

做好吧台收款或者进入餐厅刷卡的监督，防止跑冒滴漏现象，才能够有效确保盈利。收款或刷卡过程中的任何差错、漏洞都会引起菜品成本的上升。必须控制好以下 6 个方面：一是防止漏记或少记菜品价格个数量，自助餐有些项目有的时临时来到用餐客人，没有餐卡，应留好用餐部门负责人签字的餐次表格。二是在账单上准确填写每个菜品的价格，目前信息化智能化也十分普遍，可提前录入新的菜品编码。三是结账时核算正确。四是防止漏账或逃账。五是严防收款员或其他工作人员的贪污、舞弊行为。六是根据客人跑单漏单等制定应对措施。

十一、审核

据账单和点菜单等制定“餐厅营业日报表”。营业日报表一式三份，一份餐厅自存，一份连同宾客或项目签付的账单一起交综合办公或者项目经理及成本会计，一份连同全部账单、点菜单、便民服务菜品、宴会预订单、团餐划卡单、签字单等及当天营业收入的现金一起递交财务部门审核。财务部门应根据“餐厅营业日报表”及有关原始凭证、认真审计，当天必须做出日报表，以确保餐厅的利益。

第二节　餐厅经营成本

营业成本系指在营业过程中，扣除直接成本后的间接成本。可以分为固定成本和变动成本，一般来说，餐饮店经营中的营业成本主要指以下内容。

①用人成本，即所雇用人员的工资费用，一般占营业收入的 9% ~12%。团餐项目要根据项目的中标合同性质和服务模式而定。固定的团餐项目服务对象是稳定的，一般有 1 个人服务 15 个服务对象，或者 25 个或者 30 个。可以通过同行业的平均水平来测算需要雇用人员的数量及需要支付给他们的工资水平。

②工资税和员工福利费，一般占营业收入的 0.4%，在国家颁布的文件中有明确的划分办法。

③水电费，一般占营业收入的 2% ~3%，根据餐饮店拥有的设备设施及使用时间来测算，在团餐行业一般由甲方来承担。

④燃料费，一般占营业收入的 0.5% ~1%，主要包括煤气、燃油等，在团餐行业一般由甲方来承担。

⑤保险费，一般占营业收入的 0.15%，属固定费用。

⑥物料消耗及低值易耗品摊销，一般占营业收入的 2%，这可根据餐馆的装修档次及要求进行测算。

⑦折旧费，属固定费用。按常规，餐饮项目三五年一小修，十年一大修。需根据自己的投资额及准备使用年限进行计算，在团餐行业一般由甲方承担。

⑧维修费，一般占营业收入的 0.2%，主要指日常经营中维修用配件、原料等的费用。

⑨工装及洗涤费，一般占营业收入的0.2%～0.3%，可以根据人数、每人每年应配几件工装、多长时间洗一次计算。

⑩办公费，属可控费用，完全取决于管理水准。主要包括业务费、通信费、纸张费、印刷费、管理费等。

⑪保险费，属固定费用，可根据投资额来计算。

⑫广告及促销费，可根据经营要求及营销方案计算得来。

⑬财务费，如果从银行贷款就存在财务费，可根据银行贷款利率计算。

⑭税收，税务部门收取5.5%的营业税，团餐行业要充分地考虑进去。

⑮租金，为固定成本，在团餐行业大部分一般由甲方来承担。

⑯其他费用，根据经营过程中可能发生的费用进行测算。

第三节　菜品成本、售价、毛利率核算公式餐饮实战技术

一、成本的计算

成本即菜品的各种原料的价格与燃料价格的总和，包括菜品的主料、配料以及调料等。在主配料上，还要计算出原料的净料率、熟制品的出品率等，才能准确计算出菜品成本，净料率指食材原料的出料率。

①餐饮行业大部分1斤冰冻虾仁的出料率是在80%、整条三文鱼的出料率在46%、水发海参的出料率在80%、茄子的出料率是在80%、西蓝花的出料率在70%、青椒的出料率在80%、青笋的出料率40%等。如何计算出料率？如1斤冰冻虾仁解冻后是0.8斤，通过这一结果，可了解虾仁的出料率。出料率就是为了计算出净料成本。

（净料数量÷原来的原料数量）×100%=出料率

②干货类原料的出料率实际上为涨发率。例如，木耳的涨发率为500%、干鹿筋为400%、干海参为650%等。净料成本即为计算出净料的成本价格。

原料价格÷净料率=净料价格（成本）

③熟制品的出品率：把生的原料制熟后，得出的净料率。

（净料数量÷原来的原料数量）×100%=出品率

案例：我们采购回来8斤生牛肉（肋条）为制作蒙古小牛肉，经过熟加工后，出品为4.8斤，那么我们就可以用4.8斤÷8斤×100%=60%，得到出品率为60%。那么熟牛肉（肋条）的净料成本是多少呢？

计算：生牛肉的进货价格是11元/斤，代入公式：

净料成本：生牛肉（肋条）11元/斤÷60%=18.33元

即可算出熟牛肉（肋条）的净料成本是每斤18.33元。

另外，通过计算，还得到一些其他常用肉类的出品率。如熟五花肉的出品率为60%、熟排骨（冰冷）的出品率为65%、熟肥肠的出品率为45%、熟口条的出品率为52%、熟羊腿的出品率为57%等。通过计算，可了解菜品的出品率。但是有时出品率会根据原料的性质而有所改变。如原料质量欠佳，肉被注水、菜品出现腐烂，则出品率就会降低，提升成本。

要严把原料采购与检验这一重要环节，才能确保利率，并控制成本。这也能决定一家餐厅的成败。

二、菜品的售价

计算好菜品售价非常重要，因为价格的高低会直接影响到顾客的回头率。价格太高，影响服务满意度；价格太低，厨房利率降低，使企业亏损。因此，制定合理的价格相当重要。

1. 燃料费用举例

2 月燃料费用：8465 元，销售：173029 元、燃料费用率为：4. 9%。

5 月燃料费用：11205 元，销售：247373 元、燃料费用率为：4. 5%。

9 月燃料费用：15038 元、销售：377208 元、燃料费用率为：4%。

10 月燃料费用：11803 元、销售：312030 元、燃料费用率为：3. 8%。

从上面的分析可以看出，餐厅的燃料费用率平均为：4. 3%。把每道菜的燃料费用算为1 ~2 元钱，忽略炒菜类、和炖菜类的区别。

菜品售价计算公式：成本 ÷（1 – 毛利率）= 菜品售价

2. 菜厚料费用举例

设定蒙古小牛肉菜品的毛利率在45%，熟牛肉1. 2 斤，生菜0. 1 斤，葱、姜各20 克，红椒15 克，蚝油20 克，酱油30 克，淀粉30 克，老抽5 克，味精10 克，油150 克。

①原料价格。

原料：牛肋肉11 元/斤。

配料：生菜2 元/斤，葱1 元/斤，姜2 元/斤，红椒7 元/斤。

调料：蚝油5 元/斤，东古酱油5. 5 元/斤，淀粉3 元/斤，老抽7 元/斤，味精4. 5 元/斤，油5 元/斤。

②成本计算：已知牛肉的出品率为60%。

生牛肉（肋条）11 元/斤 ÷60% =18. 33 元 ×1. 2 斤 =21. 99 元。

生菜2 元/斤 ×0. 1 斤 =0. 2 元、姜葱2 元/斤 ×0. 04 斤 =0. 08 元。

红椒7 元/斤 ×0. 03 斤 =0. 21 元。

蚝油5 元/斤 ×0. 04 斤 =0. 2 元、酱油5. 5/斤 ×0. 06 斤 =0. 33 元。

淀粉3 元/斤 ×0. 06 斤 =0. 18 元、老抽7 元/斤 ×0. 01 斤 =0. 07 元。

味精4. 5 元/斤 ×0. 02 斤 =0. 09 元、油5 元/斤 ×0. 3 斤 =1. 5 元。

总计：原料成本 25.85 元。

③总成本：25.85 元再加上燃料成本 2 元 = 总成本 27.85 元。

④菜品售价：27.85 ÷ （1 –45%） =50.63 元。

三、毛利率的计算

毛利率即计算出一道菜品能赚多少利润（不是纯利润）的方法。

毛利率：（售价 – 成本） ÷售价 = 毛利率

举例说明：杭椒牛柳售价 32 元。

1. 材料用量

①原料：牛柳 300 克，净杭椒 300 克。

②配料：葱、姜各 20 克，红椒 15 克。

③调料：蚝油 20 克、酱油 30 克、淀粉 30 克、老抽 5 克、味精 10 克、油 150 克。

2. 材料价格

①原料价格：牛柳 17 元/斤，杭椒 7.5 元/斤。

②配料价格：葱 2 元/斤，姜 2 元/斤，红椒 7 元/斤。

③调料价格：蚝油 5 元/斤，酱油 5.5 元/斤，淀粉 3 元/斤，老抽 7 元/斤，味精 4.5 元/斤，油 5 元/斤。

3. 材料成本

成本计算：已知牛柳出品率为 140%，杭椒出品率为 85%。

①净料成本原料：牛柳 17 元/斤 ÷140% =12.14 元、杭椒 7.5 元/斤 ÷85% =8.82 元。

②配料：姜葱 2 元/斤 ×0.04 斤 =0.08 元、红椒 7 元/斤 ×0.03 斤 =0.21 元。

③调料：蚝油 5 元/斤 ×0.04 斤 =0.2 元、酱油 5.5/斤 ×0.06 斤 =0.33 元。

淀粉 3 元/斤 ×0.06 斤 =0.18 元、老抽 7 元/斤 ×0.01 斤 =0.07 元。

味精 4.5 元/斤 ×0.02 斤 =0.09 元、油 5 元/斤 ×0.3 斤 =1.5 元。

4. 材料总计成本

①总计原料成本：牛柳 300 克 ×12.14 元 =7.28 元、杭椒 300 克 ×8.82 元 =5.29 元，共 12.57 元。

②材料总计：配料成本 0.29 元 + 调料成本 2.37 元 + 总计原料成本 12.57 =15.23 元。

总成本：材料成本 15.23 元 + 燃料费用 2 元 = 总成本 17.23 元。

5. 毛利率

毛利率：（32 –17.23） ÷32 =0.461 ×100% =46.1%。

6. 毛利额

毛利额包括员工工资、水费、电费、折旧费等，在毛利额的基础上减去这些费用即为纯利润。

售价 – 成本 = 毛利额

只有熟悉掌握了以上计算方式，才有可能成为一名合格的厨师。

第四节　团餐管理师具体考核层级（考核）具体条件

团餐管理师具体考核层级（考核）具体条件见表 32－1。

表 32－1　团餐管理师具体考核层级（考核）具体条件

国家标准	技术能力	管理能力	培训能力与组织能力	人力资源	其他
高级技师（一级）	1. 擅长某一菜系、高档宴会、营养配餐、自助餐、冷餐会的制作 2. 具有过硬的行政管理能力，能够组织在本区域项目开展大型美食节的制作 3. 在管理和技术方面提出技术革新和技术改造能力 4. 掌握本区域餐饮成本核算，有效控制餐饮成本 5. 实现健康管食堂理整体体系运营 6. 具备大型厨房的设计与筹备 7. 熟知中国各大菜系代表菜及西餐相关技能 8. 能够编写标书的餐饮技术部分 9. 定期在技能和管理方面提出改革方案和建设性合理化意见及方案	1. 能够运营本集团公司或者本区域整体管理体系及厨政管理 2. 全面掌握本大区餐饮成本核算知识，能有效控制餐饮成本 3. 能够运营本项目本地区范围内的标准化菜谱 4. 制定事宜本地区厨政管理、食品安全、公司体系 5. 能够熟练使用电脑办公软件，设计菜单、建立客户档案等 6. 全面执行五常管理和标准化管理体系 7. 必须具备达到健康食堂的标准 8. 配合上级领导做好本地区市场经营战略筹划	1. 能够组织执行和培训本区域专业技能管辖，安全的能力和应急预案的培训 2. 协助机关公司能够对本区域厨政职业技能人员进行全面的技能考核 3. 能够制作职业 PPT 课件 4. 具备本项目的厨政管理的培训、专业技术的培训、外籍厨师的培训、相关安全运营的培训 5. 厨政管理成本核算的培训 6. 控电管理的培训 7. 能够定期举办国际美食节和本区域技能大赛	1. 能够提高本大区的技术整体提高 2. 做好本区域的专业技术人员的人力资源的储备 3. 确保岗位人员的稳定 4. 实现本土化人员的技能的提高 5. 能够为本项目推荐国内员工与本土员工 6. 能够做到传、帮、带及本地化员工技能的提高与培养及培训 7. 全面提高本地用工范畴	1. 取得总公司内部培高级培训师资格 2. 具有国家职业资格烹饪二级技师以上等级证书 3. 具备国家职业资格营养师二级及相关职业等级证书 4. 具备高级职业经理人职业资格 5. 理论与实践必须做到知行合一

续表

国家标准	技术能力	管理能力	培训能力与组织能力	人力资源	其他
技师（二级）	1. 擅长某一菜系、高档宴会、营养配餐、自助餐、冷餐会的制作 2. 具有技术管理能力，能够组织在本区域项目开展大型美食节的制作 3. 在管理和技术方面提出技术革新和改造活动 4. 掌握本区域餐饮成本核算，能有效控制餐饮成本 5. 实现健康食堂整体体系运营 6. 大型厨房的设计与筹备 7. 熟知中国各大菜系及西餐相关技能 8. 能够编写标书的餐饮技术部分 9. 定期在技能和管理方面提出改革方案和建设性合理化意见及方案	1. 能够运营总公司内部或者本大区整体管理体系及厨政管理 2. 全面掌握本大区餐饮成本核算知识，能有效控制餐饮成本 3. 能够运营本项目的标准化区域菜谱 4. 制定事宜本地区厨政管理、食品安全、体系 5. 能够熟练使用电脑办公软件，设计菜单、建立客户档案等 6. 全面执行五常管理和标准化管理体系 7. 具备健康食堂的标准 8. 配合上级领导做好本地区市场经营战略计划	1. 能够组织执行和培训本区域专业技能管辖，所涉及的安全的能力和应急预案培训 2. 协助机关公司能够对本区域厨政职业技能人员进行技能考核 3. 能够制作职业PPT课件 4. 具备本项目的厨政管理的培训、专业技术的培训、外籍厨师的培训、相关安全运营的培训 5. 厨政管理成本核算的培训 6. 五常管理的培训 7. 能够定期举办国际美食节和本区域技能大赛	1. 能够提高本大区的技术整体提高 2. 做好本区域的专业技术人员的人力资源的储备 3. 确保岗位人员的稳定 4. 实现本土化人员的技能的提高 5. 能够为本项目推荐国外与本土员工 6. 能够做到传、帮、带及本地化员工技能的提高与培养及培训 7. 能够培养出本土化的外籍技能与培训厨师	1. 取得总公司内部高级培训师资格 2. 具有国家职业资格烹饪二级技师以上等级证书 3. 具备国家职业资格营养师二级及相关职业等级证书 4. 理论与实践必须做到知行合一 5. 具备高级职业经理人职业资格
高级任师（三级）	1. 擅长某一菜系、高档宴会、营养配餐、自助餐、冷餐会的制作 2. 具有技术管理能力，能够组织在本区域项目开展大型美食节的制作 3. 在管理和技术方面提出技术革新和改造活动 4. 掌握本区域餐饮成本核算，能有效控制餐饮成本 5. 实现健康管理整体体系运营	1. 能够运营本项目的标准化区域菜谱 2. 制定适宜本地区厨政管理、食品安全、体系 3. 能够熟练使用电脑办公软件，设计菜单、建立客户档案等 4. 全面执行五常管理和标准化 5. 具备健康食堂的标准	1. 理解企业文化 2. 能够制作职业PPT课件 3. 具备本项目的厨政管理全面的专业培训、专业技术的培训、相关安全运营的培训 4. 厨政管理成本核算的培训 5. 五常管理的培训	1. 确保岗位人员的稳定 2. 实现本土人员的技能的提高 3. 能够为本项目推荐国外与本土员工 4. 能够培养出本土化的外籍技能与培训厨师	1. 具有国家职业资格烹饪二级技师以上等级证书 2. 具备国家职业资格营养师三级及相关职业等级证书 3. 具备中级职业经理人职业资格 4. 公司确认的中级培训师证书

续表

国家标准	技术能力	管理能力	培训能力与组织能力	人力资源	其他
中级任师（四级）	1. 高档宴会的制作 2. 能够进行大型自助餐的制作 3. 公司标准化的执行与落实 4. 营养配餐的有效执行与运用 5. 实现健康管理	1. 执行公司标准化、做好厨政管理 2. 能有效控制餐饮成本 3. 保障运营安全 4. QHSE 基础保障，工作范畴内 QHSE 相关应急预案 5. 五常管理的执行	1. 具备本项目全面的专业厨政管理相关培训、专业技术相关培训、相关安全运营的培训 2. 厨政管理成本核算的培训 3. 五常管理的培训	1. 确保岗位人员的稳定 2. 实现本土人员的技能的提高 3. 能够为本项目推荐国外员工与本土员工	1. 具有国家职业资格烹饪二级技师以上等级证书 2. 具备国家职业资格营养师三级及相关职业等级证书 3. 公司确认的初级培训师证书
初级烹饪师（五级）	1. 制作普通宴会的制作 2. 能够进行自助餐的制作 3. 掌握部分家常面点和冷菜的制作	1. 执行公司标准化、掌握厨政管理 2. 能有效控制餐饮成本 3. 保障运营安全 4. QHSE 基础保障	彻底理解公司企业文化和相关食品安全的法律法规、专业知识	确保岗位人员的稳定	具有国家职业资格中级（四级）以上烹饪师等级证书

第三十三章　如何举办美食节

美食节的主要特点和目的提高客户满意度，以推广美味食物为主要内容，进行刻意创造的节日或利用旧的节日、有纪念意义的事件赋予美食节的含义。

美食节活动虽是一项美食推广活动，却有着很强的目的性和针对性，因为美食节不同价于一般传统的节日，具有很高地区认同性。美食节应在用餐模式上、用餐形式上、菜品烹饪方法上、菜品品种上、用餐时间上、活动地点上、环境上等多方位充分考虑，突出主题和菜肴特色。

所谓美食节菜品的特色就是某一类食品的个性化特征，食品特色是多方面的，如味道特色、烹饪特色、造型特色、器皿特色、菜系特色、地方特色、文化特色、原料特色、风俗特色以及健康营养特色等。

一年当中以主题文化、节气、纪念意义等可以有多个美食节，并进行筹划和计划连续的阶段性实施，筹备相关资源。美食节的计划可分为两部分进行，一是项目的规划，包括年度计划、月度计划；二是美食节从策划到举办，任一相关环节的倒计时时间表。

第一节　美食节的预算

一、成本预算

成本预算的指标数据可以从两个方面获得，一是从经营预测结果中得来，二是根据项目核算或计划的毛利率中获得。例如，多数项目都会设立一个毛利率指标，毛利率指标的确定一般参考同类项目的预算以及同项目店的毛利率，再结合本项目以往毛利率求得平均值，作为项目确定的政策性毛利率；为了准确起见，也可以将项目本年的毛利率加上上次美食节的毛利率求得一个平均值。例如：

（上年度项目平均毛利率 + 上次美食节毛利率）÷2 = 平均毛利率

由毛利率通过公式得到：

1 − 毛利率 = 成本率

另外，根据预测的项目收入乘以成本率就可以得到基本的成本总额，即：

营业收入 × 成本率 = 营业额

以上得到的成本额仅是平均数额，由于每次美食节出品产地不同，美食节中的外地采购食品原材料的数量和价格以及运输费用不同。为了使预算更加准确，还可以将初步预算的成本数量与上次美食节的成本数额进行比较算出变化率，然后将变化率也计入预算。

核算本次美食节的成本是否准确，将主要外购原材料进行比较，美食节所使用的食品原材料以及费用主要有以下三个方面。

①美食节外购原材料的费用菜肴的出品以地方特色菜或一定寓意为主要卖点，地方没有的食品原材料需要采购部门在产地协助采购，这部分材料费用包括原材料购买费用、搬运费用、包装费用、长途运输费用、储存费用等。

②本地食材的费用根据菜单需求的量，分别计量出每日各种品种的平均需求量；乘以美食节举办的总天数，再乘以材料品种的单价。

③美食节以外地特色菜为主的美食推广活动，主要的食品原材料和调料必须由美食原产地购入，部分次要的或辅助的材料和调料，且不会改变或影响出品口味和质量的，则可以从本地购入。

以上各项数据，经过核实便可作为美食节的成本预算。

二、费用预算

美食节是一种临时性活动，美食节的各项费用，在营业收入中也占有相应比例。组织一次美食节就会有许多与平时的经营运作不同的额外费用。将美食节相关费用列出再加正常的比例的费用数据，便是项目预算，这些费用的项目有以下5种。

①人工费用：员工的人员成本费用，含员工及各项福利、保险的费用（虽然有相关项目厨师协助，当地员工依然照常上班工作，在美食节期间要向客厨学习，后期要亲自制作）。

②能源费用：包括水、电、煤气、燃油等在美食节期间均摊到美食节项目和经营中的费用。

③设备折旧费用：举办美食节期间，用于美食节的设备、设施、餐具等的折旧费用，也要根据使用时间的分摊。

④低值易耗费用：美食节期间，用于美食节经营的所有的洗涤和餐巾纸及相关一次性家私的费用等。

⑤环境布置装饰：美食节期间宣传装饰的物品、家私、餐具、用具等相关物品。

三、收入预算

在美食节编制收入预算时，根据市场预测的数据，常规预测出来的基本数据，在实际的运作中可能会有所变化，变化主要来自菜单的定价，引起的人均消费额或用餐人数的变化。当负责美食节项目在进行量、本、利分析时，利润达标不到预测目标时，应再次考虑美食节的举办，或者调整有关指标，包括人均消费和用餐人数指标，以保证利润不低于最低目标。

1. 利润预算

必须制订计划利润（目标利润）。根据举办美食节的目标要求设定一个利润指标，指标确定后，将其他指标层层分析并推算，包括利润、税金、成本、费用、其他等。确定了利润指标后即可按照该比例推算出必须完成的营业收入。这种根据指标推算的方法优点是快捷且省时省力，由于准确度相对较低，适合预测某项活动的效果，但作为预测推算有所不足，可以作为估算某一活动的初步参考指标。

2. 预测利润

在进行美食节市场预估的过程中，要进行经营效益的预测和效益的基本数据，并同日常经营结果比较：大于日常指标，美食节的推广活动可以开展；低于或相同于日常经营的指标，需考虑美食节的可行性。美食节都存在着季节、气候、社会经济、环境以及美食产地不同的差异，会与实际利润情况略有差异。

3. 计算利润

由于美食节是短期的美食推广活动，在筹备工作进行至编制预算的阶段，要进行资料和数据的收集，包括有关成本、费用的清单的实际数额，满足编制预算的程度，根据市场预测，利用“量、本、利”分析法计算出美食节的利润指标，就会更加准确，并作为指导，核定营业收入的指标，以确保美食节的经营可以获得切实利润。

“量、本、利”分析法是指产量、成本、利润分析法，即是通过分析经营活动的成本—销售数量—利润之间的依存关系所形成的经营活动的利润结构。

盈亏临界点分析是美食节的经营活动中需要达到怎样的业务水平，才可以补偿美食节的所有成本，保证成本（盈亏相依），完成预期利润，将成本和费用控制在理想水平，将营业额保持在理想水平。

第二节　举办美食节的请示报告

举办美食节项目要同业主方得到确认，并向区域公司管理写一份详细的请示报告，当管理领导确认审批后，列出举办美食节的目的和意义，举办美食节对品牌的形象、市场地位、经济效益进行必要性的分析并进行评估，美食节预期达到的效果分析，相关产生的费用和成本分析，美食节的基本方案，主办美食节的优劣势分析，包括收入效益分析。

美食节的准备情况很重要，包括时间及地点，区域公司的协助与支持，其中包括财务部、人事部、工程部、其他项目部等，以及各项资料的收集及准备，统计数据、统计定义的说明、统计资料的用途。餐饮项目部对于物品采购的安排，当地和外地原材料的采购、特殊用品储存空间的安排、广告的氛围布置和装饰的安排、餐厅门口、内部的墙面、地面及台面、员工服饰的安排等。

一、餐饮部需要完成的部分

餐饮部美食节的整个筹备阶段承担牵头作用，在项目上层批准之前的所有工作几乎均由项目负责人进行的，在美食节运行的整个过程中，项目的工作大体可分为以下四个阶段。

1. 前期准备阶段工作

选择主题，进行市场分析，向主管领导起草报告。

2. 筹备阶段的工作

在项目正式批准确立后到美食节正式开幕之前是餐饮部筹备美食节的关键时刻。餐饮部大约要准备六大项的工作：与合作方确定美食节的全部菜单；确定每种菜肴的售价；落实美食节的菜牌；确认宣传资料在环境布置时间展示的所有菜品；验收美食节的原材料；配合客厨对餐厅楼面所有服务人员进行美食节菜肴特点培训。

3. 正常营业阶段的工作

团餐一般美食节的营业周期至多一周，项目负责人同员工除了向客人提供全面的服务，了解客人对美食节菜肴的意见和评价，包括色、香、味、形等，并及时反馈给总厨外，还要对美食节的销售情况，做许多资料和意见收集、统计、记录等工作。

4. 总结阶段的工作

美食节结束，餐饮部要组织全体员工对美食节的运作进行总结，找差距和不足，提出意见和建议，汇总美食节期间的统计资料与财务部核算收益，进行成本核算，写出总结报告，上报区域公司主管部门。

二、职能部门需要完成的工作

人力资源部：区域公司批准美食节项目后，人力资源部才开始准备自己所承担的工作，主要是在规定的期限内完成美食节相关人员的调配，人力资源部最好掌握一些整体人员的配备保证美食节的顺利进行。

财务部：在团餐美食节筹办的全部过程中，财务部都需与餐饮部紧密合作完成一系列的核算工作，其中主要工作有以下四大项。

①参与美食节的全部预算制定：对标举办过美食节的项目相比，主要费用按照以往的实际开支加以调整。借鉴曾经举办过美食节的同类项目的预算资料，将自己制定的预算项目与同类项目费用相对照，制定出一份相对准确的预算。

②美食节全部食品原材料的采购：美食节的举办必须保证食材和技术正宗，同一产品在不同地区的差异比较大，采购部必须与餐饮部行政总厨协商一致，确定采购品种。保证食品的一致性，对食材的产地、规格、品牌、等级等，做好鉴别和确认，直到所有原材料清单产品得到落实为止。

③美食节各项成本和费用核算：项目美食节各项成本和费用核算贯穿于美食节全部，各项食品原材料的报价、采购、托运、验收、入库、票据核销等等。财务部也要对美食节每日各项材料的进、销、存情况进行核算，制定日报表，为餐饮部及时提供参考。

④制定美食节的收益报告：在美食节的营业过程中，财务部必须每天制定收益报告，便于各部门研究和掌握美食节的营业状况，及时发现问题，调整营业策略。

美食节结束，财务部要对美食节的收益情况进行核算汇总，写出收益总结报告报给负责人和区域经理。

第三节　美食节的培训

美食节的关键岗位是厨师，各菜系应烹饪得正宗和地道。美食出产地并非均可把出品烹制到人人称赞的水平，结合项目服务对象的层次和消费标准，制定相应的菜肴的出品要求，给消费者带来了特殊的美食口味，美食节的举办周期至多一周，要求本美食节项目的厨师在10天的时间内全部掌握美食节所推出的全部菜肴和食品技术制作，这样的速度和工作量自然来源于严格、科学的培训。

一、厨师培训

1. 厨师培训计划的制订

为了保证美食节的出品质量，应着手制订厨师的培训计划，在制订培训计划前需要考虑的因素有：美食节的食材产地或区域、该区域的食材等级和价格、该项目客人的饮食习惯、该地项目的环境主要特点、该项目美食节主要饮食品种、该地区菜肴的主要原材料特点、该项目烹饪的主要技术要求、该项目菜肴的特殊烹制方法、该项目菜肴烹制的特殊厨具、餐具和用具。

2. 厨师培训的主要阶段

美食节厨师的培训要分成三个阶段。第一阶段是饮食文化的培训，主要是了解美食节产地的饮食文化、传统、习惯、风俗、菜肴特点等，厨师不能机械地按配方炒菜，而是要从文化上去理解某一种菜系的文化内涵，变被动为主动。第二阶段是菜肴内容的培训，主要要求厨师了解菜单，包括菜名、各种菜肴的主要原材料、各种材料的特点，切配要求等。第三阶段是操作实践的培训，接下来必须每一天拿出一定的时间进行培训并集中介绍，美食节考察及对拟举办美食节的文化特色的理解向厨师作深入的介绍，将美食照片以及相关资料印发给厨师，让厨师们在规定的时间内阅读并理解同时进行集中讨论，提出问题和疑问，让厨师们提出疑问，由行政总厨解答。

二、服务人员的培训

餐饮项目服务人员的培训计划包括培训时间、培训地点、培训内容，其中培训内容包括举办美食节的产地饮食文化、拟举办美食节的美食特色、美食节项目的服务要求、现场推广技巧资料统计、服务人员的培训方式和强化培训，便于为消费者解答自行培训，阅读资料、研讨。具体培训内容美食节产地的饮食文化、风俗习惯、饮食特点，美食节产品的基本特色，菜品的色、香、味、形和服务要点；菜品的菜式特点，包括小吃、热菜、冷菜、汤羹、面点特色，各种菜肴的名称、主要材料及特点、主要烹饪方法；美食节各种菜肴的用法和习惯、服务要求；特殊餐具、用具的使用。

餐厅推广培训包括招牌菜的推介，顾客比较集中的菜肴、口味及品种的最佳搭配的建议、美食节顾客反应的收集、顾客数量、来源、推荐等有关资料的收集。

第四节 美食节的出品与定价

一套菜品方案项目是美食节的运作指南，它既是客人了解美食的窗口，也是举办美食节内部操作的工作指引。从菜肴整体设计、菜肴的口味和颜色搭配、烹饪方法搭配、营养搭配、物料的选购搭配和菜肴文化内涵都十分重要。

美食节是一种美食推广，菜单主要由行政总厨负责策划。菜单是决定美食节能否成功的重要因素之一，在此阶段前，在菜单的制定阶段才可以真正确定可以在美食节中展现的菜品。如果菜单上体现不出美食的特点，则美食节的主题可行性就值得怀疑，有关美食节的主题就要重新审议。

美食节菜单的制作过程中有以下步骤。

1. 确定出品的种类

当与业主方确认项目后，美食节的整体方案必须尽快确定下来，由行政总厨会针对美食节的菜单同各行政部门进行确认。在菜单的协商过程中，行政总厨会根据美食节的宗旨和最初目标向协办方提出菜单要求。

2. 初步的菜单框架要求

菜系介绍主要提供菜系的特点和发展过程、风味和品种的优势，菜单框架则是美食节所需的具体内容，包括菜单品种要求、菜式要求、数量要求、档次要求等。主要框架品种和数量的内容可按如下要求提出：

小菜（冷菜）共计 10～15 款，其中鸡、鸭、鱼、肉、蛋菜各是 2～3 款。

热菜共计 15～10 款，其中鸡、鸭、鱼、肉、海鲜菜及特殊食品 2～3 款。

汤菜共计 5～8 款，其中高档、中档、低档各 2～3 款。

点心或粉、面食共计 8～10 款。

其他菜单 2～3 款，分高、中、低档。

对各种特色菜制作方法的详细介绍。

3. 提供初步菜单

确认美食节框架后，整理制定一份菜单，发送给业主方要求较多，提供照片或简单的介绍和建议菜价。提供菜单时提供具有一定地方特色或菜品制作方法的菜肴，美食节的主要内容是“特色菜”。

4. 筛选菜式品种

根据地方的具体情况，对菜式进行选择，选择的方法有试菜、根据厨师长和厨师的推荐确认，注意的是菜系中存在特殊味道的主料或调料的菜肴时应根据饮食风俗进行调整，如川菜中麻辣、东北菜的浓香、印度菜的咖喱、东南亚美食辛辣等。

第三十四章　绿色食堂

21 世纪是绿色世纪，国际上对“绿色”的理解通常包括生命、节能、环保三个方面。绿色消费是服务行业提供相应的服务和产品，为消费者对绿色产品的需求、购买和消费活动，是一种具有生态意识的、高层次的理性意识消费行为。绿色消费是从满足生态需要出发，以有益健康和保护生态环境为基本内涵，符合人的健康和环境保护标准的各种消费行为和消费方式的统称。

第一节　绿色消费的概念

绿色消费是指以节约资源和保护环境为特征的消费行为，主要表现为崇尚勤俭节约，减少损失浪费，选择高效、环保的产品和服务，降低消费过程中的资源消耗和污染排放。绿色消费包括的内容非常宽泛，不仅包括绿色产品，还包括物资的回收利用、能源的有效使用、对生存环境和物种的保护等，涵盖生产行为、消费行为的各方面。绿色消费指一种以适度节制消费，避免或减少对环境的破坏，崇尚自然和保护生态等为特征的新型消费行为和过程。重点是“绿色生活，环保选购”。

第二节　绿色食堂相关意义

为适应我国目前团餐业食堂快速发展，引导餐饮行业团餐食堂发展营养健康经营方式，为了人民生活水品提供营养健康服务产品，响应国家政策营造营养健康消费环境，是当下和未来是国家团餐业食堂必然趋势。以增进餐饮食堂业健康理念和改善供膳营养结构为目的，是团餐行业绿色食堂经营管理标准。

绿色食堂的范围包括相关的基本要求和健康方面设计，在食堂的设计上所有的安全管理体系是支持项目的基础，在绿色食堂节能管理和降耗管理方面都要具备应有的基本条件，真对于食堂空间的维护和环境保护具有重要的意义，绿色健康食堂要具备应有的健康管理和评定原则的相关条件。

绿色食堂包括具有相当规模的中、西餐食堂、后勤行政管理机关食堂（含社会自助餐、中央厨房）、党政机关食堂、商务写字楼、部队食堂、医院食堂、教育系统、幼儿园、社会自助餐、海外石油炼厂、企事业单位从事经营服务的食堂等。

第三节　绿色食堂管理的基本要求

食堂管理层面须制定方针，明确经营管理规范行动目标和可量化指标，并建立完善的经营管理制度，负责做好创建后具体管理工作，通过相应组织机构管理，建立绿色食堂经营管理行动的考核及奖励制度，由高层管理者具体负责创建活动。食堂须配备专职营养配餐员（或营养师），聘请营养顾问主要负责日常营养配餐技术指导，新推出菜点的营养综合分析评价，做好对各级人员的营养健康知识宣传培训，配合分管领导做好食品安全、绿色、环保等方面监督管理工作，也可以作为食品安全和营养的综合岗位。

食堂的各部门中层干部应将健康管理与营养知识宣传纳入工作任务，并列入单位年度工作考核内容之一。提供创建绿色食堂单位行动的预算资金及其他资源的支持。食堂应建立与健全营养配膳、营养宣传等综合管理方面档案资料。

一、绿色食堂的原料采购

绿色食堂所采购主食品应有营养强化食品，如营养强化面粉、营养强化面条、营养强化大米等。注重选购和使用糙米、燕麦、玉米、小米、高粱等五谷杂粮以及薯类食物作为主食品种。采购肉、鱼、禽、蛋、奶等动物性食品，必须从国家有关部门认证的正规供应商中进货，提倡选购绿色或有机食品、无公害食品，并具有得到认证的卫生证、检测报告。采购各类蔬菜必须从国家有关部门认证的供应商中进货，且必须使用经过有害物质残留检测确认无害的蔬菜。采购豆制品系列同样须从国家有关部门认证的正规供应商中进货。采购食用油、酱油、味精等调味品，应选择由国家有关部门认证的合格产品。

食堂营养配餐、供餐必须设立倡导节约资源、保护环境和健康消费的宣传行动，以营造健康消费环境的氛围，促进消费者以营养为导向摄入食物、对消费者的节约和环保消费行为提供多项鼓励措施。在烹饪、加工各类菜品的每个环节，都必须在确保食品安全前提下，每个菜品的制作时间、使用火候、烹饪方法等，应当在确保食品安全的前提下设计最佳时间，以使各种营养素的损失程度达到最低水平的烹饪方法。对于烹饪方法的选择，如采用油炸、熏烤等有可能对营养素破坏较大，且相应可能产生一些有毒有害物质的烹饪方法时，要慎重并适度，在操作区域以图文标准程序表现提示。食堂为消费群体顾客配备营养配餐软件，根据自身的条件有选择性的做到符合平衡膳食的营养健康消费。食堂推出适应于老年人、孕妇、儿童、肥胖者、高血压、糖尿病等一些特殊人群的菜品，如低糖、低盐、低脂、高纤维、多不饱和脂肪酸等营养菜品，同时标示营养特点和健康说明。学校食堂在进行每天营养配送工作中，必须同时对每天的食谱进行营养素计算和营养综合分析评价，每天（或至少每周一次）向学校或学生家长发送营养配餐综合评价日报单。供应交通乘客、公司等的营养配送套餐，必须在每份套餐的外包装印刷食品标签。食堂消费群体心脑血管疾病、糖尿病、体肥胖者和三高人群的平均体质指数应在正常范围之内，通过创建与实施绿色食堂经营管理，可使饮食因素危害人体健康疾病逐渐降低。应遵守涉及的节能、环保、卫生、防疫、安全、规划等法律、法规和标准的要求；在绿色食堂应没有食品安全事故和环境污染超标事故。必须具备应有的绿色食堂全面条件才具备绿色食堂运营资格。

二、绿色食堂的相关营养培训

每年对员工提供营养相关知识的教育和培训，包括节能节水、环境保护技术及管理，消防教育、职业安全教育、食品安全教育和营养配餐。绿色食堂行政总厨、厨师长必须具有营养配餐专业岗位资格证书。配餐员或高级营养师方面，每年安排本食堂的营养配膳员，不少于4次参加营养知识更新培训班。食堂项目组织安排中层干部进行营养知识与营养理念和技能培训，每年累计时间不少于100小时；食堂项目组织安排全体员工进行营养知识与营养理念和技能培训，每季累计时间不少于10小时；绿色食堂项目应根据自身特点编印相关营养健康小手册，并作为每位员工的必读内容，并将作为公司对员工营养知识和技能考核的内容。绿色食堂项目中，“高级营养配餐员或高级营养师”的达标率应为80%，并有书面记录资料，能够制作标准的四季菜单，每日早中晚三餐菜单的配餐营养素结构的比例，每份菜品需要有营养标签和菜品的营养分析。

三、绿色食堂具备条件

食堂应首先由市场监督管理局取得《食品经营许可证》，并且达到食品卫生餐饮量化分级，由评定组织结构要求的管理等级以上；通过ISO 9001：2008质量管理体系认证；食堂项目在提供营养健康饮食、创造健康温馨环境等方面做出了突出表现，在本地区餐饮行业处于领先地位；食堂项目按照“食品危害分析关键控制点（HACCP）”建立作业指导文件并有效实施；食堂项目的年营业额在评审组织结构规定的流水金额以上，并且开业时间在量化年限以上等相关条件。

四、绿色食堂环境媒体宣传的要求

绿色食堂应有《中国膳食指南》《中国居民平衡膳食宝塔》《中国居民膳食营养素参考摄入量》等有关图示。食堂项目设计中，应具有艺术创意的有关营养知识宣传信息，以为顾客建立凝聚营养健康文化底蕴的良好环境；在自助餐台菜名方面，要突出健康营养理念，对特色菜的介绍，应标注能量、蛋白质、脂肪、碳水化合物、钠等主要营养素的含量；在食堂项目显要位置和餐桌上，应备有营养知识宣传小册子或营养知识宣传卡；服务人员在服务过程中，主动向顾客宣传营养知识或传播营养理念；在烹饪原料加工场所和厨房的各功能间，应醒目标识如何减少营养素损流失的加工制作要领和相关制度；食堂内营养师和专业人员应积极做好顾客提出的营养健康咨询服务工作；食堂网站、相应的便民服务及相关媒体宣传须突出管理和品牌营养特色设计，宣传健康营养理念，设立营养与食品安全专题页面；食堂可以创设营养健康理念的标志物，以作为引导顾客学习营养知识、增进营养理念、接受营养膳食的信息方向标；食堂定期开展顾客喜闻乐见的公益性营养健康知识宣传活动等。

五、绿色食堂的设计理念

消费者或服务对象在消费过程中，应主动选择有益于资源节约和环境保护的产品和服务，平衡食物中营养成分的质量，减少或消除对身体的不利因素，降低食物浪费，达到平衡膳食的目的，符合当前国家形式。绿色食堂的菜单中应设计和体现上述理念；在环境设计绿色食堂项目选址远离高辐射、高污染地区。绿色食堂项目设计中充分体现清洁、卫生、温馨、和谐，符合国家食品生产行业环境规范法规。

墙面设计应体现节能省地，无建筑空间浪费，具体表现为隔热、降噪、保温材料、自然采光的设计与运用，运用现代化食堂设施、设备及用具，采用环保、安全、健康的建筑材料进行装修，降低能源浪费，响应国家倡导的新能源设计，利用地热能、太阳能、风能、水能等可再生能源和替代能源的设计，进行节能、资源循环利用设计；产品形成过程中清洁生产、以人为本的设计。

六、安全管理和节能管理及降耗管理

绿色食堂在安全生产方面应建立完善的制度和管理要求，工作标准卡、工作流程图；确保设备设施安全可靠，危险设备、设施及区域设置栅栏隔离或警示标识提示目视化标识；具备公共安全、消防安全、食品安全等突发事件应急预案，并不断完善，定期组织演练；对水、电、气、煤、油等主要能耗部门进行节能管理，建立并实施责任制，负责人、职责、工作标准卡、工作流程图、制度整体公示；主要用能设备和功能区域安装计量仪表（湿度和温度计)，细化量化食堂中食品安全监控系统；每月对水、电、气、煤、油的消耗量进行监测和对比分析，定期向员工及上级领导报告管理机制；定期巡检并及时维护空调、供热、照明等用能设备，减少能源损耗。应用目视化的操作提示标志；采取先进节能设备、技术和管理方法；采用节能标志产品，提高能源使用效率；采用先进的节水器具、技术和管理方法，减少水资源的消耗；采取可再生能源和替代能源，减少煤、气、油的使用；公共区域夏季温度设置不低于26℃，冬季温度不高于20℃，由食堂配备的温控计掌握；降耗管理积极倡导健康消费减少一次性用品的使用；根据服务对象意愿减少食堂桌面换洗次数，最好不用面质台裙；食堂内简化前厅管理与后厨管理所有用品的包装材质。

创建绿色食堂的基础要求是遵守国家或地方污染物排放标准，减少污染物排放浓度和排放总量，按照当地环境目标减排直至达到零排放；采用先进环保技术和设备，基本设施要有闭油池；积极响应国家环保政策，选择使用环境标志产品；严格按食品安全法采取措施减少固体废弃物的排放量并分类收集，以免危害周围环境；危险性废弃物及特定的回收物料应委托有资质机构处理；食堂管理健康环境设有无烟食堂或无烟区域；要配备温度和湿度计量器，监测食堂相对湿度以符合 GB/T 18883—2002 规定，温度可根据客人需要调整；食堂要有良好的新风系统，高峰封闭状态下无异味，排风恒温正常；门、窗、墙壁隔音良好；食堂需为客人提供洁净饮用水，符合 GB 5749—2006 规定；员工与客人之间的卫生间要分开，对卫生间内的设备设施每日进行消毒；在食堂环境内布置有益人体健康的绿色植物。

七、绿色食堂食品安全管理要求

部门区域管理平面图、部门名称、负责人、制度、职责、工作标准卡、工作流程图、制度整体上墙、组织框架结构要以目视化标识图文并茂体现；室内卫生清洁标准呈现流程图，如清洁卫生标准整体量化细化；食品加工经营场所按原料的进入、储存、处理、半成品加工、成品供应单向流程布局，功能操作间齐备，具备流程图；实施食品质量控制与保障体系，原料购进、检查、验收制度及记录齐全；有专职食品安全与卫生管理人员；采用有机、绿色、无公害食品原料，提供营养平衡食谱；食品采购、加工、储存、处置及设备、餐器具清洁和消毒程序完善并严格执行；食堂设有无烟区和无烟包间；食堂内通风良好，无异味；倡导分餐制，菜单中明示用餐数量量化标准；有引导绿色消费、节约消费提示及服务措施；不以野生保护动植物为食品原料；餐厨垃圾低温密封保存，并倡导无害化处理；部门标准化文件柜达到目视化管理。

八、绿色食堂与健康宣传

大力开展宣传绿色食堂经营管理规范和促进健康消费的多种形式的社会活动；积极鼓励服务对象开展健康消费的具体计划并实施；绿色食堂活动在媒体的相关报道推广；得到消费群体的支持和赞同，消费群体对绿色食堂经营管理环境的满意程度达到80%以上；食堂含促进节能、环保技术的推广和应用，推进健康理性消费。

绿色食堂消费以保护消费者健康权益为主旨、以保护生态环境为出发点，是一种符合人的健康和环境保护标准的各种消费行为和消费方式发展绿色食堂消费是建设资源节约型和环境友好型社会的重要条件。转变资源耗竭型传统食堂消费模式，发展绿色消费，构建绿色消费模式，有利于合理利用资源，提高资源利用率，实现人与自然和谐相处。